FACHWERK

CHEMIE

7/8

Nordrhein-Westfalen

Cornelsen

FACHWERK
CHEMIE
7/8
Nordrhein-Westfalen

Autorinnen und Autoren: Elke Frey, Andreas Harm, Manfred Lang, Anke Pohlmann, Dr. Juliane Schink

Mit Beiträgen von: Ulrike Dives, Herbert Fallscheer, Elke Freiling-Fischer, Dr. Udo Hampl, Andreas Marquarth, Bettina Missale, Dr. Peter Pondorf, Reinhold Rehbach, Anja Spaeth, Ulrike Tegtmeyer, Philipp Weber, Josef Johannes Zitzmann

Redaktion: Astrid Scheer, Stefanie Pfeifer

Redaktionelle Mitarbeit: Zoe Rompe

Bildrecherche: Melanie Tönnies

Gesamtgestaltung: Studio SYBERG, Berlin

Technische Umsetzung: Reemers Publishing Services GmbH, Krefeld

Begleitmaterialien zum Lehrwerk

Schulbuch als E-Book	978-3-06-014452-5
Handreichungen für den Unterricht	978-3-06-014453-2
Unterrichtsmanager Plus	978-3-06-014410-5

www.cornelsen.de

Dieses Werk wurde anhand wissenschaftlicher Kriterien geprüft und für den sprachsensiblen Unterricht zertifiziert. Gutachter: Prof. Dr. Christian Efing (Universität Aachen). Eine Übersicht der Kriterien haben wir für Sie unter www.cornelsen.de/mittlere-schulformen zusammengestellt.

1. Auflage, 1. Druck 2024

Alle Drucke dieser Auflage sind inhaltlich unverändert und können im Unterricht nebeneinander verwendet werden.

Druck: Mohn Media Mohndruck, Gütersloh

ISBN 978-3-06-014451-8

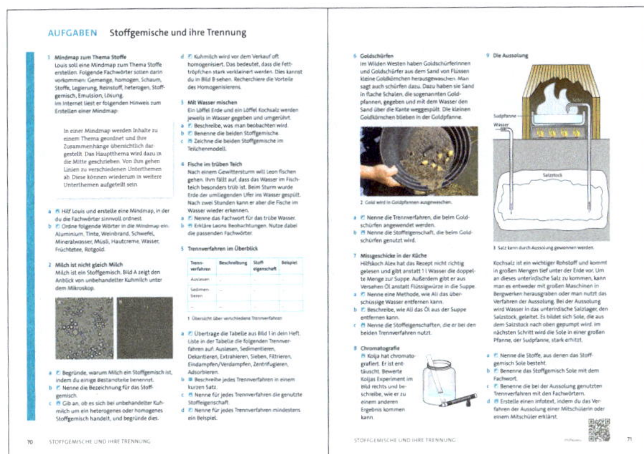

Auf den **Aufgabenseiten** kannst du dein Wissen wiederholen, anwenden und vertiefen.

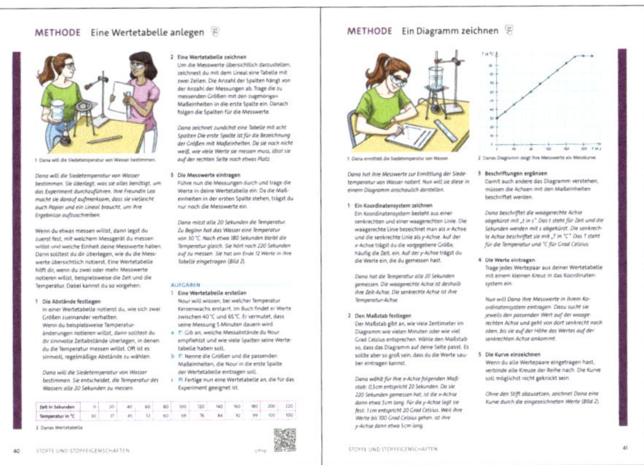

Die **Methodenseiten** zeigen dir Schritt für Schritt, wie du vorgehen kannst, wenn du chemische Fragen untersuchen, verstehen oder präsentieren willst.

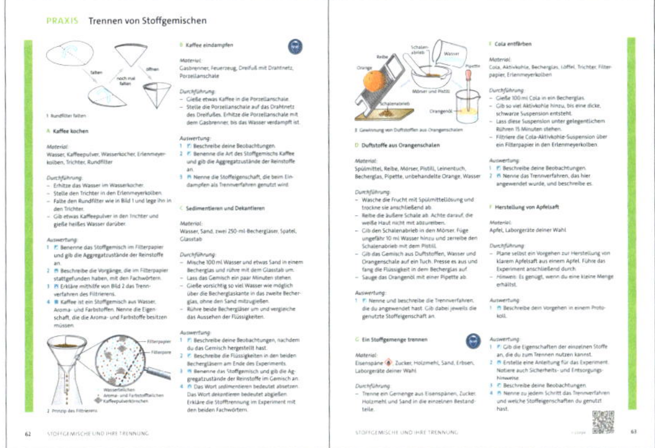

Auf den **Praxisseiten** findest du Anleitungen für Experimente, praktische Übungen oder die Arbeit mit Modellen.

Auf den **Extraseiten** findest du Inhalte, die über das Grundwissen hinausgehen. Damit kannst du dein Wissen erweitern und vertiefen.

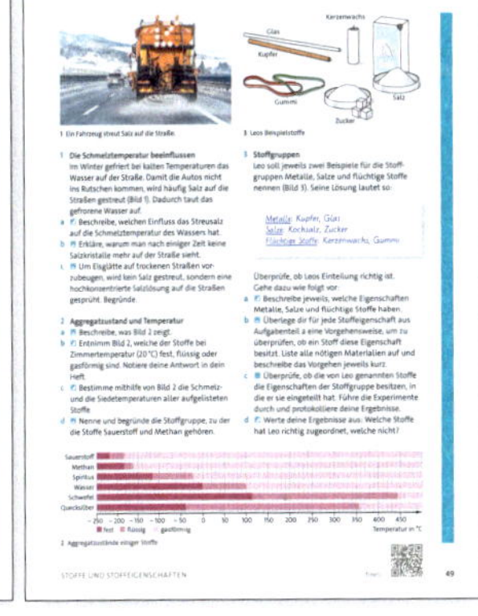

Die **Weitergedacht-Seiten** enthalten knifflige Aufgaben, die über das Grundwissen hinausgehen. Hier kannst du dein ganzes Wissen und Können einbringen.

Das Schutzbrillensymbol zeigt dir, wenn du eine Schutzbrille tragen musst. Das Handschuhsymbol sagt dir, falls du zur Sicherheit Handschuhe tragen musst.

Das ist mit den Symbolen im Buch gemeint:

Die Aufgaben sind **unterschiedlich schwierig** und deshalb gekennzeichnet mit:

- grundlegend
- erweitert
- erweitert plus

MK Dieses Zeichen zeigt dir, dass die Seite oder Aufgabe besondere Kenntnisse und Fähigkeiten der **Medienbildung** berücksichtigt.

QR-Codes im Buch:

zigibi

Die QR-Codes auf den Buchseiten führen dich zu zusätzlichen Materialien.

Das können Videos, bewegte Bilder und Hilfen zu den Aufgaben sein.

Die QR-Codes auf den Teste-dich!-Seiten führen dich zu den Lösungen der Aufgaben. Die QR-Codes auf den Zusammenfassungsseiten führen dich zu Listen mit den Fachwörtern der Kapitel.

Du kannst den QR-Code scannen oder auch den 6-stelligen Buchstaben-Code unter https://www.cornelsen.de/codes/ eingeben.

Inhaltsverzeichnis

Stoffgemische und ihre Trennung 52

Chemische Reaktionen 80

Verbrennung und Luft 100

Metalle und Metallgewinnung 144

Wasser und Wasserstoff 168

Zum Nachschlagen 202

Die im Inhaltsverzeichnis mit MK gekennzeichneten Seiten dienen dem Erwerb von Medienkompetenz. Das Zeichen MK findet sich außerdem auf vielen anderen Seiten im Buch – immer dort, wo es noch weitere Angebote zum Erwerb von Medienkompetenz gibt.

QR-Codes im Buch:

zigibi

Die QR-Codes auf den Buchseiten führen dich zu zusätzlichen Materialien.

Das können Videos, bewegte Bilder und Hilfen zu den Aufgaben sein.

Die QR-Codes auf den Teste-dich!-Seiten führen dich zu den Lösungen der Aufgaben.
Die QR-Codes auf den Zusammenfassungsseiten führen dich zu Listen mit den Fachwörtern der Kapitel.

Die folgenden QR-Codes führen zu:

zatemo

einer Übersicht aller Videos und bewegten Bilder im Schulbuch.

Diese Übersicht gibt es auch hier:
https://www.cornelsen.de/codes/code/zatemo

famumu

einer Übersicht aller Fachwörter-Listen im Schulbuch.

Diese Übersicht gibt es auch hier:
https://www.cornelsen.de/codes/code/famumu

Dein neues Fach Chemie

In diesem Kapitel erfährst du, ...

... welche Rolle die Chemie in deinem Leben hat.
... in welchen Berufen chemische Kenntnisse wichtig sind.
... wie du dich sicher im Chemieraum verhältst und sicher und umweltbewusst mit Chemikalien umgehst.
... wie Chemikalien gekennzeichnet werden und was die Gefahrstoffsymbole bedeuten.
... welche Geräte im Chemieunterricht verwendet werden und wie man diese Geräte zeichnet.
... wie ein Gasbrenner funktioniert.

Chemie ist überall

1 Das Zähneputzen hat etwas mit Chemie zu tun.

2 Vor 100 Jahren waren Fußballschuhe und Bälle aus Leder.

Schon morgens nach dem Aufstehen kommen Amir und Rana mit der Chemie in Kontakt. Sie waschen sich mit einer Seife, putzen sich die Zähne mit Zahnpasta und tragen eine Creme auf. Sie wählen ihre Kleidung für den Tag aus: Jeans, Sweatshirt und Turnschuhe.

Die Chemie ist überall
Die Chemie ist eine Naturwissenschaft, genau wie die Biologie und die Physik. Die Biologie beschäftigt sich mit dem Bau und der Fortpflanzung von Lebewesen. Die Physik kümmert sich um die Regeln der Natur. Die Chemie beschäftigt sich mit den Eigenschaften und Veränderungen von Stoffen. Weil die Welt aus Stoffen besteht, kann man also sagen, dass Chemie überall ist.

Chemie und Essen
Was frühstückst du morgens? Ein Brötchen mit Schokoladenaufstrich, ein Wurstbrot oder Müsli? Die Herstellung und Verarbeitung von Lebensmitteln hat etwas mit der Chemie zu tun, denn es wird gekocht, gelöst oder der Geschmack verändert. Wenn du dein Essen verdaust, laufen in deinem Körper ebenfalls chemische Vorgänge ab.

Chemie macht mobil
Die Chemie trägt dazu bei, dass wir uns von Ort zu Ort bewegen können. Die Materialien, aus denen Fahrzeuge wie Roller, Fahrräder oder die Straßenbahn bestehen, werden mithilfe der Chemie erzeugt. Beim Treten der Fahrradpedale oder im Motor eines Autos laufen chemische Vorgänge ab.

Chemie in der Schule
Viele Gegenstände in der Schule haben etwas mit Chemie zu tun. Wenn du in deine Schultasche schaust, wirst du sicher Dinge aus Kunststoff finden: das Federmäppchen, die Filzstifte, der Füller, der Tintenkiller. Ein Bleistiftanspitzer besteht meist aus dem Metall Aluminium. Die Mine eines Bleistifts ist aus Grafit. Auch Tablets und Smartphones bestehen aus vielen verschiedenen chemischen Stoffen, unter anderem aus Kunststoffen, Silicium, Kupfer und Gold.

Chemie und Sport
Am Nachmittag probiert Rana ihre neuen Fußballschuhe aus. Sie sind jetzt noch leichter und sehen längst anders aus als vor 100 Jahren (Bild 2). Auch moderne Fußbälle sind aus Kunststoff und nicht mehr aus Leder. Mithilfe der Chemie werden sie immer weiter verbessert, um vor Nässe geschützt, formstabil und gut spielbar zu sein.

Die Chemie ist für viele Bereiche unseres Lebens wichtig.

AUFGABEN

1 Chemie im Alltag

a Gib drei Beispiele an, wo dir Chemie im Alltag begegnet.

b Überlege, wie ein Tag ohne Chemie ablaufen würde. Beschreibe eine Situation dieses Tages in einigen Sätzen.

c Begründe, warum man sagen kann, dass Chemie überall um uns herum ist.

rimawa

EXTRA Berufe aus dem Bereich der Chemie

1 Eine chemisch-technische Assistentin bei der Arbeit

2 Eine Fachkraft für Abwassertechnik prüft die Kläranlage.

Chemikalien und chemische Reaktionen begegnen vielen Menschen in ihrer täglichen Arbeit.

Mo (25) ist chemisch-technische Assistentin (CTA):
„Ich arbeite als CTA bei einem Keramikhersteller. Dort führe ich selbstständig Experimente durch, um die Reinheit der Stoffe zu untersuchen. Vorher habe ich bei einer anderen Firma gearbeitet und dort die Qualität von Erdöl untersucht, das als Ausgangsstoff zur Herstellung von Kunststoffen benötigt wird."

Sabine (52) ist Brauerin:
„Beim Bierbrauen werden Hopfen, Hefe, Malz und Wasser zu Bier verarbeitet. Dabei überwache ich die Herstellungsprozesse. Je nach Verfahren können wir verschiedene Biersorten wie Pils, Hefeweizen oder Kölsch brauen. Biermischgetränke und alkoholfreie Getränke produzieren wir hier auch."

Pia (29) ist Werkstoffprüferin:
„Ich habe mich im Bereich der Kunststofftechnik spezialisiert. Ich untersuche Kunststoffe auf Materialfehler und bestimme die Härte und Verformbarkeit von Kunststoffteilen."

Jan (43) ist Pyrotechniker:
„Mein Arbeitsfeld ist hochexplosiv. Für die beeindruckenden Feuerwerke, beispielsweise an Silvester, muss alles gut abgestimmt sein. Außerdem sorge ich für ein kontrolliertes Abbrennen des Feuerwerks. Manchmal habe ich auch Aufträge für Spezialeffekte bei Film und Theater."

Andi (23) ist Oberflächenbeschichter:
„Ich beschichte und veredle Metall- und Kunststoffoberflächen mithilfe verschiedener Materialien. Dazu nutze ich chemische, elektrische und physikalische Verfahren. Es ist eine coole Arbeit, weil ich dazu beitrage, dass Dinge länger halten und gut aussehen."

Darko (36) ist Fachkraft für Abwassertechnik:
„Ich sorge für den reibungslosen Ablauf in einer Kläranlage und überprüfe die Wasserqualität von Abwasserproben im Labor."

Samira (19) macht eine Ausbildung zur Pharmakantin:
„Als Pharmakantin stelle ich mithilfe von Maschinen und Anlagen Arzneimittel als Pulver, Tabletten oder Flüssigkeiten her. Dazu mische ich die Wirkstoffe mit Hilfsstoffen, Farb- und Geschmacksstoffen. "

AUFGABEN

1 Berufe aus dem Bereich der Chemie MK

a ☒ Erstelle einen Steckbrief für einen Beruf dieser Seite. Recherchiere über die Tätigkeitsbeschreibung, den benötigten Schulabschluss und die Ausbildung.

b ☒ Stelle in je 3 bis 4 Sätzen drei weitere chemische Berufe vor.

c ☒ Recherchiere im Internet für einen der Berufe dieser Seite wie sich die Aufgabenfelder wegen der Digitalisierung ändern. Fasse diese Änderungen kurz zusammen.

Sicherheit im Chemieraum

1 Ein typischer Chemieraum

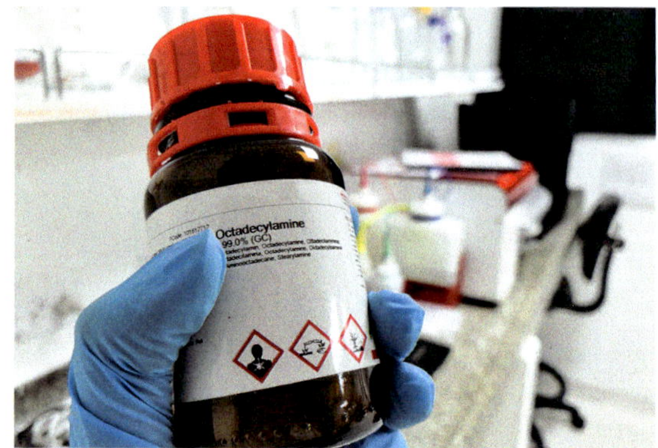

3 Ein Chemikalienbehälter mit Gefahrenpiktogrammen

Ein naturwissenschaftlicher Fachraum unterscheidet sich von anderen Schulräumen. Es gibt hier Anschlüsse für Wasser, Strom und Gas sowie zahlreiche Sicherheitseinrichtungen.

Die Sicherheitseinrichtungen

Den **Not-Aus-Schalter** findest du in im Chemieraum neben der Tür und am Pult bei der Lehrkraft. Mit einem Druck auf den Schalter werden alle Strom-, Wasser- und Gaszuleitungen direkt unterbrochen. Mit dem **Feuerlöscher**, dem **Löschsand** und der **Löschdecke** können Brände gelöscht werden. Die **Augendusche** wird gebraucht, falls dir etwas ins Auge gelangt ist. Wenn du dich beim Experimentieren verletzt, dann kannst du Verbandsmaterial im **Erste-Hilfe-Kasten** finden. Bild 2 zeigt die verschiedenen Sicherheitseinrichtungen. Sie können teilweise auch etwas anders aussehen.

2 Sicherheitseinrichtungen im Chemieraum

Kennzeichnung von Chemikalien

Manche Chemikalien sind gefährlich. Die Behälter von solchen Chemikalien werden mit besonderen Symbolen versehen. Diese Symbole heißen **Gefahrenpiktogramme**. Die Gefahrenpiktogramme sind in der GHS-Verordnung festgelegt. GHS bedeutet *Globally Harmonised System*. Das bedeutet, dass diese Symbole weltweit gelten, damit alle Menschen sie verstehen und es keine Missverständnisse gibt.

Eine Flamme weist zum Beispiel auf einen leichtentzündlichen Stoff hin. Die Kennzeichnung der Gefahrstoffe wird durch ein **Signalwort** – „Achtung" oder „Gefahr" – ergänzt.

4 Die Gefahrenpiktogramme der GHS-Verordnung

5 Wichtige Regeln beim Experimentieren

Richtiges Verhalten im Chemieraum

1. Betritt den Fachraum nur mit deiner Lehrkraft.
2. Laufe nicht herum und remple niemanden an.
3. Essen und Trinken sind im Fachraum verboten!
4. Probiere keine Chemikalien. Atme sie nicht ein!
5. Berühre Geräte, Schalter und Chemikalien erst, wenn deine Lehrkraft dich dazu auffordert.
6. Verwende Materialien und Geräte sorgsam.
7. Melde dich, wenn du etwas Gefährliches bemerkst oder etwas Unerwartetes passiert.
8. Räume zum Schluss deinen Arbeitsplatz auf.

Experimentierregeln

1. Lies dir die Anleitung für das Experiment genau durch.
2. Trage die Schutzbrille während des Experimentierens und nimm sie erst ab, wenn deine Lehrkraft dich dazu auffordert.
3. Binde lange Haare zusammen.
4. Lege Schals und Halstücher ab.
5. Ziehe dir Schutzhandschuhe und Schutzkittel an, falls erforderlich.
6. Experimentiere konzentriert und verantwortungsvoll.

Im Chemieraum musst du dich an Regeln halten und die Sicherheitseinrichtungen kennen.

AUFGABEN

1 Sicherheitseinrichtungen im Chemieraum

a Schau dir deinen Chemieraum an. Erstelle einen Grundriss des Raumes. Trage in die Skizze ein, wo sich im Raum die Sicherheitseinrichtungen aus Bild 2 befinden.

b Erkläre, wozu man diese Sicherheitseinrichtungen braucht.

2 Sicheres Experimentieren

In Bild 5 werden wichtige Regeln beim Experimentieren gezeigt.

a Beschreibe jeweils, was die Personen in den „So nicht!"-Kästen falsch machen.
Beispiel: *Das Mädchen trägt beim Experimentieren keine Schutzbrille.*

b Formuliere zu jeder Regel in Bild 5 mindestens einen Merksatz.

joreqa 

EXTRA Die Kennzeichnung und Entsorgung von Chemikalien

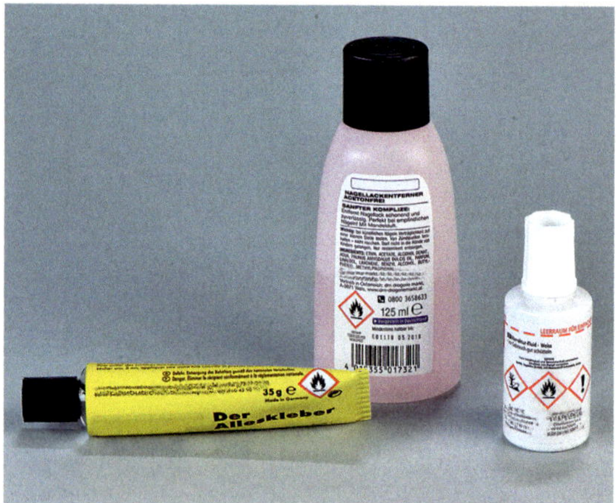

1 Einige Gefahrenpiktogramme begegnen uns auch im Alltag.

2 Die Piktogramme der GHS-Verordnung gelten weltweit.

Gefahrensymbole auf Verpackungen

Auf Verpackungen von Haushaltsreinigern, Klebstoffen oder Kosmetik befinden sich manchmal kleine Bilder mit Gefahrensymbolen (Bild 1). Diese Symbole sind wichtig, denn sie verweisen auf Gefahren für dich oder die Umwelt.

Ein globales Kennzeichnungssystem

Überall auf der Welt kommen Menschen im Alltag und Beruf in Kontakt mit Chemikalien. Jahrelang nutzte man unterschiedliche Sprachen und Symbole zur Kennzeichnung von Chemikalien. Damit auch Menschen, die eine andere Sprache sprechen, und Menschen, die nicht lesen können, die Hinweise verstehen können, ist ein einheitliches System jedoch wichtig.
Die GHS-Verordnung ist ein weltweites System zur Einstufung und Kennzeichnung von Chemikalien. GHS steht für *Globally harmonized system* und besagt, dass dieses System weltweit verfügbar ist (Bild 2). Die GHS-Verordnung wird inzwischen in über 70 Ländern verwendet.

Die Gefahrenpiktogramme

Der Behälter, in dem sich ein gefährlicher Stoff befindet, wird mit einem oder mehreren Symbolen gekennzeichnet, die auf die Gefahren von Chemikalien hinweisen. Eine Übersicht der verschiedenen Gefahrenpiktogramme siehst du in Bild 3.
Ein Totenkopf mit gekreuzten Knochen weist beispielsweise auf eine giftige Substanz hin. Das Symbol mit der Flamme zeigt an, dass der Stoff leicht entzündlich ist.

Die Signalwörter

Zusätzlich zu den Gefahrenpiktogrammen gibt es noch die Signalwörter: „Achtung“ oder „Gefahr“. Das Signalwort findet man direkt neben dem Piktogramm. Das Wort „Gefahr“ ist das Signalwort für einen Stoff, von dem eine große Gefahr ausgeht. Dieser Stoff ist beispielsweise explosionsgefährlich, hochentzündlich oder brandfördernd. Das Wort „Achtung“ auf dem Etikett warnt zum Beispiel vor schwach ätzenden oder umweltgefährlichen Stoffen.

GHS01 Gefahr *explosionsgefährlich*	GHS02 Gefahr *leicht entzündlich*	GHS03 Gefahr *brandfördernd*	GHS04 Achtung *Gase unter Druck*	GHS05 Gefahr *ätzend*	GHS06 Gefahr *giftig*	GHS07 Achtung *gesundheitsgefährdend*	GHS08 Gefahr *gesundheitsschädlich, reizend*	GHS09 Achtung *umweltgefährdend*

3 Die Gefahrenpiktogramme nach der GHS-Verordnung

Die Gefahren- und Sicherheitshinweise
Um sicher mit einem Stoff arbeiten zu können, musst du dir die Gefahrenhinweise und Sicherheitshinweise ansehen (Bild 4). So erfährst du, welche Gefahr von dem Stoff ausgeht und was du tun kannst, um dich davor zu schützen.
Die **Gefahrenhinweise** werden auch H-Sätze genannt. Der H-Satz 221 weist zum Beispiel darauf hin, dass es sich bei dem Stoff um ein entzündbares Gas handelt.
Die **Sicherheitshinweise** werden auch P-Sätze genannt und beschreiben, was man machen kann, um schädliche Wirkungen beim Umgang mit dem Gefahrstoff zu vermeiden. Der in P-Satz 271 beschriebene Hinweis lautet beispielsweise: Nur im Freien oder in gut belüfteten Räumen verwenden. Die H-Sätze und die P-Sätze einiger Stoffe findest du im Anhang des Buchs.

Sachgerechtes Entsorgen im Chemieraum
Wenn du zu viel einer Chemikalie entnommen hast, dann darfst du diese Reste nicht zurück in das Vorratsgefäß geben. Einmal entnommene Chemikalien könnten verunreinigt sein und müssen deshalb entsorgt werden. Nimm deshalb nur kleine Mengen.
Nur bestimmte Abfälle und Chemikalienreste, die nach der Durchführung eines Experiments übrig bleiben, dürfen in den Ausguss oder in den Hausmüll gegeben werden. Gefährliche Stoffe müssen immer sachgerecht entsorgt werden. Die Chemikalien werden in getrennten Behältern aus Kunststoff oder Glas gesammelt (Bild 5). Entsorge Chemikalien immer in Absprache mit deiner Lehrkraft. Frage nach, wenn du unsicher bist, wie du eine Chemikalie entsorgen sollst.

2-Propanol

Signalwort: „Gefahr"

Gefahrenhinweise – H-Sätze:
H225: Flüssigkeit und Dampf leicht entzündbar.
H319: Verursacht schwere Augenreizung.
H336: Kann Schläfrigkeit und Benommenheit verursachen.

Sicherheitshinweise – P-Sätze:
P210: Von Hitze, heißen Oberflächen, Funken, offenen Flammen sowie anderen Zündquellen fernhalten. Nicht rauchen.
P305 + P351 + P338: BEI KONTAKT MIT DEN AUGEN: Einige Minuten lang behutsam mit Wasser spülen. Eventuell vorhandene Kontaktlinsen nach Möglichkeit entfernen. Weiter spülen.
P403 + P233: An einem gut belüfteten Ort aufbewahren. Behälter dicht verschlossen halten.

4 GHS-Einstufung und Kennzeichnung einer Chemikalie

AUFGABEN

1 Die GHS-Symbole
Nenne Vorteile des global einheitlichen Kennzeichnungssystems GHS.

2 Gefahren- und Sicherheitshinweise
Du sollst das Lösungsmittel 2-Propanol verwenden. Fasse zusammen, was du über den Stoff in Bild 4 erfährst. Beschreibe, wie du dich im Umgang mit dem Stoff schützen kannst.

3 Die Entsorgung
Informiere dich bei deiner Lehrkraft, welche Sammelgefäße es in eurem Chemieraum gibt.

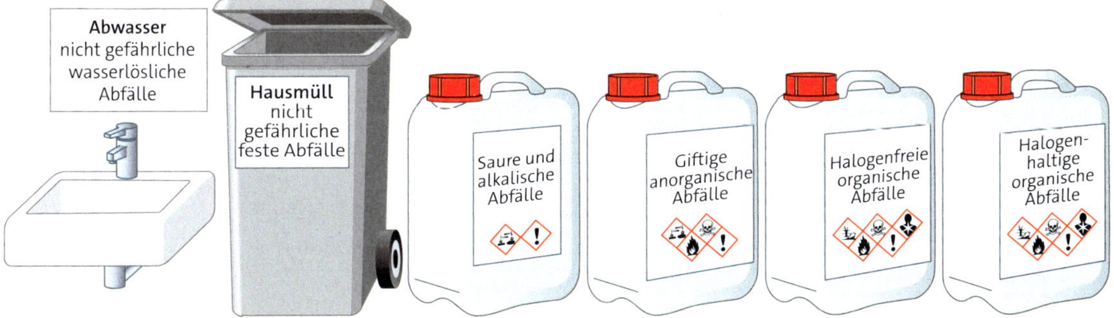

5 Sammelgefäße für Abfälle im Labor und im Chemieraum

pufaxu 

Wichtige Laborgeräte

1 Im Chemieunterricht gibt es spezielle Geräte.

Tom und Amina sind heute das erste Mal im Chemieraum. Auf dem Pult entdecken sie viele Geräte, die sie bisher noch nie gesehen haben. Ihre Lehrerin erklärt, dass im Chemieunterricht Geräte mit einer bestimmten Funktion genutzt werden.

Wichtige Laborgeräte und ihre Funktionen

Bei chemischen Experimenten werden spezielle Laborgeräte mit unterschiedlichen Funktionen genutzt. Viele dieser Laborgeräte sind aus Glas und somit zerbrechlich. Den Umgang mit den Laborgeräten muss man üben. Wenn du ein Gerät nicht kennst, frage deine Lehrkraft. Im Anhang deines Chemiebuchs findest du außerdem eine Übersicht über verschiedene Laborgeräte.

Im Chemieunterricht und im Labor werden bestimmte Geräte genutzt.

AUFGABEN

1 Geräte in der Küche und im Labor

In der Küche und bei chemischen Experimenten werden spezielle Geräte genutzt.

a ◪ Zeichne oder benenne die Geräte in eurer Küche in deiner Muttersprache mit denen Flüssigkeiten und feste Substanzen abgemessen werden.

b ☒ Begründe, welche Laborgeräte du brauchst, wenn du 10 g Zucker in 50 ml Wasser lösen sollst.

2 Um welches Laborgerät handelt es sich?

Lies zuerst eine Beschreibungen in den Teilaufgaben. Entscheide dann mithilfe der Übersicht der Laborgeräte im Anhang, um welches Laborgerät es sich jeweils handelt. Schreibe den Namen des Geräts und die zugehörige Beschreibung auf.

a ☒ Mit diesem Laborgerät kannst du beispielsweise eine Flüssigkeit in ein Gefäß mit kleiner Öffnung einfüllen.

b ☒ Damit lassen sich Flüssigkeiten abmessen.

c ☒ Dieses Gerät mit langem Metallgriff brauchst du zum sicheren Erhitzen kleiner Mengen chemischer Substanzen.

d ☒ Damit kann man vor allem Flüssigkeiten oder Feststoffe erhitzen.

e ☒ Dieses dreifüßige Gerät kannst du zum Erhitzen verwenden.

f ☒ Mit diesem Laborgerät kannst du zum Beispiel kleine Metallstücke oder heiße Porzellangeräte greifen.

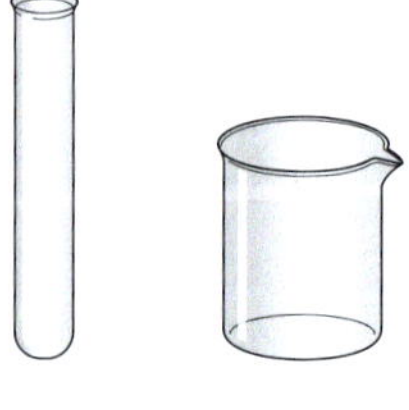

Becherglas und Reagenzglas: Feste oder flüssige Stoffe können in einem Becherglas oder Reagenzglas gemischt oder erhitzt werden.

Erlenmeyerkolben: Flüssigkeiten können in einem Erlenmeyerkolben geschwenkt werden, ohne herauszuspritzen.

Mörser mit Pistill:

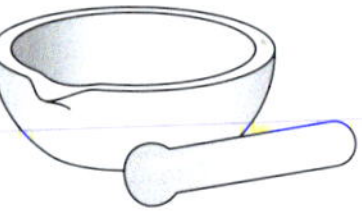

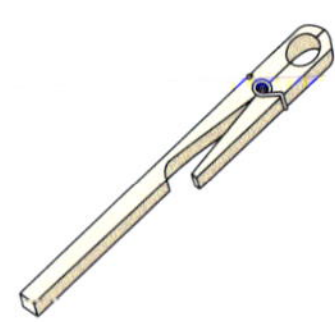

Reagenzglasklammer: Ein Reagenzglas wird mit einer Reagenzglasklammer gehalten.

Feinwaage: Mit einer Feinwaage lassen sich Stoffe abwiegen.

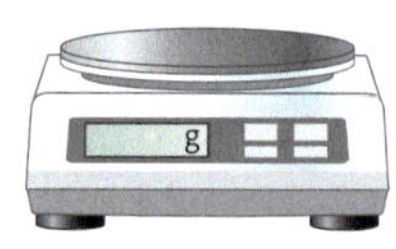

2 Einige typische Laborgeräte und ihre Funktionen

sucoja

METHODE Laborgeräte schrittweise zeichnen

1 Amina hat verschiedene Laborgeräte genutzt.

Amina hat mit den Geräten aus Bild 1 experimentiert. Jetzt soll sie ihrem Mitschüler Tom aufschreiben, was sie gemacht hat, und auch eine Zeichnung anfertigen. Chemielehrerin Frau Mittermaier erklärt Amina am Beispiel des Rundkolbens, wie man eine Schnittzeichnung erstellt.

Wenn du schnell und mühelos Zeichnungen von Laborgeräten erstellen willst, dann kannst du Schnittzeichnungen anfertigen. Schnittzeichnungen zeigen nur die wichtigen Merkmale eines Geräts.

1 Das Gerät anschauen
Deine Zeichnung muss das Gerät eindeutig zeigen. Schau dir das Gerät daher genau an. Erkenne wichtige Merkmale des Geräts.

Der Rundkolben ist unten rund. Darin unterscheidet er sich von einem Becherglas oder einem Erlenmeyerkolben.

2 Den ersten Teil des Geräts zeichnen
Zeichne den ersten Teil des Geräts. Beginne mit einem wichtigen Merkmal.

Amina beginnt unten. Sie will als Erstes den Bauch des Rundkolbens zeichnen.

3 Zeichne den nächsten Teil des Geräts
Überlege dir, wie du deine Zeichnung schrittweise weiterzeichnen kannst. Zeichne immer nur einen Teil des Geräts. Du kannst diesen Schritt beliebig oft wiederholen.

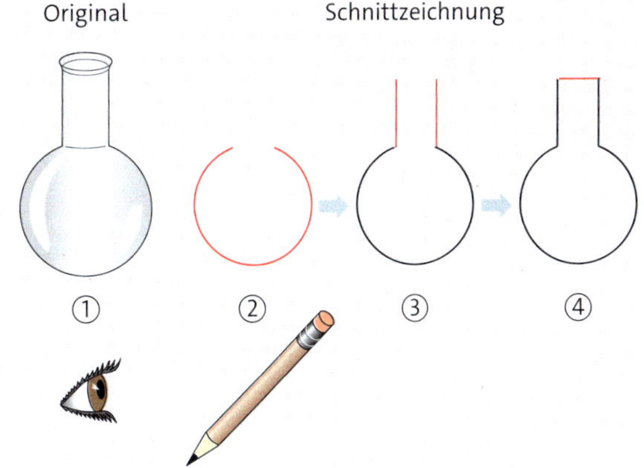

2 Erstellen der Schnittzeichnung eines Rundkolbens

Amina zeichnet dann die geraden Seitenwände des Rundkolbens oberhalb des Bauchs.

4 Vervollständige deine Schnittzeichnung
Vervollständige deine Schnittzeichnung. Zum Schluss kommen nur noch Teilstücke.

Nachdem Amina die Seitenwände miteinander verbunden hat, kann man noch besser erkennen, dass sie einen Rundkolben gezeichnet hat.

AUFGABEN

1 Vom Bild zur Schnittzeichnung

a Übertrage die fertigen Schnittzeichnungen aus Bild 3 in dein Heft. Beschrifte die Laborgeräte.

b Suche dir aus Bild 1 ein Gerät aus und erstelle eine Schnittzeichnung.

3 Schnittzeichnungen verschiedener Geräte

joriyi 

Der Gasbrenner

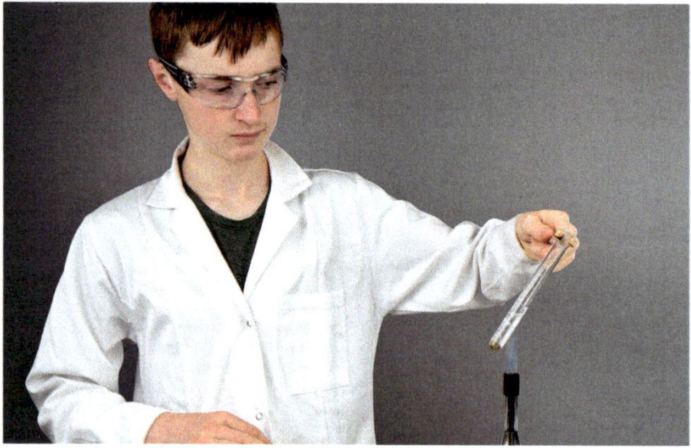

1 Wasser wird mit einem Gasbrenner erhitzt.

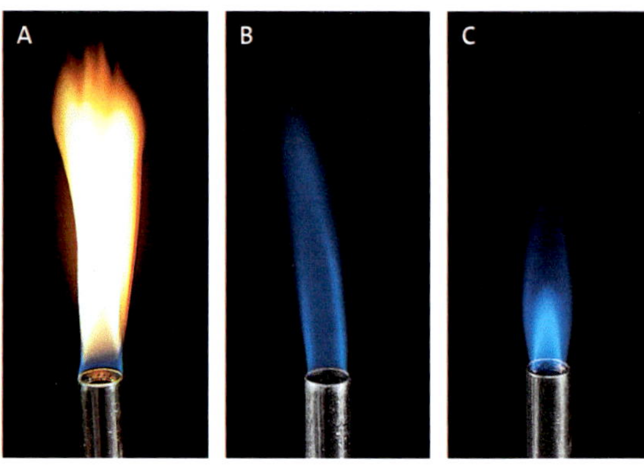

3 Leuchtende Flamme (A), nichtleuchtende Flamme (B), rauschende Flamme (C)

Tom soll Wasser in einem Reagenzglas erhitzen und beobachten, was dabei passiert. Im Chemieunterricht benutzt man zum Erhitzen von Stoffen oft einen Gasbrenner.

Der Aufbau eines Gasbrenners

Wie an den meisten Schulen wird in Toms Chemieunterricht ein Teclubrenner wie in Bild 2 genutzt. Er besteht aus einem Metallrohr, das auf einem Standfuß befestigt ist. Man nennt das Metallrohr auch Brennerrohr. Am unteren Ende des Rohrs befindet sich ein Anschluss für das Gas. Über den **Gasregler** kann man einstellen, wie schnell das Gas in das Rohr strömt. So kann man die Höhe der Flamme verändern. Über dem Gasanschluss ist eine Öffnung, durch die Luft in das Rohr gesaugt wird. Mit einem Rädchen kann eingestellt werden, wie viel Luft zusammen mit dem Gas ins Brennerrohr strömt. Das Rädchen nennt man **Luftregler**.

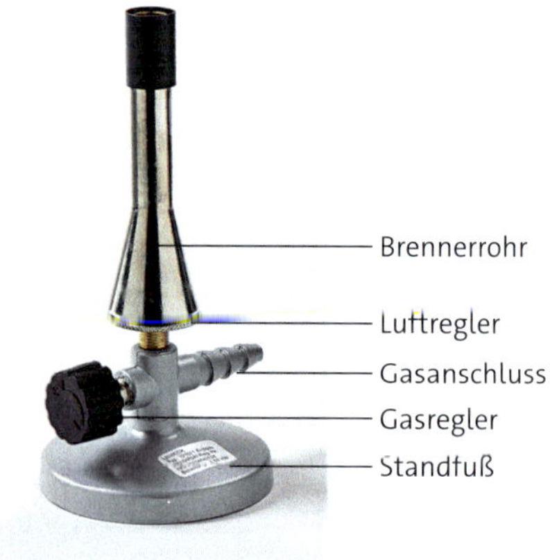

2 Der Aufbau eines Teclubrenners

Verschiedene Flammentypen

Wenn das Gas-Luft-Gemisch aus der oberen Öffnung des Rohrs strömt und entzündet wird, dann brennt es. Wenn der Luftregler geschlossen ist, dann ist die Flamme leuchtend gelb. Man nennt sie daher **leuchtende Flamme**. Sie hat im oberen Bereich eine Temperatur von etwa 900 °C. Ein Gegenstand, den du in die leuchtende Flamme hältst, bekommt einen schwarzen Belag, den Ruß. Wenn du den Luftregler langsam öffnest, dann wird die Flamme fast durchsichtig. Dies ist die **nichtleuchtende Flamme**. Sie rußt nur wenig. Die Temperatur ist im oberen Bereich etwa 1000 °C und reicht für die meisten Experimente aus. Deshalb wird im Chemieunterricht meist diese Flamme genutzt. Wenn du den Luftregler weiter öffnest, hörst du ein Rauschen. Diese Flamme heißt daher **rauschende Flamme**. Sie hat einen Innenkegel und einen Außenkegel. An der Spitze des Innenkegels beträgt die Temperatur etwa 1500 °C.

Zum Erhitzen wird im Labor häufig ein Gasbrenner genutzt. Mithilfe des Luftreglers können verschiedene Flammentypen mit unterschiedlichen Temperaturen eingestellt werden.

AUFGABEN

1 Der Gasbrenner

a Erstelle eine Skizze eines Teclubrenners in deinem Heft und beschrifte sie.

b Begründe, welche Flamme Tom zum Erhitzen des Wassers einstellen soll.

qihivi

METHODE Mit dem Gasbrenner umgehen

Tom will Wasser in einem Reagenzglas erhitzen. Er will dazu den Gasbrenner nutzen. Tom weiß bereits, wie ein Gasbrenner funktioniert. Jetzt muss er sich damit vertraut machen, wie man den Gasbrenner richtig und sicher bedient.

1 Vorbereitungen
- Setze die Schutzbrille auf.
- Binde lange Haare zusammen.
- Entferne alle brennbaren Gegenstände vom Experimentiertisch.
- Prüfe, ob der Luftregler und der Gasregler am Gasbrenner geschlossen sind.
- Stelle den Gasbrenner in die Tischmitte. Schließe den Gasschlauch an die Gasleitung am Experimentiertisch an.

2 Entzünden der Brennerflamme
- Halte die Zündquelle, zum Beispiel ein Feuerzeug, bereit.
- Öffne den Gashahn am Experimentiertisch.
- Öffne den Gasregler am Brenner, entzünde sofort das austretende Gas und reguliere die Flammenhöhe mithilfe des Gasreglers.

3 Einstellen des Flammentyps
- Öffne je nach Flammentyp den Luftregler wie in Bild 1 gezeigt.

Tom bereitet alles sorgfältig vor und entzündet dann die Brennerflamme. Er wählt die nichtleuchtende Flamme, denn er will nicht, dass das Reagenzglas mit Ruß beschmutzt wird.

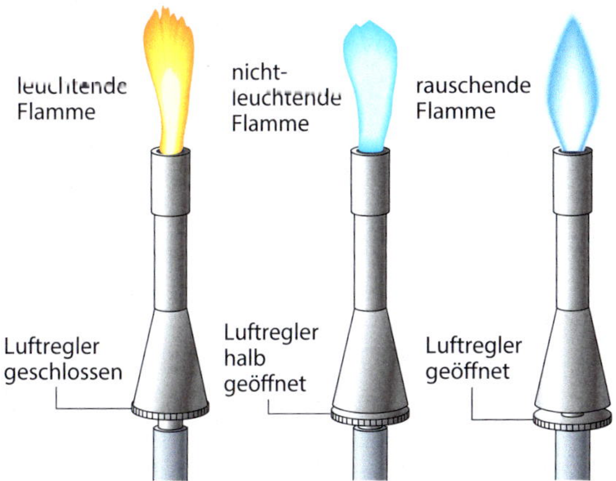

1 Luftregler bei den verschiedenen Flammentypen

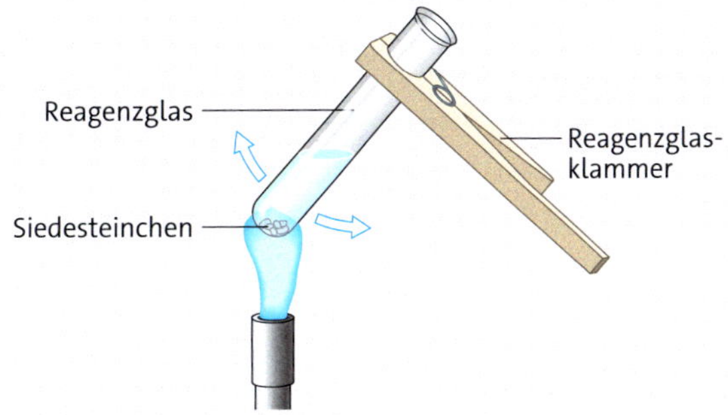

2 Eine Flüssigkeit mit dem Gasbrenner erhitzen

4 Erhitzen im Reagenzglas
- Fülle das Reagenzglas ein bis zwei Zentimeter hoch mit dem Stoff, den du erhitzen willst.
- Halte das Reagenzglas mit einer Reagenzglasklammer wie in Bild 2 fest.
- Wenn Flüssigkeiten erhitzt werden, kann es plötzlich stark spritzen. Um dies zu verhindern, gib ein bis zwei Siedesteinchen hinzu. Bewege das Reagenzglas beim Erhitzen gleichmäßig in der Flamme hin und her.
- Richte das Reagenzglas nie auf dich oder auf andere Personen.

Tom füllt das Reagenzglas mit wenig Wasser und gibt ein Siedesteinchen hinzu. Er befestigt am oberen Ende des Reagenzglases eine Reagenzglasklammer. Mithilfe der Reagenzglasklammer hält er das untere Ende des Reagenzglases in die Brennerflamme.

5 Löschen der Brennerflamme
- Drehe den Luftregler am Gasbrenner zu.
- Schließe den Gasregler am Gasbrenner.
- Schließe den Gashahn am Tisch.

Tom erhitzt das Wasser so lange, bis es blubbert. Dann löscht er die Brennerflamme, wie er es gelernt hat.

AUFGABEN

1 Umgang mit dem Gasbrenner

a Erstelle ein Erklärvideo: Zeige, wie man einen Gasbrenner benutzt.

b Begründe, mit welchem Flammentyp im Unterricht selten gearbeitet wird.

METHODE Experimente planen, durchführen, protokollieren

Tom übt, mit dem Gasbrenner umzugehen. Er stellt fest, dass sich die Flamme verändert, wenn er den Luftregler verstellt. Er fragt sich, wie sich die Flammen voneinander unterscheiden.
Häufig beginnt die Arbeit von Chemikerinnen und Chemikern genauso: Sie beobachten Vorgänge. Oft führen Beobachtungen zu Fragen, weil sie sich nicht alles sofort erklären können. Durch Experimente versuchen sie, Antworten auf die Fragen zu finden.

1 Beobachten
Beobachtungen können Objekte oder Vorgänge sein, die du siehst. Auch alles, was du hörst, riechst, fühlst oder misst, sind Beobachtungen.

Wenn Tom den Luftregler schließt, dann beobachtet er eine leuchtende Flamme, und wenn er ihn leicht öffnet, dann leuchtet die Flamme nicht mehr. Wenn Tom den Luftregler weit öffnet, dann hört er ein Rauschen.

2 Eine Frage stellen
Wenn es etwas gibt, das dir unklar ist und das du weiter untersuchen willst, dann formuliere zunächst deine Frage.

Tom fragt sich: „Sind die verschiedenen Flammentypen unterschiedlich heiß?"

3 Eine Vermutung aufstellen
Überlege, wie die Antwort auf deine Frage lauten könnte. Formuliere deine Vermutung.

Tom vermutet: „Die Flammentypen haben unterschiedliche Temperaturen. Ich denke, die rauschende Flamme ist am heißesten."

1 Tom führt sein Experiment durch.

4 Ein Experiment planen
Plane ein Experiment, mit dem du deine Vermutung überprüfen kannst. Beachte, dass bei einem Experiment immer nur eine Bedingung geändert wird, alle anderen bleiben gleich.

Aus dem Chemieunterricht weiß Tom, dass Magnesiastäbchen ab einer bestimmten Temperatur anfangen zu glühen. Er beschließt, dass er ein Stäbchen nacheinander in die verschiedenen Flammentypen halten und überprüfen kann, ob es unterschiedlich stark glüht. Er will das Stäbchen dabei immer in die gleiche Stelle der Flamme halten.

5 Ein Protokoll erstellen
Notiere deine Planung in einem Protokoll. Schreibe auf, welche Materialien du brauchst und wie du das Experiment durchführen willst. Fertige eine Skizze vom Aufbau an.
Überlege, ob es beim Experiment gefährlich werden könnte. Notiere in dem Fall Sicherheitshinweise. Wenn du mit Chemikalien arbeitest, dann überprüfe, ob sie Gefahrenpiktogramme haben und was sie bedeuten. Notiere wenn nötig auch Hinweise zur Entsorgung.

Tom listet in seinem Protokoll alle Materialien auf, die er braucht. Er notiert die Sicherheitshinweise für den Umgang mit dem Gasbrenner, die er bereits aus dem Unterricht kennt. Außerdem vermutet er, dass das Magnesiastäbchen nach dem Experiment heiß sein wird. Er notiert einen Hinweis dazu. Dann schreibt er in der Durchführung auf, wie er vorgehen will, und fertigt eine Skizze an.

6 Das Experiment durchführen
Besorge alle nötigen Materialien. Führe dann das Experiment nach deiner Anleitung durch.

Tom holt das Magnesiastäbchen. Er stellt die leuchtende Flamme am Gasbrenner ein und hält das Stäbchen in die Flammenspitze. Er beobachtet, was passiert (Bild 1). Danach wiederholt er das Vorgehen für die nichtleuchtende und die rauschende Flamme.

Frage: Sind die verschiedenen Flammentypen unterschiedlich heiß?

Vermutung: Ja, die verschiedenen Flammentypen haben unterschiedliche Temperaturen. Ich denke, die rauschende Flamme ist am heißesten.

Material: Gasbrenner, Magnesiastäbchen

Sicherheitshinweise: Schutzbrille tragen, Haare zusammenbinden, unnötigen Gegenstände vom Tisch, Magnesiastäbchen ist nach dem Experiment noch heiß!

Durchführung: Ich stelle am Gasbrenner zuerst die leuchtende Flamme ein und halte das Magnesiastächen hinein. Ich beobachte, ob das Stäbchen glüht. Anschließend wiederhole ich das Vorgehen für die nichtleuchtende und die rauschende Flamme.

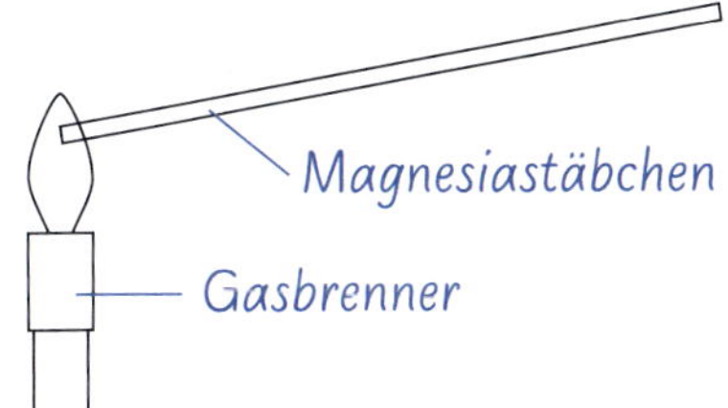

Beobachtung:

Flammentyp	Beobachtung
leuchtende Flamme	Das Magnesiastäbchen wird schwarz, es glüht aber nicht.
nichtleuchtende Flamme	Das Magnesiastäbchen beginnt leicht zu glühen.
rauschende Flamme	Das Magnesiastäbchen glüht stark.

Auswertung: Das Magnesiastäbchen hat in den verschiedenen Flammen unterschiedlich stark geglüht, und zwar am meisten in der rauschenden Flamme. Das bestätigt meine Vermutung, dass die Flammen unterschiedlich heiß sind. Die rauschende Flamme ist am heißesten.

2 Toms Protokoll

7 Die Beobachtungen notieren
Notiere deine Beobachtungen im Protokoll. Du kannst auch Tabellen, Diagramme, Zeichnungen, Fotos oder Videos erstellen.

Tom beobachtet, dass das Magnesiastäbchen in der leuchtenden Flamme schwarz wird. Es glüht aber nicht. Wenn er das Stäbchen in die nichtleuchtende Flamme hält, dann glüht es leicht. In der rauschenden Flamme glüht es stark. Tom notiert seine Beobachtungen.

8 Das Experiment auswerten
Entscheide, ob deine Beobachtungen deine Vermutung bestätigen oder nicht. Wenn deine Vermutung bestätigt wird, dann kannst du deine Frage beantworten. Wenn deine Vermutung nicht bestätigt wird, dann überlege, warum: Vielleicht war das Experiment nicht geeignet, um die Frage zu beantworten? Ändere dann deine Planung. Oder formuliere eine neue Vermutung und experimentiere weiter.

Das Magnesiastäbchen hat in den verschiedenen Flammen unterschiedlich stark geglüht. Das bestätigt Toms Vermutung. Da das Stäbchen in der rauschenden Flamme am meisten geglüht hat, wurde auch seine Vermutung bestätigt, dass diese Flamme am heißesten ist. Tom notiert seine Erkenntnisse in der Auswertung und schreibt eine Antwort auf seine Frage.

AUFGABEN

1 Temperaturzonen der rauschenden Flamme

a ⊠ Plane ein Experiment, um herauszufinden, ob die rauschende Flamme überall gleich heiß ist.

b ⊠ Führe das Experiment durch und erstelle ein Protokoll.

PRAXIS Arbeiten mit dem Gasbrenner

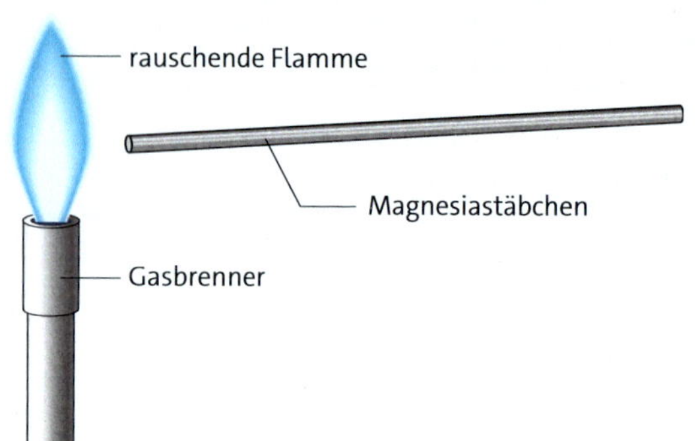

1 Temperaturzonen der rauschenden Flamme

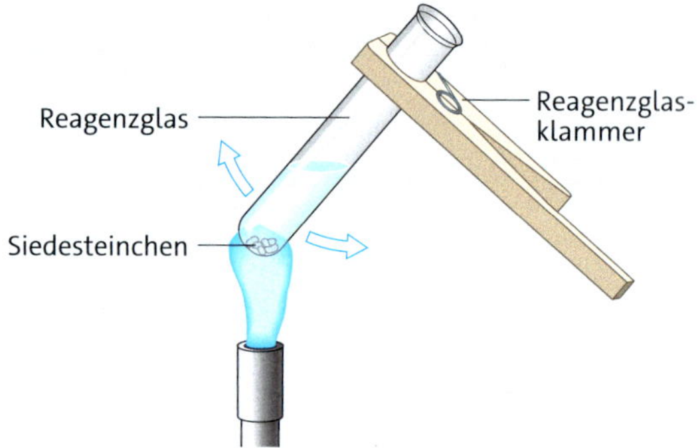

2 Wasser erhitzen

A Temperaturzonen der Brennerflamme

Material:
Gasbrenner, Magnesiastäbchen, Feuerzeug

Durchführung:
- Halte das Magnesiastäbchen nacheinander in die Flammenspitze der leuchtenden und der rauschenden Flamme.
- Untersuche mit dem Magnesiastäbchen die verschiedenen Zonen der rauschenden Flamme.

Auswertung:
1 Beschreibe deine Beobachtungen.
2 Gib an, ob die leuchtende oder die rauschende Flamme heißer ist.
3 Übertrage die Darstellung der rauschenden Flamme aus Bild 1 in dein Heft und ordne den verschiedenen Zonen folgende Temperaturen zu: 300 °C, 1200 °C, 1500 °C.

B Erhitzen von Wasser

Material:
Gasbrenner, Reagenzglas, Reagenzglasklammer, Siedesteinchen, Wasser, Feuerzeug

Durchführung:
- Fülle ein Reagenzglas etwa 2 cm hoch mit Wasser und füge zwei Siedesteinchen hinzu.
- Halte das Reagenzglas mithilfe der Reagenzglasklammer schräg in die nichtleuchtende Flamme und bewege es vorsichtig hin und her.
- Erhitze so lange, bis die Hälfte der Flüssigkeit verdampft ist.

Auswertung:
1 Beschreibe deine Beobachtungen.
2 Erläutere, wieso es wichtig ist, das Reagenzglas beim Erhitzen hin- und herzubewegen.
3 Nenne die Funktion der Siedesteinchen.

C Schmelzen von Glas

Material:
Gasbrenner, Glasrohr, schwer schmelzbares Reagenzglas (Duran), Reagenzglashalter, Tiegelzange, Feuerzeug

Durchführung:
- Halte das Glasrohr in die heißeste Zone der rauschenden Brennerflamme. Drehe dabei das Glasrohr gleichmäßig, bis du Veränderungen feststellst.
- Erhitze ein schwer schmelzbares Reagenzglas in der heißesten Zone der Brennerflamme. Sobald du das Reagenzglas aus der Flamme genommen hast, versuche mit der Tiegelzange das Glas an der heißen Stelle zu verformen.

Auswertung:
1 Beschreibe deine Beobachtungen.
2 Erläutere, wieso man bei hohen Temperaturen ein schwer schmelzbares Reagenzglas verwenden sollte.

dopefo

PRAXIS Arbeiten mit der Waage und der Pipette

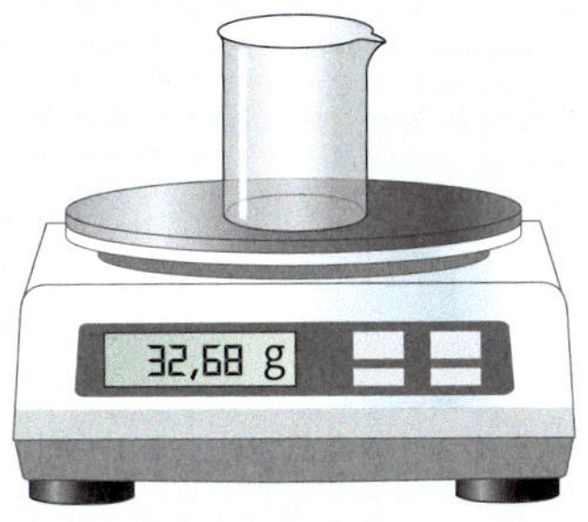

1 Richtig wiegen

A Richtig wiegen

Material:
elektronische Waage, Becherglas, mehrere Gummibärchen

Durchführung:
- Schalte die elektronische Waage ein. Die Waage steht dann auf null.
- Stelle ein Becherglas auf die Waage. Die Waage zeigt jetzt die Masse des Becherglases an.
- Drücke die Taste „Tara". Die Waage stellt sich auf null zurück (Bild 2).
- Lege ein Gummibärchen in das Becherglas.
- Lies die Masse des Gummibärchens ab.
- Erhöhe schrittweise die Anzahl der Gummibärchen und bestimme jeweils die Masse.

Auswertung:

1 Notiere deine Messwerte in einer Tabelle:

Anzahl Gummibärchen	Masse in Gramm
1	...
...	...

2 Begründe, wieso die Taste „Tara" das Wiegen erleichtert (Bild 2).

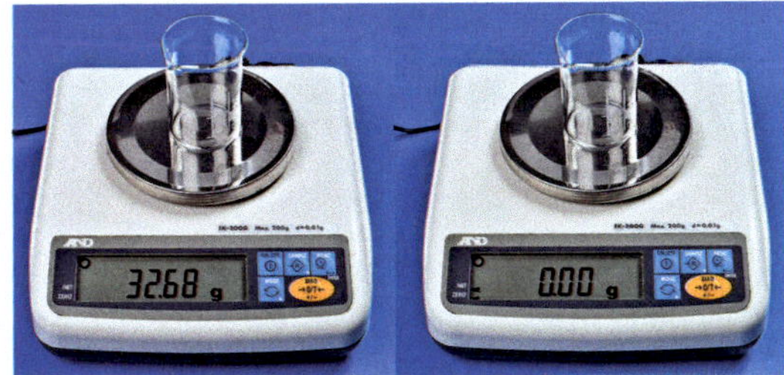

2 Mit der Taste „Tara" wird die Waage auf null gestellt.

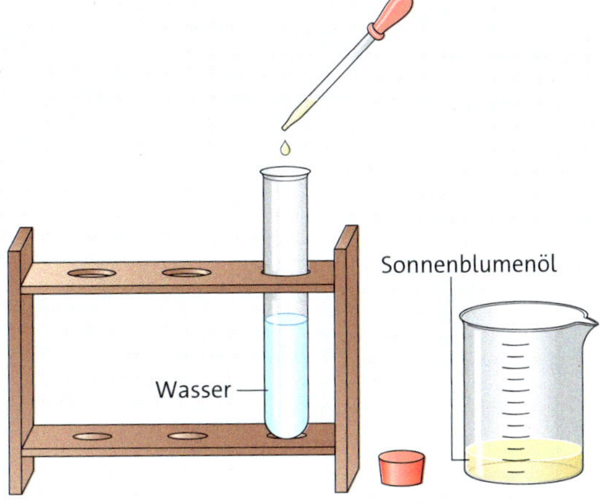

3 Richtig pipettieren

B Richtig pipettieren

Material:
Pipette, Reagenzglas, Reagenzglasständer, Reagenzglasstopfen, kleines Becherglas, Wasser, Sonnenblumenöl

Durchführung:
- Fülle ein Reagenzglas halbvoll mit Wasser und stelle es in den Reagenzglasständer.
- Fülle etwas Sonnenblumenöl in das Becherglas.
- Drücke die Pipette am Gummihütchen mit Daumen und Zeigefinger zusammen.
- Tauche die Pipette in das Becherglas mit Sonnenblumenöl und bewege Daumen und Zeigefinger etwas auseinander. Dadurch wird das Öl wird in die Pipette gesaugt. Achte darauf, dass das Sonnenblumenöl nicht in das Gummihütchen fließt.
- Bewege die Pipette vorsichtig über das Reagenzglas. Gib 5 Tropfen Sonnenblumenöl in das Reagenzglas, indem du das Gummihütchen langsam zusammendrückst.
- Verschließe das Reagenzglas mit dem Stopfen. Halte den Stopfen mit dem Daumen fest und schüttele das Reagenzglas.

Auswertung:

1 Beschreibe, was mit dem Sonnenblumenöl nach dem Schütteln passiert.

2 Begründe, wieso kein Sonnenblumenöl in das Gummihütchen fließen darf.

socari

TESTE DICH!

1 Verhaltensregeln im Chemieraum ↗ S. 13

Der Chemieraum ist ein besonderer Raum in deiner Schule. Wie sollst du dich im Chemieraum verhalten? Notiere vier wichtige Regeln.

2 Sicheres Experimentieren ↗ S. 13

Nico holt sich für ein Experiment alle notwendigen Geräte und Chemikalien vom Pult und bringt sie zu seinem Tisch. Dann liest er sich die Anleitung für das Experiment durch und setzt die Schutzbrille auf. Hat Nico richtig gehandelt? Beschreibe, was Nico besser machen kann. Begründe deine Meinung.

3 Der Teclubrenner ↗ S. 18/19

Ein Teclubrenner wird häufig im Chemieunterricht genutzt, um hohe Temperaturen zu erzeugen.

a Zeichne einen Teclubrenner und benenne seine Bestandteile.

b Beschreibe, wie du vorgehst, um einen Teclubrenner in Betrieb zu setzen.

4 Laborgeräte ↗ S. 16, 207

Ordne die Namen den Geräten zu: Pipette, Messzylinder, Trichter, Gasbrenner, Becherglas, Rundkolben, Erlenmeyerkolben, Reagenzglas, Mörser mit Pistill, Reagenzglasklammer.

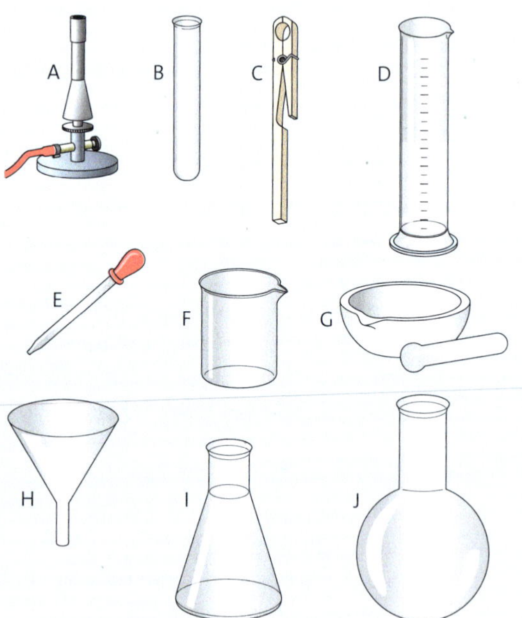

5 Sicherheitseinrichtungen ↗ S. 12

a Benenne alle Sicherheitseinrichtungen und Schutzausrüstungen im Bild und gib jeweils das Feld an, in dem sie sich befinden.

b Beschreibe jeweils in einem Satz, wofür der Gegenstand verwendet wird.

6 Die verschiedenen Flammentypen ↗ S. 18

Im Bild sind zwei Flammentypen abgebildet.

a Benenne die beiden Flammentypen.

b Erkläre, wovon die Temperatur der unterschiedlichen Flammentypen abhängt.

c Begründe, mit welchem Flammentyp nur selten im Chemieraum gearbeitet wird.

7 Erhitzen im Reagenzglas ↗ S. 19

Wenn du eine Flüssigkeit in einem Reagenzglas erhitzt, musst du Regeln beachten.

a Schreibe diese Regeln auf.

b Fertige eine Skizze an, die die Regeln verdeutlicht.

8 Die Gefahrenpiktogramme ↗ S. 14

Gib die Bedeutung der beiden Gefahrenpiktogramme an.

zoxiho

ZUSAMMENFASSUNG Dein neues Fach Chemie

Die Sicherheit im Chemieraum

- Chemieraum nur mit Lehrkraft betreten.
- Sicherheitseinrichtungen im Chemieraum kennen.
- Die Anleitung für das Experiment lesen.
- Notwendige Geräte und Chemikalien bereitstellen.
- Schutzbrille tragen.
- Lange Haare nach hinten binden.
- Chemikalienbehälter immer verschließen.
- Reagenzglasöffnung nicht auf Personen richten.
- Keine Geruchs- und Geschmacksproben vornehmen.
- Im Chemieraum nicht essen und trinken.
- Chemikalien richtig entsorgen.

Der Teclubrenner

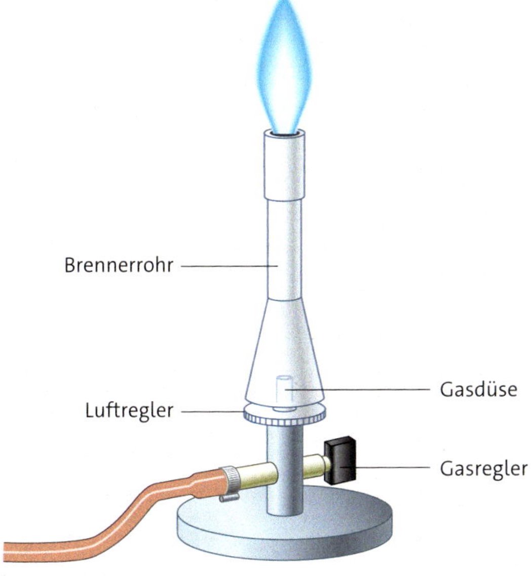

Die Flammentypen

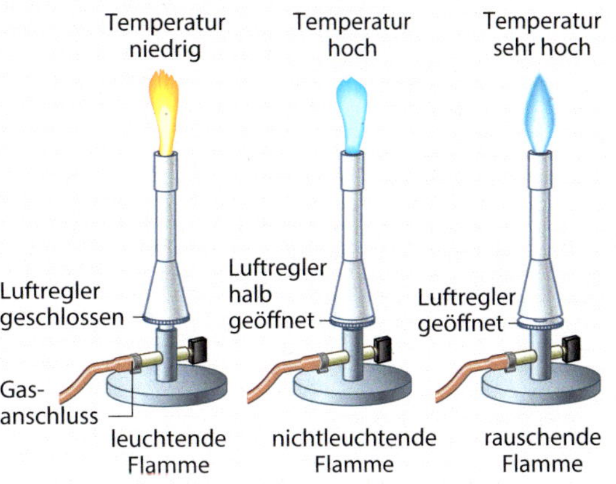

Die Kennzeichnung von Chemikalien

Auf einem Gefahrstoffetikett befinden sich die **Gefahrenpiktogramme**, die **Gefahrenhinweise** (H-Sätze), die **Sicherheitshinweise** (P-Sätze) und das **Signalwort**.

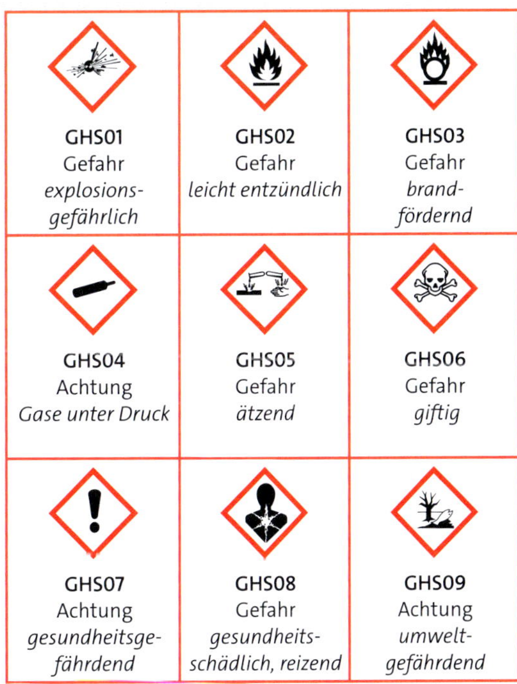

GHS01 Gefahr *explosions-gefährlich*	GHS02 Gefahr *leicht entzündlich*	GHS03 Gefahr *brand-fördernd*
GHS04 Achtung *Gase unter Druck*	GHS05 Gefahr *ätzend*	GHS06 Gefahr *giftig*
GHS07 Achtung *gesundheitsge-fährdend*	GHS08 Gefahr *gesundheits-schädlich, reizend*	GHS09 Achtung *umwelt-gefährdend*

Die Entsorgung von Chemikalienabfällen

Nur wenige Chemikalien dürfen in den Ausguss oder in den Hausmüll gegeben werden. Gefährliche Chemikalienreste gehören in geeignete **Sammelgefäße** und werden anschließend von der Lehrkraft entsorgt.

vahexo

Stoffe und Stoffeigenschaften

In diesem Kapitel erfährst du, ...

... wie du verschiedene Stoffe voneinander unterscheiden kannst.

... wie du die Stoffeigenschaften eines Stoffes überprüfen kannst.

... wie du dir die kleinen Teilchen eines Stoffes vorstellen kannst.

... was passiert, wenn ein Stoff sich löst.

... wie du Schmelz- und Siedetemperaturen ermitteln und aus Diagrammen ablesen kannst.

Stoffe im Alltag

1 Bälle sind kugelförmige Körper aus verschiedenen Materialien.

2 Gase lassen sich abfüllen.

„Holt euch mal einen Ball aus dem Schrank!", heißt es zu Beginn des Sportunterrichts. Delana und Kim überlegen gemeinsam, welchen Ball sie nehmen sollen. Sie sind alle rund, aber sie unterscheiden sich durch das Material. Dadurch haben sie unterschiedliche Eigenschaften. „Ball ist nicht gleich Ball", meint Delana und wählt einen Basketball.

Verschiedene Stoffe – ein Körper

Alle Gegenstände haben eine Form. Die Bälle im Schrank in Bild 1 sind kugelförmig. Wenn man in den Naturwissenschaften die Form eines Gegenstands meint, spricht man von einem **Körper**. Die Bälle sind also kugelförmige Körper. Sie können aus Schaumstoff, Leder oder Gummi sein.
Wenn man das Material meint, dann spricht man von dem **Stoff**. Dabei meint man nicht den Stoff, aus dem Kleidung ist. Als Stoff bezeichnet man in den Naturwissenschaften das Material, aus dem ein Körper besteht.

Ein Stoff – verschiedene Körper

Auch das kennst du vielleicht: Obwohl die Körper verschieden sind, bestehen sie alle aus dem gleichen Stoff. Schokolade kommt in vielen verschiedenen Formen vor: Das kann eine Tafel Schokolade oder ein Schokoladenhase sein – alle diese Körper bestehen aus dem Stoff Schokolade.

Die Form eines Gegenstands bezeichnet man als Körper. Das Material, aus dem ein Körper besteht, heißt Stoff. Gleich geformte Körper können aus verschiedenen Stoffen bestehen. Ein Stoff kann verschieden geformt sein.

Sichtbare und unsichtbare Stoffe

Viele Stoffe kannst du sehen und anfassen. Sand, Holz, Papier und Silber sind feste Stoffe. Wasser und Öl sind bei Raumtemperatur flüssig.

Wenn ein Ballon wie in Bild 2 mit Helium gefüllt wird, dann kannst du den gasförmigen Stoff Helium nicht sehen. Du kannst aber wahrnehmen, dass sich der Ballon ausdehnt. Wenn du den Ballon wieder öffnest, dann kannst du spüren und vielleicht auch hören, wie das Gas wieder ausströmt.
Licht, Wärme und Gedanken lassen sich nicht in Gefäße füllen oder anfassen. Sie sind keine Stoffe.

Eigenschaften kennzeichnen Stoffe

Was unterscheidet die beiden Stoffe Schokolade und Glas voneinander? Schokolade riecht süßlich und schmilzt, wenn du sie länger in der Hand hältst. Glas ist geruchlos und schmilzt erst ab einer Temperatur von ungefähr 600 °C.
Der Geruch und das Schmelzverhalten sind Eigenschaften der Stoffe Schokolade und Glas. Man nennt sie daher **Stoffeigenschaften**.
Unabhängig davon, welche Form ein Gegenstand aufweist, er bleibt immer derselbe. Ein Stoff ist eindeutig durch seine Stoffeigenschaften gekennzeichnet und nicht durch seine Form.

Alles, was wir anfassen oder in einem Gefäß aufbewahren können, ist ein Stoff.
Stoffe lassen sich aufgrund ihrer Stoffeigenschaften kennzeichnen und voneinander unterscheiden.

3 Die Sinnesorgane helfen uns beim Identifizieren von Stoffeigenschaften.

Deine Sinne können dir helfen

Jeder Stoff hat bestimmte Eigenschaften. Deine Sinne helfen dir, einen ersten Eindruck von einem Stoff zu erhalten.

Sehen

Viele Stoffe kannst du schon aufgrund ihres Aussehens voneinander unterscheiden. Kakao ist braun, Kochsalz sieht weiß aus. Wasser ist eine farblose Flüssigkeit, Speiseöl dagegen ist eine gelbliche Flüssigkeit. Mit unseren Augen sehen wir, welche Farbe ein Stoff besitzt, ob seine Oberfläche glänzt oder matt erscheint und ob es sich um einen Feststoff oder eine Flüssigkeit handelt. Stoffe, die ähnlich aussehen, lassen sich jedoch auf diese Weise schlecht voneinander unterscheiden.

Riechen

Essig und Apfelsaft unterscheiden sich äußerlich kaum voneinander. Der süße Geruch von Äpfeln und der säuerliche Geruch von Essig verraten dir aber, in welchem Glas sich der Saft befindet und in welchem Glas Essig ist. Weil die Dämpfe von Stoffen auch giftig oder ätzend sein können, darfst du niemals direkt an Stoffen riechen. Fächle dir vorsichtig mit der Hand die Luft oberhalb des Stoffes zu, bis du den Geruch wahrnimmst.

Schmecken

Zucker und Kochsalz sehen ähnlich aus. Die beiden Stoffe lassen sich aber leicht durch eine Eigenschaft unterscheiden: den Geschmack. Zucker schmeckt süß, Kochsalz schmeckt salzig. Mit unserer Zunge können wir verschiedene Geschmacksrichtungen bestimmen. So kannst du die Stoffe Kochsalz und Zucker eindeutig voneinander unterscheiden.
In der Küche kannst du Geschmacksproben durchführen. Im Labor und im Naturwissenschaftsunterricht sind Geschmacksproben jedoch verboten!

Tasten

Bei gleicher Raumtemperatur fühlt sich Holz in der Hand warm an. Ein Stück Eisen fühlt sich in deiner Hand jedoch eher kalt an. Das liegt daran, dass Eisen die Körperwärme schnell ableitet. Man sagt daher, dass Eisen ein guter Wärmeleiter ist. Holz dagegen leitet die Wärme schlecht. Holz ist ein schlechter Wärmeleiter. Auch die Oberflächenbeschaffenheit und die Härte eines Stoffes nimmst du beim Anfassen wahr.

Hören

Wenn ein Blatt zu Boden fällt, dann hörst du es kaum. Wenn ein Metallblech oder ein Glas herunterfällt, dann kannst du dies hören.

Mithilfe der Sinnesorgane können wir Stoffe erkennen und voneinander unterscheiden. Vorsicht bei Geschmacks- und Geruchsproben!

AUFGABEN

1 Stoff und Körper

a Nenne drei Stoffe und drei Körper, die du in der Küche findest.

b Suche ein Beispiel für einen Gegenstand, der aus verschiedenen Stoffen bestehen kann.

c Stoffe können fest, flüssig oder gasförmig sein. Finde dafür jeweils zwei Beispiele.

d Überlege und begründe, ob Sonnenlicht ein Stoff ist.

2 Stoffeigenschaften

a Nenne die Sinne, mit denen Stoffe beschrieben werden können.

b Nenne Eigenschaften, die man mit dem Sinnesorgan Auge wahrnehmen kann.

c Geschmacksproben sind im Fachraum verboten. Erkläre, warum diese verboten sind.

d Beschreibe einen Gegenstand aus deiner Federmappe. Nenne dabei möglichst viele Stoffeigenschaften.

hogoji

Stoffeigenschaften mit einfachen Experimenten prüfen

1 Rasmus kann einige Münzen einfach rausangeln.

2 Mit einem Glasschneider kann man Glas schneiden.

Rasmus kann heruntergefallene Münzen mit einem Magneten aufheben. Allerdings kann er nur manche Münzen magnetisieren. Die 1-, 2- und 5-Cent-Münzen und auch die 1- und 2-Euro-Münzen kann er magnetisieren. Die 10-, 20- und 50-Cent-Münzen kann er nicht magnetisieren.

Stoffeigenschaften bestimmen

Viele Stoffeigenschaften werden mit den Sinnesorganen wahrgenommen. Dazu gehört die Farbe eines Stoffes oder sein Aggregatzustand bei Raumtemperatur. Um einen Stoff eindeutig zu bestimmen, sind die Sinneswahrnehmungen nicht ausreichend. Salz und Zucker sind beides weiße Feststoffe. Mit Experimenten, Hilfsmitteln und Messgeräten können weitere Stoffeigenschaften ermittelt werden. So verändert sich Salz beim Erhitzen nicht, Zucker wird jedoch braun-schwarz.

Die Härte

Butterweich und steinhart – solche Adjektive beschreiben die **Härte** eines Stoffes. Mit der sogenannten Ritzprobe kannst du die Härte von Stoffen vergleichen. Dazu ritzt du mit einem harten Stoff einen weicheren Stoff. Durch das Ritzen mit einem Eisennagel kann man beispielsweise verschiedene Holzarten miteinander vergleichen. Fichtenholz ist ein weiches Holz, das Holz der Eiche hingegen ist im Vergleich zum Fichtenholz hart. Der härteste natürliche Stoff ist der Diamant. Diamanten benutzt man in der Technik, um Glas zu schneiden. Der harte Diamant des Glasschneiders ritzt das Glas (Bild 2). Wenn man vorsichtig drückt, bricht das Glas dann an der eingeritzten Stelle.

Die Verformbarkeit

Stoffe lassen sich unterschiedlich gut verformen. Glas ist hart und spröde. Es lässt sich demnach schlecht verformen und zerbricht schnell. Gummi dagegen ist weich und biegsam. Wenn ein Gegenstand aus Gummi zu Boden fällt, dann springt er hoch und bleibt unverändert, weil er elastisch ist. Durch vorsichtiges Biegen kann die Verformbarkeit getestet werden.

Prüfen der Magnetisierbarkeit

Einige Stoffe werden von einem Magneten angezogen, andere nicht. Diese Stoffeigenschaft wird **Magnetisierbarkeit** genannt. Die 1-, 2- und 5-Cent-Münzen in Bild 1 bestehen aus einem Eisenkern, der mit Kupfer überzogen ist. Die 10-, 20- und 50-Cent-Stücke enthalten ebenfalls Kupfer, jedoch kein Eisen. Eisen ist also magnetisierbar, Kupfer jedoch nicht. Auch Nickel und Cobalt werden von Magneten angezogen. Der Kern der 1-Euro-Münzen besteht aus einer Mischung von Metallen, die auch Nickel enthält. Bei den 2-Euro-Münzen ist es der Rand, der Nickel enthält.

Die Wärmeleitfähigkeit

Wenn du einen Metalllöffel längere Zeit in heißem Tee stehen lässt, dann bemerkst du, dass der Löffel heiß geworden ist. Bei einem Löffel aus Holz ist kein Unterschied zu erkennen. Stoffe leiten Wärme unterschiedlich gut. Unter **Wärmeleitfähigkeit** versteht man die Fähigkeit eines Stoffes, Wärme zu transportieren. Metalle wie Kupfer oder Gold sind gute Wärmeleiter. Holz, Papier oder Kunststoff sind schlechte Wärmeleiter.

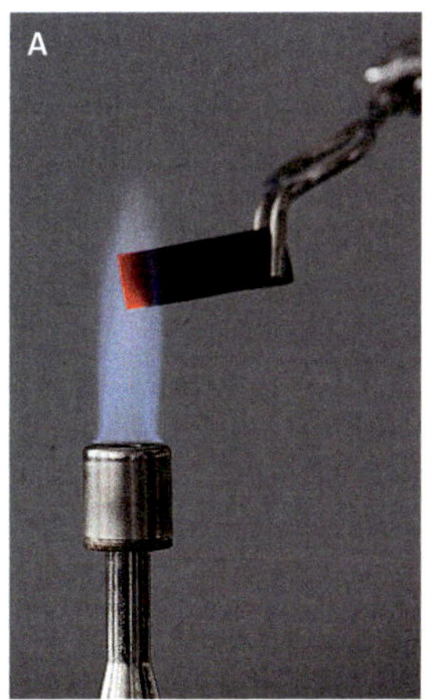

3 Das Eisenblech brennt nicht (A), Eisenpulver schon (B).

Die elektrische Leitfähigkeit

Metalle leiten den elektrischen Strom. Auch andere Stoffe wie eine Bleistiftmine oder eine Salzlösung leiten den elektrischen Strom. Um die **elektrische Leitfähigkeit** zu untersuchen, baut man den Stoff in einen Stromkreis ein.
Stoffe, die den elektrischen Strom leiten, nennt man **Leiter**. Stoffe, die den Strom nicht leiten, nennt man **Nichtleiter**. Kunststoff, Holz und Glas sind Beispiele für Nichtleiter.

Verhalten beim Erhitzen

Wenn man bestimmte Kunststoffe vorsichtig erhitzt, dann werden sie weich und verformbar. Andere Kunststoffe dagegen zersetzen sich und werden zerstört. Das bei Zimmertemperatur harte und spröde Glas lässt sich erst ab einer Temperatur von etwa 600 °C verformen.
Das Verhalten von Stoffen beim Erhitzen ist eine Stoffeigenschaft.

Die Brennbarkeit

Wenn man einen festen Stoff in die Flamme hält oder erhitzt, dann kann man die **Brennbarkeit** ermitteln. Ein Blatt Papier entzündet sich in der Flamme des Brenners schnell, ein Stein hingegen gar nicht. Bei Feststoffen kann die Brennbarkeit auch davon abhängen, wie fein verteilt ein Stoff ist. So ist zum Beispiel ein Stück Eisenblech nicht brennbar, Eisenpulver hingegen brennt und bildet sprühende Funken (Bild 3).
Die Brennbarkeit von Flüssigkeiten kann man überprüfen, indem man versucht, den Stoff in einer feuerfesten Schale zu entzünden.

Die Löslichkeit

Wenn du Eisenpulver in ein Glas Wasser gibst, dann setzt sich das Eisenpulver am Boden ab. Es löst sich nicht in Wasser. Ein Löffel Zucker lässt sich durch Umrühren schnell lösen. Die Stoffeigenschaft, die hier beschrieben wird, nennt man die **Löslichkeit** eines Stoffes in einem bestimmten Stoff, der **Lösungsmittel** genannt wird. Man kann bestimmen, ob sich ein Stoff in einem Lösungsmittel löst, und man kann auch die Masse eines Stoffes ermitteln, die sich in einer bestimmten Menge eines Lösungsmittels löst.

> Stoffeigenschaften wie die Härte, die Verformbarkeit, die Magnetisierbarkeit, die Wärmeleitfähigkeit, die elektrische Leitfähigkeit, die Brennbarkeit oder die Löslichkeit können mit Experimenten ermittelt werden.

AUFGABEN

1 Die Härte

a Nenne drei weiche und drei harte Stoffe.
b Beschreibe, wie du die Härte von Stoffen vergleichen kannst.
c Früher gab es Schreibtafeln aus Wachs. Erkläre, wieso Wachs verwendet wurde.
d Nenne die Vor- und Nachteile einer Schreibtafel aus Wachs.

2 Die Magnetisierbarkeit

a Nenne die Metalle, die magnetisierbar sind.
b Erkläre, warum nicht jede Geldmünze von einem Magneten angezogen wird.

3 Brennbar oder nicht?

Ordne die Stoffe in brennbar oder nicht brennbar in einer Tabelle oder in einer Liste: Holz – Zucker – Salz – Stahl – Kunststoff – Glas.

4 Die Wärmeleitfähigkeit

a Nenne drei Stoffe, die gut Wärme leiten, und drei Stoffe, die schlecht Wärme leiten.
b Erkläre, warum Kochtöpfe aus Metall sind.
c Sanya und Isabel wollen sich auf eine Steintreppe setzen. Sanya holt eine Zeitung und legt diese auf die Treppe, bevor sie sich hinsetzt. „Warum machst du das?“, fragt Isabel. Notiere Sanyas Antwort auf die Frage und beurteile ihre Handlung.

METHODE Das Volumen bestimmen

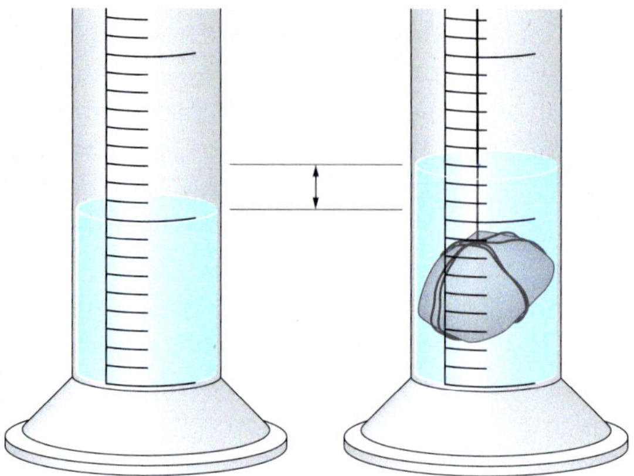

1 Das Volumen durch Verdrängung ermitteln

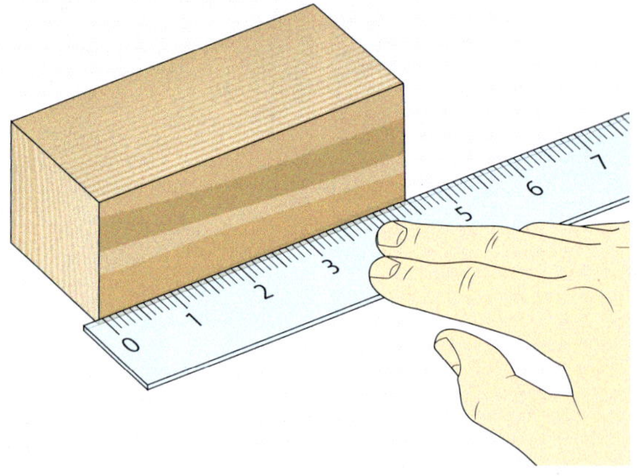

2 Das Volumen durch Messen ermitteln

Das Volumen mit der Steigmethode ermitteln

Wenn ein Körper vollständig in Wasser eingetaucht wird, dann verdrängt er genau die Menge Wasser, die seinem Volumen entspricht.
Du bestimmst das Volumen des Körpers, indem du den Wasserstand vor und nach dem Eintauchen vergleichst. Du brauchst einen Messzylinder und einen Faden.

1 Vorbereitungen
Fülle den Messzylinder mit Wasser. Lass ausreichend Platz, damit das Wasser später nicht überläuft. Notiere den Wasserstand.

2 Eintauchen
Befestige den Körper an einem Faden. Tauche ihn langsam, aber vollständig in das mit Wasser gefüllte Gefäß. Ziehe ihn nicht heraus.

3 Ablesen
Lies den Wasserstand ab. Der Unterschied zwischen den beiden Wasserständen entspricht dem Volumen des eingetauchten Körpers.

Beachte:
Stelle den Messzylinder auf den Tisch. Deine Augen müssen sich beim Ablesen auf Höhe der Wasseroberfläche befinden.

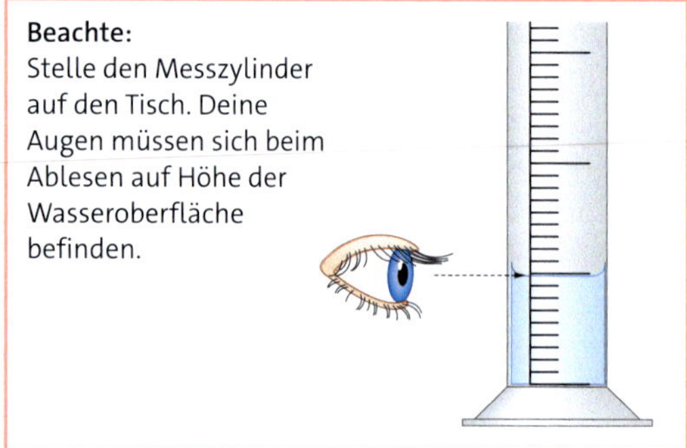

Das Volumen durch Messen ermitteln

Wenn du das Volumen eines Quaders bestimmen willst, kannst du dies auch durch Messen und Rechnen tun. Du brauchst dazu ein Lineal.

1 Vorbereitungen
Lege das Lineal und den Quader bereit.

2 Messen
Miss die Länge, die Breite und die Höhe deines Körpers. Notiere die Werte.

3 Berechnen
Das Volumen des Quaders berechnest du mit der Formel:
Volumen = Länge · Breite · Höhe

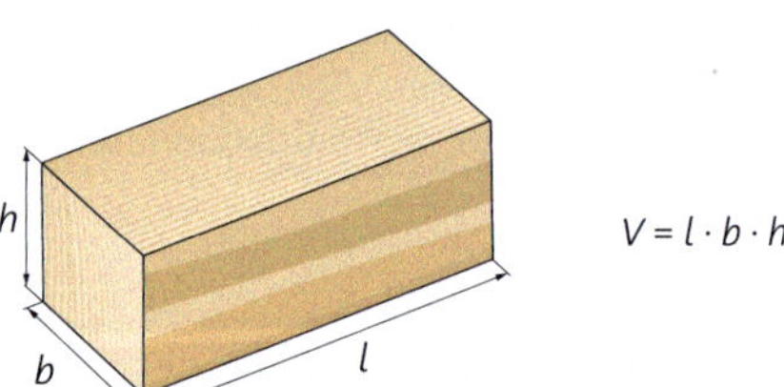

$V = l \cdot b \cdot h$

Beachte:
Wenn du die Werte in Zentimetern (cm) gemessen hast und damit das Volumen berechnest, dann hat dein Ergebnis die Einheit Kubikzentimeter (cm^3). Du kannst die Einheit cm^3 durch Milliliter (ml) ersetzen, denn $1\,cm^3$ entspricht 1 ml.

$$1\,cm^3 \mathrel{\hat{=}} 1\,ml$$

EXTRA Die Dichte

1 Gleiche Masse – unterschiedliches Volumen

Julian behauptet: „100 Gramm Blei sind schwerer als 100 Gramm Federn." Nisa antwortet: „Beide Stoffe sind gleich schwer, sie nehmen nur unterschiedlich viel Raum ein!" Wer hat recht?

Gleiche Masse – unterschiedliche Volumen
Jeder Körper hat eine Masse. Bild 1 zeigt zwei Waagschalen. In der einen befinden sich 100 Gramm Federn, in der anderen 100 Gramm Blei. Es ist deutlich zu sehen, dass beide Stoffe unterschiedlich viel Raum einnehmen.
100 Gramm Federn haben ein größeres Volumen als 100 Gramm Blei. Bei gleicher Masse haben beide Stoffe verschiedene Volumen.

Gleiches Volumen – unterschiedliche Massen
In Bild 2 sind drei verschiedene Würfel dargestellt, die alle dasselbe Volumen von 1 Kubikzentimeter ($1\,cm^3$) haben. Die Körper unterscheiden sich jedoch in ihrer Masse.

Masse und Volumen bestimmen die Dichte
Man kann sich die Stoffe, aus denen Körper bestehen, unterschiedlich dicht gepackt vorstellen. Deswegen spricht man auch von der **Dichte** eines Stoffes. Die Dichte ist eine Stoffeigenschaft. Sie gibt an, welche Masse ein Körper bei einem bestimmten Volumen hat. Wir können die Dichten von Stoffen miteinander vergleichen (Bild 3).

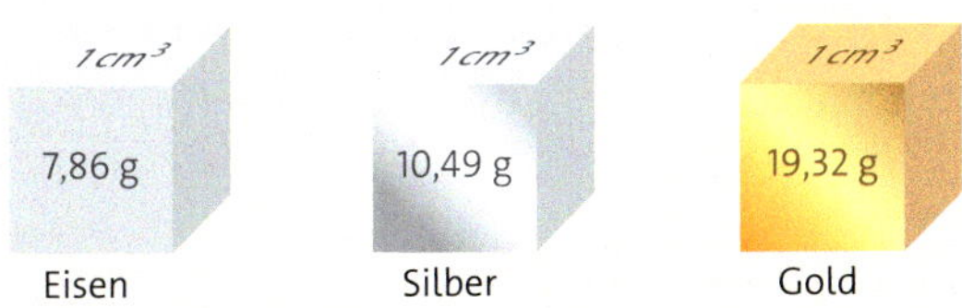

2 Gleiches Volumen – unterschiedliche Massen

Stoff	Dichte in $\frac{g}{cm^3}$
Wasser	1,00
Aluminium	2,70
Eisen	7,86
Silber	10,50
Gold	19,30
Polyethylen (PE)	0,91
Kupfer	8,93

3 Die Dichte einiger Stoffe

Wenn ein Körper bei gleicher Masse weniger Raum einnimmt als ein anderer Stoff, dann hat der Stoff eine höhere Dichte. Wenn ein Körper bei gleicher Masse mehr Raum einnimmt, dann hat der Stoff eine geringere Dichte.

Berechnen der Dichte
Die Dichte eines Körpers berechnest du, indem du die Masse des Körpers durch sein Volumen dividierst.

$$\text{Dichte} = \frac{\text{Masse}}{\text{Volumen}}$$

Beispiel: Ein Quader Silber wiegt 84,0 g. Der Quader ist 4 cm lang, 2 cm breit und 1 cm hoch.

Berechnen des Volumens:
Volumen = Länge · Breite · Höhe
$V = 4\,cm \cdot 2\,cm \cdot 1\,cm$
$V = 8\,cm^3$

$$\text{Dichte Silber} = \frac{84\,g}{8\,cm^3}$$

$$\text{Dichte Silber} = \frac{10{,}50\,g}{cm^3}$$

AUFGABEN

1 Die Dichte ermitteln

a Ein unbekannter Stoff wiegt 117,9 g und hat ein Volumen von $15\,cm^3$. Berechne die Dichte des Stoffes. Benenne den Stoff (Bild 3).

b Ein Würfel hat eine Kantenlänge von 3 cm. Er wiegt 72,9 g. Berechne die Dichte des Würfels und nenne das Material, aus dem er besteht.

c Berechne, ob ein Würfel mit einer Kantenlänge von 2,5 cm aus purem Gold besteht, wenn er eine Masse von 165 g hat.

PRAXIS Untersuchen von Stoffeigenschaften

Tipps zum Experimentieren im Team

1 Lest zuerst die Anleitung für das Experiment und sichtet das Material. Tauscht euch darüber aus, was zu tun ist. Jedes Teammitglied sollte die Informationen verstehen.

2 Arbeitet ihr alle gemeinsam oder gibt es verteilte Aufgaben, die am Ende zusammengeführt werden? Wenn ihr Aufgaben verteilt, dann achtet darauf, dass jedes Teammitglied Aufgaben bekommt, die zu ihm oder ihr passen.

3 Tragt eure Ergebnisse gemeinsam zu einem Teamergebnis zusammen.

4 Selbst, wenn ihr alles gemeinsam erarbeitet, könnt ihr Rollen verteilen. Überlegt gemeinsam: Wer macht Notizen? Wer achtet auf die Zeit? Wer ist für das Material verantwortlich? Wer präsentiert die Ergebnisse?

5 Sprecht im Anschluss über den Lernerfolg eurer Gruppe. Tauscht euch auch darüber aus, wie gut eure Verständigung untereinander funktioniert hat. Feedback sollte wertschätzend gegeben werden. Formuliert Rückmeldungen nicht als Bewertungen, sondern als Beobachtungen und nennt Beispiele. Kritisiert nur das, was eine Person auch wirklich ändern kann.

A Gleiche Form und doch verschieden?

Material: Lupe, Flummi, Holzkugel, Styroporkugel, Murmel, Wachskugel, Metallkugel, Eisennagel

Durchführung:
- Betrachtet die Stoffe zuerst mit bloßem Auge, dann mithilfe der Lupe.
- Betastet die Oberfläche der Kugeln.
- Vergleicht die Masse der Kugeln, indem ihr sie mit den Händen wiegt.
- Lasst die Kugeln auf den Boden fallen und beschreibt den Klang.
- Ritzt mit dem Eisennagel die Stoffproben.
- Erstellt eine Tabelle. Tragt die Beobachtungen zu Farbe, Glanz, Oberflächenbeschaffenheit, Masse, Klang, Elastizität und zur Härte ein.

Auswertung:

1 Wählt zwei der Kugeln aus. Vergleicht die untersuchten Stoffeigenschaften miteinander.

1 Überprüfen der Magnetisierbarkeit

B Die Magnetisierbarkeit

Material:
Magnet, Glas, Holz, Nickelblech, Eisenblech, Kupferblech, Knopf einer Jeans, Geldmünzen, Nagel, Aluminiumfolie, Zinkfolie

Durchführung:
- Überprüft, welche Stoffe vom Magneten angezogen werden.

Auswertung:

1 Erstellt eine Liste mit den Stoffen, die magnetisierbar sind.

2 Vergleicht die Magnetisierbarkeit der Geldmünzen und stellt eine Vermutung an, aus welchen Metallen sie bestehen.

C Die Brennbarkeit

Material:
Gasbrenner, feuerfeste Unterlage, Tiegelzange, Eisenblech, Papier, dünner Holzstab, ein Stück Holzkohle, Alufolie, Kunststoff

Durchführung:
- Haltet die Stoffe mit der Tiegelzange in die Brennerflamme. Prüft, ob sie sich entzünden.
- Beobachtet, ob der Stoff zu brennen beginnt. Brennt er weiter, wenn ihr ihn aus der Flamme nehmt?
- Legt die Reste auf eine feuerfeste Unterlage.

Auswertung:

1 Beschreibt, wie sich die Stoffe in der Flamme verhalten.

2 Nennt die Stoffe, die außerhalb der Flamme weiterbrennen.

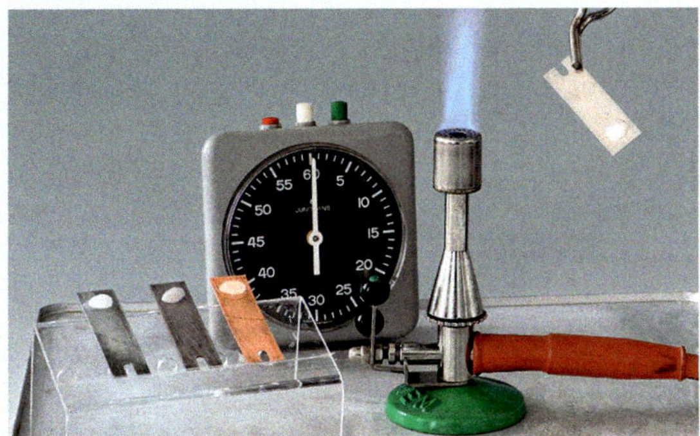

2 Überprüfen der Wärmeleitfähigkeit

4 Überprüfen der elektrischen Leitfähigkeit

D Die Wärmeleitfähigkeit

Material:
Gasbrenner, Feuerzeug, Tiegelzange, feuerfeste Unterlage, Kerze, Uhr mit Sekundenzeiger, Metallstreifen aus Eisen, Kupfer, Zink und Aluminium

Durchführung:
- Legt die Metallstreifen auf die feuerfeste Unterlage.
- Entzündet eine Kerze und tropft jeweils einen Tropfen Wachs auf ein Ende des Metallstreifens.
- Wartet, bis das Wachs fest ist.
- Stellt die Stoppuhr bereit. Haltet mit der Tiegelzange nacheinander die Metallstreifen jeweils mit dem anderen Ende in die Brennerflamme.
- Stoppt jeweils die Zeit, die vergeht, bis das Wachs schmilzt. Notiert eure Ergebnisse in einer Tabelle (Bild 3).

Auswertung:
1 Ordnet die Metalle. Beginnt mit dem Metall, bei dem der Tropfen zuerst schmilzt.
2 Stellt eine Vermutung an, welches Metall die Wärme an besten leitet, und begründet dies.
3 Begründet, warum ihr mit diesem Experiment nicht die Wärmeleitfähigkeit von Kunststoff oder Holz ermitteln könnt.

Metall	Zeit in Sekunden
Eisen	...
Kupfer	...
...	...

3 Beispieltabelle

E Die elektrische Leitfähigkeit

Material:
Batterie, Experimentierkabel mit Krokodilklemmen, Glühlampe, Holzbrett, Glasstab, Eisennagel, Kupferblech, Zinkblech, Papier

Durchführung:
- Verbindet die Batterie und die Glühlampe mit den Experimentierkabeln wie in Bild 4.
- Klemmt zwischen die zwei freien Krokodilklemmen nacheinander die Stoffe, die ihr prüfen wollt.
- Beobachtet jeweils, ob die Glühlampe leuchtet.

Auswertung:
1 Gebt für jeden Körper an, ob die Glühlampe leuchtet oder nicht. Entscheidet, ob es sich um einen Leiter oder Nichtleiter handelt. Notiert eure Ergebnisse in einer Tabelle.

F Die Löslichkeit

Material:
5 Bechergläser, Glasstabe, Spatellöffel, Eisenpulver, Zucker, Natron, Styroporflocken, Kochsalz, Wasser

Durchführung:
- Gebt jeweils einen Löffel der Stoffe in ein Becherglas mit Wasser und rührt vorsichtig um.

Auswertung:
1 Unterscheidet die löslichen und unlöslichen Stoffe. Erstellt dazu eine Tabelle.

Die Aggregatzustände und ihre Übergänge

1 Stoffe begegnen uns in verschiedenen Zustandsformen.

„Schau mal“, sagt Leyli zu ihrer kleinen Schwester Lorin, nachdem sie die Kerzen ihrer Geburtstagstorte ausgepustet hat. „Zu deinem Geburtstag hast du Stoffe in allen drei Zustandsformen bekommen. Die Luft in den Ballons ist gasförmig, der Apfelsaft ist flüssig und das Wachs der Kerze ist fest.“

Ein Stoff hat mehrere Zustandsformen

Stoffe können dir in verschiedenen Zustandsformen begegnen. Sie können fest, flüssig oder gasförmig sein. Die Zustandsform eines Stoffes nennt man **Aggregatzustand**.

Verschiedene Stoffe können bei gleicher Temperatur unterschiedliche Aggregatzustände haben. Bei Raumtemperatur ist Wachs fest, Apfelsaft flüssig und Luft gasförmig.

Wasser ist ein Stoff in deiner Umgebung, der dir im Alltag in allen drei Aggregatzuständen begegnet (Bild 2). In welchem Zustand das Wasser vorliegt, hängt von der Temperatur ab. Zwischen 0 °C und 100 °C ist Wasser flüssig. Unterhalb von 0 °C ist Wasser fest. Man nennt festes Wasser Eis. Oberhalb von 100 °C ist Wasser gasförmig.

Stoffe können fest, flüssig oder gasförmig sein. Diese Zustandsform eines Stoffes bezeichnet man als Aggregatzustand. Der Aggregatzustand eines Stoffes hängt von der Temperatur ab.

Verdampfen und Kondensieren

Wenn man einem Stoff Wärme zuführt, dann kann man den Aggregatzustand des Stoffes ändern. Wenn du Wasser im Topf erhitzt, dann beobachtest du, dass Wasserdampf aufsteigt. Das flüssige Wasser wird also gasförmig. Wenn ein Stoff vom flüssigen in den gasförmigen Aggregatzustand übergeht, dann spricht man von **Verdampfen.**

Man kann den Aggregatzustand eines Stoffes auch ändern, wenn man einem Stoff Wärme entzieht. Wenn der Wasserdampf an eine kalte Oberfläche wie eine Fensterscheibe gelangt, dann kannst du beobachten, dass sich Wassertropfen bilden. Das gasförmige Wasser wird flüssig. Wenn ein Stoff vom gasförmigen in den flüssigen Aggregatzustand übergeht, nennt man das **Kondensieren**.

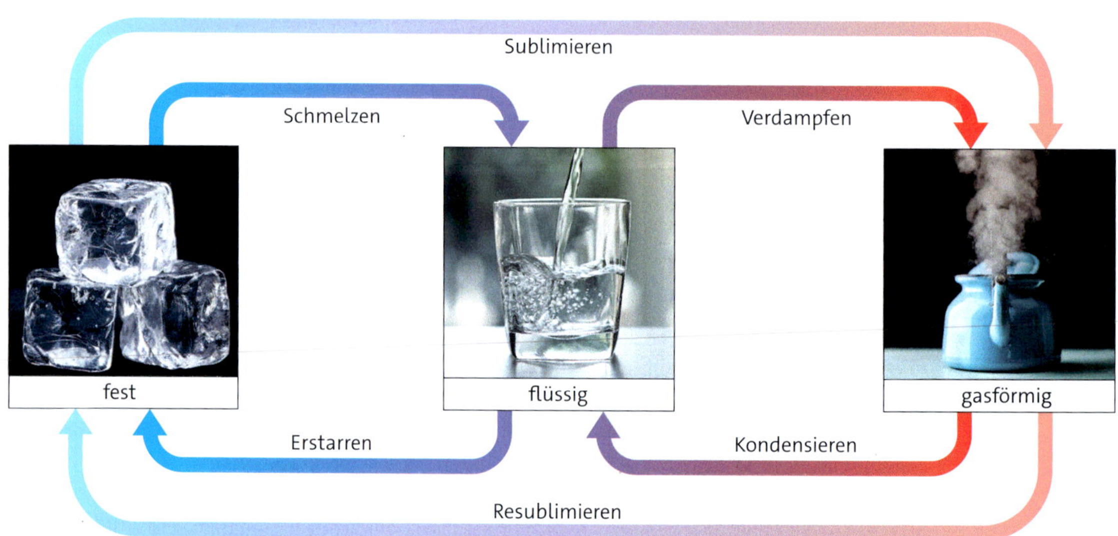

2 Aggregatzustände und ihre Übergänge

Erstarren und Schmelzen
Oberhalb von 0 °C ist Wasser flüssig. Wenn die Temperatur unter 0 °C sinkt, wird das Wasser fest. Diesen Vorgang nennt man **Erstarren**.
Eis wird bei Temperaturen oberhalb von 0 °C flüssig. Man sagt: Das Eis schmilzt. Der Aggregatzustandsübergang heißt Schmelzen.

Sublimieren und Resublimieren
Viele feste Stoffe werden zuerst flüssig, wenn man sie erhitzt, und dann gasförmig. Wenn man jedoch Iod erhitzt, dann beobachtet man, dass festes Iod sofort in den gasförmigen Aggregatzustand übergeht (Bild 3). Diesen direkten Übergang vom festen in den gasförmigen Aggregatzustand nennt man **Sublimieren**. Wenn das gasförmige Iod wieder abkühlt, dann wird es sofort fest. Auch hier wird der flüssige Zustand übersprungen. Diesen Vorgang nennt man **Resublimieren**.

Den Aggregatzustand eines Stoffes kann man durch Zufuhr oder Abgabe von Wärme ändern:
flüssig → gasförmig: verdampfen
gasförmig → flüssig: kondensieren
fest → flüssig: schmelzen
flüssig → fest: erstarren
fest → gasförmig: sublimieren
gasförmig → fest: resublimieren

3 Iod sublimiert und resublimiert.

AUFGABEN

1 Aggregatzustände

a Nenne die drei Aggregatzustände.

b Ordne die Stoffe den Aggregatzuständen bei Raumtemperatur zu: Zucker, Luft, Speiseöl, Salz, Kohlenstoffdioxid, Butter, Wasser, Orangensaft.

2 Aggregatzustandsänderungen benennen

Vervollständige die Tabelle in deinem Heft und ergänze die fehlenden Fachwörter:

Aggregatzustand davor	Aggregatzustandsänderung	Aggregatzustand danach
fest	schmelzen	...
...	sublimieren	gasförmig
...	...	...

3 Beispiele für Aggregatzustandsänderungen

Beschreibe die Aggregatzustandsänderung in den folgenden Beispielen mit den Fachwörtern:

a Im Winter beschlägt eine Brille beim Betreten eines warmen Raumes. Vervollständige folgenden Satz: *Wasser wechselt seinen Aggregatzustand von … zu … .*

b Im Winter beobachtet man bei trockenem, sonnigem Wetter, dass gewaschene Wäsche gefriert und anschließend trocknet.

c Mara hat ihren Eisbecher kurze Zeit stehen gelassen. Sie macht anschließend zwei Beobachtungen: Das Eis im Becher ist zum Teil geschmolzen und es hat sich zudem außen am Becher eine Eisschicht gebildet.

4 Iod wird erhitzt

Das Experiment aus Bild 3 zeigt, was mit festem Iod passiert, wenn man es erhitzt. Beschreibe die Beobachtungen in eigenen Worten. Benenne die Vorgänge anschließend mit den Fachwörtern.

zeqeye

Schmelz- und Siedetemperaturen von Stoffen

1 Schnee schmilzt.

Wenn es im Frühjahr langsam wärmer wird, schmilzt der Schnee. Dann entstehen überall große Pfützen aus Wasser. Im Sommer dagegen müssen wir die Pflanzen häufig gießen.

Die Schmelztemperatur

Wasser ist bei einer Temperatur unter 0 °C fest. Man nennt es Eis oder Schnee. Wenn man Eis erhitzt, dann beginnt es bei 0 °C zu schmelzen und wird flüssig. Bis zum vollständigen Schmelzen des Eises bleibt die Temperatur gleich. Wenn man die Temperatur von schmelzendem Wasser in einer bestimmten Zeitspanne misst, kann man aus den Zeit- und den Temperaturwerten ein Diagramm wie in Bild 2 zeichnen. Ein solches Diagramm nennt man auch Schmelzkurve. Man erkennt die **Schmelztemperatur** eines Stoffes in seiner Schmelzkurve daran, dass sich die Temperatur über einige Zeit nicht ändert. Jeder Stoff hat eine eigene Schmelztemperatur. Sie ist eine typische Stoffeigenschaft. Gleichzeitig gibt die Schmelztemperatur auch die Temperatur an, bei dem ein Stoff erstarrt: die **Erstarrungstemperatur**.

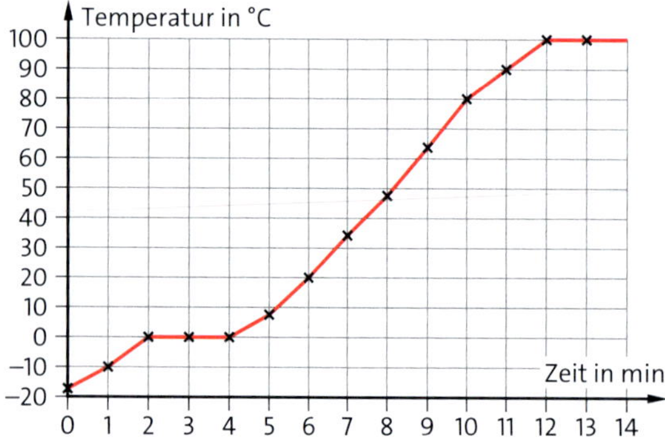

2 Schmelz- und Siedekurve von Wasser

Die Siedetemperatur

Die Temperatur von kochendem, also siedendem Wasser beträgt 100 °C. Bild 2 zeigt, dass diese Temperatur auch bei längerem Erhitzen gleich bleibt. Man nennt diese Temperatur daher **Siedetemperatur**. Gasförmiges Wasser kondensiert bei 100 °C zu flüssigem Wasser. Die Siedetemperatur ist also auch die Kondensationstemperatur.

Charakteristische Stoffeigenschaften

Jeder Stoff hat eine kennzeichnende Schmelztemperatur und eine Siedetemperatur. Trinkalkohol siedet bei 78 °C, Silber schmilzt bei 961 °C. Stoffgemische haben einen Schmelzbereich. Weil Wachs aus mehreren Wachsarten besteht, liegt der Schmelzbereich zwischen 50 °C und 70 °C.

Die Schmelz- und die Siedetemperatur sind für jeden Stoff charakteristische, messbare Stoffeigenschaften.

AUFGABEN

1 Schmelz- und Erstarrungstemperatur

a Beschreibe, woran du die Schmelztemperatur von Wasser in Bild 2 erkennst.

b Im Straßenverkehr sollte man bei einer Außentemperatur von 0 °C vorsichtig fahren. Begründe.

c Begründe mithilfe von Bild 3, weshalb beim Zusammenlöten von Dachrinnen aus Stahl oder Kupfer Lötzinn eingesetzt wird.

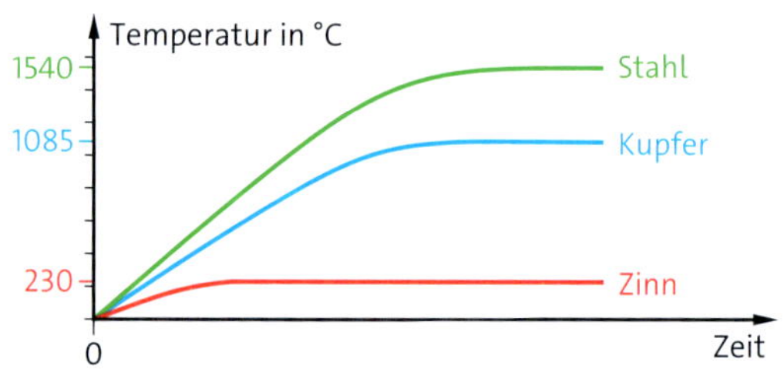

3 Schmelzkurven von Stahl, Kupfer und Zinn

2 Die Siedetemperatur

a Beschreibe, was die Siedetemperatur ist.

b Nenne die Siedetemperaturen für die Stoffe Wasser und Trinkalkohol.

c Begründe, weshalb die Siedetemperatur eines Stoffes eine charakteristische Stoffeigenschaft ist.

kiwoto

PRAXIS Schmelz- und Siedetemperatur bestimmen

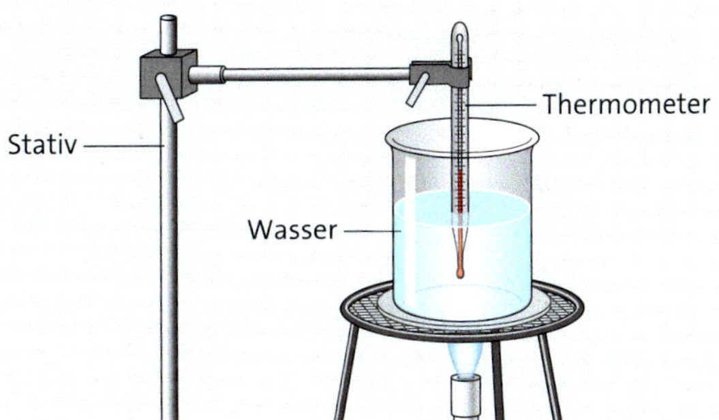

1 Bestimmung der Siedetemperatur

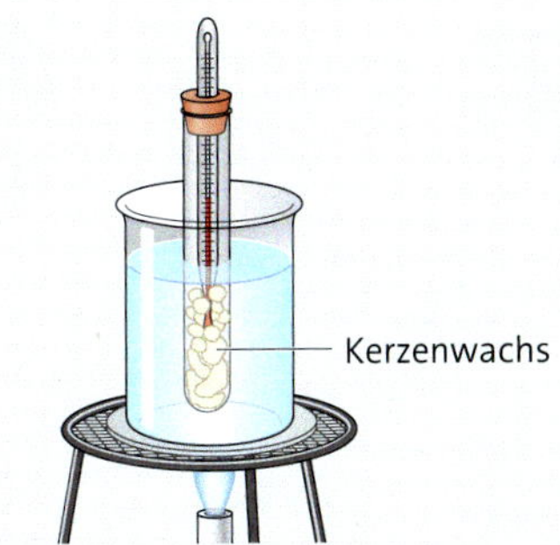

2 Bestimmung der Schmelztemperatur

A Die Siedetemperatur bestimmen

Material:
Dreifuß mit Drahtnetz, Gasbrenner, Feuerzeug, Becherglas (250 ml), Thermometer, Stativmaterial, Wasser

Durchführung:
- Baue das Experiment wie in Bild 1 auf.
- Fülle das Becherglas zur Hälfte mit Wasser.
- Erhitze das Wasser über dem Gasbrenner.
- Miss zu Beginn alle 40 Sekunden die Temperatur. Wenn das Thermometer 60 °C anzeigt, lies alle 20 Sekunden die Temperatur ab, bis sie gleich bleibt.
- Erstelle eine Wertetabelle.

Auswertung:
1 Beschreibe die sichtbaren Veränderungen des Wassers beim Erhitzen.
2 Skizziere den Aufbau des Experiments.
3 Erstelle mit den Messwerten aus deiner Tabelle ein Temperatur-Zeit-Diagramm. Erstelle dazu ein Koordinatensystem. Lege dann den Maßstab fest. Wähle eine passende Einteilung der Temperaturwerte für die senkrechte Achse und für die Zeitwerte auf der waagerechten Achse. Übertrage die Wertepaare aus deiner Wertetabelle in das Koordinatensystem. Verbinde zu einer Kurve.
4 Leite aus der Temperaturkurve die Siedetemperatur von Wasser ab.
5 Erkläre die Abweichungen von Werten, die nicht genau in die Kurve passen.
6 Stelle Vermutungen auf, wie die Temperaturkurve von Trinkalkohol mit einer Siedetemperatur von 78 °C aussehen würde.

B Die Schmelztemperatur bestimmen

Material:
Dreifuß mit Drahtnetz, Gasbrenner, Feuerzeug, Becherglas (250 ml), Reagenzglas, Thermometer, Stativmaterial, Wachsflocken

Durchführung:
- Baue das Experiment wie in Bild 2 auf.
- Fülle das Becherglas zur Hälfte mit heißem Wasser.
- Fülle das Reagenzglas etwa 2 cm hoch mit Wachsflocken.
- Lies alle 20 Sekunden die Temperatur ab, bis sie gleich bleibt.
- Trage die gemessenen Werte in eine Wertetabelle ein.

Auswertung:
1 Beschreibe die sichtbaren Veränderungen des Wachses beim Erhitzen.
2 Skizziere den Aufbau des Experiments.
3 Erstelle ein Koordinatensystem. Lege dann den Maßstab fest. Wähle dazu eine passende Einteilung der Temperaturwerte für die senkrechte Achse und für die Zeitwerte auf der waagerechten Achse. Beschrifte die Achsen. Übertrage die Wertepaare aus deiner Wertetabelle als Kreuze in das Koordinatensystem. Verbinde die Kreuze zu einer Kurve.
4 Leite aus der Temperaturkurve die Schmelztemperatur von Wachs ab.
5 Erkläre die Abweichungen von Werten, die nicht genau in die Kurve passen.
6 Stelle Vermutungen an, was passiert, wenn du das Reagenzglas aus dem Wasserbad entfernst.

yozimo

METHODE Eine Wertetabelle anlegen 

1 Dana will die Siedetemperatur von Wasser bestimmen.

Dana will die Siedetemperatur von Wasser bestimmen. Sie überlegt, was sie alles benötigt, um das Experiment durchzuführen. Ihre Freundin Lea macht sie darauf aufmerksam, dass sie vielleicht auch Papier und ein Lineal braucht, um ihre Ergebnisse aufzuschreiben.

Wenn du etwas messen willst, dann legst du zuerst fest, mit welchem Messgerät du messen willst und welche Einheit deine Messwerte haben. Dann solltest du dir überlegen, wie du die Messwerte übersichtlich notierst. Eine Wertetabelle hilft dir, wenn du zwei oder mehr Messwerte notieren willst, beispielsweise die Zeit und die Temperatur. Dabei kannst du so vorgehen:

1 Die Abstände festlegen
In einer Wertetabelle notierst du, wie sich zwei Größen zueinander verhalten.
Wenn du beispielsweise Temperaturänderungen notieren willst, dann solltest du dir sinnvolle Zeitabstände überlegen, in denen du die Temperatur messen willst. Oft ist es sinnvoll, regelmäßige Abstände zu wählen.

Dana will die Siedetemperatur von Wasser bestimmen. Sie entscheidet, die Temperatur des Wassers alle 20 Sekunden zu messen.

2 Eine Wertetabelle zeichnen
Um die Messwerte übersichtlich darzustellen, zeichnest du mit dem Lineal eine Tabelle mit zwei Zeilen. Die Anzahl der Spalten hängt von der Anzahl der Messungen ab. Trage die zu messenden Größen mit den zugehörigen Maßeinheiten in die erste Spalte ein. Danach folgen die Spalten für die Messwerte.

Dana zeichnet zunächst eine Tabelle mit acht Spalten Die erste Spalte ist für die Bezeichnung der Größen mit Maßeinheiten. Da sie noch nicht weiß, wie viele Werte sie messen muss, lässt sie auf der rechten Seite noch etwas Platz.

3 Die Messwerte eintragen
Führe nun die Messungen durch und trage die Werte in deine Wertetabelle ein. Da die Maßeinheiten in der ersten Spalte stehen, trägst du nur noch die Messwerte ein.

Dana misst alle 20 Sekunden die Temperatur. Zu Beginn hat das Wasser eine Temperatur von 30 °C. Nach etwa 180 Sekunden bleibt die Temperatur gleich. Sie hört nach 220 Sekunden auf zu messen. Sie hat am Ende 12 Werte in ihre Tabelle eingetragen (Bild 2).

AUFGABEN

1 Eine Wertetabelle erstellen
Nour will wissen, bei welcher Temperatur Kerzenwachs erstarrt. Im Buch findet er Werte zwischen 40 °C und 65 °C. Er vermutet, dass seine Messung 5 Minuten dauern wird.

a Gib an, welche Messabstände du Nour empfiehlst und wie viele Spalten seine Wertetabelle haben soll.

b Nenne die Größen und die passenden Maßeinheiten, die Nour in die erste Spalte der Wertetabelle eintragen soll.

c Fertige nun eine Wertetabelle an, die für das Experiment geeignet ist.

Zeit in Sekunden	0	20	40	60	80	100	120	140	160	180	200	220
Temperatur in °C	30	37	45	53	60	69	76	84	92	99	100	100

2 Danas Wertetabelle

qafagi 

METHODE Ein Diagramm zeichnen 

1 Dana ermittelt die Siedetemperatur von Wasser.

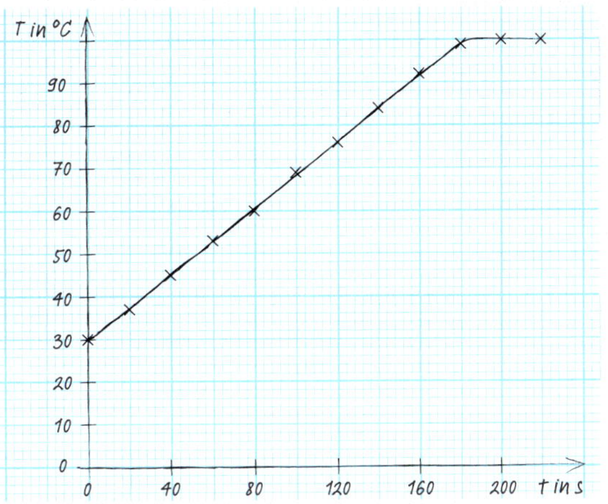

2 Danas Diagramm zeigt ihre Messwerte als Messkurve.

Dana hat ihre Messwerte zur Ermittlung der Siedetemperatur von Wasser notiert. Nun will sie diese in einem Diagramm anschaulich darstellen.

1 Ein Koordinatensystem zeichnen

Ein Koordinatensystem besteht aus einer senkrechten und einer waagerechten Linie. Die waagerechte Linie bezeichnet man als x-Achse und die senkrechte Linie als y-Achse. Auf der x-Achse trägst du die vorgegebene Größe, häufig die Zeit, ein. Auf der y-Achse trägst du die Werte ein, die du gemessen hast.

Dana hat die Temperatur alle 20 Sekunden gemessen. Die waagerechte Achse ist deshalb ihre Zeit-Achse. Die senkrechte Achse ist ihre Temperatur-Achse.

2 Den Maßstab festlegen

Der Maßstab gibt an, wie viele Zentimeter im Diagramm wie vielen Minuten oder wie viel Grad Celsius entsprechen. Wähle den Maßstab so, dass das Diagramm auf deine Seite passt. Es sollte aber so groß sein, dass du die Werte sauber eintragen kannst.

Dana wählt für ihre x-Achse folgenden Maßstab: 0,5 cm entspricht 20 Sekunden. Da sie 220 Sekunden gemessen hat, ist die x-Achse dann etwa 5 cm lang. Für die y-Achse legt sie fest: 1 cm entspricht 20 Grad Celsius. Weil ihre Werte bis 100 Grad Celsius gehen, ist ihre y-Achse dann etwa 5 cm lang.

3 Beschriftungen ergänzen

Damit auch andere das Diagramm verstehen, müssen die Achsen mit den Maßeinheiten beschriftet werden.

Dana beschriftet die waagerechte Achse abgekürzt mit „t in s". Das t steht für Zeit und die Sekunden werden mit s abgekürzt. Die senkrechte Achse beschriftet sie mit „T in °C". Das T steht für die Temperatur und °C für Grad Celsius.

4 Die Werte eintragen

Trage jedes Wertepaar aus deiner Wertetabelle mit einem kleinen Kreuz in das Koordinatensystem ein.

Nun will Dana ihre Messwerte in ihrem Koordinatensystem eintragen. Dazu sucht sie jeweils den passenden Wert auf der waagerechten Achse und geht von dort senkrecht nach oben, bis sie auf der Höhe des Wertes auf der senkrechten Achse ankommt.

5 Die Kurve einzeichnen

Wenn du alle Wertepaare eingetragen hast, verbinde alle Kreuze der Reihe nach. Die Kurve soll möglichst nicht geknickt sein.

Ohne den Stift abzusetzen, zeichnet Dana eine Kurve durch die eingezeichneten Werte (Bild 2).

Stoffsteckbriefe

1 Um welchen Stoff handelt es sich?

Welcher Stoff bildet weiß durchscheinende, würfelförmige Kristalle und ist in Wasser gut löslich?

Verwechslung ausgeschlossen?
Wenn du die Stoffeigenschaften des gesuchten Stoffes liest, fallen dir wahrscheinlich zwei mögliche Antworten ein: Zucker oder Salz. Um eindeutig sagen zu können, welcher Stoff gesucht ist, musst du weitere Eigenschaften herausfinden. Im Alltag kannst du beide Stoffe am Geschmack unterscheiden. Im Chemieunterricht sind Geschmacksproben verboten. Es gibt aber noch eine weitere Möglichkeit: Wenn man Kochsalz und Zucker in Wasser löst, stellt man fest, dass die Salzlösung den elektrischen Strom leitet und die Zuckerlösung nicht. Je mehr Stoffeigenschaften eines Stoffes du kennst, desto sicherer kannst du sagen, um welchen Stoff es sich handelt.

Eine Liste von Stoffeigenschaften
Wenn man einen unbekannten Stoff im Labor identifizieren will, dann notiert man sich die mit den Sinnen wahrnehmbaren Stoffeigenschaften.

Name des Stoffes: Kochsalz
Aussehen: weiß durchscheinende, würfelförmige Kristalle
Magnetisierbarkeit: nein
Wärmeleitfähigkeit: gering
Elektrische Leitfähigkeit: Eine wässrige Kochsalzlösung leitet den elektrischen Strom.
Löslichkeit in Wasser: sehr gut
Schmelztemperatur: 800 °C
Siedetemperatur: 1465 °C

2 Stoffsteckbrief von Kochsalz

Name des Stoffes: Eisen
Aussehen: silberweiß, grauschwarz glänzende Oberfläche, undurchlässig für Licht
Magnetisierbarkeit: ja
Wärmeleitfähigkeit: gut
Elektrische Leitfähigkeit: gut
Löslichkeit in Wasser: unlöslich
Schmelztemperatur: 1540 °C
Siedetemperatur: 3000 °C

3 Stoffsteckbrief von Eisen

Anschließend ermittelt man die messbaren Stoffeigenschaften. So erhält man eine Liste mit einer Kombination an Stoffeigenschaften. Eine solche Liste wird **Stoffsteckbrief** genannt (Bild 2).

Alles Eisen?
In Bild 3 siehst du einen Stoffsteckbrief von Eisen. Die mit den Sinnen wahrnehmbaren Stoffeigenschaften von Eisenblech, Eisendraht und Eisenpulver unterscheiden sich jedoch teilweise voneinander. Auch bei der Brennbarkeit und der elektrischen Leitfähigkeit sind Unterschiede zu erkennen.
Es reicht also nicht, nur diese Eigenschaften zu betrachten. Es müssen weitere Eigenschaften überprüft werden, um zu zeigen, dass es sich in allen drei Fällen um Eisen handelt. Sowohl das Blech als auch der Draht und das Pulver werden von einem Magneten angezogen. Auch die Schmelz- und Siedetemperaturen sind immer gleich.

Jeder Stoff hat eine nur für ihn gültige Kombination von Stoffeigenschaften. Sie werden in einem Stoffsteckbrief zusammengefasst.

AUFGABEN

1 Stoffeigenschaften benennen

a Nenne die Stoffeigenschaften von Zucker, die man mit den Sinnen wahrnehmen kann.
b Recherchiere die messbaren Stoffeigenschaften von Zucker.
c Begründe am Beispiel von Eisen, dass die Form eines Stoffes keine Stoffeigenschaft ist.
d Erstelle einen Steckbrief für Wasser.

roqoqi

Stoffgruppen

1 Die Saiten einer E-Gitarre bestehen aus Metall.

2 Leicht und robust – ein Keyboard aus Kunststoff

Anisa spielt Keyboard, Juri spielt die E-Gitarre in der Schulband. Nach der Probe fragt Anisa ihn, aus welchem Stoff denn die Saiten seiner E-Gitarre bestehen. Juri ist sich nicht sicher, aus welchem Stoff sie sind, aber er weiß: „Die Saiten sind auf jeden Fall aus Metall."

Die Stoffgruppe der Metalle

Eisen, Kupfer, Silber, Aluminium, Zink, Cobalt und Gold haben einen metallischen Glanz, sind undurchlässig für Licht und lassen sich verformen. Sie leiten den elektrischen Strom und Wärme gut. Diese Stoffe bilden also eine Gruppe von Stoffen mit gemeinsamen Eigenschaften. Man spricht von einer **Stoffgruppe**.

Eisen, Kupfer, Silber und Gold gehören zur Stoffgruppe der **Metalle**. In einer Stoffgruppe müssen nicht alle Stoffe alle Eigenschaften gemeinsam haben. So sind beispielsweise nur die Metalle Nickel, Cobalt und Eisen magnetisierbar.

Wenn man die Stoffgruppe kennt, kann man auf bestimmte Stoffeigenschaften schließen und andere ausschließen, selbst wenn man nicht genau weiß, um welchen Stoff es sich handelt.

Stoffe mit gemeinsamen Eigenschaften werden zu einer Stoffgruppe zusammengefasst.

Untergruppen der Metalle

Die Stoffgruppe der Metalle lässt sich weiter unterteilen. Man spricht dann von Untergruppen. Zink und Eisen verlieren nach einiger Zeit ihren metallischen Glanz. Diese Metalle werden daher als **unedle Metalle** bezeichnet. Gold, Silber und Platin behalten ihren Metallglanz. Diese Metalle nennt man edle Metalle oder **Edelmetalle**. Sie eignen sich besonders zur Schmuckherstellung.

Flüchtige Stoffe

Einige Stoffe sind bei Raumtemperatur flüssig oder gasförmig. Sie haben im Vergleich zu anderen Stoffen niedrige Schmelz- und Siedetemperaturen. Manche dieser Stoffe verdunsten bei Raumtemperatur – sie verflüchtigen sich. Sauerstoff, Kohlenstoffdioxid, Alkohol und Benzin zeigen einige der genannten Eigenschaften. Sie gehören zur Gruppe der **flüchtigen Stoffe**. Sie leiten den elektrischen Strom nicht und auch Wärme schlecht.

Weitere Stoffgruppen

Stoffe, die hart und spröde sind und Kristalle bilden, gehören zu den **Salzen**. Ein Beispiel ist Kochsalz. Salze besitzen hohe Schmelz- und Siedetemperaturen. Wenn man Salze in Wasser löst, leiten die Lösungen den elektrischen Strom. Viele **Kunststoffe** sind robust und leicht. Der Name Kunststoff zeigt eine Gemeinsamkeit. Es sind Stoffe, die künstlich hergestellt wurden.

Beispiele für Stoffgruppen sind Metalle, flüchtige Stoffe, Salze und Kunststoffe.

AUFGABEN

1 Eigenschaften der Metalle

a Nenne die gemeinsamen Eigenschaften von Stoffen der Stoffgruppe der Metalle.

b Ist die Magnetisierbarkeit eine typische Eigenschaft der Metalle? Begründe.

c Begründe, weshalb Schmuck meist aus Edelmetallen hergestellt wird.

2 Flüchtige Stoffe

a Nenne Eigenschaften von flüchtigen Stoffen.

b Nenne drei flüchtige Stoffe.

tutaco 

Die kleinsten Teilchen der Stoffe

1 Lösen von Zucker in Wasser

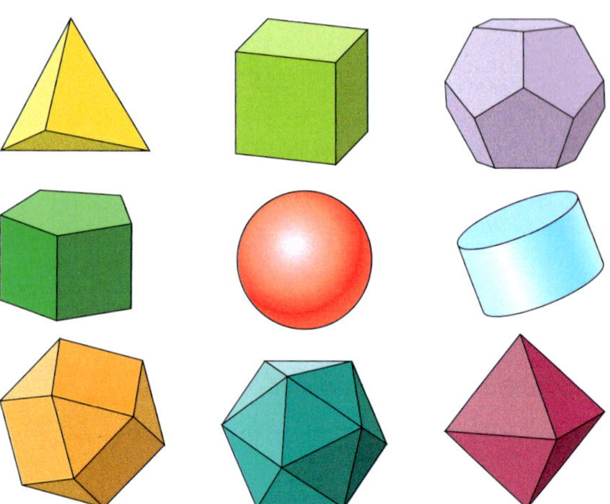

2 Darstellung verschiedener Teilchenarten

Mahmoud schaut sich den Zucker genauer an, den er in seinen Tee rühren will. Er erkennt kleine Zuckerkristalle. Wenn er den Zucker im Tee umrührt, dann kann er ihn nicht mehr erkennen. Der Tee schmeckt aber süß.

Beobachtungen beim Lösen von Zucker

Mit dem Mikroskop kann Mahmoud erkennen, dass die Zuckerkristalle unterschiedlich groß, aber ähnlich geformt sind. Wenn er Zucker in Wasser löst, dann kann er die Zuckerkristalle selbst mit dem besten Mikroskop nicht mehr erkennen. Der Zucker ist aber nicht verschwunden, denn das Wasser schmeckt deutlich süß. Wenn Mahmoud einen Tropfen der Zuckerlösung in eine kleine Schale gibt und diese über Nacht stehen lässt, dann bildet sich ein Rückstand. Jetzt kann er wieder Zuckerkristalle erkennen.

EXTRA Modelle

Ein Modell ist eine Vereinfachung eines Originals. Ein Globus zeigt zum Beispiel, welche Form die Erde hat, welche Kontinente es gibt und wo die Ozeane sind. Er besitzt nicht alle Eigenschaften der originalen Erde. So hat er beispielsweise keine Erhöhungen oder Vertiefungen. Er ist außerdem viel kleiner als das Original. Ein Modell kann auch Eigenschaften besitzen, die das Original nicht hat. Der Globus hat zum Beispiel eine Halterung zum Hinstellen.

Das Teilchenmodell

Damit wir die Vorgänge beim Lösen verstehen können, müssen wir ein Modell benutzen.
Wir stellen uns vor, dass Zucker und Wasser sowie alle anderen Stoffe aus **kleinsten Teilchen** bestehen. Wasser besteht aus Wasserteilchen, Zucker besteht aus Zuckerteilchen. Die Teilchen sind so klein, dass wir sie mit einem üblichen Mikroskop nicht sehen können. Dieses Modell heißt **Teilchenmodell**.
Die Teilchen von verschiedenen Stoffen unterscheiden sich voneinander. Sie haben unterschiedliche Größen und Massen. Im Modell werden sie durch unterschiedliche Formen und Farben dargestellt (Bild 2).
Die Teilchen sind in Wirklichkeit dreidimensional. Im Modell kann man sie sowohl dreidimensional wie Bild 2 darstellen oder zweidimensional wie in Bild 3. In Bild 3 stellen wir die Zuckerteilchen als gelbe Sechsecke und die Wasserteilchen als blaue Dreiecke dar.
Die Teilchen eines Stoffes sind untereinander gleich. Sie haben die gleiche Größe und die gleiche Masse. Deshalb werden im Modell alle Zuckerteilchen gleich dargestellt und alle Wasserteilchen auch.

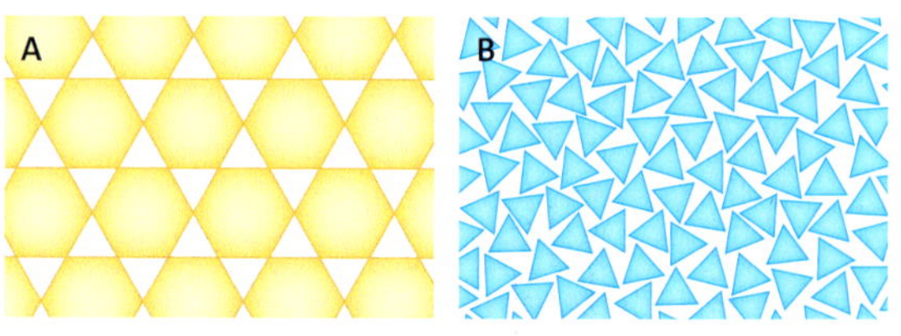

3 Zuckerteilchen (A) und Wasserteilchen (B) im Modell

Vorstellungen über den Lösevorgang

Wenn man einen Zuckerwürfel wie in Bild 4 in Wasser gibt, dann kann man beobachten, dass er sich mit der Zeit im Wasser löst. Das Lösen von Zucker in Wasser können wir uns im Teilchenmodell so erklären: Die kleinsten Teilchen des Zuckers sind zunächst nah beieinander und regelmäßig angeordnet. Die Wasserteilchen sind in ständiger Bewegung und schieben sich zwischen die Zuckerteilchen. Dadurch werden die Zuckerteilchen voneinander getrennt und verteilen sich gleichmäßig zwischen den Wasserteilchen.

Die kleinsten Teilchen in Bewegung

In Bild 5 wurden ein blauer Farbstoff und Wasser übereinandergeschichtet. Der Farbstoff verteilt sich auch ohne Umrühren mit der Zeit gleichmäßig. Das liegt daran, dass sich die Wasser- und Farbstoffteilchen ständig bewegen. Das selbstständige Durchmischen von Teilchen verschiedener Stoffe wird **Diffusion** genannt.

> Das Teilchenmodell ist eine Vorstellung vom Aufbau der Stoffe. Die kleinsten Teilchen von verschiedenen Stoffen unterscheiden sich in ihrer Größe und Masse. Die kleinsten Teilchen bewegen sich.

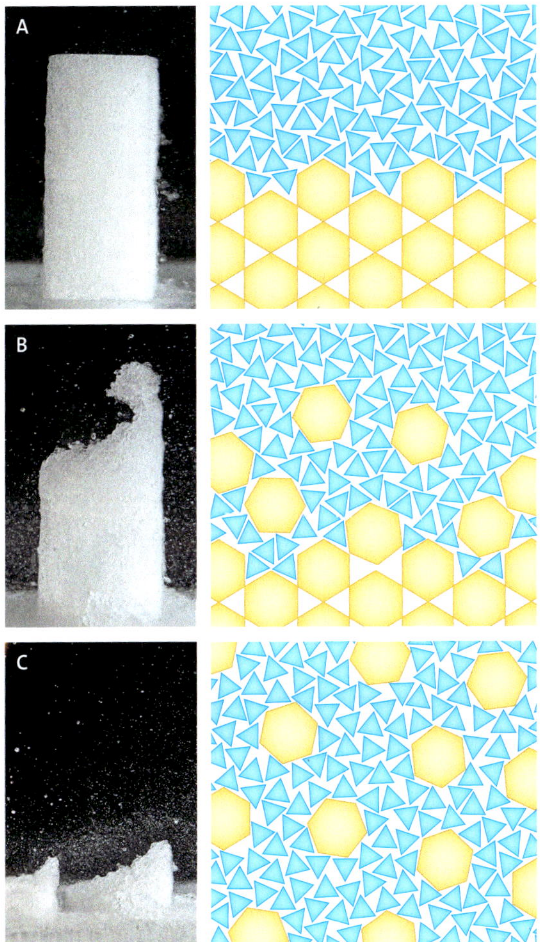

4 Zucker löst sich in Wasser: Beobachtung (links), Modell (rechts)

5 Ein Farbstoff verteilt sich in einem Lösungsmittel.

AUFGABEN

1 Das Teilchenmodell

a Begründe, warum die kleinsten Teilchen mithilfe eines Modells dargestellt werden.

b Anja soll zwei verschiedene Stoffe im Teilchenmodell darstellen. Erläutere, worauf sie bei der Darstellung achten muss.

2 Die Bewegung der kleinsten Teilchen

a Erkläre, warum Tee mit Zucker auch ohne Umrühren nach einiger Zeit süß schmeckt.

b Stelle die Durchmischung des Farbstoffs in Wasser im Teilchenmodell dar (Bild 5).

c Den Duft des Parfüms einer offenen Parfümflasche kann man nach wenigen Minuten überall im Raum riechen. Erkläre dies. Nutze folgende Wörter: *Parfümteilchen, Luftteilchen, bewegen, ständig, verteilen.*

d Erkläre die Beobachtung von Robert Brown aus dem Extra-Kasten mit dem Teilchenmodell.

> **EXTRA Die Entdeckung von Robert Brown**
> Der englische Biologe Robert Brown (1773 bis 1858) beobachtete, dass sich Blütenpollen in ruhigem Wasser zittrig bewegen. Er erklärte dies mit der Bewegung der kleinsten Wasserteilchen.

rajaco 

Die Aggregatzustände im Teilchenmodell

1 Kerzenwachs – ein Stoff in verschiedenen Aggregatzuständen

Nele entzündet ein Teelicht. Als sie nach einiger Zeit gegen den Tisch stößt, fließt das flüssige Wachs auf den Tisch. Das feste Wachs bleibt in der Teelichthülle. Das gasförmige Wachs kann Nele bei der brennenden Kerze nicht sehen. Nach einiger Zeit stellt sie fest, dass es eine Duftkerze ist, denn im ganzen Raum duftet es nach Vanille.

Ein Stoff mit verschiedenen Eigenschaften
Das Wachs einer Kerze ist bei Zimmertemperatur fest. Wenn die Kerze brennt, wird das Wachs zunächst flüssig und dann gasförmig. Obwohl es sich immer um den gleichen Stoff handelt, hat das Kerzenwachs, je nachdem ob es fest, flüssig oder gasförmig ist, andere Eigenschaften. Die Unterschiede zwischen den Aggregatzuständen können wir uns mit dem Teilchenmodell erklären (Bild 2).

Feste Stoffe im Teilchenmodell
In einem festen Stoff sind die Teilchen regelmäßig angeordnet. Der Abstand zwischen den Teilchen ist bei den meisten festen Stoffen sehr gering. Die Teilchen haben feste Plätze, die sie nicht verlassen können. Sie schwingen auf ihren Plätzen nur leicht hin und her.
So kann man erklären, dass festes Wachs seine Form nur durch äußeren Krafteinfluss verändert.

Flüssige Stoffe im Teilchenmodell
In einem flüssigen Stoff liegen die Teilchen ungeordnet vor und sie haben keine festen Plätze mehr. Sie können aneinander entlanggleiten und sich gegeneinander verschieben. Man sagt: Sie befinden sich in einem lockeren Zusammenhalt.
So kann man erklären, dass flüssiges Wachs seine Form anpasst und aus der Teelichthülle fließt.

Gasförmige Teilchen im Teilchenmodell
In einem gasförmigen Stoff bewegen sich die Teilchen frei. Sie bewegen sich sehr schnell und regellos, wobei sie hin und wieder zusammenstoßen. Sie verteilen sich im ganzen Raum, der ihnen zur Verfügung steht. Dabei können sie große Abstände zueinander einnehmen.
So kann man erklären, dass es im ganzen Raum nach Vanille riecht, weil sich die Duftstoffteilchen im ganzen Raum verteilen.

2 Aggregatzustände von Kerzenwachs

Die Übergänge im Teilchenmodell

Mit steigender Temperatur bewegen sich die Teilchen eines Stoffes immer schneller. Wenn man einem festen Stoff Energie in Form von Wärme zuführt, dann nimmt die Bewegung der Teilchen auf ihren Plätzen zu. Die Teilchen schwingen immer schneller hin und her. Ist die Schmelztemperatur des Stoffes erreicht, verlassen die Teilchen ihre Plätze und lösen sich aus ihrer festen Anordnung. Der Stoff wird flüssig. Er schmilzt.
Je höher die Temperatur des flüssigen Stoffes ist, umso schneller gleiten die Teilchen aneinander vorbei.
Wird die Siedetemperatur des Stoffes erreicht, verlassen die Teilchen ihren Zusammenhalt und bewegen sich unabhängig voneinander im Raum, der ihnen zur Verfügung steht. Je höher die Temperatur des gasförmigen Stoffes ist, umso schneller bewegen sich die Teilchen im Raum.

In festen Stoffen sind die Teilchen regelmäßig auf festen Plätzen angeordnet.
In flüssigen Stoffen können die Teilchen aneinander vorbeigleiten.
In gasförmigen Stoffen bewegen sich die Teilchen frei im ganzen Raum.
Je höher die Temperatur eines Stoffes ist, umso schneller bewegen sich die Teilchen.

PRAXIS Tintentropfen in Wasser

In ein Glas wurde kaltes Wasser gefüllt und in ein anderes Glas warmes Wasser. Dann wurde gleichzeitig jeweils ein Tropfen Tinte in das Wasser getropft. Die Tinte verteilt sich im warmen Wasser schneller als im kalten Wasser.

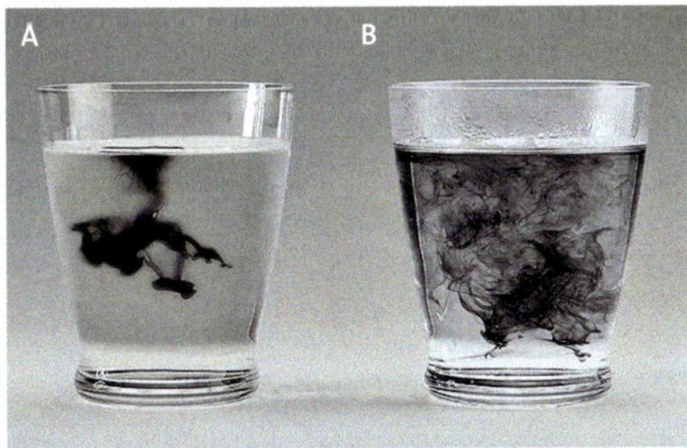

3 Ein Tintentropfen verteilt sich in kaltem (A) und in warmem (B) Wasser.

AUFGABEN

1 Aggregatzustände im Teilchenmodell

a Bildet Dreierteams und beschreibt jeweils einen Aggregatzustand im Teilchenmodell.

b Ergänze die Tabelle in deinem Heft.

	Anordnung der Teilchen	Bewegung der Teilchen
fest	...	...
flüssig	...	...
gasförmig	...	

c Zeichne die kleinsten Teilchen von festem, flüssigem und gasförmigem Kerzenwachs neben die jeweilige Zeile der Tabelle.

d Erkläre mit dem Teilchenmodell, warum in unserer Einstiegsgeschichte das flüssige Wachs auf den Tisch fließt und das feste Wachs in der Teelichthülle verbleibt.

2 Ein Vulkanausbruch

Dieser Vulkan stößt flüssiges Gestein als Lava aus. Die Lava fließt den Vulkan hinab und erstarrt nach dem Abkühlen zu festem Gestein. Erkläre, warum sich flüssige Lava anders verhält als festes Gestein, obwohl es sich um den gleichen Stoff handelt.

3 Änderung von Aggregatzuständen

Wenn man einige Milliliter Aceton (Siedetemperatur: 56 °C) in einen verschlossenen Gefrierbeutel gibt und in ein heißes Wasserbad legt, bläht sich der Gefrierbeutel auf. Erkläre die Beobachtung.

4 Tintentropfen in Wasser

Erkläre, warum sich der Tintentropfen in Bild 3 im warmen Wasser schneller verteilt als im kalten.

jukuve

AUFGABEN Stoffe und Stoffeigenschaften

1 Ein Fahrrad besteht aus vielen Stoffen.

3 Wasserteilchen in den drei Aggregatzuständen im Modell

1 Fahrrad
Ein Fahrrad besteht aus vielen verschiedenen Teilen, die alle unterschiedliche Eigenschaften haben müssen.

a Ordne den beschrifteten Teilen des Fahrrads in Bild 1 die gewünschten Eigenschaften zu: elastisch – lichtdurchlässig – stabil und möglichst leicht – elektrisch leitfähig.

b Nenne Stoffe, die sich für die beschrifteten Bestandteile eignen.

c Nenne drei weitere Bestandteile des Fahrrads und die Stoffe, aus denen sie bestehen. Beschreibe ihre Eigenschaften.

2 Zwei Zuckerstücke
Zwei Stücke brauner Kandiszucker wurden jeweils zeitgleich in ein Becherglas mit Wasser gegeben. Bild 2 zeigt, wie sich die beiden Stücke mit der Zeit im Wasser lösen.

a Erkläre, warum sich die Zuckerstücke in Wasser lösen, obwohl nicht umgerührt wird.

b Gib an, in welchem Becherglas die Wassertemperatur höher ist.

c Begründe deine Antwort aus Aufgabenteil a mit dem Teilchenmodell.

3 Aggregatzustände im Teilchenmodell
Wasser begegnet dir im Alltag in allen drei Aggregatzuständen. Aus dem Wasserhahn kommt es flüssig. Unterhalb von 0 °C ist Wasser fest. Oberhalb von 100 °C ist es gasförmig.

a Bild 3 zeigt eine mögliche Darstellung der Aggregatzustände von Wasser im Teilchenmodell. Ordne den Bildern A, B und C den zugehörigen Aggregatzustand zu.

b Begründe deine Zuordnung aus Aufgabe a.

c Ordne den einzelnen Aggregatzuständen folgende Aussagen zu:
- Die Teilchen verteilen sich im ganzen Raum.
- Die Teilchen sind beieinander und tauschen die ganze Zeit ihre Plätze.
- Die Teilchen schwingen auf ihrem Platz.
- Die Teilchen sind sehr schnell und haben große Abstände zueinander.
- Die Teilchen sind regelmäßig angeordnet.
- Die Teilchen sind gegeneinander verschiebbar.

d Wenn du flüssiges Wasser in ein Glas gibst, dann passt es sich der Glasform an. Eiswürfel behalten ihre Form bei. Erkläre dies im Teilchenmodell.

2 Zwei Stücke Kandiszucker lösen sich in Wasser: (A) zu Beginn, (B) nach 3 Minuten, (C) nach 10 Minuten.

piqiga

WEITERGEDACHT Stoffe und Stoffeigenschaften

1 Ein Fahrzeug streut Salz auf die Straße.

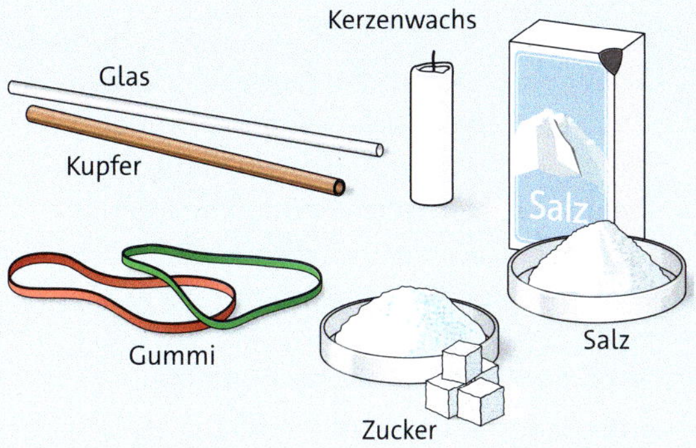

3 Leos Beispielstoffe

1 Die Schmelztemperatur beeinflussen

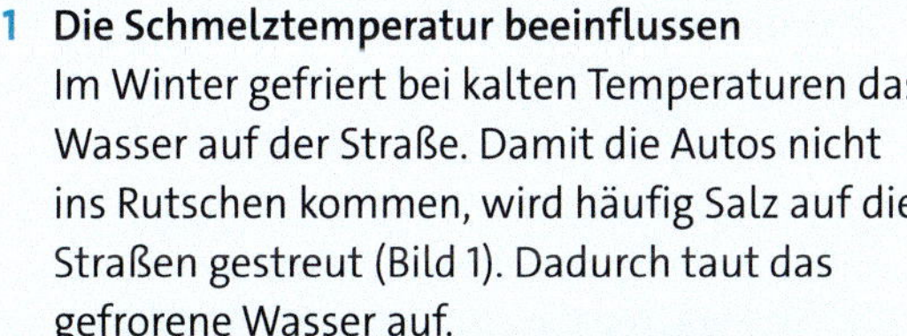

Im Winter gefriert bei kalten Temperaturen das Wasser auf der Straße. Damit die Autos nicht ins Rutschen kommen, wird häufig Salz auf die Straßen gestreut (Bild 1). Dadurch taut das gefrorene Wasser auf.

a Beschreibe, welchen Einfluss das Streusalz auf die Schmelztemperatur des Wassers hat.

b Erkläre, warum man nach einiger Zeit keine Salzkristalle mehr auf der Straße sieht.

c Um Eisglätte auf trockenen Straßen vorzubeugen, wird kein Salz gestreut, sondern eine hochkonzentrierte Salzlösung auf die Straßen gesprüht. Begründe.

2 Aggregatzustand und Temperatur

a Beschreibe, was Bild 2 zeigt.

b Entnimm Bild 2, welche der Stoffe bei Zimmertemperatur (20 °C) fest, flüssig oder gasförmig sind. Notiere deine Antwort in dein Heft.

c Bestimme mithilfe von Bild 2 die Schmelz- und die Siedetemperaturen aller aufgelisteten Stoffe.

d Nenne und begründe die Stoffgruppe, zu der die Stoffe Sauerstoff und Methan gehören.

3 Stoffgruppen

Leo soll jeweils zwei Beispiele für die Stoffgruppen Metalle, Salze und flüchtige Stoffe nennen (Bild 3). Seine Lösung lautet so:

Metalle: Kupfer, Glas
Salze: Kochsalz, Zucker
Flüchtige Stoffe: Kerzenwachs, Gummi

Überprüfe, ob Leos Einteilung richtig ist. Gehe dazu wie folgt vor:

a Beschreibe jeweils, welche Eigenschaften Metalle, Salze und flüchtige Stoffe haben.

b Überlege dir für jede Stoffeigenschaft aus Aufgabenteil a eine Vorgehensweise, um zu überprüfen, ob ein Stoff diese Eigenschaft besitzt. Liste alle nötigen Materialien auf und beschreibe das Vorgehen jeweils kurz.

c Überprüfe, ob die von Leo genannten Stoffe die Eigenschaften der Stoffgruppe besitzen, in die er sie eingeteilt hat. Führe die Experimente durch und protokolliere deine Ergebnisse.

d Werte deine Ergebnisse aus: Welche Stoffe hat Leo richtig zugeordnet, welche nicht?

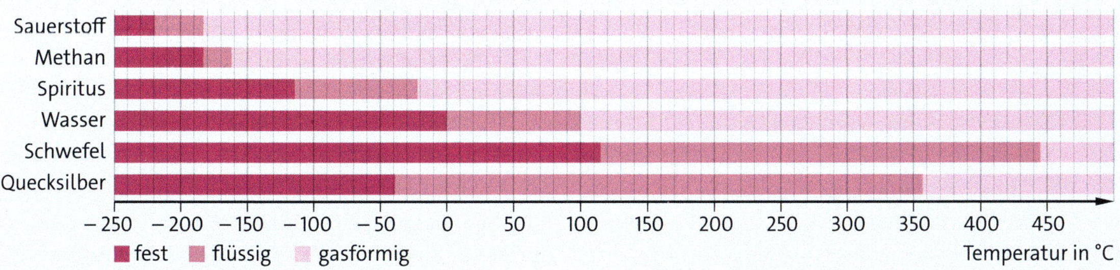

2 Aggregatzustände einiger Stoffe

TESTE DICH!

1 Stoffe ↗ S. 28, 43, 46

Nicht alle der folgenden Dinge sind Stoffe: Holz, Gold, Glas, Dachrinne, Baumwolle, Aluminium, Wasser, Sauerstoff, Grillkohle, Styropor, Zucker, Löffel, Einkaufstüte, Draht, Essig, Büroklammer, Tasse, Kochsalz.

a ◩ Notiere nur die Stoffe in eine Liste in dein Heft.

b ◪ Nenne die dir bekannten Stoffgruppen und ordne jeder Gruppe einen Stoff aus der Liste zu.

c ◪ Benenne für jeden Stoff aus der Liste den Aggregatzustand bei Zimmertemperatur.

2 Stoffeigenschaften ↗ S. 30/31

Luisa hat die Aufgabe, möglichst viele Stoffeigenschaften zu notieren. Sie schreibt auf: Masse, Schmelztemperatur, Form, Farbe, Wärmeleitfähigkeit.

a ◩ Gib an, welche von Luisas Antworten keine Stoffeigenschaften sind.

b ◪ Erkläre Luisa, warum es sich bei den Antworten aus Aufgabenteil a nicht um Stoffeigenschaften handelt.

3 Cola kühlen ↗ S. 30

◪ Du willst eine Cola möglichst schnell kühlen. Im Supermarkt hast du die Auswahl zwischen einer Plastikflasche und einer Metalldose. Welches Gefäß wählst du? Begründe.

4 Etiketten zuordnen ↗ S. 30/31, 38

◪ Ayla räumt den Küchenschrank auf. Sie findet drei Flaschen, die klare Flüssigkeiten enthalten. Daneben liegen die Etiketten von destilliertem Wasser, Waschbenzin und Essig auf Türkisch:

Beschreibe mindestens zwei Möglichkeiten, wie Ayla vorgehen könnte, um die Etiketten richtig zuzuordnen.

5 Aggregatzustände ↗ S. 46/47

Das Bild zeigt die Anordnung der Teilchen eines Stoffes in den drei Aggregatzuständen:

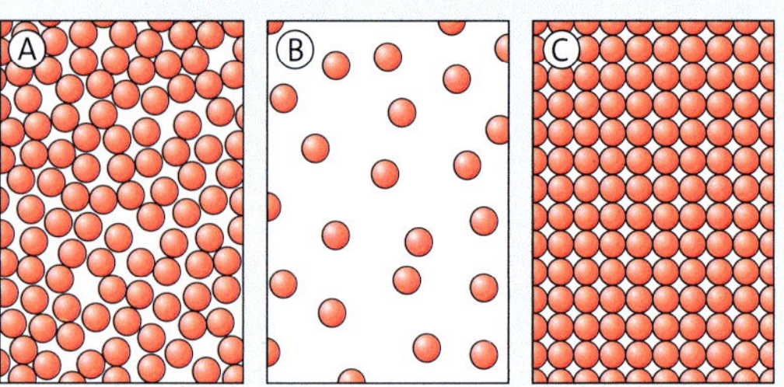

a ◩ Ordne den Bilder A–C jeweils einen Aggregatzustand zu.

b ◪ Begründe deine Zuordnung aus Aufgabe a.

c ◩ Übertrage die Bilder in dein Heft und ergänze mit Pfeilen die Übergänge zwischen den drei Aggregatzuständen. Benenne die Übergänge mit den Fachwörtern.

6 Kochsalz verschwindet? ↗ S. 44/45

Anna gibt einen Löffel Kochsalz in ein Glas Wasser. Nach dem Umrühren kann sie das Kochsalz nicht mehr sehen. Sie sagt: „Wenn ich Kochsalz in Wasser löse, verschwindet es."

a ◪ Nimm Stellung zu Annas Aussage.

b ◪ Erkläre mit dem Teilchenmodell, was mit dem Kochsalz beim Lösen passiert. Erstelle dazu auch eine Zeichnung.

7 Das Schokoladenexperiment ↗ S. 38

In einem Experiment mit Schokolade ergibt sich dieses Diagramm:

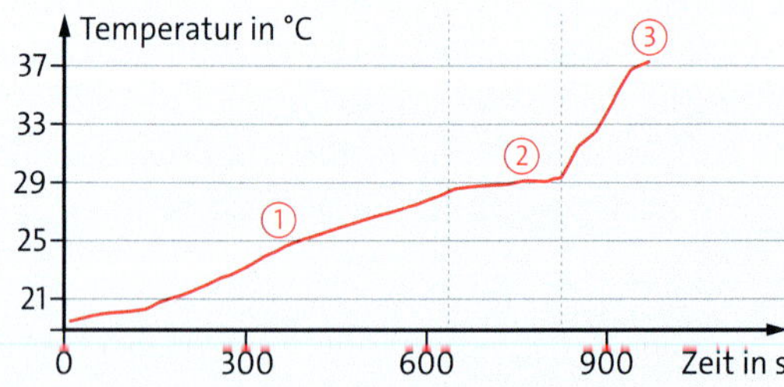

a ◪ Beschreibe den Aufbau und die Durchführung des Experiments.

b ◪ Erläutere, was mit der Schokolade in den drei Phasen 1, 2 und 3 passiert.

c ◩ Entnimm dem Diagramm den Schmelzbereich von Schokolade.

hetuqe

ZUSAMMENFASSUNG Stoffe und Stoffeigenschaften

Stoffe und Stoffeigenschaften

Stoff: Material, aus dem ein Körper besteht

Körper: Form eines Gegenstands

Stoffeigenschaften: Mithilfe der Stoffeigenschaften können wir Stoffe erkennen und voneinander unterscheiden.

- Mit den Sinnesorganen wahrnehmbare Stoffeigenschaften:
  Farbe, Geruch, Geschmack, Klang ...
- Stoffeigenschaften, die mit Experimenten ermittelt werden:
  Härte, Verformbarkeit, Magnetisierbarkeit, Wärmeleitfähigkeit, elektrische Leitfähigkeit, Verhalten beim Erhitzen, Brennbarkeit, Löslichkeit, Schmelz- und Siedetemperatur ...

Stoffsteckbriefe und Stoffgruppen

Stoffsteckbrief: Zusammenfassung der Eigenschaften eines Stoffes

Stoffgruppe: Stoffe, die ähnliche Eigenschaften haben, lassen sich in Stoffgruppen zusammenfassen; Beispiele: Metalle, flüchtige Stoffe und Salze.
Andere mögliche Gemeinsamkeiten von Stoffgruppen: Herstellung, Verwendung, Vorkommen ...

Aggregatzustände und ihre Übergänge

Die **Aggregatzustände** sind die unterschiedlichen Zustandsformen eines Stoffes.
Die Aggregatzustände

- können fest, flüssig oder gasförmig sein.
- hängen von der Temperatur ab.
- können durch Wärmezufuhr und Wärmeabgabe verändert werden.

Übergänge zwischen den Aggregatzuständen:

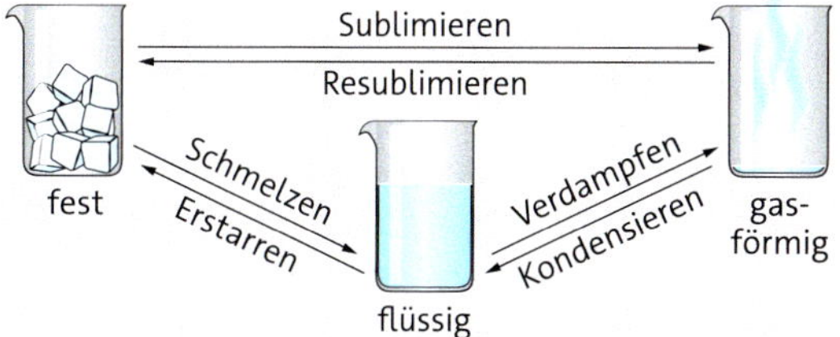

Teilchenmodell

Wir verwenden das **Teilchenmodell**, um uns den Aufbau von Stoffen vorzustellen.
Im Teilchenmodell

- bestehen alle Stoffe aus kleinsten Teilchen.
- sind die Teilchen ständig in Bewegung.
- sind die Teilchen eines Stoffes untereinander gleich. Sie haben die gleiche Größe und die gleiche Masse.

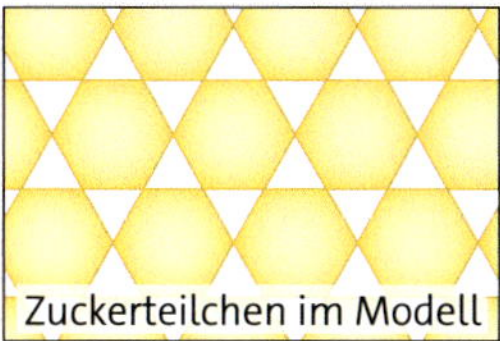
Zuckerteilchen im Modell

Wasserteilchen im Modell

Aggregatzustände im Teilchenmodell

fest: Die Teilchen eines Stoffes sind dicht und regelmäßig angeordnet. Sie schwingen auf festen Plätzen.
flüssig: Die Teilchen liegen ungeordnet vor und tauschen ständig ihre Plätze.
gasförmig: Die Teilchen verteilen sich ungeordnet und frei im ganzen Raum. Sie bewegen sich sehr schnell und haben große Abstände zueinander.

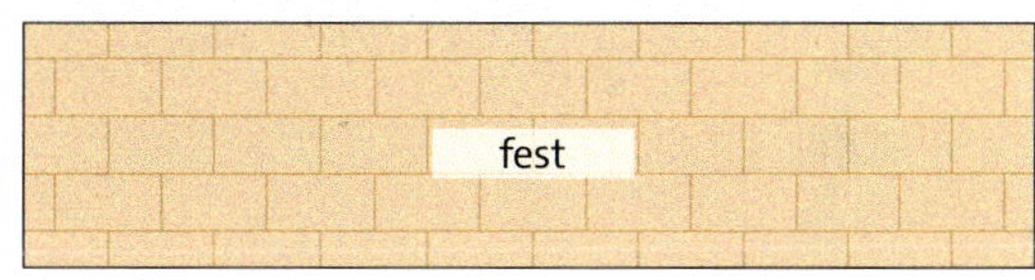

Lösevorgang im Teilchenmodell

Wenn man Zucker in Wasser gibt, dann schieben sich die Wasserteilchen zwischen die Zuckerteilchen. Die Zuckerteilchen werden dadurch voneinander getrennt. Da sich die Teilchen ständig bewegen, verteilen sich die Zuckerteilchen, bis sie gleichmäßig zwischen den Wasserteilchen angeordnet sind.

qaqiye

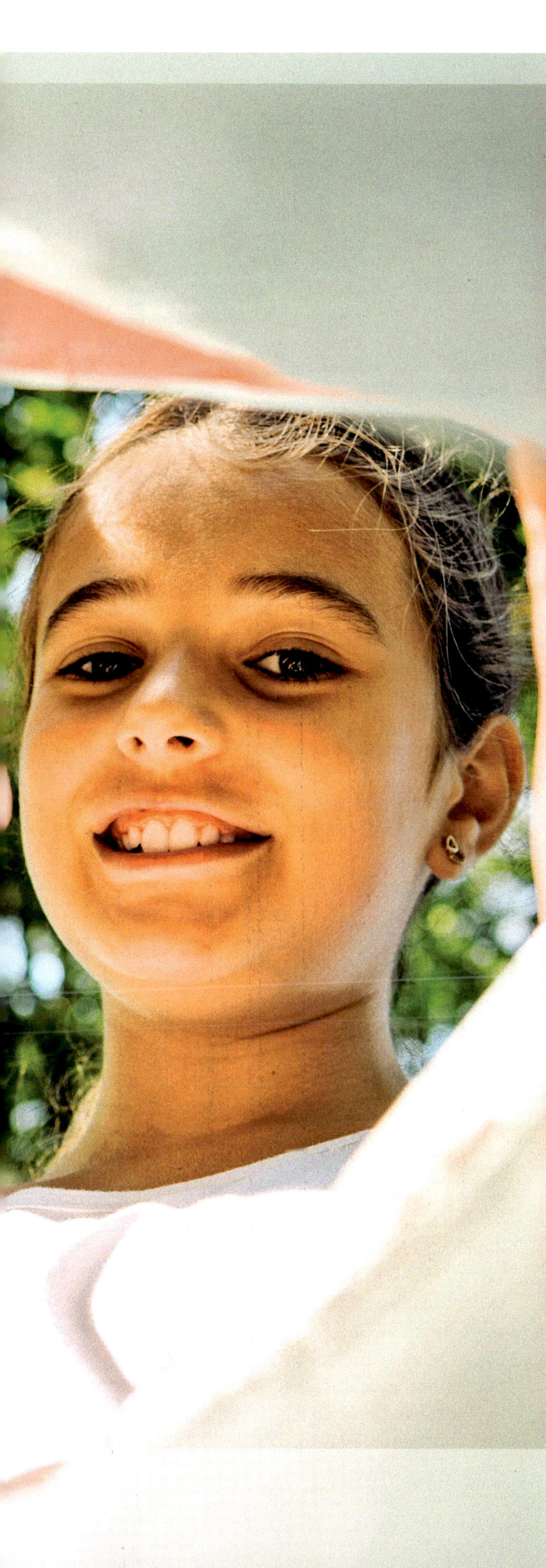

Stoffgemische und ihre Trennung

In diesem Kapitel erfährst du, ...

... was der Unterschied zwischen Reinstoffen und Stoffgemischen ist.

..., dass die Reinstoffe sich in Elemente und Verbindungen einteilen lassen.

... welche Trennverfahren genutzt werden können, um Stoffgemische zu trennen.

... wie man umweltbewusst mit dem Stoffgemisch Müll umgeht und Wertstoffe aus dem Müll gewinnen kann.

Reinstoffe und Stoffgemische

1 Ein seltener Fund – reines Gold

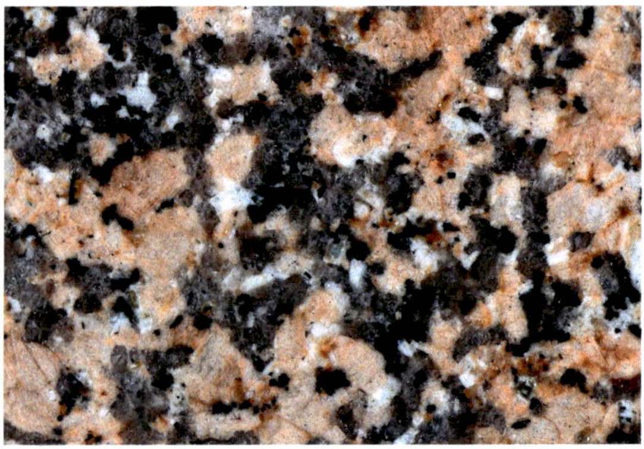

2 Granit ist ein heterogenes Stoffgemisch.

Mit viel Glück kann es gelingen, ein Goldnugget aus reinem Gold zu finden. In der Natur liegen nur wenige Stoffe in reiner Form vor.

Reinstoffe

Wenn ein Goldnugget sich nicht in andere Stoffe zerlegen lässt und somit nur aus der Stoffart Gold besteht, dann spricht man von reinem Gold. Wenn ein Stoff nur aus einer Stoffart besteht, dann bezeichnet man ihn als **Reinstoff**.
Im Alltag begegnen dir einige Reinstoffe: Zucker, der als Süßungsmittel benutzt wird, Citronensäure, mit der Kalkablagerungen entfernt werden, oder Natron, das den Kuchenteig auflockert.

Stoffgemische

In der Natur finden wir fast nur Mischungen von verschiedenen Reinstoffen. Diese Stoffe werden als **Stoffgemische** bezeichnet. Ein Beispiel ist Granit. Bild 2 zeigt deutlich, dass Granit kein Reinstoff, sondern ein Stoffgemisch ist. Es besteht aus den Stoffen Quarz, Feldspat und Glimmer.
Wenn du die Reinstoffe Zucker, Citronensäure und Natron zusammengibst und miteinander mischst, dann erhältst du ein Stoffgemisch. Dieses Stoffgemisch nennt man Brausepulver.
Die einzelnen Reinstoffe behalten im Stoffgemisch ihre Eigenschaften bei. Brausepulver schmeckt süß. Das kommt von dem Zucker. Gleichzeitig schmeckt es auch sauer. Dies ist eine Eigenschaft der Citronensäure. Natron sorgt für das Schäumen und Prickeln auf der Zunge.

Reinstoffe bestehen aus einer einzigen Stoffart. Stoffgemische setzen sich aus mehreren Reinstoffen zusammen.

Heterogene Stoffgemische

Granit, Müsli oder Studentenfutter sind Stoffgemische, bei denen du die einzelnen Bestandteile erkennen kannst. Beim Brausepulver kannst du die Bestandteile mit der Lupe erkennen. Diese Stoffgemische werden **heterogene Stoffgemische** genannt. *Hetero* bedeutet verschieden. Die verschiedenen Bestandteile sind hier sichtbar.

Gemenge

Granit, Müsli oder Brausepulver sind heterogene Stoffgemische, die nur aus Stoffen im festen Aggregatzustand bestehen. Solche Gemische aus Feststoffen bezeichnet man als **Gemenge**.

Suspension und Emulsion

In Schmutzwasser sind feste Stoffe im Wasser verteilt. Diese fein verteilten Feststoffe trüben das Wasser. Ein Stoffgemisch aus festen Stoffen in einer Flüssigkeit heißt **Suspension**.
Wenn man Öl und Wasser in ein Glas gibt, dann mischen sich das Fett und das Wasser nicht. Das Fett schwimmt auf dem Wasser. In Milch ist das Fett in winzige Fetttröpfchen aufgeteilt. Diese sind im Wasser verteilt. Ein Gemisch, bei dem zwei Flüssigkeiten als feine Tropfen ineinander verteilt sind, bezeichnet man als **Emulsion**.

Rauch und Nebel

Wenn feste Teilchen in einem Gas schweben, dann spricht man von **Rauch**. Ein rauchender Kamin zeigt, dass Ruß und Feinstaub in der Luft sind.
Die feine Verteilung einer Flüssigkeit in einem Gas bezeichnet man als **Nebel**. Bei nebligem Wetter liegt also ein Gemisch aus der gasförmigen Luft und winzigen Wassertropfen vor.

3 Heterogene und homogene Stoffgemische aus dem Alltag

Schaum

Bei einem **Schaum** ist ein Gas in einen anderen Stoff eingeschlossen. Dabei kann es sich um eine Flüssigkeit handeln, in der Gasblasen sichtbar eingeschlossen sind. So ist es zum Beispiel beim Seifenschaum. Auch in Feststoffen kann ein Gas eingeschlossen sein. Dies nennt man Hartschaum.

Bei heterogenen Stoffgemischen sind die einzelnen Bestandteile sichtbar. Gemenge, Suspensionen und Emulsionen, Rauch und Nebel sowie Schaum sind heterogene Stoffgemische.

Homogene Stoffgemische

Wenn die Bestandteile eines Stoffgemischs nicht einmal mithilfe eines Mikroskops erkennbar sind, dann spricht man von einem **homogenen Stoffgemisch**. Der Wortbestandteil *homo* bedeutet gleich.

Lösungen

Zuckerwasser ist ein homogenes Stoffgemisch. Beim Lösen in Wasser zerfällt der Zucker in seine kleinsten Teilchen. Ein Stoffgemisch, bei dem sich ein Stoff in einem anderen Stoff löst, nennt man **Lösung**. Auch flüssige und gasförmige Stoffe können sich in einem anderen Stoff lösen. Eine Kochsalzlösung ist genauso eine Lösung wie klarer Apfelsaft. Auch aus Essig und Wasser kann man eine Lösung herstellen.

Legierungen

Auch Messing ist ein homogenes Stoffgemisch. Es entsteht durch Verschmelzen von Kupfer und Zink. Stoffgemische, die durch Verschmelzen verschiedener Metalle entstehen, nennt man **Legierung**. Durch Verschmelzen von Kupfer und Zinn erhält man Bronze, durch Verschmelzen von Gold und Kupfer erhält man Rotgold.

Gasgemisch

Die Luft um uns herum ist kein Reinstoff. Sie besteht aus verschiedenen unsichtbaren Gasen. Luft ist also ein **Gasgemisch**.

Bei homogenen Stoffgemischen sind die einzelnen Bestandteile nicht sichtbar. Lösungen, Legierungen und Gasgemische sind homogene Stoffgemische.

AUFGABEN

1 Reinstoffe und Stoffgemische

a Nenne je drei Reinstoffe und Stoffgemische.

b Erkläre den Unterschied zwischen einem homogenen und einem heterogenen Stoffgemisch.

c Nenne zu folgenden Stoffgemischen die passenden Fachwörter: Meerwasser, Kakao, Handcreme, Rasierschaum, Limonade, Bronze, Speiseeis, Schlamm, Erde, Milch, Wein.

jinoce

Reinstoffe und Stoffgemische im Teilchenmodell

1 Reines Gold und die Legierung Rotgold

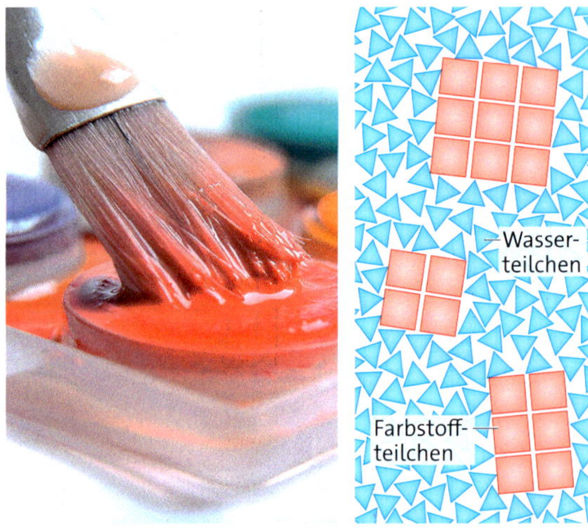

3 Eine Suspension aus Wasserfarbe und Wasser

Wenn du reines Gold mit der Legierung Rotgold vergleichst, dann kannst du erkennen, dass sich beide Stoffe in ihrer Farbe unterscheiden. Dass es sich bei Rotgold um ein Stoffgemisch handelt, zeigt aber nur das Teilchenmodell.

Reinstoffe

Reinstoffe bestehen immer nur aus einer Teilchenart. Reines Gold besteht also nur aus Goldteilchen. In Bild 1 siehst du, dass diese Goldteilchen nach dem Teilchenmodell im festen Zustand regelmäßig angeordnet sind.

Homogene Stoffgemische

Rotgold ist kein Reinstoff, sondern ein homogenes Stoffgemisch. Die Legierung besteht aus Gold und Kupfer. In Bild 1 siehst du, dass die Kupferteilchen zwischen den Goldteilchen fein verteilt sind.
Bild 2 zeigt eine Zuckerwasserlösung. Die Zuckerteilchen sind hier fein zwischen den Wasserteilchen verteilt. Auch bei allen anderen homogenen Stoffgemischen sind die Teilchen fein verteilt. Selbst mit dem Mikroskop können wir die Bestandteile des Stoffgemischs nicht erkennen.

2 Eine Lösung aus Zucker und Wasser

Heterogene Stoffgemische

Bei heterogenen Stoffgemischen kannst du die unterschiedlichen Bestandteile wahrnehmen. Immer wenn du Wasserfarben mit Wasser mischst, dann entsteht ein farbiges, trübes Stoffgemisch aus dem festen Farbstoff und dem Wasser. Das Stoffgemisch ist eine Suspension. In diesem Stoffgemisch kannst du die Farbstoffpartikel erkennen. Sie bestehen aus vielen Farbstoffteilchen und sind daher groß genug. Im Teilchenmodell kann man sich die Suspension so vorstellen wie in Bild 3 dargestellt.

Reinstoffe bestehen aus einer einzigen Teilchenart. In homogenen Stoffgemischen sind die Stoffteilchen fein verteilt. Heterogene Stoffgemische bestehen aus mindestens zwei Teilchenarten, die weniger fein verteilt sind.

AUFGABEN

1 Reinstoffe und Stoffgemische

a ◪ Beschreibe reines Gold und Rotgold mit den auf dieser Seite genannten Informationen.

b ⊠ Erläutere den Unterschied zwischen einer Losung und einer Suspension am Beispiel von Zuckerwasser und Wasserfarbenwasser. Nutze auch das Teilchenmodell.

c ⊠ Zeichne im Teilchenmodell reines Eisen, Messing (eine Legierung aus Kupfer und Zink) und Granit. Überlege dazu, ob es sich um einen Reinstoff, ein homogenes oder ein heterogenes Stoffgemisch handelt.

hanezi

PRAXIS Stoffgemische in der Schulküche

Wenn ihr die Lebensmitteln später essen wollt, benutzt nur saubere Geräte, die für Lebensmittel genutzt werden dürfen.

A Seifenblasen selbst herstellen

Material: Pfeifenreiniger, Spülmittel, Wasser, Glycerin, Messzylinder

Rezept für Seifenblasen: 20 ml Spülmittel, 300 ml Wasser, 10 ml Glycerin

Durchführung:
- Überprüft das Rezept für die Seifenblasen.
- Arbeitet im Team. Verteilt Aufgaben: Wer ist für das Abmessen der Flüssigkeiten zuständig. Wer mischt sie zusammen? Wer notiert?
- Ein Teammitglied dreht den Pfeifenreiniger zu einer großen Öse.
- Taucht den Pfeifenreiniger in die Seifenlösung und versucht nun durch vorsichtiges Pusten große Seifenblasen herzustellen.
- Erstellt nun zwei neue Mischungen mit anderen Mischungsverhältnissen. Notiert jeweils die Stoffmengen und die Größen der Seifenblasen.

Auswertung:
1 Benennt die Art des Stoffgemischs und begründet eure Entscheidung.
2 Vergleicht die Ergebnisse zu den Mischungsverhältnissen und Blasengrößen. Erklärt die Funktion des Glycerins.

B Brausepulver selbst mischen

Material:
5 Esslöffel Zucker, 3 Esslöffel Citronensäure, 2 Esslöffel Natron (Natriumhydrogencarbonat), 1 Tropfen Fruchtaroma, Schüssel, Löffel, Wasser

Durchführung: Arbeitet im Team. Mischt die Zutaten in einer Schüssel. Löst das Gemisch in Wasser.

Auswertung:
1 Benennt die Art des Stoffgemischs und begründet eure Entscheidung.

C Herstellen von Gummibärchen

Material:
für etwa 50 Gummibärchen:
2 kleine Töpfe, kleine Schüssel, 2 Rührlöffel, Teelöffel, Backblech, Waage, 6 Blätter Gelatine (10 g), Zucker, Citronensäure, Lebensmittelfarbe, Aromastoffe, 1 Packung Maisstärke (etwa 500 g), Wasser, 1 Gummibärchen

Durchführung:
- Herstellung der Gießformen: Verteilt Maisstärke gleichmäßig etwa 1,5 cm hoch auf einem Backblech. Drückt mit einem Gummibärchen Vertiefungen in die Stärke.
- Herstellung von Invertzucker: Löst in einem kleinen Topf mit 35 ml Wasser 70 g Zucker und 1 g Citronensäure. Erhitzt unter ständigem Rühren (darf nicht kochen!).
- Weicht währenddessen in einer kleinen Schüssel 6 Blätter Gelatine in kaltem Wasser ein und lasst sie 10 Minuten quellen.
- Gebt in einen anderen Topf 80 g Zucker und 30 ml Wasser und kocht beides kurz auf.
- Gebt die Gelatine vorsichtig unter ständigem Rühren in die warme Zuckermasse. Rührt anschließend den Invertzucker unter.
- Gebt Lebensmittelfarbe und Fruchtaroma hinzu.
- Füllt mit einem Teelöffel die Masse möglichst schnell in die Formen.
- Kühlt die Gummibärchen ab, bevor ihr sie aus den Gießformen nehmt.

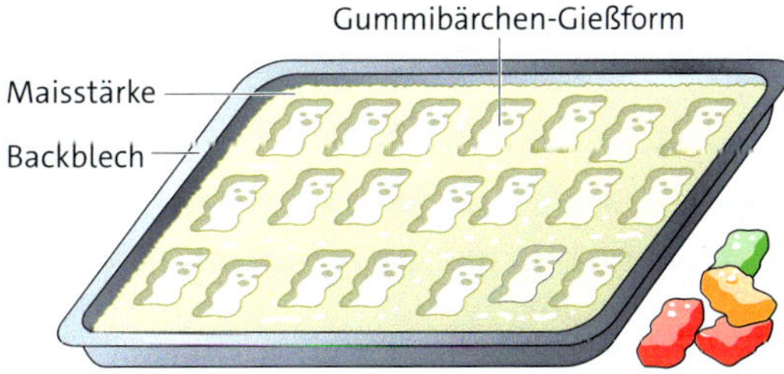

Auswertung:
1 Benennt die Art des Stoffgemischs, das ihr mit diesem Experiment hergestellt habt, und begründet eure Entscheidung.
2 Erklärt die Funktion der Gelatine bei der Herstellung der Gummibärchen.

qapari

METHODE Fachwörter lernen

1 Chiara liest im Buch Fachwörter, die sie noch nicht kennt.

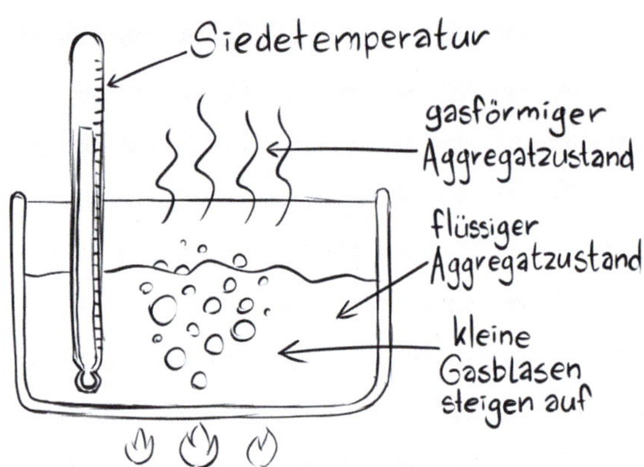

2 Chiaras Skizze zur Siedetemperatur

Im Fach Chemie gibt es viele Wörter, die du vielleicht noch nie gehört hast. Du brauchst sie, um Stoffe und Stoffveränderungen genau zu beschreiben. Manchmal musst du diese Fachwörter wie Englischvokabeln lernen.
Andere Wörter kennst du schon, aber sie haben in der Fachsprache eine andere Bedeutung. Auch diese Wörter solltest du dir merken.
Du kannst Fachwörter lernen, indem du sie auflistest, ihre Bedeutung notierst und sie dann übst. Dabei kannst du so vorgehen:

1 Neue Fachwörter auflisten
Schreibe die Wörter untereinander in eine Liste. Wenn du Schwierigkeiten mit den Artikeln der/die/das hast, dann schreib sie mit auf.

Chiara will einige Wörter lernen, die sie vorher noch nicht kannte. Sie listet auf: die Suspension, das Stoffgemisch, homogenisieren, das Teilchenmodell, die Siedetemperatur, magnetisierbar, heterogen, Wärmeleitfähigkeit.

2 Bedeutungen verstehen und notieren
Wo und wie werden die Fachwörter gebraucht? Was bedeuten sie? Notiere zu jedem Fachwort seine Bedeutung. Du findest sie entweder direkt im Text oder du formulierst sie selbst. Schreibe die Bedeutung so auf, dass du sie verstehst und dir merken kannst. Du kannst die Bedeutung gegebenenfalls auch in deine Muttersprache übersetzen. Manchmal kannst du dir etwas besser merken, wenn du dir eine Skizze dazu machst. Auch Beispiele können helfen.

Tipp: Manche Wörter sind aus anderen Wörtern zusammengesetzt. Überlege, was die einzelnen Wörter bedeuten. Das hilft beim Verstehen.

Chiara will das Wort „Siedetemperatur" lernen. Sie überlegt, aus welchen Wörtern das Wort Siedetemperatur zusammengesetzt ist:
- *Das Wort „Temperatur" steht für den Wärmegehalt eines Stoffes.*
- *Für „Sieden" findet sie eine Beschreibung im Buch, die sie versteht: „Als Sieden bezeichnet man den Übergang vom flüssigen in den gasförmigen Aggregatzustand."*

Chiara notiert: „Die Siedetemperatur: Temperatur, bei der eine Stoff vom flüssigen in den gasförmigen Zustand übergeht. Wenn Wasser siedet, sieht man kleine Gasbläschen aufsteigen."

3 Eine Lernmethode auswählen
Zum Üben von Fachwörtern gibt es viele Methoden. Du kannst dir zum Beispiel eine Lernkartei erstellen. Auf die Vorderseite jeder Karte schreibst du das Fachwort, auf die Rückseite seine Bedeutung. Auch mit einem Quiz kannst du Fachwörter prima üben.
Tipp: In App-Stores gibt es kostenfreie Apps zum Erstellen von digitalen Lernkarteien und Ratespielen. Je nach App kannst du schwierige Wörter markieren und getrennt lernen.

Chiara hat sich eine passende App heruntergeladen. Nach dem Herunterladen gibt sie die neuen Wörter und ihre Bedeutungen ein.

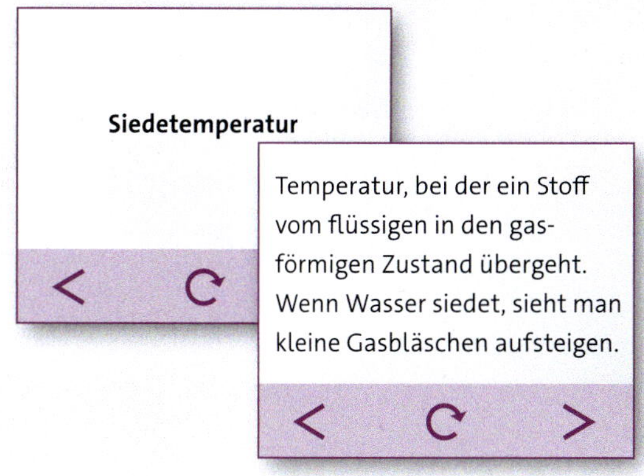

3 Fachwort und Chiaras Erklärung in ihrer App

Ihre App gefällt Chiara besonders gut, weil sie sich an ihren Lernfortschritt anpasst. Wenn Chiara eine Bedeutung oder ein Wort nicht weiß, dann wird dieses schwierige Wort danach häufiger abfragt. Außerdem hat die App einen Quiz-Modus, der ihr Spaß macht.

4 Die Fachwörter üben
Übe jetzt die Fachwörter, indem du dich selbst oder einen Partner abfragst. Bei einer Lernkartei schaust du dir dazu das Fachwort auf der Vorderseite der Karte an. Dann sagst oder denkst du dir seine Bedeutung und vergleichst deine Antwort anschließend mit der Erklärung auf der Rückseite der Karte. Wiederhole zum Schluss die Wörter, die du beim ersten Durchgang nicht richtig wusstest.

Chiara übt die neuen Fachwörter mit der App. Sobald sie sich auch bei den schwierigen Wörtern sicher fühlt, schickt sie ihrer Freundin Christina die Einladung zu einem Quiz.

4 Beispiel für eine Quizfrage

AUFGABEN

1 Fachwörter lernen

a ☒ Liste 10 Fachwörter aus diesem Buch auf.

b ☒ Notiere zu jedem Fachwort einen Satz in eigenen Worten, der das Fachwort erläutert.

c ☒ Ergänze zu jedem Wort entweder ein Beispiel oder eine Skizze.

2 Fachwörter zerlegen und Bedeutungen erkennen

a ☒ Zerlege die Wörter aus Bild 1 in ihre Bestandteile.

b ☒ Versuche, die Wörter zu erläutern, indem du zuerst ihre Bestandteile erläuterst.

c ☒ Vergleiche deine Antworten mit Einträgen in einem Lexikon oder einer Fachwörter-Liste.

3 Verschiedene Lernmethoden
Du kannst mit Karteikarten lernen, mit einer Vokabel-App oder einer Quiz-App. Vielleicht fallen dir auch noch mehr Möglichkeiten ein.

a ☒ Bildet Gruppen. Jede Gruppe sucht sich eine Lernmethode oder App aus und testet sie.

b ☒ Jede Gruppe stellt ihre Methode mit Vor- und Nachteilen der Klasse vor.

4 Ein Quiz erstellen
☒ Stellt fest, welche Wörter aus dem Chemieunterricht ihr besonders schwierig findet. Erstellt ein Quiz zu diesen Fachwörtern.

5 Welche Gruppe gewinnt?

Trennen von Stoffgemischen

1 Die Perlen wurden durch Auslesen nach Farben getrennt.

3 Filtrieren von Kaffee

Jule bastelt gerne Schmuck aus bunten Perlen. Wenn alle Perlen als großes Perlengemenge in einer Schachtel sind, ist ihr das aber zu unübersichtlich. Sie sortiert die Perlen daher nach Farben.

Auslesen

Jule muss die Perlen einer Farbe auswählen und mit den Fingern oder einer Pinzette aus dem Perlengemenge aussortieren. In den Naturwissenschaften spricht man von **auslesen**.
Verfahren, um Stoffgemische zu trennen, heißen in der Fachsprache **Trennverfahren**.

Sedimentieren und Dekantieren

Trübes, verschmutztes Wasser wird klarer, wenn es eine Weile steht. Das geschieht, weil die nicht wasserlöslichen, schweren Schmutzteilchen sich am Boden absetzen. Die Schicht am Boden ist der Bodensatz. Ein anderes Fachwort dafür ist **Sediment**. Wenn man sagt, die Schmutzteilchen **sedimentieren**, heißt das also, sie sinken zu Boden und bilden ein Sediment. Die Flüssigkeit über dem Bodensatz kann man **dekantieren**, also abgießen. Der Bodensatz bleibt dann wie in Bild 2 im Gefäß.

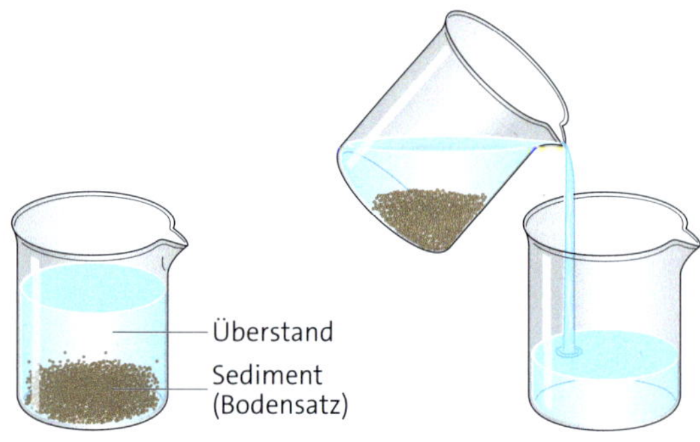

2 Sedimentieren und Dekantieren

Extrahieren

Beim Teekochen werden die Teeblätter in heißes Wasser gegeben. Die Geschmacks- und Farbstoffe werden aus den zerkleinerten Teeblättern herausgelöst. Dieses Herauslösen heißt **extrahieren**. Die Stoffe, die herausgelöst werden, nennt man **Extrakt**. Beim Extrahieren nutzt man aus, dass bestimmte Bestandteile eines Gemischs löslich sind und andere nicht.

Sieben

Die festen Rückstände der Teeblätter können wir abtrennen, indem wir den Tee durch ein Sieb gießen. Beim **Sieben** bleiben die größeren Stückchen im Sieb zurück, die kleineren und die im Wasser gelösten Teilchen gehen durch die Löcher im Sieb hindurch.

Filtrieren

Fein gemahlenes Kaffeepulver kann von einem Sieb nicht zurückgehalten werden. Die Kaffeepulverkörnchen sind zu klein. Beim Kaffeekochen wird deshalb filtriert. Zum **Filtrieren** setzt man ein Filterpapier in einen Trichter. Dann stellt man den Trichter auf ein Auffanggefäß. Dies ist hier die Kaffeekanne. Nun gibt man das Kaffeepulver auf das Filterpapier und gießt das Wasser auf. Das Filterpapier hat feine Poren. In Bild 3 siehst du, dass die festen Kaffeepulverkörnchen nicht durch die Poren passen. Die Körnchen bleiben im Filterpapier hängen. Aus den Körnchen werden aber die wasserlöslichen Bestandteile extrahiert. Diese Bestandteile sickern als Kaffee-Extrakt-Teilchen zusammen mit den Wasserteilchen durch die Poren des Filterpapiers. Die Flüssigkeit im Auffanggefäß bezeichnet man als Filtrat.

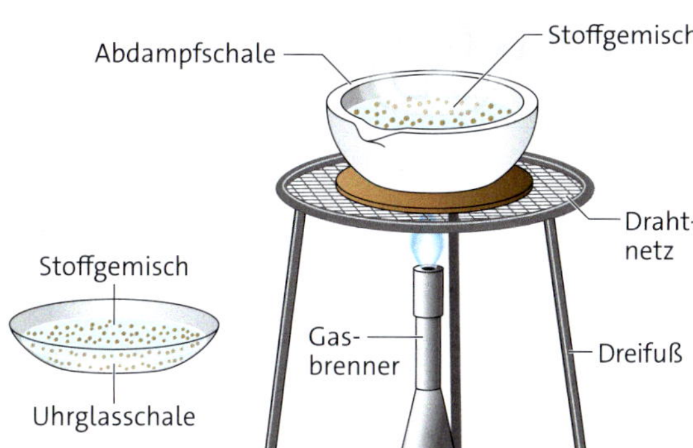

4 Verdunsten (links) und Eindampfen (rechts)

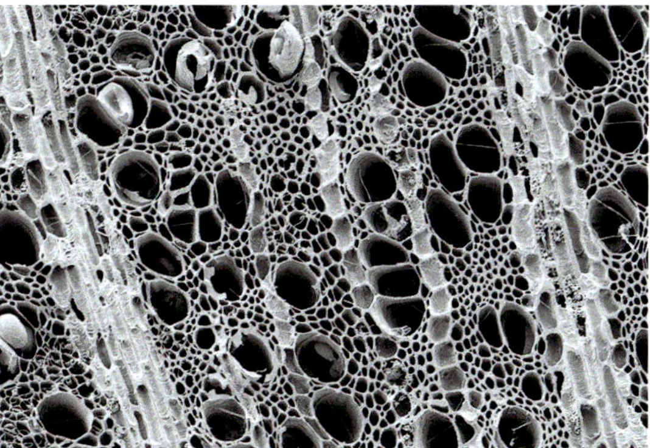

6 Aktivkohle im Mikroskop

Eindampfen und Verdunsten

Wenn du das Kochsalz aus einer Kochsalzlösung erhalten willst, kannst du nicht filtrieren. Beim Lösen ist das Kochsalz in seine kleinsten Teilchen zerfallen. Diese passen durch die Poren eines Filterpapiers hindurch. Du kannst das Kochsalz aber durch Eindampfen oder Verdunsten gewinnen.

Zum **Eindampfen** erhitzt du die Kochsalzlösung in einer Porzellanschale. Das Wasser siedet und verdampft bei 100 °C. Kochsalz siedet erst bei 1465 °C. Es bleibt in der Porzellanschale zurück. Beim **Verdunsten** lässt du die Kochsalzlösung einfach so lange stehen, bis das Wasser verdunstet ist. Zurück bleibt dann ebenfalls das Kochsalz.

EXTRA Zentrifugieren

Für die Herstellung von Butter braucht man das Fett aus der Milch. Das in der Milch fein verteilte Fett kann mit einer Zentrifuge abgeschieden werden. Das Trennverfahren heißt **Zentrifugieren**. Das schwerere Wasser wird weiter nach außen geschleudert und so von dem leichteren Fett getrennt.

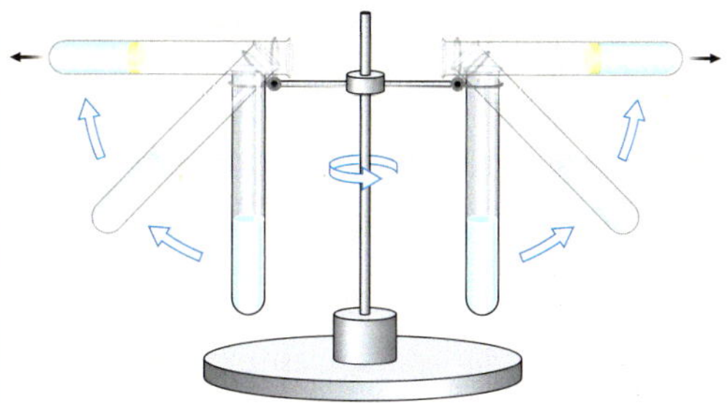

5 Funktionsweise einer Zentrifuge

Adsorbieren

Im Filter mancher Atemschutzmasken befindet sich Aktivkohle. Diese besteht aus Körnchen, die viele Hohlräume haben. Bild 6 zeigt die Hohlräume der Aktivkohle im Mikroskop. Weil es so viele Hohlräume gibt, entsteht eine große Oberfläche. An der Oberfläche werden die Schadstoffteilchen festgehalten. Man sagt: Sie werden adsorbiert. **Adsorbieren** ist ein Trennverfahren.

Stoffgemische können mithilfe von Trennverfahren getrennt werden. Dabei nutzt man die unterschiedlichen Stoffeigenschaften.

AUFGABEN

1 Trennverfahren im Alltag

a Nenne Gemeinsamkeiten und Unterschiede der Trennverfahren Sieben und Filtrieren.

b Beschreibe die Trennverfahren, die beim Kaffeekochen angewandt werden.

c Erkläre, aufgrund welcher Stoffeigenschaften beim Kaffeekochen getrennt wird.

2 Zuckerwasser

Carlo will den Zucker durch Filtrieren aus dem Wasser entfernen.

a Bewerte sein Vorgehen.

b Schlage ein geeignetes Trennverfahren vor.

3 Atemschutzmaske

Personen, die Autos lackieren, tragen eine Atemschutzmaske mit Aktivkohlefilter.

Erläutere die Stofftrennung in der Atemschutzmaske. Erstelle auch eine Skizze.

PRAXIS Trennen von Stoffgemischen

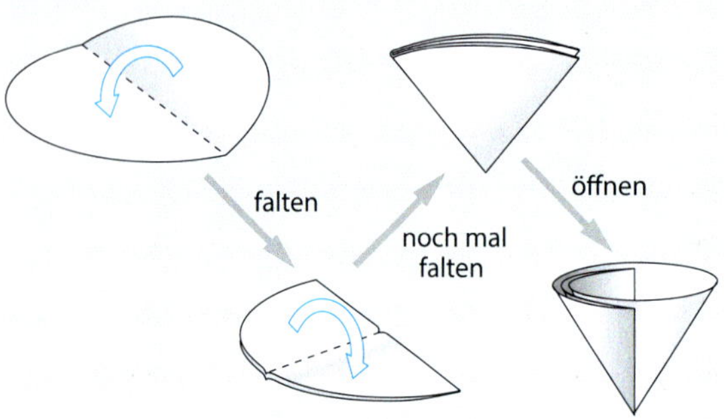

1 Rundfilter falten

A Kaffee kochen

Material:
Wasser, Kaffeepulver, Wasserkocher, Erlenmeyerkolben, Trichter, Rundfilter

Durchführung:
- Erhitze das Wasser im Wasserkocher.
- Stelle den Trichter in den Erlenmeyerkolben.
- Falte den Rundfilter wie in Bild 1 und lege ihn in den Trichter.
- Gib etwas Kaffeepulver in den Trichter und gieße heißes Wasser darüber.

Auswertung:
1 Benenne das Stoffgemisch im Filterpapier und gib die Aggregatzustände der Reinstoffe an.
2 Beschreibe die Vorgänge, die im Filterpapier stattgefunden haben, mit den Fachwörtern.
3 Erkläre mithilfe von Bild 2 das Trennverfahren des Filtrierens.
4 Kaffee ist ein Stoffgemisch aus Wasser, Aroma- und Farbstoffen. Nenne die Eigenschaft, die die Aroma- und Farbstoffe besitzen müssen.

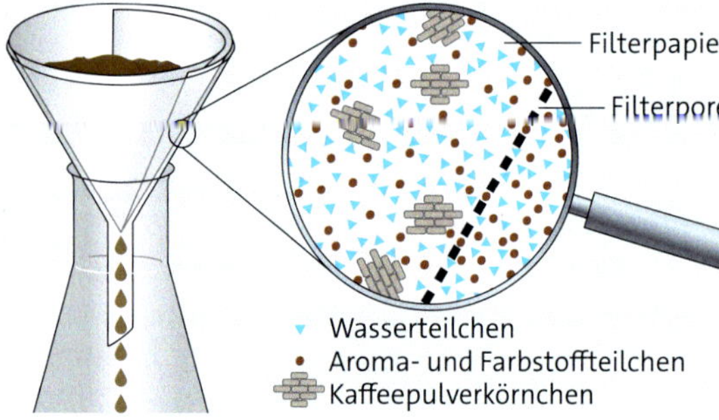

2 Prinzip des Filtrierens

B Kaffee eindampfen

Material:
Gasbrenner, Feuerzeug, Dreifuß mit Drahtnetz, Porzellanschale

Durchführung:
- Gieße etwas Kaffee in die Porzellanschale.
- Stelle die Porzellanschale auf das Drahtnetz des Dreifußes. Erhitze die Porzellanschale mit dem Gasbrenner, bis das Wasser verdampft ist.

Auswertung:
1 Beschreibe deine Beobachtungen.
2 Benenne die Art des Stoffgemischs Kaffee und gib die Aggregatzustände der Reinstoffe an.
3 Nenne die Stoffeigenschaft, die beim Eindampfen als Trennverfahren genutzt wird.

C Sedimentieren und Dekantieren

Material:
Wasser, Sand, zwei 250-ml-Bechergläser, Spatel, Glasstab

Durchführung:
- Mische 100 ml Wasser und etwas Sand in einem Becherglas und rühre mit dem Glasstab um.
- Lass das Gemisch ein paar Minuten stehen.
- Gieße vorsichtig so viel Wasser wie möglich über die Becherglaskante in das zweite Becherglas, ohne den Sand mitzugießen.
- Rühre beide Bechergläser um und vergleiche das Aussehen der Flüssigkeiten.

Auswertung:
1 Beschreibe deine Beobachtungen, nachdem du das Gemisch hergestellt hast.
2 Beschreibe die Flüssigkeiten in den beiden Bechergläsern am Ende des Experiments.
3 Benenne das Stoffgemisch und gib die Aggregatzustände der Reinstoffe im Gemisch an.
4 Das Wort *sedimentieren* bedeutet absetzen. Das Wort *dekantieren* bedeutet abgießen. Erkläre die Stofftrennung im Experiment mit den beiden Fachwörtern.

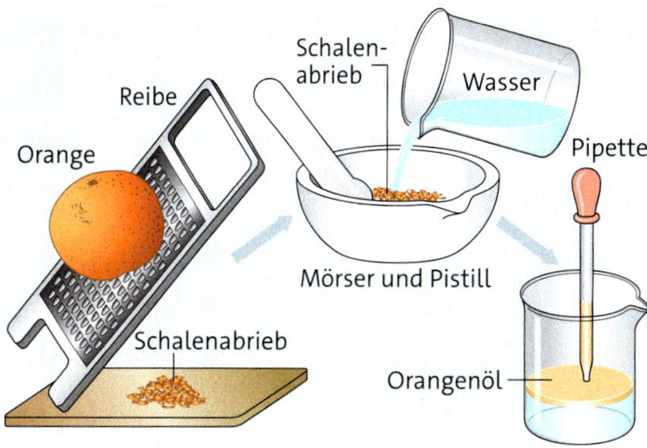

3 Gewinnung von Duftstoffen aus Orangenschalen

D Duftstoffe aus Orangenschalen

Material:
Spülmittel, Reibe, Mörser, Pistill, Leinentuch, Becherglas, Pipette, unbehandelte Orange, Wasser

Durchführung:
- Wasche die Frucht mit Spülmittellösung und trockne sie anschließend ab.
- Reibe die äußere Schale ab. Achte darauf, die weiße Haut nicht mit abzureiben.
- Gib den Schalenabrieb in den Mörser. Füge ungefähr 10 ml Wasser hinzu und zerreibe den Schalenabrieb mit dem Pistill.
- Gib das Gemisch aus Duftstoffen, Wasser und Orangenschale auf ein Tuch. Presse es aus und fang die Flüssigkeit in dem Becherglas auf.
- Sauge das Orangenöl mit einer Pipette ab.

Auswertung:
1 Nenne und beschreibe die Trennverfahren, die du angewendet hast. Gib dabei jeweils die genutzte Stoffeigenschaft an.

G Ein Stoffgemenge trennen

Material:
Eisenspäne , Zucker, Holzmehl, Sand, Erbsen, Laborgeräte deiner Wahl

Durchführung:
- Trenne ein Gemenge aus Eisenspänen, Zucker, Holzmehl und Sand in die einzelnen Bestandteile.

E Cola entfärben

Material:
Cola, Aktivkohle, Becherglas, Löffel, Trichter, Filterpapier, Erlenmeyerkolben

Durchführung:
- Gieße 100 ml Cola in ein Becherglas.
- Gib so viel Aktivkohle hinzu, bis eine dicke, schwarze Suspension entsteht.
- Lass diese Suspension unter gelegentlichem Rühren 15 Minuten stehen.
- Filtriere die Cola-Aktivkohle-Suspension über ein Filterpapier in den Erlenmeyerkolben.

Auswertung:
1 Beschreibe deine Beobachtungen.
2 Nenne das Trennverfahren, das hier angewendet wurde, und beschreibe es.

F Herstellung von Apfelsaft

Material:
Apfel, Laborgeräte deiner Wahl

Durchführung:
- Plane selbst ein Vorgehen zur Herstellung von klarem Apfelsaft aus einem Apfel. Führe das Experiment anschließend durch.
- *Hinweis:* Es genügt, wenn du eine kleine Menge erhältst.

Auswertung:
1 Beschreibe dein Vorgehen in einem Protokoll.

Auswertung:
1 Gib die Eigenschaften der einzelnen Stoffe an, die du zum Trennen nutzen kannst.
2 Erstelle eine Anleitung für das Experiment. Notiere auch Sicherheits- und Entsorgungshinweise.
3 Beschreibe deine Beobachtungen.
4 Nenne zu jedem Schritt das Trennverfahren und welche Stoffeigenschaften du genutzt hast.

cuzaya

WEITERGEDACHT Die Salzgewinnung

1 Die Klasse 8c macht einen Ausflug in ein Salzbergwerk.

1 Salzgewinnung im Bergwerk

Kochsalz ist ein wichtiger Rohstoff. Ein Teil der Salzvorräte der Erde lagern als sogenanntes Steinsalz im Boden. Felina besucht auf der Klassenfahrt ein Salzbergwerk, in dem das Salz mit Maschinen aus dem Berg geschlagen wird. Das Salz, das dort abgebaut wird, heißt Steinsalz. Es muss für den Verkauf nur noch zerkleinert und gesiebt werden.

a Lies die Informationen aus dem Text und Bild 1.

b Beschreibe die Unterschiede zwischen dem Bergwerk, das die Kinder besuchen, und dem Bergwerk, um das es in der Unterhaltung geht.

c Vermute anhand der Informationen, welche Stoffeigenschaften die Bergleute in dem anderen Bergwerk nutzen, um das Salz vom Gestein zu trennen.

d Plane ein Experiment, mit dem du zeigen kannst, wie man vorgehen kann, um ein Salz-Stein-Gemisch im Bergwerk zu trennen. Nutze dazu den Praxis-Kasten.

e Beschreibe nach jedem Schritt der Durchführung deine Beobachtungen und benenne die Stoffe oder Stoffgemische.

f Nenne zu jedem Trennverfahren die Stoffeigenschaft, die du genutzt hast, um die Stoffe voneinander zu trennen

g Beantworte die Fragen der Kinder in Bild 1, indem du erklärst, was du herausgefunden hast. Notiere diese Antwort in dein Heft.

PRAXIS Trennen von Salz und Gestein

Du erhältst einen Brocken Steinsalz oder ein Gemisch aus Salz, Steinen und Sand. Plane ein Vorgehen, um das reine Salz zu gewinnen.

Material:
Mörser, Pistill, zwei Bechergläser, Erlenmeyerkolben, Dreifuß, Drahtnetz, Abdampfschale, Trichter, Glasstab, Filterpapier, Gasbrenner, Tiegelzange, Feuerzeug

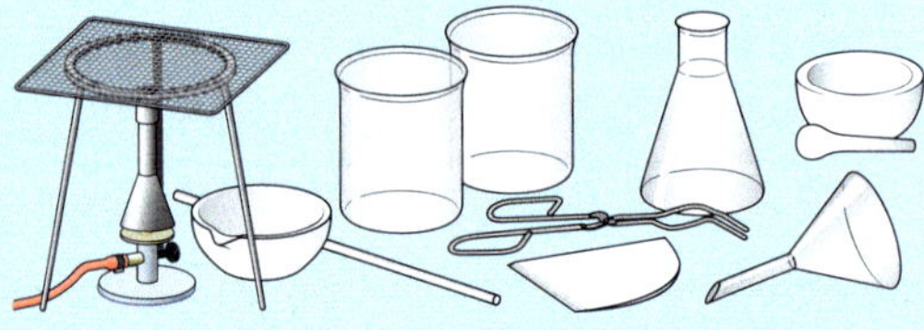

Planung:
- Wähle aufgrund der Stoffeigenschaften von Gestein und Salz geeignete Trennverfahren aus, um das Gemisch zu trennen. Bringe sie in die richtige Reihenfolge.
- Schreibe zu jedem der Trennverfahren eine Materialliste und eine Anleitung für die Durchführung des Experiments auf. Erstelle jeweils eine zugehörige Skizze, die zeigt, wie das Experiment aufgebaut wird.

Durchführung:
Führe die geplanten Schritte des Experiments nacheinander durch.

Meerwasser unterscheidet sich von dem Wasser in Flüssen, Seen und dem Grundwasser durch seinen Salzgehalt. In südlichen Ländern wird Salz direkt aus dem Meerwasser gewonnen. Dazu wird das Meerwasser in flache Becken geleitet, die man Salzgärten nennt (Bild 2). Dort bleibt das Meerwasser bis zu sechs Monate. Dann kann das Salz geerntet werden. Dazu werden die 15–20 cm dicken Salzschichten mit speziellen Geräten und Baggern abgeschabt. Nach der Ernte wird das Salz mit einer gesättigten Salzlösung besprüht, um Schmutz abzuwaschen.

2 Gewinnung von Meersalz

2 Gewinnung von Meersalz

a Lies den Text zur Gewinnung von Meersalz (Bild 2).

b Benenne und beschreibe den Vorgang, durch den das Salz vom Meerwasser getrennt wird.

c Das Wort Garten hat normalerweise eine andere Bedeutung (Bild 3). Begründe, warum man die Wasserbecken als Salzgärten bezeichnet.

d Meerwasser hat einen durchschnittlichen Salzgehalt von 3,5 Prozent. Berechne, wie viel Salz man aus einem Liter Meerwasser gewinnen kann.

e Begründe, warum das Salz zur Reinigung mit einer gesättigten Salzlösung und nicht mit Wasser gewaschen wird.

f Begründe, warum sich Salzgärten zur Salzgewinnung vorwiegend in südlichen Ländern befinden.

g Begründe, warum man aus dem Wasser von Flüssen und Seen kein Salz gewinnen kann.

3 Ein Kräuter- und Gemüsegarten

3 Vergleich verschiedener Salzarten

Salz kann auf verschiedene Arten gewonnen werden. Man unterscheidet Meersalz, Steinsalz und Siedesalz (Bild 4).

a Ein Supermarkt verkauft alle drei verschiedenen Salzarten. Ordne die Schilder der passenden Salzart zu. Begründe deine Zuordnung.

b Erläutere, warum die Salzgewinnung in Salzgärten klimafreundlicher ist als die Gewinnung von Siedesalz.

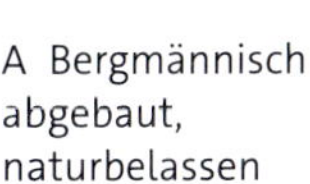

A Bergmännisch abgebaut, naturbelassen

B Naturbelassen! In Salzgärten des sonnigen Südens gewonnen.

C Tief aus dem Berg – die reinste Form unter den Salzarten

4 Im Handel sind verschiedene Salzarten erhältlich.

EXTRA Vom Meerwasser zum Trinkwasser

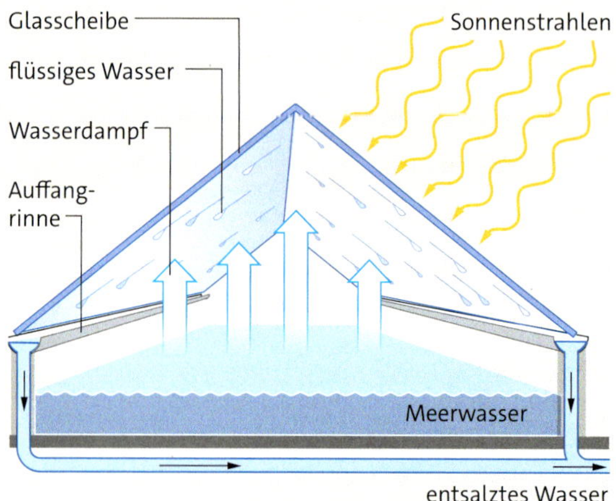

1 Modell einer Meerwasserentsalzungsanlage

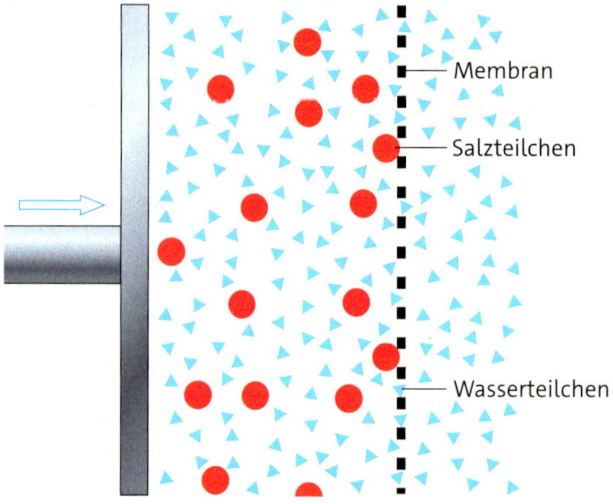

2 Filtrieren von Meerwasser im Modell

Trinkwasser aus Meerwasser
In Ländern, die am Meer liegen, werden Meerwasserentsalzungsanlagen genutzt, um aus Meerwasser Trinkwasser zu gewinnen.
Das salzhaltige Meerwasser wird in eine flache Wanne geleitet, die durch ein geneigtes Glasdach abgedeckt ist.
Wenn das Salzwasser durch die Sonne erwärmt wird, verdunstet das Wasser, steigt nach oben und kondensiert am Glasdach zu flüssigem Wasser. Das Salz bleibt in der Wanne zurück.
Das kondensierte Wasser läuft an der Glasscheibe herunter und kann in einer Auffangrinne gesammelt werden. Dieses entsalzte Wasser ist so allerdings noch nicht als Trinkwasser verwendbar. Zuerst müssen noch die Mineralsalze, die unser Körper braucht, wieder zugesetzt werden.
Nur in kleinen Anlagen kann das Wasser durch direkte Sonneneinstrahlung verdunsten. In großen Entsalzungsanlagen muss das Salzwasser zusätzlich erhitzt werden. Dazu muss viel Energie aufgewendet werden.

„Filtrieren" von Meerwasser
Bild 2 zeigt ein energiesparenderes Verfahren, um Trinkwasser aus Salzwasser zu gewinnen: Man filtriert mit einer Membran. Diese Membran ist eine Art Filter mit feinen Poren. Das Salzwasser wird durch die Membran gepresst. Die feinen Poren der Membran lassen die Wasserteilchen durch, nicht aber die Salzteilchen. Zudem werden Schmutzteilchen und Bakterien zurückgehalten. Ein Nachteil dabei ist, dass die Membranen mit der Zeit schmutzig werden und verstopfen können. Eine solche Membran wie in Bild 2 wird auch in Wasserrucksäcken genutzt. Das ist eine tragbare Wasseraufbereitungsanlage, mit der verschmutztes Wasser zu Trinkwasser aufbereitet wird. Ein Wasserrucksack ist zum Beispiel in Katastrophengebieten nach Erdbeben oder Überschwemmungen praktisch, denn dort herrscht oft ein Mangel an Trinkwasser.

AUFGABEN

1 Entsalzung von Meerwasser

a Lies den Abschnitt über die Meerwasserentsalzungsanlage erneut. Erstelle eine Wortliste mit den wichtigen Wörtern des Abschnitts.

b Notiere zu jedem Wort der Wortliste aus Aufgabenteil a die Bedeutung.

c Beschreibe die Gewinnung von Trinkwasser in einer Meerwasserentsalzungsanlage (Bild 1). Nutze die Wortliste aus Aufgabenteil a.

d Erkläre, warum das Wasser, das in den Auffangrinnen gesammelt wird, noch kein Trinkwasser ist.

2 Mit Membranen „filtrieren"

Erkläre, wie ein Wasserrucksack bei der Reinigung von Schmutzwasser hilft. Beachte dabei die Funktion der Membran.

EXTRA Trennen durch Destillation

Das Destillieren

Wenn man eine Kochsalzlösung verdampft, werden Kochsalz und Wasser voneinander getrennt. Das Wasser entweicht beim Verdampfen jedoch in die Umgebung. Wenn man das Wasser aus einer Kochsalzlösung erhalten will, dann muss man den Wasserdampf auffangen und kühlen, sodass er wieder kondensiert. Ein solches Trennverfahren, bei dem erst verdampft und dann kondensiert wird, bezeichnet man als **Destillation.** Den Stoff, den man auffängt, nennt man **Destillat.**

Trennen von zwei Flüssigkeiten

Mithilfe einer Destillation werden vor allem Gemische aus Flüssigkeiten, beispielsweise Alkohol und Wasser, voneinander getrennt. Die Trennung erfolgt aufgrund der unterschiedlichen Siedetemperaturen der verschiedenen Flüssigkeiten. Alkohol siedet bei 78 °C, Wasser jedoch erst bei 100 °C. Wenn man ein Alkohol-Wasser-Gemisch also auf 78 °C erhitzt, dann verdampft nur der Alkohol und steigt als Gas auf. Das Wasser bleibt als Flüssigkeit zurück.

Der Aufbau einer Destillationsapparatur

Bild 1 zeigt den Aufbau einer einfachen Destillationsapparatur. Man benötigt ein Gefäß für das Stoffgemisch. Dieses Gefäß wird mit einem durchbohrten Stopfen verschlossen. Zur Kontrolle der Temperatur kann ein Thermometer eingesetzt werden. Über ein gebogenes Glasrohr wird der gasförmige Stoff zum Auffanggefäß geleitet. Damit der Stoff kondensiert, muss gekühlt werden.

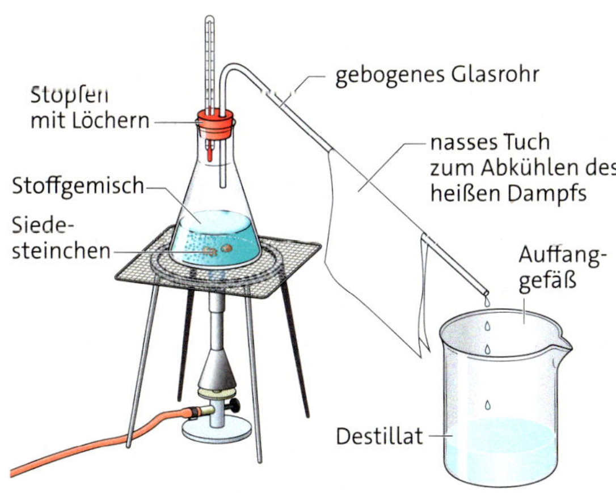

1 Der Aufbau einer Destillationsapparatur

2 Eine Wasserdampfdestillation

Duftstoffe aus Pflanzen

Wenn heißer Wasserdampf über Pflanzen geleitet wird, werden die ätherischen Öle aus den Pflanzen extrahiert. Die Öle werden vom Wasserdampf mitgerissen. Beim Abkühlen und Kondensieren trennen sich die ätherischen Öle wieder vom Wasser. Das Öl schwimmt auf dem Wasser und kann abgeschieden werden. Dies wird Wasserdampfdestillation genannt (Bild 2).

AUFGABEN

1 Trennen durch Destillation

a ☒ Beschreibe den Aufbau einer Destillationsapparatur. Benutze die Fachwörter aus dem Text und Bild 1.

b ☒ Das Wort destillieren kommt vom lateinischen Wort *destillare* und bedeutet: herabtropfen. Erläutere mithilfe der Wortbedeutung an einem Beispiel den Ablauf einer Destillation.

c ☒ Erkläre, welche Informationen du brauchst, um eine Destillation durchführen zu können.

d ☒ Ronja und Karl haben ein Alkohol-Wasser-Gemisch mit der Apparatur in Bild 1 destilliert. Nun sind sie sich nicht sicher, wo der Alkohol und wo das Wasser ist. Karl meint, das Wasser ist das Destillat. Ronja behauptet, dass es der Alkohol ist. Begründe, wer recht hat.

e ☒ Begründe, warum es beim Destillieren oft sinnvoll ist, ein Thermometer zu benutzen.

f ☒ Stelle eine Vermutung an, was passiert, wenn man die Destillation eines Alkohol-Wasser-Gemischs sehr lange und bei hohen Temperaturen durchführt.

g ☒ Beschreibe die Herstellung von Lavendelöl aus Lavendelblüten.

Stofftrennung durch Chromatografie

1 Eine der Zahlen ist mit einem anderen Filzstift geschrieben.

Enes und Sandro spielen ein Escape-Room-Spiel. Um an den nächsten Hinweis zu gelangen, müssen sie einen Zahlencode ermitteln: Eine der fünf Zahlen wurden mit einem anderen Filzstift geschrieben als die restlichen Zahlen. Diese Zahl müssen sie streichen.

Das Farbstoffgemisch eines Filzstifts trennen
Filzstifte gibt es in vielen Farben. Meist handelt es sich dabei um Farbstoffgemische. Es gibt eine einfache Möglichkeit, ein solches Farbstoffgemisch in die einzelnen Grundfarben aufzutrennen. Dazu wird das Gemisch auf einem Filterpapierstreifen auf einer Startlinie aufgetragen. Der Filterpapierstreifen wird in ein Gefäß mit Wasser gestellt (Bild 2). Das Wasser steigt nach oben und nimmt die verschiedenen Farbstoffe unterschiedlich gut mit. Dieses Trennverfahren nennt man Papierchromatografie. Das Wort **Chromatografie** kommt aus dem Griechischen und bedeutet mit Farben schreiben. Bild 3A zeigt ein aufgetrenntes Farbstoffgemisch. Dieses Ergebnis einer Chromatografie nennt man **Chromatogramm**.

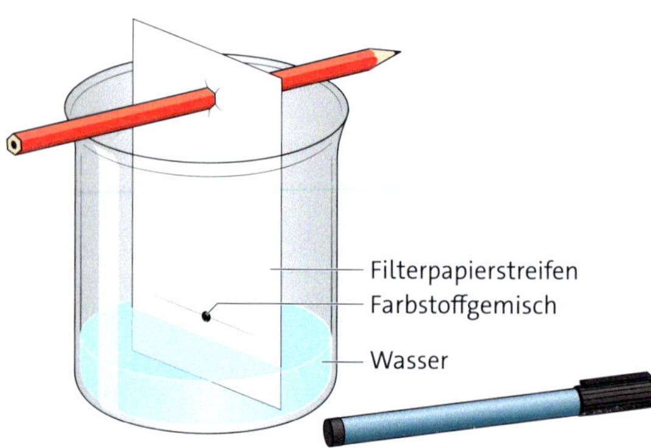

2 Aufbau der Papierchromatografie

Der Trennvorgang bei der Chromatografie
Bei der Chromatografie bewegt sich das zu trennende Gemisch an einem festen Untergrund vorbei. Das Gemisch ist in unserem Beispiel das Wasser mit den gelösten Farbstoffen. Die Farbstoffe lösen sich im Wasser unterschiedlich gut. Der feste Untergrund ist das Filterpapier. Dieses hält die Farbstoffteilchen unterschiedlich gut zurück. Man sagt: Die Teilchen werden an der Oberfläche des Filterpapiers unterschiedlich stark adsorbiert. Die Farbstoffteilchen, die am schlechtesten wasserlöslich sind und am stärksten am Filterpapier haften, setzen sich zuerst auf dem Papier ab. Wenn ein Stoff nicht in Wasser löslich ist, dann muss man ein anderes Lösungsmittel wählen, beispielsweise Alkohol.

Bei der Chromatografie werden Stoffe aufgrund unterschiedlicher Löslichkeit und Adsorption voneinander getrennt.

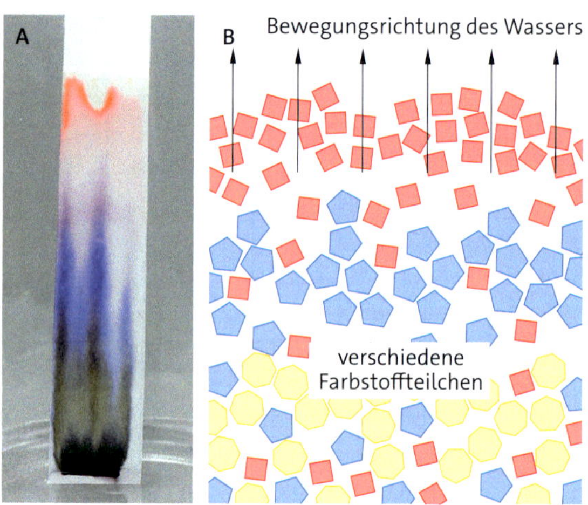

3 Chromatogramm (A) und Teilchenmodell (B)

AUFGABEN

1 **Das Rätsel lösen**
☒ Beschreibe Enes und Sandro ein Vorgehen, um das Escape-Room-Rätsel aus Bild 1 mithilfe der Papierchromatografie zu lösen. Beginne so: *Füllt etwas Wasser in ein Glas ...*

2 **Ein Chromatogramm auswerten**
☒ Erläutere, aufgrund welcher Stoffeigenschaften die verschiedenen Farbstoffe in Bild 3 getrennt wurden.

kojimu

PRAXIS Die Chromatografie

A Schwarz bringt Farbe ins Spiel

Material:
Becherglas, Filterpapier, Büroklammer, Schere, verschiedene schwarze Filzstifte, Wasser

Durchführung:
Schneide aus dem Filterpapier ein Rechteck aus, das schmaler und länger als das Becherglas ist. Male mit den Filzstiften Punkte auf. Die Punkte sollten 2 cm vom unteren Rand und untereinander mindestens 1 cm voneinander entfernt sein. Fülle das Glas 1 cm hoch mit Wasser. Stelle das Filterpapier hinein. Die Punkte sollten nicht ins Wasser eintauchen. Knicke das Filterpapier über den Glasrand und befestige es mit einer Büroklammer. Das Wasser soll bis 2 cm unter den Glasrand steigen.

Auswertung:
1 Vergleiche deine Ergebnisse mit den Ergebnissen deiner Klassenmitglieder.
2 Deute die Unterschiede.

B „Echt coool!"

Ihr bekommt ein Fließblatt mit dem Wort „coool". Ein „o" wurde mit einem anderen Filzstift geschrieben als die übrigen Buchstaben. Findet im Team heraus: Welches ist das „falsche o"?

Material:
3 Bechergläser, Schere, Fließblatt mit dem Wort „coool", Wasser

Durchführung:
- Besprecht im Team, was zu tun ist.
- Plant ein Experiment oder Experimente zum Auffinden des „falschen o". Wer macht dabei was? Verteilt sinnvolle Aufgaben und Rollen. Beispiele: Skizze anfertigen, Durchführung beschreiben, Material vorbereiten, Experiment durchführen, Beobachtungen notieren.
- Führt das Experiment/die Experimente durch.

Auswertung:
1 Begründet euer Vorgehen. Formuliert eure Ergebnisse.
2 Stellt euer Ergebnis in der Klasse vor.

C Grüne Blätter verfärben sich im Herbst gelb

Im Herbst färben sich die grünen Blätter vieler Laubbäume gelb.

Vorüberlegung: Notiere deine Vermutung, woher der gelbe Farbstoff in den Blättern kommt.

Material:
Mörser, Pistill, Erlenmeyerkolben (100 ml), Trichter, Filterpapier, Pipette, Becherglas, grüne Laubblätter, Brennspiritus (Ethanol), Sand

Durchführung:
- Gib die zerkleinerten Blätter, etwas Sand und etwa 20 ml Spiritus in den Mörser und zerreibe die Blätter kräftig mit dem Pistill.
- Dekantiere die Lösung und filtriere sie in einen Erlenmeyerkolben.
- Lege ein Rundfilterpapier auf das Becherglas und tropfe mithilfe der Pipette 3 Tropfen des Filtrats auf die Mitte. Warte, bis das Filterpapier die Flüssigkeit aufgesogen hat, und wiederhole diesen Vorgang dreimal.

Auswertung:
1 Beschreibe deine Beobachtungen.
2 Die Klasse 7c hatte drei Vermutungen:
   - Der grüne Farbstoff verschwindet und dann entsteht der gelbe Farbstoff.
   - Der gelbe Farbstoff ist schon in den grünen Laubblättern enthalten.
   - Der gelbe Farbstoff ist aus dem grünen Farbstoff entstanden.

   Begründe, welche der drei Vermutungen mit dem Experiment überprüft wurde. Vergleiche mit deiner eigenen Vorüberlegung vor der Durchführung.
3 Erkläre, warum bei dieser Chromatografie Brennspiritus anstatt Wasser benutzt wurde.

kojimu 

AUFGABEN Stoffgemische und ihre Trennung

1 Mindmap zum Thema Stoffe
Louis soll eine Mindmap zum Thema Stoffe erstellen. Folgende Fachwörter sollen darin vorkommen: Gemenge, homogen, Schaum, Stoffe, Legierung, Reinstoff, heterogen, Stoffgemisch, Emulsion, Lösung.
Im Internet liest er folgenden Hinweis zum Erstellen einer Mindmap:

> In einer Mindmap werden Inhalte zu einem Thema geordnet und ihre Zusammenhänge übersichtlich dargestellt. Das Hauptthema wird dazu in die Mitte geschrieben. Von ihm gehen Linien zu verschiedenen Unterthemen ab. Diese können wiederum in weitere Unterthemen aufgeteilt sein.

a Hilf Louis und erstelle eine Mindmap, in der du die Fachwörter sinnvoll ordnest.
b Ordne folgende Wörter in die Mindmap ein: Aluminium, Tinte, Weinbrand, Schwefel, Mineralwasser, Müsli, Hautcreme, Wasser, Früchtetee, Rotgold.

2 Milch ist nicht gleich Milch
Milch ist ein Stoffgemisch. Bild A zeigt den Anblick von unbehandelter Kuhmilch unter dem Mikroskop.

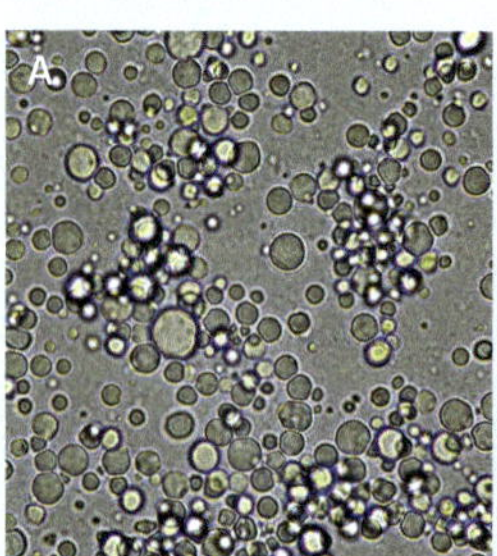

a Begründe, warum Milch ein Stoffgemisch ist, indem du einige Bestandteile benennst.
b Nenne die Bezeichnung für das Stoffgemisch.
c Gib an, ob es sich bei unbehandelter Kuhmilch um ein heterogenes oder homogenes Stoffgemisch handelt, und begründe dies.
d Kuhmilch wird vor dem Verkauf oft homogenisiert. Das bedeutet, dass die Fetttröpfchen stark verkleinert werden. Dies kannst du in Bild B sehen. Recherchiere die Vorteile des Homogenisierens.

3 Mit Wasser mischen
Ein Löffel Erde und ein Löffel Kochsalz werden jeweils in Wasser gegeben und umgerührt.
a Beschreibe, was man beobachten wird.
b Benenne die beiden Stoffgemische.
c Zeichne die beiden Stoffgemische im Teilchenmodell.

4 Fische im trüben Teich
Nach einem Gewittersturm will Leon fischen gehen. Ihm fällt auf, dass das Wasser im Fischteich besonders trüb ist. Beim Sturm wurde Erde der umliegenden Ufer ins Wasser gespült. Nach zwei Stunden kann er aber die Fische im Wasser wieder erkennen.
a Nenne das Fachwort für das trübe Wasser.
b Erkläre Leons Beobachtungen. Nutze dabei die passenden Fachwörter.

5 Trennverfahren im Überblick

Trennverfahren	Beschreibung	Stoffeigenschaft	Beispiel
Auslesen	...	...	...
Sedimentieren	...	...	...
...	...	...	...

1 Übersicht über verschiedene Trennverfahren

a Übertrage die Tabelle aus Bild 1 in dein Heft. Liste in der Tabelle die folgenden Trennverfahren auf: Auslesen, Sedimentieren, Dekantieren, Extrahieren, Sieben, Filtrieren, Eindampfen/Verdampfen, Zentrifugieren, Adsorbieren.
b Beschreibe jedes Trennverfahren in einem kurzen Satz.
c Nenne für jedes Trennverfahren die genutzte Stoffeigenschaft.
d Nenne für jedes Trennverfahren mindestens ein Beispiel.

6 Goldschürfen

Im Wilden Westen haben Goldschürferinnen und Goldschürfer aus dem Sand von Flüssen kleine Goldkörnchen herausgewaschen. Man sagt auch schürfen dazu. Dazu haben sie Sand in flache Schalen, die sogenannten Goldpfannen, gegeben und mit dem Wasser den Sand über die Kante weggespült. Die kleinen Goldkörnchen blieben in der Goldpfanne.

2 Gold wird in Goldpfannen ausgewaschen.

a Nenne die Trennverfahren, die beim Goldschürfen angewendet werden.

b Nenne die Stoffeigenschaft, die beim Goldschürfen genutzt wird.

7 Missgeschicke in der Küche

Hilfskoch Alex hat das Rezept nicht richtig gelesen und gibt anstatt 1 l Wasser die doppelte Menge zur Suppe. Außerdem gibt er aus Versehen Öl anstatt Flüssigwürze in die Suppe.

a Nenne eine Methode, wie Ali das überschüssige Wasser entfernen kann.

b Beschreibe, wie Ali das Öl aus der Suppe entfernen kann.

c Nenne die Stoffeigenschaften, die er bei den beiden Trennverfahren nutzt.

8 Chromatografie

Kolja hat chromatografiert. Er ist enttäuscht. Bewerte Koljas Experiment im Bild rechts und beschreibe, wie er zu einem anderen Ergebnis kommen kann.

9 Die Aussolung

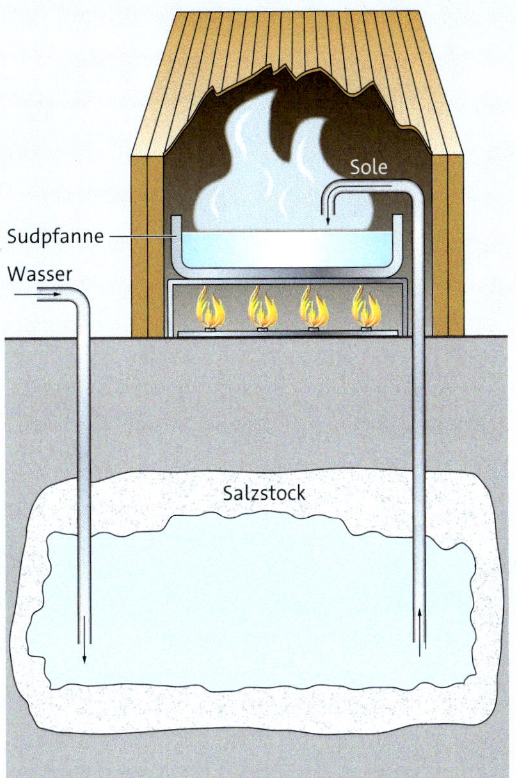

3 Salz kann durch Aussolung gewonnen werden.

Kochsalz ist ein wichtiger Rohstoff und kommt in großen Mengen tief unter der Erde vor. Um an dieses unterirdische Salz zu kommen, kann man es entweder mit großen Maschinen in Bergwerken herausgraben oder man nutzt das Verfahren der Aussolung. Bei der Aussolung wird Wasser in das unterirdische Salzlager, den Salzstock, geleitet. Es bildet sich Sole, die aus dem Salzstock nach oben gepumpt wird. Im nächsten Schritt wird die Sole in einer großen Pfanne, der Sudpfanne, stark erhitzt.

a Nenne die Stoffe, aus denen das Stoffgemisch Sole besteht.

b Benenne das Stoffgemisch Sole mit dem Fachwort.

c Benenne die bei der Aussolung genutzten Trennverfahren mit den Fachwörtern.

d Erstelle einen Infotext, indem du das Verfahren der Aussolung einer Mitschülerin oder einem Mitschüler erklärst.

mihowu

Wertstoffe aus dem Müll gewinnen

1 Wie wird der Abfall sortiert?

2 Handsortierung in einer Müllsortieranlage

Lea und Ahmed haben im Wald Müll aufgesammelt. Das ist nötig, weil immer mehr Menschen achtlos ihren Abfall in die Natur werfen. Jetzt wollen sie ihn richtig entsorgen.

Abfall und Recycling

Abfall entsteht in den Haushalten und in der Industrie. Ein großer Teil unseres Abfalls besteht aus Stoffen, die nach ihrem Gebrauch erneut genutzt oder zu anderen Produkten verarbeitet werden können. Man nennt sie **Wertstoffe**. Dazu gehören Papier, Glas, Metalle und Kunststoffe. Wenn man solche Stoffe so aufbereitet, dass wir sie erneut nutzen können, dann spricht man von **Recycling**. Das Wort kommt aus dem Englischen und bedeutet: wieder in den Kreislauf zurückbringen. Durch das Recycling werden die Vorräte der Rohstoffe auf der Erde geschont. Außerdem wird für das Recycling oft weniger Energie benötigt als für die Gewinnung der Stoffe aus den Rohstoffvorräten.

Der Verpackungsmüll

Viele Verpackungen bestehen aus Kunststoffen oder Metallen. Manche bestehen auch aus mehreren Stoffen, die miteinander verbunden sind. Man spricht von Verbundstoffen. Das Papier von Getränkekartons ist zum Beispiel innen mit Kunststoff- oder Alufolie beklebt. Verpackungen werden in der gelben Wertstofftonne gesammelt. Der Abfall ist ein Stoffgemisch. Die Stoffe müssen zunächst voneinander getrennt werden, bevor sie wieder als Ausgangsstoffe für neue Produkte eingesetzt werden können.

Die Müllsortieranlage

Die Anlagen, in denen der Müll aus den Wertstofftonnen in die Reinstoffe getrennt wird, nennt man Müllsortieranlagen. Der Müll wird dazu auf lange Bänder geschüttet, die ihn durch die Anlage befördern. In manchen Anlagen werden die Stoffe per Hand aussortiert (Bild 2). Es gibt aber auch Anlagen, in denen automatisch sortiert wird. Zur Trennung der Wertstoffe werden verschiedene Trennverfahren angewandt. Über einem Förderband hängen zum Beispiel große Magnete, die magnetische Metalle wie Eisen anziehen (Bild 3). In einem anderen Verfahren läuft das Förderband durch einen Luftstrom. Leichte Kunststofffolien werden durch den Luftstrom nach oben geblasen und so von schwereren Materialien getrennt.
Es gibt Materialien, die im Wasser schwimmen, und andere Materialien, die im Wasser sinken. In einem Wasserbad kann man diese Materialien voneinander trennen.

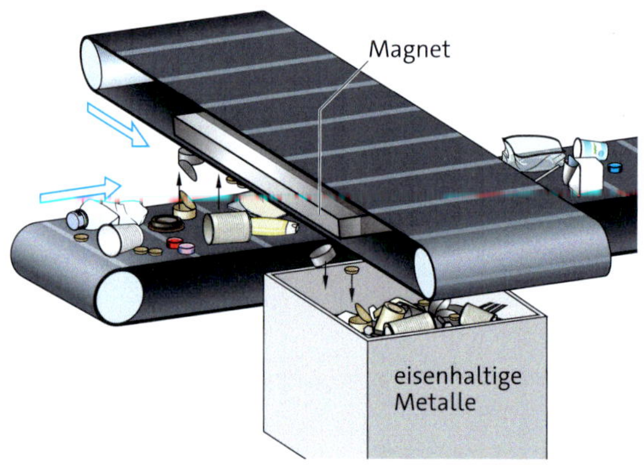

3 Trennung eisenhaltiger Metalle

4 Sondermüll: Batterien (A), Altöl (B), Spraydosen (C), Lacke (D), Tabletten (E)

Recycling von Glas und Papier
Pfandflaschen aus Glas werden gesammelt und bis zu 50-mal gewaschen und wieder befüllt. Glasflaschen, die keine Pfandflaschen sind, werden als Altglas gesammelt. Das Glas wird nach Farben sortiert. Dann wird es eingeschmolzen und zu neuen Flaschen und Gläsern geformt. Papierabfälle werden als Altpapier gesammelt und zu neuem Papier verarbeitet. Zeitungen und Verpackungen bestehen meist aus Altpapier.

Elektroschrott ist wertvoller Müll
Elektroschrott enthält viele wertvolle Metalle. In sechs Computern ist so viel Gold enthalten wie in zwei Tonnen Gestein aus afrikanischen Minen. Elektroschrott enthält auch Silber, Palladium, Kupfer und andere seltene Metalle. Deshalb solltest du dein altes Smartphone immer recyceln.

Umgang mit dem Restmüll
Abfälle, die nicht recycelt werden können, bezeichnet man als Restmüll. In Deutschland wird der meiste Restmüll in Anlagen verbrannt. Dabei bleiben nur wenige Verbrennungsreste zurück, die auf Deponien gelagert werden. Gleichzeitig wird Energie in Form von Wärme gewonnen.

Schwieriger Sondermüll
Unter Sondermüll fasst man alle Abfälle zusammen, die besonders entsorgt werden müssen (Bild 4). Dazu gehört Müll, der giftige, explosive oder brennbare Stoffe enthält wie leere Lackdosen oder Batterien. Er wird bei speziellen Sammelstellen abgegeben und dort umweltverträglich entsorgt.

Beim Recycling werden die Wertstoffe aus unserem Müll zu neuen Produkten verarbeitet. Dazu muss der Abfall zunächst in die Reinstoffe getrennt werden. Dazu werden die unterschiedlichen Stoffeigenschaften genutzt.

AUFGABEN

1 Abfallarten und ihre Entsorgung

Übertrage die folgende Tabelle in dein Heft. Trage alle im Text erwähnten Abfallarten ein und nenne jeweils drei Beispiele. Ergänze zu jeder Abfallart die richtige Entsorgung.

Abfallart	Beispiele	Entsorgung
Verpackungen	Metalldose Joghurtbecher ...	...

2 Müllsortieranlagen

a Nenne die Stoffeigenschaft, die genutzt wird, um eisenhaltige Metalle vom Abfall zu trennen.

b Beschreibe zwei Möglichkeiten, verschiedene Kunststoffe voneinander zu trennen.

3 Recycling und Umwelt

a Beschreibe in eigenen Worten, was Recycling bedeutet.

b Erläutere am Beispiel eines Smartphones die Bedeutung des Recyclings für die Umwelt.

c Formuliere fünf Regeln, wie mit Müll umgegangen werden muss, damit Umwelt und Rohstoffe geschont werden.

gaxoje

WEITERGEDACHT Wertstoffe aus dem Müll gewinnen

1 Das Papierrecycling

Leo braucht für die Schule Papier zum Ausdrucken. Im Schreibwarenladen gibt es eine große Auswahl an verschiedenen Papiersorten. Einige sind als Recyclingpapier gekennzeichnet. Er recherchiert mit seinem Smartphone, was das bedeutet. Recyclingpapier wird aus Papierabfällen, also aus Altpapier, hergestellt (Bild 1). Das Altpapier wird dazu im Wasser in seine Fasern zerlegt und zu neuem Papier gepresst. Leo denkt an die bunten Zeitungen und Prospekte in seinem Papierabfall zuhause und betrachtet das weiße Recyclingpapier. Er findet heraus, dass man aus Altpapier weißes Papier herstellen kann, wenn man vorher die Druckfarben entfernt. Dies geschieht durch ein spezielles Trennverfahren, das man Flotation nennt.

a Lies den Infokasten zur Flotation (Bild 2).

b Benenne die Stoffgemische, die durch Flotation getrennt werden können, mit dem Fachwort.

c Das Wort *float* ist Englisch und bedeutet schwimmen. Beschreibe mithilfe dieser Wortbedeutung, wie das Trennverfahren Flotation funktioniert.

d Gib die Bestandteile des Stoffgemischs an, das zum Papierrecycling hergestellt wird. Gib auch an, welche der Bestandteile voneinander getrennt werden sollen.

e Erstelle einen Informationstext für deine Mitschüler und Mitschülerinnen, indem du ausführlich erklärst, wie die Druckerfarbe vom Altpapier entfernt wird.

f Erläutere, wie wichtig Trennverfahren für das Recycling von Papier und somit für die Umwelt ist.

g Worauf sollte Leo beim Papierkauf deiner Meinung nach achten. Begründe deine Empfehlung.

h Leo findet auf einer Papierverpackung einen „Blauen Engel“. Recherchiere, was das Kennzeichen bedeutet.

1 Altpapier

Die Flotation ist ein Verfahren, um unlösliche fein verteilte Feststoffe aus einer Flüssigkeit, meist Wasser, zu entfernen. Bei dem Trennverfahren wird Luft in die Flüssigkeit geleitet und fein verteilt. Die Luftblasen lagern sich an den Feststoffpartikeln an. Sie wirken wie Schwimmflügel und geben den Feststoffpartikeln so viel Auftrieb, dass sie nach oben zur Wasseroberfläche steigen. Von dort können sie abgeschöpft werden.
Die Luftblasen können sich nur an Feststoffpartikeln anlagern, deren Oberfläche wasserabweisend ist. Das nutzt man zum Beispiel bei der Trennung von Altpapier und Druckerfarbe, denn die Farbpartikel der Druckerfarbe sind wasserabweisend. Die Papierfasern hingegen saugen sich mit Wasser voll.

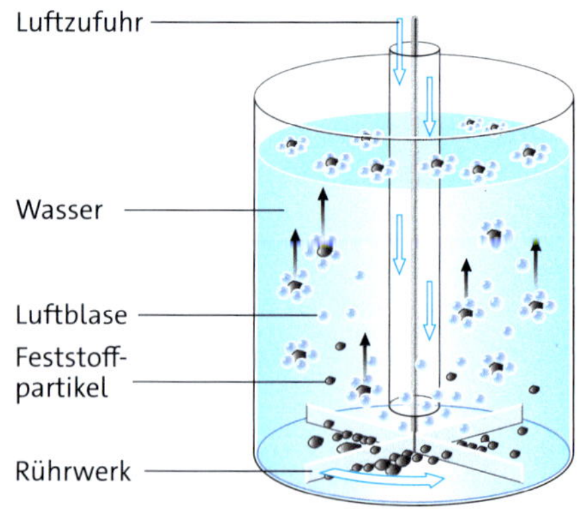

2 Prinzip der Flotation

2 Das Schwimm-Sink-Verfahren

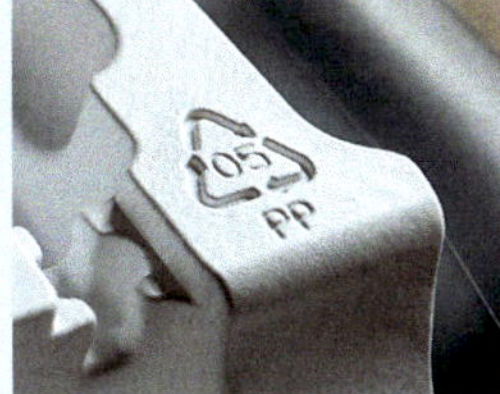

3 Kennzeichnung von Verpackungsmaterialien

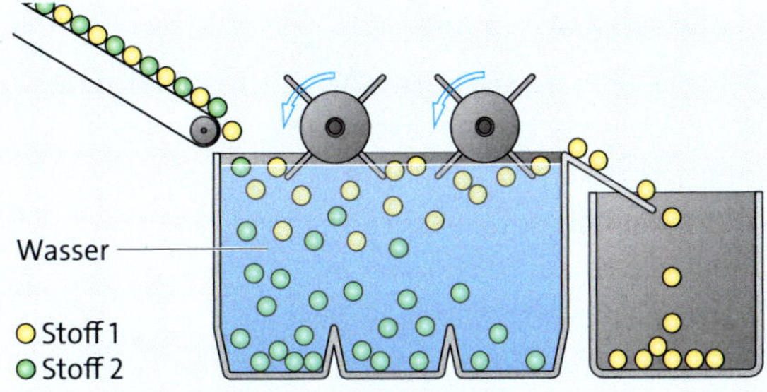

4 Prinzip des Schwimm-Sink-Verfahrens

Für die Herstellung von Verpackungsmaterialien werden unterschiedliche Kunststoffe eingesetzt. Typische Beispiele sind PE, PP oder PET. Auf den Verpackungen findet man in der Regel einen Hinweis darauf, aus welchem Stoff sie bestehen (Bild 3).
Ein wichtiger Schritt beim Recyceln von Verpackungsabfall ist es, die verschiedenen Kunststoffe voneinander zu trennen. In manchen Müllsortieranlagen kommt unter anderem das Schwimm-Sink-Verfahren zum Einsatz (Bild 4).

a ☒ Beschreibe das Vorgehen beim Schwimm-Sink-Verfahren in einer Müllsortieranlage mithilfe von Bild 4.

b ☑ Führe das Experiment im Praxis-Kasten durch. Benenne den Kunststoff, den du vom Stoffgemisch trennen konntest.

c ☒ Beschreibe mithilfe von Bild 5, unter welcher Bedingung sich zwei Kunststoffe durch das Schwimm-Sink-Verfahren trennen lassen.

d ☒ Erläutere anhand des Schwimm-Sink-Verfahrens, warum in einer Müllsortieranlage mehrere Trennverfahren angewendet werden.

PRAXIS

Material:
3 farblich unterschiedliche Verpackungen, jeweils aus PE, PP und PET, Schere, Becherglas, Rührstab, Teller mit Küchenpapier

Durchführung:
- Schneide die Verpackungen in kleine Schnipsel. Befülle das Becherglas mit Wasser und gib die Schnipsel hinein. Rühre es mit dem Glasstab um.
- Entferne die schwimmenden Schnipsel und lege sie auf den Teller mit dem Küchenpapier.

Stoff	Dichte in $\frac{g}{ml}$
PE	0,85
PP	0,92
Wasser	1,0
PET	1,38

5 Verwendete Stoffe und ihre Dichten

3 Getränkeverpackungen

Getränkeverpackungen sind in der Regel aus Verbundstoffen hergestellt. Oft bestehen sie aus Papier, Kunststoff und Aluminium.

a ☑ Führe das Experiment im Praxis-Kasten durch. Erstelle eine Skizze vom Aufbau der Verpackung. Benenne darin die Stoffe der Schichten.

b ☒ Recherchiere im Internet, welche Funktion die einzelnen Schichten haben.

c ☒ Begründe, warum das Recycling solcher Verbundstoffe aufwendig ist.

PRAXIS

Material:
Verpackung einer H-Milch, Schere

Durchführung:
Schneide ein kleines Stück aus der Verpackung heraus. Trenne das Stück in drei Schichten, indem du diese vorsichtig voneinander abziehst.

METHODE Einen Sachtext verstehen

Vielleicht kennst du das: Du hast einen Text gelesen, aber du hast noch nicht alles verstanden. Wenn du Texte besser verstehen und dir die Inhalte merken willst, dann wendest du am besten die folgenden Schritte an:

1 Einen Überblick verschaffen
Bevor du den Text liest, solltest du dir einen Überblick verschaffen. Lies zuerst die Überschrift. Gibt es Bilder, Zwischenüberschriften oder hervorgehobene Wörter? Sie helfen dir zu erkennen, worum es in dem Text geht.

Lotte hat von ihrer Lehrerin den Text in Bild 1 bekommen. Die Überschrift „Pfandflaschen schonen die Umwelt" versteht sie nicht. Lotte sieht außerdem, dass der Text in Absätze unterteilt ist, die Zwischenüberschriften haben. Außerdem sind manche Wörter im Text schräg gedruckt. Lotte sieht auch, dass es ein Bild mit einer Bildunterschrift gibt. Was die Symbole im Bild bedeuten, weiß sie noch nicht.

2 Die Bilder ansehen
Wenn Bilder oder Tabellen zum Text gehören, dann schau sie dir an. Lies die Bildunterschriften. Sie beschreiben, was auf den Bildern zu sehen ist, und geben zusätzliche Informationen.

Lotte schaut sich das Bild genauer an. Es zeigt, wie Pfandflaschen gekennzeichnet werden. Jetzt versteht Lotte die Zwischenüberschriften im Text. Es geht um zwei verschiedene Pfandsysteme.

3 Die Zwischenüberschriften lesen
Texte sind oft in Abschnitte gegliedert. Die Informationen in einem Abschnitt gehören zusammen. Lies die Zwischenüberschriften. Sie beschreiben, worum es in den einzelnen Abschnitten geht.

Die Zwischenüberschriften zeigen, dass es ein Mehrweg- und ein Einwegpfandsystem gibt. Lotte weiß aber noch nicht, wie das die Umwelt schont.

Pfandflaschen schonen die Umwelt

In Deutschland gibt es das *Einweg-* und das *Mehrwegpfandsystem* für Getränkeverpackungen. Bei beiden zahlt der Käufer einer Getränkeflasche einen bestimmten Betrag als Pfand, den er beim Zurückbringen der Flasche wiedererhält. Sinn dieser Pfandsysteme ist der umweltfreundliche Umgang mit Verpackungen.

A

B

1 Kennzeichen für Pfandflaschen (A: Mehrwegflaschen, B: Einwegflaschen)

Das Mehrwegpfandsystem

Beim Mehrwegpfandsystem werden sowohl Glas- als auch Plastikflaschen gesammelt, chemisch gereinigt und neu befüllt. Die Flaschen aus Plastik bestehen meist aus dem festeren *PET-Kunststoff*. Glaspfandflaschen können bis zu 50-mal, PET-Flaschen bis zu 25-mal befüllt werden. Durch die Wiederverwendung werden Energie und Rohstoffe gespart. Allerdings muss man den Transport der Flaschen zu den Abfüllern bedenken und dass auch Transport, Reinigung und Sortierung Energie benötigen.

Das Einwegpfandsystem

Einwegflaschen bestehen aus PET- oder dem weicheren *PP-Kunststoff*. Sie werden nur einmal benutzt und nach der Rücknahme zunächst sortiert und dann geschreddert. Der geschredderte Kunststoff wird gewaschen und dann zu kleinen Kugeln eingeschmolzen. Das so erhaltene Kunststoffgranulat wird unter anderem für neue Flaschen eingesetzt. Neue Flaschen bestehen aber nur zu einem Teil aus diesem recycelten Kunststoff.

1 Diesen Text hat Lotte von ihrer Lehrerin bekommen.

4 Die hervorgehobenen Wörter lesen
Viele Texte enthalten **fett** oder *kursiv* gedruckte Wörter. Dadurch fallen sie sofort auf. Diese Wörter helfen dir zu verstehen, um was es in dem Abschnitt geht.

Lotte liest die kursiv gedruckten Wörter. Daran erkennt sie, dass der erste Abschnitt allgemeine Informationen über das Einweg- und das Mehrwegpfandsystem enthält. Im zweiten und dritten Abschnitt geht es um die unterschiedlichen Kunststoffarten, aus denen die Pfandflaschen hergestellt werden, und wie sie jeweils recycelt werden.

5 Den Text lesen
Lies jetzt den gesamten Text aufmerksam durch. Wenn du Wörter findest, die du nicht kennst, dann schau nach, was sie bedeuten. Benutze dafür ein Lexikon oder das Internet. Wenn du einen Satz nicht verstanden hast, dann lies ihn noch mal.

Die Wörter PET-Kunststoff und PP-Kunststoff hat Lotte noch nie gehört. Sie gibt sie jeweils zusammen mit dem Wort „Flasche" in eine Suchmaschine ein. Sie findet heraus, dass es zwei Kunststoffarten sind, aus denen Flaschen hergestellt werden. PET ist ein gasdurchlässiger Kunststoff, der beschichtet sein muss, damit Kohlensäure im Getränk bleibt. PP-Kunststoff ist nicht so gut recycelbar wie PET-Kunststoff.

6 Den Text zusammenfassen
Benutze Stift und Papier, um das Wichtigste zu notieren. Schreibe Stichwörter auf. Ordne, was inhaltlich zusammengehört. Stelle Zusammenhänge durch Pfeile dar. Du kannst auch Skizzen oder Zeichnungen anfertigen, um dir die Zusammenhänge zu verdeutlichen. Stelle W-Fragen, die du mit dem Text beantworten kannst. Damit kannst du überprüfen, ob du den Text wirklich verstanden hast. W-Fragen sind Fragen, die mit einem W beginnen, zum Beispiel: Wer? Was? Wann? Wo? Warum? Wie?

Lotte macht sich Notizen. Sie sind in Bild 2 zu sehen.

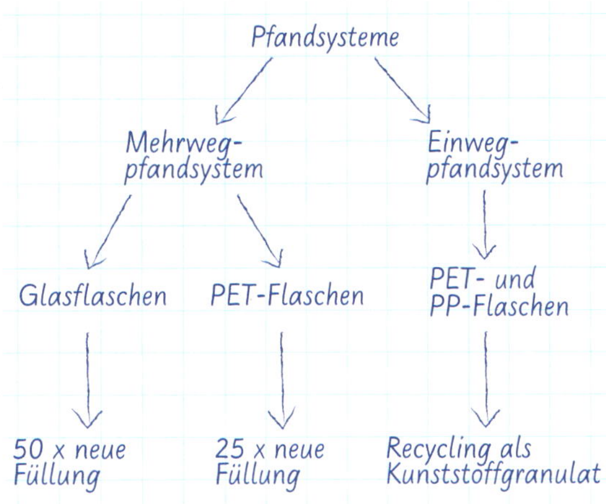

2 Lottes Notizen

AUFGABEN

1 Arbeiten mit Texten

a ☒ Beschreibe, wie du dir einen Überblick über einen Text verschaffen kannst, bevor du ihn genau liest.

b ☒ Nenne zwei Möglichkeiten, wie du die Bedeutung unbekannter Wörter herausfinden kannst.

c ☒ Erstelle eine Übersicht zu dieser Methode. Notiere dazu die einzelnen Schritte mit einigen Stichpunkten. Bewahre deine Übersicht auf, so kannst du die Schritte jederzeit schnell nachschauen.

Tipps
– Wenn keine Schlüsselwörter markiert sind, dann kannst du selbst wichtige Wörter im Text markieren oder auf einem Blatt Papier aufschreiben.
– Wenn die Textabschnitte keine Zwischenüberschriften haben, dann kannst du dir beim Lesen selbst Überschriften überlegen. Notiere sie auf einem Blatt Papier.
– Wenn du nach bestimmten Informationen suchst, dann überlege dir vorher Fragen, auf die du Antworten finden willst. Nutze die Zwischenüberschriften und die hervorgehobenen Wörter, um schnell den richtigen Abschnitt zu finden.

3 Weitere Tipps für den Umgang mit Texten

kowanu

TESTE DICH!

1 Stoffgemische ↗ S. 54/55

a Übertrage die Tabelle in dein Heft und ergänze die fehlenden Angaben:

Bezeichnung	Zustandsformen der Bestandteile	Beispiele
...	...	Waschpulver
...	...	Handcreme
...	...	Meerwasser
Lösung	flüssig – flüssig	...
Suspension	...	...
...	...	Bronze
...	fest – gasförmig	...

b Zeichne ein homogenes und ein heterogenes Stoffgemisch im Teilchenmodell. Beschreibe die Unterschiede.

c Beschreibe, was mit den Fachwörtern Suspension und Emulsion gemeint ist.

d Leon behauptet: „Das Leitungswasser aus dem Hahn ist ein Reinstoff. Ich sehe nur Wasser.“ Hat Leon recht? Begründe.

2 Stoffgemische im Alltag ↗ S. 54–56

Im Alltag begegnen uns zahlreiche Stoffgemische.

a Nenne die Fachwörter für die folgenden Stoffgemische: Obstsalat (A), Mayonnaise (B), Orangensaft mit Fruchtfleisch (C), Schwamm (D), Salzwasser, Speiseessig, Luft, Nebel, Rauch einer rußenden Kerze.

b Sortiere die Beispiele aus Aufgabenteil a in homogene und heterogene Stoffgemische.

c Stelle die Stoffgemische aus Aufgabenteil a im Teilchenmodell dar.

3 Stoffgemische trennen ↗ S. 60/61

Ein Gedankenexperiment: Du hast ein Stoffgemisch aus feinen Eisenspänen, Puderzucker, Holzstaub und Sand.

a Nenne die Trennverfahren, mit denen du das Stoffgemisch trennen kannst.

b Beschreibe die genannten Trennverfahren.

c Gib jeweils die zum Trennen genutzten Eigenschaften der Stoffe an. Fertige dazu eine Tabelle an, in der du die Trennverfahren und die Eigenschaften der Stoffe gegenüberstellst.

d Nenne zwei weitere Trennverfahren und jeweils ein Beispiel für ein Stoffgemisch, das so getrennt werden kann.

4 Herstellung von Duftstoffen ↗ S. 60/61, 63

Viele Duftstoffe sind nicht in Wasser, sondern in Öl löslich.

a Benenne das Trennverfahren, mit dem man Duftstoffe aus Pflanzen herauslösen kann.

b Beschreibe, wie du vorgehen würdest, um Lavendelöl herzustellen.

5 Kunst oder Fälschung? ↗ S. 68

Immer wieder ergaunern Betrüger Millionen mit gefälschten Gemälden. Durch die Untersuchung der Malfarbe können Kunstfälschungen erkannt werden. Künstler haben zu den jeweiligen Epochen mit Farben gearbeitet, die für die Zeit charakteristisch waren.

a Benenne das Verfahren, mit dem man ein Farbstoffgemisch in seine Bestandteile zerlegen kann.

b Beschreibe, wie mithilfe des Verfahrens aus Aufgabenteil a geprüft werden kann, ob ein Gemälde echt oder eine Fälschung ist.

heteyu

ZUSAMMENFASSUNG Stoffgemische und ihre Trennung

Reinstoffe und Stoffgemische

Reinstoff: besteht aus nur einem Stoff.
Stoffgemisch: besteht aus mindestens zwei verschiedenen Reinstoffen.

homogenes Stoffgemisch: Die einzelnen Bestandteile sind nicht zu erkennen.
heterogenes Stoffgemisch: Die einzelnen Bestandteile sind (mit dem Mikroskop) sichtbar.

Homogene Stoffgemische		
Name	**Zustandsformen**	**Beispiel**
Lösung	fest in flüssig	Zuckerwasser
	flüssig in flüssig	Weinbrand
	gasförmig in flüssig	Sprudelwasser
Gasgemisch	gasförmig in gasförmig	Luft
Legierung	fest in fest	Rotgold

Heterogene Stoffgemische		
Name	**Zustandsformen**	**Beispiel**
Gemenge	fest in fest	Granit
Suspension	fest in flüssig	Schmutzwasser
Emulsion	flüssig in flüssig	Milch
Rauch	fest in gasförmig	Dieselqualm
Nebel	flüssig in gasförmig	Wolke
Schaum	gasförmig in flüssig/fest	Bauschaum

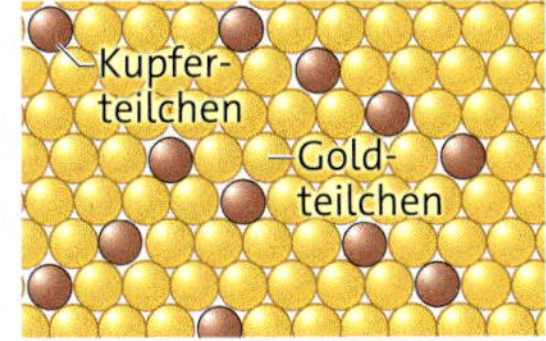

1 Rotgold

2 Granit

Trennen von Stoffgemischen

Stoffgemische können mithilfe von **Trennverfahren** in ihre Bestandteile getrennt werden. Dabei nutzt man die unterschiedlichen Stoffeigenschaften.

Beispiel:

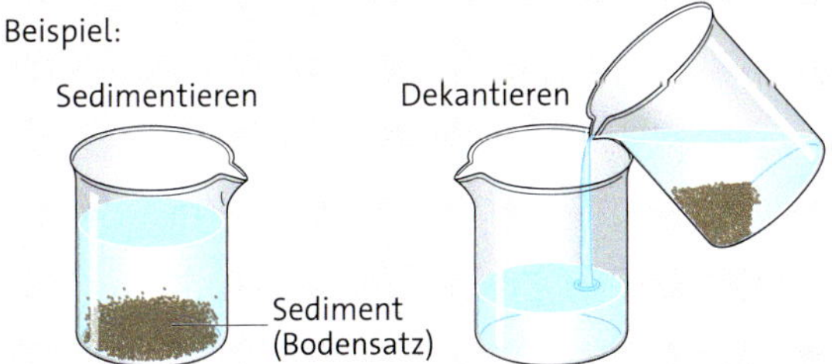

Trennverfahren	Stoffgemisch: Gemenge	Suspension	Emulsion	Lösung	Beispiel
Auslesen	×				Müll sortieren
Sieben	×				Nudeln abgießen
Filtrieren		×			Kaffee
Sedimentieren/ Dekantieren		×			Schmutzwasser
Extrahieren	×				Tee
Eindampfen				×	Salzwasser
Adsorbieren		×			Atemmaske
Zentrifugieren		×	×		Milch
Chromato-grafieren				×	Farbstoffgemisch

Wertstoffe aus dem Müll gewinnen

Beim **Recycling** werden die **Wertstoffe** aus unserem Müll zu neuen Produkten verarbeitet. Dazu muss der Abfall durch geeignete Trennverfahren in die Reinstoffe getrennt werden.

Chemische Reaktionen

In diesem Kapitel erfährst du, ...
... was passiert, wenn eine chemische Reaktion abläuft.
... wie du eine chemische Reaktion von einem physikalischen Vorgang unterscheiden kannst.
... welche Rolle das Thema Energie bei chemischen Reaktionen spielt.
... was ein Atom ist und was du damit erklären kannst.

Stoffumwandlungen durch chemische Reaktionen

1 Durch starkes Erhitzen von Zucker entsteht Karamell.

3 Stoffumwandlungen beim Braten von Eiern

Wenn du Zucker erhitzt, dann kannst du feststellen, dass dieser zunächst schmilzt. Dann wird die Masse jedoch schließlich bräunlich und zähflüssig. Es passiert noch mehr als die Änderung des Aggregatzustands. Nach einiger Zeit riechst du einen süßen Geruch. Nach dem Abkühlen bleibt die Masse braun. Es handelt sich bei dem neuen Stoff um Karamell.

Physikalischer Vorgang

Das Erhitzen von Wasser, das Verformen von Glas oder das Schmelzen von Kochsalz sind Beispiele für **physikalische Vorgänge**. Bei einem physikalischen Vorgang verändern sich die Stoffe nur in ihrem Aggregatzustand oder in ihrer Form. Die typischen Stoffeigenschaften bleiben erhalten. Bild 2 zeigt einen physikalischen Vorgang: Wenn du gasförmiges Wasser kondensieren lässt, dann erhältst du wieder flüssiges Wasser. Das Wasser verändert nur seinen Aggregatzustand.

2 Physikalischer Vorgang: Wasser verdampft und kondensiert.

Chemische Reaktion

Wenn man ein rohes Ei in der Pfanne brät, also Energie in Form von Wärme zuführt, dann verändert sich das Ei. Das Eiklar wird weiß und fest. Auch der Zucker in Bild 1 hat sich durch das Erhitzen in Karamell umgewandelt. Vor der Reaktion war der Zucker weiß und geruchlos, nach dem Erhitzen ist er braun und riecht süßlich. Ein neuer Stoff mit neuen Stoffeigenschaften ist entstanden. Diesen Vorgang der **Stoffumwandlung** nennt man auch **chemische Reaktion**. Chemische Reaktionen sind Vorgänge, bei denen aus einem oder mehreren Ausgangsstoffen neue Stoffe mit anderen Eigenschaften entstehen. Die Ausgangsstoffe einer chemischen Reaktion werden auch als **Edukte** bezeichnet. Aus den Edukten werden durch eine chemische Reaktion neue Stoffe gebildet. Diese nennt man **Produkte**.

Ein Reaktionsschema aufstellen

Um chemische Reaktionen zu beschreiben, wird das sogenannte **Reaktionsschema** benutzt. Es beschreibt, welche Edukte zu welchen Produkten reagieren. Um zu verdeutlichen, dass eine chemische Reaktion stattgefunden hat, verwendet man einen Pfeil, den sogenannten **Reaktionspfeil** (Bild 4). Man liest diesen Pfeil als „reagiert zu" oder „reagieren zu".

4 Ein allgemeines Reaktionsschema in Worten

Zink

+

Schwefel

→

Zinksulfid

5 Die Reaktion von Zink und Schwefel zu Zinksulfid

Zink reagiert mit Schwefel

Wenn man Schwefel mit Zink zur Reaktion bringen möchte, dann verrührt man zuerst Schwefel- und Zinkpulver zu einem Gemisch. In dem Gemisch bleiben die Eigenschaften der beiden Stoffe erhalten. Mit einem glühenden Draht kann man die chemische Reaktion starten. Die Edukte Zink und Schwefel reagieren dabei heftig miteinander. Man kann einen Lichtblitz und Qualm beobachten. Wärme wird frei. Das Produkt Zinksulfid hat eine gelb-weiße Farbe. Es lässt sich mit den bekannten Trennverfahren nicht mehr in Schwefel und Zink auftrennen.
Wenn mehrere Stoffe miteinander reagieren oder entstehen, setzt man im Reaktionsschema ein Pluszeichen zwischen die Stoffe.

Zink	+	Schwefel	→	Zinksulfid
Zink	und	Schwefel	reagieren zu	Zinksulfid.

Zerlegen von Silbersulfid

Man sagt, Besteck aus Silber kann schwarz „anlaufen". Der schwarze Stoff, der entsteht, ist Silbersulfid. Lebensmittel wie Fisch oder Eier enthalten Schwefelverbindungen. Weil diese Speisen mit Silber reagieren können, sollte man Eier oder Fisch nicht mit Silberbesteck essen.
Im Labor kann Silbersulfid durch starkes Erhitzen in einer weiteren chemischen Reaktion wieder in Silber und Schwefel zerlegt werden.

Silbersulfid → Silber + Schwefel

Chemische Reaktionen sind Stoffumwandlungen. Aus den Edukten entstehen Produkte, die andere Eigenschaften als die Edukte besitzen. Das Reaktionsschema beschreibt eine chemische Reaktion.

AUFGABEN

1 Chemische Reaktionen erkennen

a Nenne die Merkmale, an denen du jeweils einen physikalischen Vorgang und eine chemische Reaktion erkennst.

b Ordne folgende Beispiele in einer Tabelle physikalischen Vorgängen oder chemischen Reaktionen zu:
- Eine Kerze brennt.
- Zucker wird in Wasser gelöst.
- Kerzenwachs schmilzt.
- Ein Streichholz wird entzündet.
- Ein Eisennagel rostet.
- Holz wird verbrannt.
- Ein Eiswürfel wird im Gefrierfach hergestellt.

c Ein Magnet zieht Eisen an. Erläutere, warum dies keine chemische Reaktion ist.

2 Chemische Reaktionen im Alltag

Chemische Reaktionen begegnen dir überall.

a Nenne drei chemische Reaktionen im Alltag, die bisher noch nicht genannt wurden.

b Erkläre, warum die Beispiele aus Aufgabenteil a chemische Reaktionen sind. Nutze folgende Formulierung: *Bei ... handelt es sich um eine chemische Reaktion, weil ...*

c Erläutere, warum das Zubereiten von Popcorn aus Mais eine chemische Reaktion ist.

6 Zubereitung von Popcorn

foxoya

METHODE Chemische Reaktionen beschreiben

1 Emma berichtet ihrer Klasse von ihrem Experiment.

Wenn du eine chemische Reaktion oder ein Experiment beschreiben willst, dann muss deine Beschreibung sehr genau sein. Hier findest du einige Wörter, Formulierungen und Erklärungen, die dir dabei helfen.

In Bild 2 siehst du Emmas Hausaufgabe. Emma weiß, dass Brausetabletten im Wasser ein Gas freisetzen. Sie vermutet, dass sie mit diesem Gas den Luftballon füllen kann. Wenn sie die chemische Reaktion in der Flasche ablaufen lässt und den Ballon schnell über den Flaschenhals stülpt, dann kann sie den Ballon hoffentlich mit Gas füllen.

Hausaufgabe:
Finde eine Möglichkeit, einen Luftballon mithilfe der folgenden Materialien mit Gas zu füllen: ein Luftballon, eine kleine Schale, eine kleine Flasche, ein Strohhalm, eine Schere, Wasser, Reis und Brausetabletten. Du musst nicht alles verwenden.
Hinweis: Du darfst den Luftballon nicht mit Atemluft oder mithilfe einer Pumpe füllen.

2 Emmas Hausaufgabe

Schritt	Erklärung
die Frage/ die Aufgabe	die Frage, auf die du mithilfe des Experiments eine Antwort finden willst die Aufgabe, die du mithilfe des Experiments lösen sollst
die Vermutung	Was wird passieren? Was vermutest du? Die Antwort ist deine Vermutung.
das Material	Du zählst alle Materialien auf, die du für dein Experiment verwendest.
der Aufbau des Experiments	Du beschreibst, wie dein Experiment aufgebaut ist.
die Durchführung	Was sollst du tun? Erkläre, wie du das Experiment durchführst, zähle alle Schritte auf.
die Beobachtung	Was beobachtest du während der Durchführung? Was verändert sich? Beschreibe, was du siehst, hörst oder misst.
die Auswertung	Die Auswertung führt zur Antwort auf deine Frage.

3 Schritte beim Experimentieren

1 Schritte der Beschreibung planen
Überlege, was du beschreiben willst. Orientiere dich an der Tabelle in Bild 3 und erstelle ein Protokoll. Notiere deine Aufgabe oder formuliere deine Frage und stelle deine Vermutung auf. Beschreibe das verwendete Material und den Aufbau des Experiments. Beschreibe dann die Durchführung. Besonders wichtig ist eine gute Beschreibung deiner Beobachtungen. Wenn du eine Antwort auf die gestellte Frage geben kannst, dann notiere auch deine Auswertung.

Weil Emma nicht weiß, ob die anderen denselben Weg gewählt haben wie sie, muss sie alles genau beschreiben. Sie orientiert sich an den Schritten in Bild 3. Sie beginnt mit der Aufgabenstellung. Dabei listet sie auch das Material auf, das sie benutzen darf. Danach nennt sie ihre Vermutung über die chemische Reaktion. Anschließend erklärt sie, welches Material sie benutzt hat, und beschreibt den Aufbau und die Durchführung des Experiments. Damit die anderen wissen, was passiert ist, beschreibt Emma ihre Beobachtungen. Zum Schluss wertet sie das Experiment noch aus.

Nomen	Verben	Verwandte Wörter	Satzanfänge – Beispiele
das Experiment	experimentieren	experimentell	„Ich habe ein Experiment zum ... durchgeführt." „Das Experiment soll zeigen, wie ..." „Mit diesem Experiment wollen wir eine Antwort auf die Frage finden, wie ..."
die Vermutung	vermuten	vermutlich, vermutet	„Ich habe die Vermutung, dass ..." „Vermutlich wird ..."
die Verwendung	verwenden	verwendbar	„Für das Experiment habe ich ... verwendet." „Für das Experiment kann man ... verwenden."
die Durchführung	durchführen	durchführbar	„Für die Durchführung des Experiments braucht man ..." „Ich habe ... durchgeführt."
die Veranschaulichung	veranschaulichen	anschaulich, veranschaulicht	„Ich habe eine Skizze gemacht, die ... veranschaulicht." „Meine Skizze zeigt ..."
die Messung, die Messbarkeit, das Messgerät	messen	messbar, gemessen	„Die Messung hat den Wert ... ergeben." „Ich habe den ... mit dem ... gemessen."
die Beobachtung	beobachten	beobachtbar, beobachtet	„Ich habe die Beobachtung gemacht, dass ..." „Ich konnte beobachten, dass ..."
die Auswertung	auswerten	auswertbar, ausgewertet	„Die Auswertung zeigt, dass ..." „Wenn man das Experiment auswertet, dann ..." „Das Experiment war nicht auswertbar, weil ..."

4 Wörter und mögliche Satzanfänge zu den Schritten eines Experiments

2 Satzanfänge helfen bei der Orientierung
Mit einem einleitenden Satz zeigst du, welche Stelle deines Experiments du gerade beschreibst. Verwende dazu Verben oder andere Wörter, die zu den einzelnen Schritten im Experiment passen. In Bild 4 siehst du einige Vorschläge für Satzanfänge.

Emma beginnt so: „Das Experiment soll zeigen, wie man mithilfe der vorgegebenen Materialien den Luftballon mit Gas füllen kann. Ich wusste, dass beim Auflösen einer Brausetablette Gas freigesetzt wird. Ich hatte die Vermutung, dass ich mit dem Gas einen Luftballon füllen kann. Ich habe daher das Wasser, die Brausetablette und die Flasche benutzt. Bei der Durchführung habe ich darauf geachtet, dass ..."

schäumen
aufsteigen
sich bilden
sich lösen
sinken
aufleuchten
aufflammen
glühen
sich absetzen
sprudeln

5 Verben, die Vorgänge in Experimenten beschreiben

3 Verben machen Beobachtungen deutlich
Beschreibe alles, was du sehen, hören, riechen oder messen kannst. Erwähne auch, wenn sich nichts verändert. Nutze dazu passende Verben. In Bild 5 sind einige Beispiele zu sehen.

Emma will mithilfe von Verben ganz genau beschreiben, was sie beobachtet hat. Sie beginnt so: „Nachdem ich die Brausetablette ins Wasser gegeben habe, hat es geschäumt und sehr stark gesprudelt." Sie beschreibt auch, wenn eine Beobachtung sich verändert oder aufhört: „Die Brausetablette wurde immer kleiner und löste sich dann ganz auf. Es hörte dann auch auf, so stark zu schäumen."

AUFGABEN

1 Experimente beschreiben

a ☒ Nutze die Informationen auf dieser Seite und ergänze Emmas Beschreibung aus dem Abschnitt links über dem Bild 5.

b ☒ Beschreibe die Beobachtungen, die du machst, wenn du eine Wunderkerze entzündest.

dipabe

Energie und chemische Reaktionen

1 Ein Kaminfeuer liefert Energie.

2 Die Reaktion von Zink und Schwefel verläuft exotherm.

Das Kaminfeuer in Bild 1 ist ein Beispiel für eine chemische Reaktion. Die Stoffumwandlung, die hier abläuft, interessiert uns im Alltag aber nur wenig. Wir lassen die Reaktion ablaufen, weil das Kaminfeuer uns Licht und Wärme liefert.

Energie in Form von Wärme und Licht

Wenn du chemische Reaktionen beobachtest, dann erkennst du meist, dass eine Stoffumwandlung stattgefunden hat. Oft wird auch sichtbar und spürbar Energie frei. Manche Reaktionen, wie das Verbrennen von Kaminholz in Bild 1, werden genau deshalb durchgeführt: Bei dieser chemischen Reaktion wird Energie in Form von Wärme und Licht an die Umgebung abgegeben.

Die Aktivierungsenergie

Die Stoffe Zink und Schwefel können als Gemisch gelagert werden, ohne dass es zu einer chemischen Reaktion kommt. Erst wenn die Reaktion gestartet wird, kommt es zur Stoffumwandlung. Dazu muss man Energie zuführen. Man kann beispielsweise eine glühende Stricknadel in das Zink-Schwefel-Gemisch halten oder auch eine entzündete Wunderkerze verwenden. Die Energie, die zum Auslösen oder Aktivieren einer Reaktion gebraucht wird, heißt **Aktivierungsenergie**.
Auch Dynamit oder Schwarzpulver in Feuerwerkskörpern reagieren erst dann, wenn Aktivierungsenergie zugeführt wurde. Deswegen müssen Feuerwerkskörper gezündet werden. Zum Entzünden eines Kaminfeuers wird ebenfalls Aktivierungsenergie gebraucht.

Exotherme Reaktionen

Wenn das Kaminfeuer einmal brennt, dann liefert diese chemische Reaktion viel mehr Energie, als zur Aktivierung der Reaktion notwendig war. Die Energie wird in Form von Wärme und Licht an die Umgebung abgegeben. Eine Reaktion, bei der Energie an die Umgebung abgegeben wird, heißt **exotherme Reaktion.** Das Fachwort besteht aus griechischen Wortbestandteilen: *Exo* bedeutet außerhalb oder heraus und *thérme* heißt Wärme. Auch die Reaktion von Zink und Schwefel ist eine exotherme Reaktion. Bei ihr ist eine heftige Rauchentwicklung zu beobachten und Energie wird in Form von Licht und Wärme frei (Bild 2).
Im Reaktionsschema kann man angeben, dass eine Reaktion exotherm verläuft. Dazu schreibt man hinter das Edukt einen senkrechten Strich. Dahinter schreibt man: exotherm.

Zink + Schwefel → Zinksulfid | exotherm

Über den Hügel ins Tal

Die Aktivierungsenergie und die frei werdende Energie bei exothermen Reaktionen kann man in einem Modell wie in Bild 3 veranschaulichen.
Ein Radfahrer fährt über einen Hügel ins Tal. Er muss zunächst Energie aufwenden. Dies entspricht der Aktivierungsenergie. Wenn der Radfahrer auf dem Hügel angekommen ist, dann kann er sich ohne weiteren Einsatz von Energie ins Tal rollen lassen. Ab jetzt fährt er von allein. Das entspricht dem Kaminfeuer. Wenn es einmal entzündet wurde, dann brennt es von allein und liefert Energie.

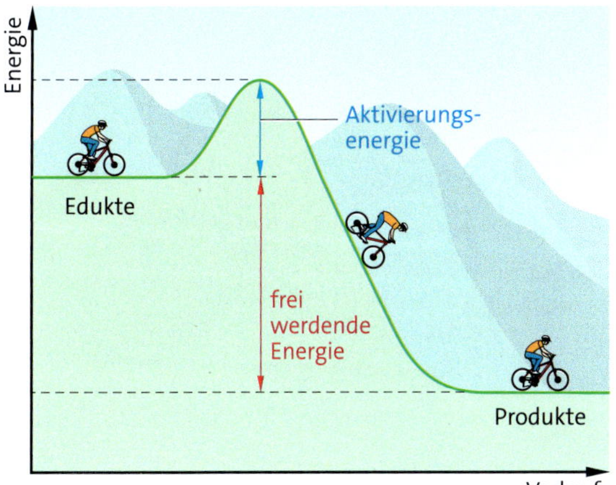

3 Modellvorstellung einer exothermen Reaktion

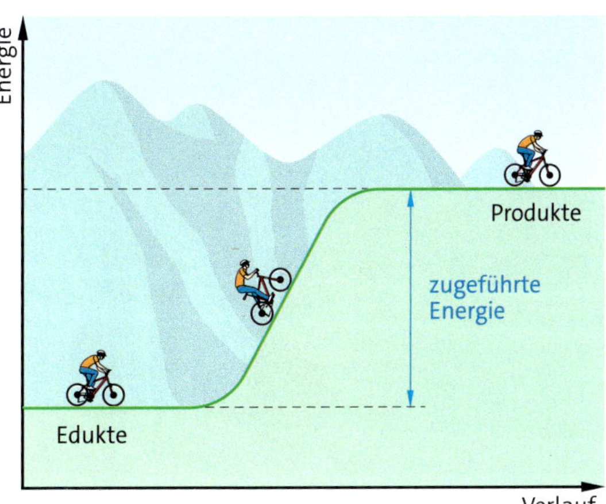

4 Modellvorstellung einer endothermen Reaktion

Endotherme Reaktionen
Beim Kochen oder Grillen musst du die Lebensmittel längere Zeit erhitzen. Die chemischen Reaktionen laufen nur unter ständiger Wärmezufuhr ab. Der Grillkäse wird nur braun und knusprig, während der Grill heiß ist. Wenn bei einer chemischen Reaktion die Energie dauerhaft zugeführt werden muss, damit die Reaktion weiter abläuft, dann spricht man von einer **endothermen Reaktion**. *Endo* bedeutet innen oder hinein.
Auch beim Zerlegen von Silbersulfid muss ständig Energie zugeführt werden. Es handelt sich um eine endotherme Reaktion.

Silbersulfid → Silber + Schwefel | endotherm

Immer den Berg rauf
Auch eine endotherme Reaktion kann man mit dem Radfahrermodell erklären (Bild 4). Hier startet der Radfahrer unten im Tal. Bis er sein Ziel erreicht, muss er die ganze Zeit treten. Oder anders gesagt: Er muss ständig Energie zuführen.

Energiediagramme
Die Bilder 3 und 4 zeigen Diagramme. Die ***x*-Achse** zeigt den Verlauf der Reaktion. Auf der ***y*-Achse** wird die Energie angegeben, die die Stoffe enthalten. Wenn das Edukt viel Energie enthält, beginnt die Kurve oben auf der *y*-Achse. Wenn es wenig Energie enthält, beginnt die Kurve niedriger. Diagramme, mit denen man den Energiegehalt der Stoffe während einer Reaktion darstellt, nennt man **Energiediagramme**.

Zum Auslösen einer chemischen Reaktion wird Aktivierungsenergie gebraucht.
Eine chemische Reaktion, bei der Energie abgegeben wird, nennt man exotherme Reaktion.
Eine Reaktion, bei der ständig Energie zugeführt werden muss, nennt man endotherme Reaktion.
Energiediagramme stellen den Energiegehalt der Stoffe während einer Reaktion dar.

AUFGABEN

1 Exotherme Reaktionen
a ◩ Beschreibe, was mit diesen Fachwörtern gemeint ist: Aktivierungsenergie, exotherme Reaktion.
b ◩ Beschreibe eine exotherme Reaktion aus deinem Alltag.
c ⊠ Beschreibe, wie man die Aktivierungsenergie aufbringt, um ein Streichholz zu entzünden.

2 Endotherme Reaktionen
a ◩ Nenne zwei endotherme chemische Reaktionen aus deinem Alltag.
b ⊠ Begründe, weshalb das Zerlegen von Silbersulfid eine endotherme Reaktion ist.

3 Energiediagramme
⊠ Zeichne ein Energiediagramm für das Verbrennen von Holz im Kamin.

EXTRA Katalysatoren in Natur und Technik

1 Tom isst einen Apfel.

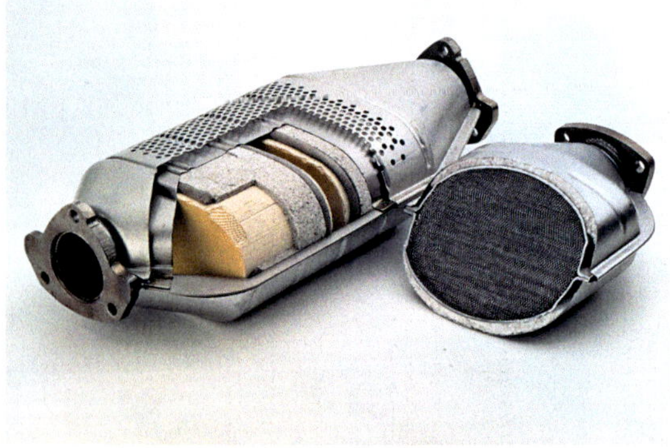

3 Ein Abgaskatalysator

Chemische Reaktionen im Körper

In unserem Körper laufen ständig chemische Reaktionen ab. Wenn Tom einen Apfel isst, dann wird er anschließend in Toms Körper in seine Bestandteile zerlegt. Die im Apfel enthaltenen Nährstoffe werden so für den Körper nutzbar. Als Aktivierungsenergie für diese Reaktionen steht die Körperwärme zur Verfügung. Die Körpertemperatur beträgt 37 °C. Wie können im Körper solche chemischen Reaktionen mit so einer niedrigen Aktivierungsenergie ablaufen?

Den Berg abtragen

Wenn der Radfahrer in Bild 2 die Energie nicht aufbringen kann, um den Berg hinaufzufahren, kann er seine Fahrt nicht fortsetzen. Wenn man jedoch mit einem Radlader den Hügel verkleinert, dann kann der Radfahrer den Hügel mit einem geringeren Energieaufwand schaffen.

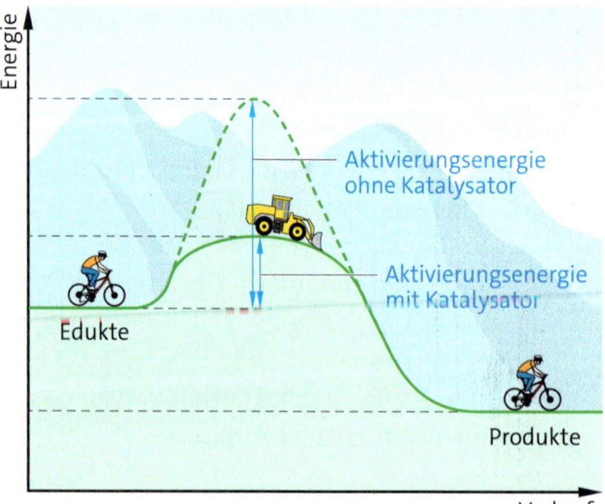

2 Modellvorstellung: Die Wirkung eines Katalysators

Die Funktion des Radladers in Bild 2 übernimmt bei chemischen Reaktionen ein **Katalysator**. Ein Katalysator ist ein Stoff, der die Aktivierungsenergie herabsetzt. Er selbst wird während der Reaktion nicht verbraucht und liegt danach unverändert vor.

Katalysatoren im Körper

In Lebewesen laufen fast alle lebensnotwendigen chemischen Reaktionen mit Katalysatoren ab. Ein Beispiel ist die Zersetzung von Nährstoffen im menschlichen Körper. Katalysatoren, die die Aktivierungsenergie für solche Reaktionen im Körper herabsetzen, bezeichnet man als Enzyme.

Katalysatoren in der Technik

Bei fast 80 Prozent aller chemisch-industriellen Prozesse werden Katalysatoren eingesetzt. Ein wichtiger Katalysator ist das Edelmetall Platin. Im Abgaskatalysator eines Autos werden die Abgase über einen platinbeschichteten Keramikeinsatz geleitet (Bild 3). Die Aktivierungsenergie für die Reaktion von schädlichen in weniger schädliche Abgase wird dadurch herabgesetzt.

AUFGABEN

1 Katalysatoren bei chemischen Reaktionen

a Beschreibe die Wege der Radfahrer in Bild 2.

b Formuliere einen Merksatz über die Wirkung eines Katalysators.

c Begründe, warum ein Autokatalysator nicht regelmäßig ausgetauscht werden muss.

d Nimm zu dieser Aussage Stellung: „Ein Katalysator filtert Abgase."

coseka

EXTRA Bei chemischen Reaktion kann Licht entstehen

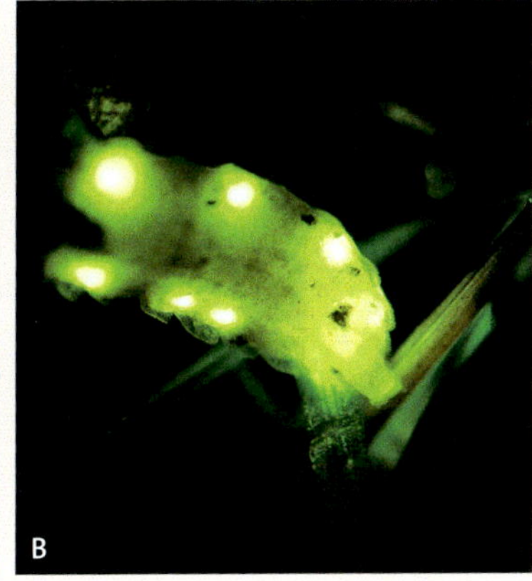

1 Leuchten im Dunkeln: Knicklichter (A), Glühwürmchen (B), Glasqualle (C)

Chemolumineszenz

Knicklichter sind bunte Stäbe, die leuchten, nachdem sie einmal geknickt wurden (Bild 1A). Sie bestehen aus einem Kunststoffbehälter, der eine Lösung verschiedener Stoffe enthält. Im Kunststoffbehälter befindet sich außerdem ein dünnes Glasröhrchen, in dem ein weiterer Stoff eingeschlossen ist. Beim Knicken zerbricht das Glasröhrchen, die Stoffe vermischen sich und es kommt zu einer exothermen chemischen Reaktion. Die bei der Reaktion frei werdende Energie wird in Form von Licht abgegeben. Man bezeichnet diesen Vorgang als Chemolumineszenz.

Wenn die frei werdende Energie wie bei den Knicklichtern nur in Form von Licht abgegeben wird, dann spricht man auch von kaltem Licht. Durch den Einsatz verschiedener Leuchtstoffe sind Farben von Blau, Grün, Gelb bis Rot möglich. Wenn die chemische Reaktion beendet ist, dann endet auch das Leuchten. Die Polizei nutzt Chemolumineszenz bei der Spurensicherung: Kaum sichtbare Blutspuren können mit dem Stoff Luminol zum Leuchten gebracht werden.

Biolumineszenz

Wenn du dich in warmen Sommernächten in Wäldern, auf Wiesen oder in Gärten aufhältst, dann kannst du mit etwas Glück im Dunkeln Glühwürmchen beobachten (Bild 1B). Sie werden auch Leuchtkäfer genannt. Die Weibchen und bei manchen Arten auch die Männchen dieser Käfer erzeugen mithilfe ihrer Leuchtorgane ein schwaches Licht. Sie suchen im Dunkeln einen Partner oder eine Partnerin für die Fortpflanzung. Glühwürmchen erzeugen das Licht an der Unterseite ihres Hinterleibs. Verschiedene Stoffe reagieren in einer exothermen Reaktion und senden dabei Licht aus. Wenn Licht auf diese Weise in Lebewesen erzeugt wird, spricht man von Biolumineszenz. Die Lichtmenge, die ein Glühwürmchen bei diesem Vorgang abgibt, beträgt aber nur ein Tausendstel des Lichts einer Kerze.

An der Nordsee kann man nachts im Wattenmeer manchmal ein Meeresleuchten beobachten. Auch hierbei handelt es sich um Biolumineszenz. Einzellige Algen und Kleinstlebewesen erzeugen Licht. Manche Quallen und Tiefseefische sind in der Lage, mithilfe eines Leuchtstoffs blaues oder blaugrünes Licht zu erzeugen (Bild 1C).

Aber nicht jedes biolumineszente Tier leuchtet selbst. Bei einigen Tiefseefischen und Tintenfischen sind es Leuchtbakterien, die sich in den Tieren befinden.

AUFGABEN

1 Knicklichter und Chemolumineszenz

a ☒ Stelle den Aufbau eines Knicklichts in einer schematischen Zeichnung dar.

b ☒ Erkläre, weshalb man bei dem Licht von Knicklichtern von kaltem Licht spricht.

c ◪ Beschreibe, wie Chemolumineszenz bei der Spurensicherung eingesetzt wird.

2 Glühwürmchen

◪ Beschreibe, wie das Leuchten der Glühwürmchen entsteht.

paroro

PRAXIS Chemische Reaktionen untersuchen

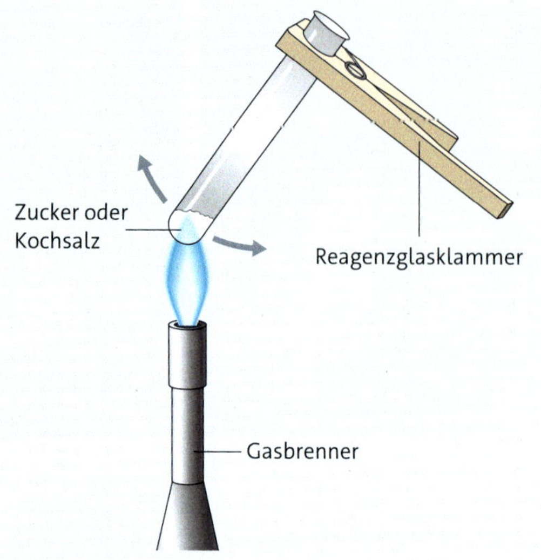

1 Erhitzen von Zucker und Kochsalz

A Chemische Reaktion oder nicht?

Material:
Gasbrenner, Feuerzeug, Tiegelzange, 2 Bechergläser (50 ml), 2 Reagenzgläser, Reagenzglasständer, Reagenzglashalter, 2 Holzstückchen (Zündhölzer ohne Kuppe), 2 Stückchen Eierschale, Wasser, Essig, Zucker, Kochsalz

Durchführung:
Führe die Experimente a–f durch. Beobachte bei allen Experimenten genau und notiere deine Beobachtungen.

- a Zerbrich ein Holzstückchen etwa in der Mitte.
- b Halte ein Holzstückchen mithilfe einer Tiegelzange in die Brennerflamme und entzünde es.
- c Gib etwa 20 ml Wasser in ein Becherglas und füge 1 Stückchen Eierschale hinzu.
- d Gib etwa 20 ml Essig in ein Becherglas und füge 1 Stückchen Eierschale hinzu.
- e Gib 1 Spatelspitze Zucker in ein Reagenzglas und erhitze vorsichtig in der Brennerflamme.
- f Gib 1 Spatelspitze Kochsalz in ein Reagenzglas und erhitze vorsichtig in der Brennerflamme.

Auswertung:
1. Beschreibe zu jedem Experiment deine Beobachtungen.
2. Entscheide jeweils, ob eine chemische Reaktion stattgefunden hat oder nicht.
3. Begründe deine Entscheidung.

2 Karamellbonbons herstellen

B Herstellen von Karamellbonbons

Wenn du die Karamellbonbons essen willst, darfst du sie nicht im Chemieraum herstellen.
Achtung! Flüssiger Zucker ist sehr heiß!

Material:
Kochtopf, Rührlöffel, Backblech, Messer, 125 g Haushaltszucker, 125 ml Sahne, 30 g Margarine, 1 Päckchen Vanillezucker, 1 Teelöffel Honig, etwas Butter

Durchführung:
- Gib alle Zutaten außer der Butter in den Kochtopf und verrühre diese gut.
- Erhitze die Mischung unter Rühren bei mittlerer Hitze auf dem Herd, bis sie kocht.
- Lass etwa 30 Minuten weiterköcheln. Die Masse darf nicht anbrennen. Rühre gut um.
- Nimm den Kochtopf vom Herd.
- Fette das Backblech mit Butter ein.
- Gieße die Masse auf das eingefettete Blech.
- Lass die Masse abkühlen und fest werden.
- Schneide die Masse in bonbongroße Stücke.

Auswertung:
1. Beschreibe die chemische Reaktion des Zuckers.

3 Eisen- und Schwefelpulver

C Die Reaktion von Eisen und Schwefel

Achtung! Führe das Erhitzen im Abzug durch!

Material:
Waage, 2 Uhrgläser, Porzellanschale, Trichter, Reagenzglas, Stativmaterial, Gasbrenner, Feuerzeug, Eisenpulver, Schwefelpulver

Durchführung:
- Wiege nacheinander 3,5 g Eisenpulver und 2 g Schwefelpulver in je ein Uhrglas ab.
- Mische beide Stoffe in der Porzellanschale.
- Fülle das Gemisch in das Reagenzglas. Nutze als Einfüllhilfe den trockenen Trichter.
- Befestige das befüllte Reagenzglas am Stativ und erhitze das Reagenzglas im Abzug kräftig mit dem Gasbrenner. Entferne den Gasbrenner, wenn das Gemisch anfängt zu glühen.

Auswertung:
1. Beschreibe deine Beobachtungen während der Reaktion.
2. Vergleiche die Farbe der Edukte mit der des Reaktionsprodukts.
3. Beschreibe die Merkmale, an denen du diese chemische Reaktion erkannt hast.
4. Begründe, ob es sich um eine exotherme oder eine endotherme Reaktion handelt.
5. Erkläre mithilfe der Aktivierungsenergie, weshalb man nach dem Beginn des Glühens den Brenner ausschalten kann.
6. Erkläre, warum die beiden Stoffe vor dem Experiment gut durchmischt werden müssen.
7. Stelle das Reaktionsschema in Worten auf.

D Reaktionen zwischen zwei Feststoffen

Material:
2 Bechergläser (150 ml, hohe Form), Thermometer, Glasstab, Citronensäure, Soda (Natriumcarbonat-10-Wasser), Natriumsulfat-10-Wasser, Kaliumchlorid

a *Durchführung:*
- Gib in ein Becherglas etwa 2 cm hoch Citronensäure und stelle das Thermometer hinein.
- Lies die Temperatur am Thermometer ab.
- Gib dann etwa die gleiche Menge Soda hinzu.
- Rühre mit dem Glasstab die ganze Zeit um.
- Beobachte das Thermometer. Lies die Temperatur etwa alle 15 Sekunden ab und notiere die Werte in einer Wertetabelle.

Zeit in Sekunden	0	15	30	45
Temperatur in °C	...	...	...	...

b *Durchführung:*
- Gib in das andere Becherglas etwa 5 g Natriumsulfat-10-Wasser und stelle das Thermometer hinein.
- Lies die Temperatur am Thermometer ab.
- Gib dann etwa 2,3 g Kaliumchlorid hinzu.
- Rühre mit dem Glasstab stetig um.
- Beobachte das Thermometer. Lies die Temperatur etwa alle 15 Sekunden ab und notiere die Werte in einer zweiten Wertetabelle.

Auswertung:
1. Erstelle mithilfe der beiden Wertetabellen ein Diagramm, das zeigt, wie sich die Temperatur in den beiden Experimenten ändert. Verwende für die beiden Kurven zwei unterschiedliche Farben.
2. Entscheide für jedes der Experimente **a** und **b**, ob eine endotherme oder eine exotherme Reaktion abläuft. Begründe deine Antwort mithilfe deiner erstellten Diagramme aus Aufgabe 1.
3. Bei der Reaktion in Experiment **a** kann man noch eine besondere Beobachtung machen. Beschreibe sie und stelle eine Vermutung auf, welches Produkt entsteht.

kesaxi 

AUFGABEN Chemische Reaktionen

1 Kennzeichen einer chemischen Reaktion

a Nenne Merkmale einer chemischen Reaktion.

b Beurteile, ob es sich beim Braten eines Spiegeleies um eine chemische Reaktion oder einen physikalischen Vorgang handelt (Bild 1A).

c Ein frisch geschnittener Apfel verfärbt sich nach einiger Zeit (Bild 1B). Erkläre, warum dieses Verfärben eine chemische Reaktion ist.

d Begründe, warum das Auflösen einer Brausetablette (Bild 1C) eine chemische Reaktion und das Lösen von Zucker in Wasser (Bild 1D) ein physikalischer Vorgang ist.

1 Chemische Reaktion oder physikalischer Vorgang?

2 Exotherme und endotherme Reaktionen

a Beschreibe, woran man eine exotherme und eine endotherme Reaktion erkennt.

b Gib für die folgenden Beispiele an, ob es sich um eine exotherme oder eine endotherme Reaktion handelt.
- Ein Stück Papier verbrennt.
- Eine Bratwurst wird gegrillt.
- Eine Brausetablette wird in Wasser aufgelöst. Dabei kühlt sich das Wasser ab.
- An Silvester wird eine Rakete gestartet.
- Ein Knicklicht leuchtet nach dem Knicken.
- Ein Kuchen wird gebacken.

c Beschreibe für jede exotherme Reaktion, wie die Aktivierungsenergie aufgebracht wird.

3 Kuchen backen

Experimentiere mit Backpulver wie in Bild 2 gezeigt. Fülle in drei Gläser je einen Teelöffel Backpulver. Gib in das erste Glas kaltes Wasser, in das zweite Glas kochendes Wasser und in das dritte Glas Zitronensaft:

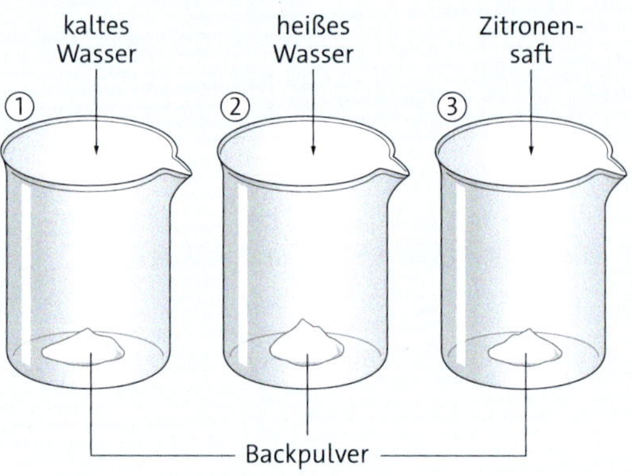

2 Untersuchung von Backpulver

a Beschreibe deine Beobachtungen in den drei Gläsern.

b Beurteile, in welchen Gläsern eine chemische Reaktion stattfindet.

c Beschreibe, was während des Kuchenbackens im Backofen mit dem Backpulver passiert.

d Erläutere, warum häufig Backpulver in Kuchenteig gegeben wird.

4 Chemische Reaktion oder physikalischer Vorgang?

a Erstelle eine Tabelle mit zwei Spalten. Unterscheide zwischen chemischer Reaktion in der ersten Spalte und physikalischem Vorgang in der zweiten Spalte.
Sortiere in die Tabelle ein: Wasser verdampfen, Zucker zu Puderzucker zerreiben, Salz in Wasser lösen, Zucker karamellisieren, Nudeln abgießen, Pfannkuchen backen, ein Brot toasten, Butter schmelzen.

b Nenne mindestens drei weitere Beispiele für chemische Reaktionen und physikalische Vorgänge aus dem Alltag. Ergänze die Tabelle aus Aufgabenteil a.

c Wähle je ein Beispiel aus und erkläre, warum es eine chemische Reaktion oder ein physikalischer Vorgang ist.

nupime

WEITERGEDACHT Chemische Reaktionen

1 Kupfer reagiert mit Schwefel

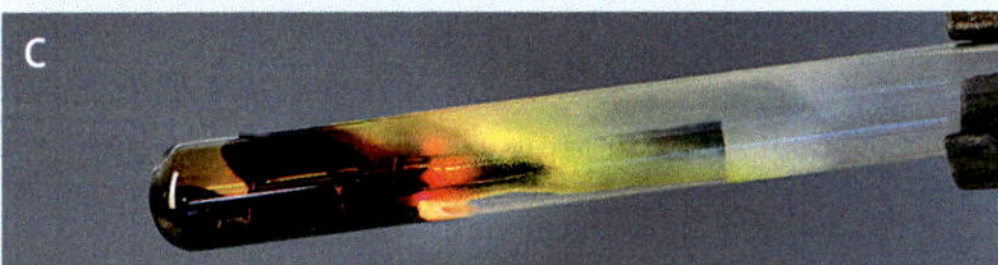

1 Die Reaktion von Kupfer mit Schwefel

Bild 1 zeigt die chemische Reaktion von Kupfer mit Schwefel. In einem Reagenzglas befindet sich Schwefelpulver und ein Kupferblech (A). Wenn das Reagenzglas mit einem Gasbrenner erhitzt wird, dann schmilzt und verdampft der Schwefel (B). Wenn das heiße Kupferblech mit dem gasförmigen Schwefel in Berührung kommt, dann beginnt es zu glühen (C). Dabei entsteht ein schwarz-blau glitzernder, fester Stoff (D). Man nennt ihn Kupfersulfid.

a Beschreibe, woran man erkennt, dass eine chemische Reaktion stattgefunden hat.

b Erstelle ein passendes Reaktionsschema.

c Begründe, ob es sich um eine exotherme oder eine endotherme Reaktion handelt.

d Erstelle ein Energiediagramm für die Reaktion.

e Eisen reagiert auf ähnliche Weise mit Schwefel zu Eisensulfid. Formuliere ein allgemeines Reaktionsschema für diese Art von chemischen Reaktionen mit Schwefel.

f Stelle Vermutungen für weitere chemische Reaktionen auf, die nach diesem allgemeinen Reaktionsschema ablaufen könnten.

2 Energie – ein Tauschwert

Ein Radfahrer muss beim Bergauffahren Energie aufbringen. Die chemische Energie in seinem Körper wird in Bewegungsenergie und mit jedem Meter Höhengewinn in Lageenergie umgewandelt. Bergab rollt das Fahrrad von allein. Dabei werden die Reifen und Bremsen warm. Somit wird die Lageenergie des Radfahrers wieder in Bewegungsenergie und zusätzlich in Wärme umgewandelt.

2 Ein Radfahrer fährt bergauf.

a Nenne die Energieformen, in die die chemische Energie im Körper des Radfahrers beim Bergauffahren umgewandelt wird.

b Den Energieverlauf von Reaktionen kann man sich anhand des Radfahrermodells veranschaulichen. Bild 3 zeigt das Energiediagramm einer exothermen Reaktion. Benenne die Energien A–D und ordne ihnen die entsprechenden Energieformen des Radfahrers im Modell zu.

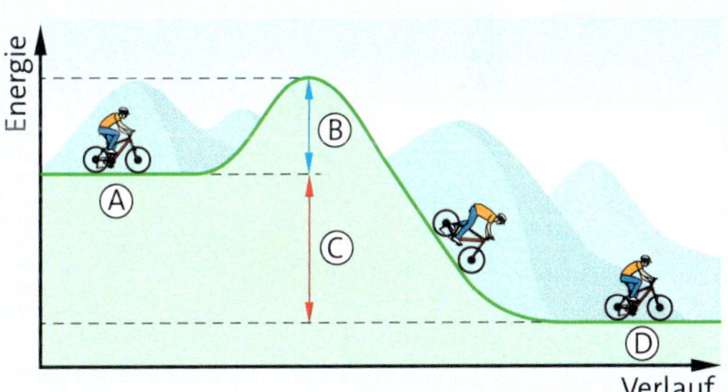

3 Radfahrermodell für eine exotherme Reaktion

c Lea und Armin führen im Chemieunterricht die Reaktion von Kupfer und Schwefel in einem Reagenzglas wie in Bild 1 durch. Sie beobachten das Aufglühen des Kupferblechs und fühlen, dass das Reagenzglas warm wird. Der Stopfen auf dem Reagenzglas springt während der Reaktion vom Glas. Nenne die Energieformen, in die die chemische Energie der Edukte bei dieser Reaktion umgewandelt wird.

Das Atommodell von Dalton

1 Die Zerlegung von Silbersulfid in Silber und Schwefel

Silbersulfid ist ein Reinstoff. Durch starkes Erhitzen kann man Silbersulfid in Silber und Schwefel zerlegen. Silber und Schwefel kann man jedoch nicht weiter zerlegen. Es scheint also unterschiedliche Arten von Reinstoffen zu geben.

Elemente und Verbindungen

Stoffe, die man nicht weiter in andere Stoffe zerlegen kann, nennt man **chemische Elemente** oder einfach nur Elemente.
Wenn Silber und Schwefel miteinander reagieren, entsteht Silbersulfid. Silbersulfid ist ein Reinstoff, der aus Silber und Schwefel, also aus verschiedenen Elementen besteht. Einen Reinstoff, der aus zwei oder mehr Elementen besteht, nennt man **chemische Verbindung**, kurz Verbindung. Verbindungen haben andere Stoffeigenschaften als die Elemente, aus denen sie bestehen.

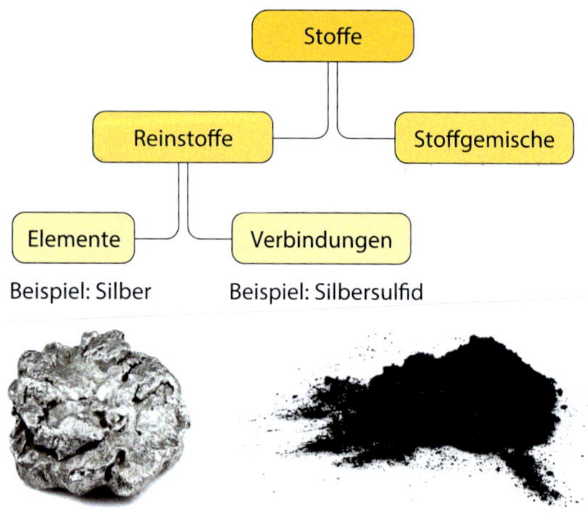

2 Schema zur Einteilung von Stoffen

Die Vorstellung vom Atom in der Antike

Schon vor mehr als 2400 Jahren beschäftigte sich der Grieche Demokrit mit dem Aufbau der Stoffe. Demokrit hatte die Vorstellung, dass alle Stoffe aus kleinsten, nicht teilbaren Bausteinen bestehen. Er nannte diese Bausteine **Atome**. Der Name kommt aus dem Griechischen, denn *atomos* bedeutet: unteilbar.

Das Atommodell von Dalton

Im Jahr 1808 entwickelte der Engländer John Dalton ein Modell, das die Atomvorstellung von Demokrit weiterführte. Dalton nahm an, dass alle Stoffe aus kleinsten, unteilbaren, kugelförmigen Teilchen bestehen. Diese nannte auch er Atome. Weil es verschiedene Vorstellungen über Atome gibt, ist dieses Atommodell als das **Atommodell von Dalton** bekannt.

Über Atome machte Dalton folgende Aussagen:

1. Alle Stoffe sind aus kleinsten, unteilbaren, kugelförmigen Teilchen, den Atomen, aufgebaut.
2. Alle Atome eines Elements haben die gleiche Größe und Masse.
3. Die Atome verschiedener Elemente unterscheiden sich in ihrer Größe und Masse. Es gibt so viele Atomarten, wie es Elemente gibt.
4. Atome werden durch chemische Reaktionen weder vernichtet noch erzeugt.

Modell für ein einzelnes Silberatom

Modell für ein einzelnes Schwefelatom

3 Das Atommodell von Dalton

EXTRA John Dalton

John Dalton wurde 1766 in der Nähe von Manchester in England geboren. Da er ein außergewöhnlich intelligenter Junge war, unterrichtete Dalton bereits im Alter von 12 Jahren als Lehrer an einer Schule. Später gab er seine Arbeit als Lehrer auf und widmete sich der Forschung.

4 Atome im Rastertunnelelektronenmikroskop

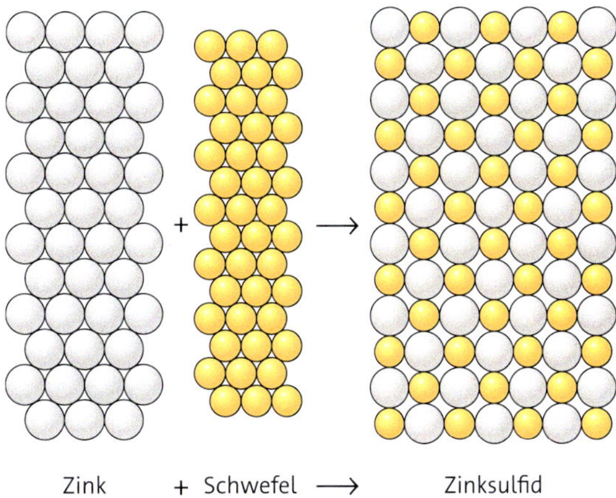

6 Modellvorstellung zur Reaktion von Zink und Schwefel

Atome werden dargestellt

In einem Rastertunnelmikroskop können Atome durch eine etwa 50-millionenfache Vergrößerung dargestellt werden (Bild 4). So konnte vor ungefähr 40 Jahren erstmalig bestätigt werden, dass alle Stoffe aus kleinsten Teilchen zusammengesetzt sind.

Chemische Reaktionen im Modell

Mit dem Atommodell von Dalton lassen sich chemische Reaktionen erklären. Die Verbindung Silbersulfid besteht aus Silberatomen und aus Schwefelatomen. Die Atome sind dicht und regelmäßig nebeneinander angeordnet.
Man spricht von einem **Atomverband.** Bei der Zerlegung von Silbersulfid in Silber und Schwefel kommt es zu einer Umordnung der Atome. Dabei sammeln sich die Silberatome zu einer Stoffportion und die Schwefelatome zu einer weiteren Stoffportion. Man erhält zwei Stoffportionen aus jeweils einer Sorte von Atomen (Bild 5).
Bei chemischen Reaktionen entstehen keine neuen Atome und es werden auch keine zerstört. Die vorhandenen Atome werden umgeordnet.

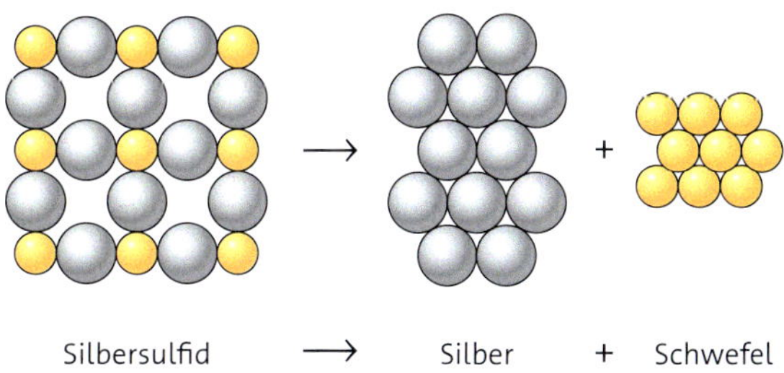

5 Zerlegung von Silbersulfid in seine Elemente

In den Atomverbänden von Zink und Schwefel ist jeweils eine Atomsorte regelmäßig angeordnet. Bei der Reaktion von Zink und Schwefel werden die Zinkatome und die Schwefelatome durch die zugeführte Energie angeregt, sich umzuordnen. Als Reaktionsprodukt entsteht die Verbindung Zinksulfid. Bild 6 zeigt, dass das Reaktionsprodukt aus der gleichen Art und Anzahl an Atomen besteht wie die Edukte.

Im Atommodell von Dalton sind alle Stoffe aus kleinsten, unteilbaren, kugelförmigen Atomen aufgebaut. Bei einer chemischen Reaktion werden die Atome umgeordnet.

AUFGABEN

1 Element und Verbindung

a ◪ Beschreibe, was mit den Fachwörtern Element und Verbindung gemeint ist.

b ◪ Alicia fragt: „Ist Zinksulfid eine Verbindung oder ein Reinstoff?" Begründe deine Antwort.

2 Atome bei chemischen Reaktionen

a ◪ Nenne die Aussagen von Dalton.

b ◪ Nenne die Gemeinsamkeiten zwischen Atomen eines Elements.

c ◪ Beschreibe die Unterschiede von Atomen von zwei verschiedenen Elementen.

d ◪ Erläutere am Beispiel von Bild 6, was bei der Reaktion von Zink und Schwefel auf der Ebene der Atome passiert.

xomuka 

Die chemische Zeichensprache

1 Emoticons in Textnachrichten

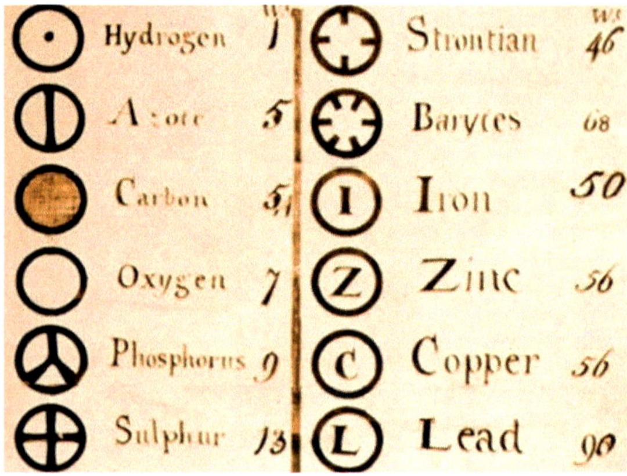

2 Die Symbole von John Dalton

Vielleicht hast du schon Emoticons mit dem Smartphone verschickt. Meistens werden durch Emoticons Gefühle dargestellt, die man sonst nur mit vielen Worten beschreiben kann. Emoticons sind also Symbole, beispielsweise für Gefühle. Auch im Straßenverkehr oder auf dem Flughafen werden leicht verständliche Symbole verwendet.

Erste chemische Symbole

Für einen Stoff oder eine Verbindung gab es lange Zeit ganz verschiedene Symbole. Die Forschenden, beispielsweise die Alchimistinnen und Alchimisten, protokollierten die Ergebnisse ihrer Experimente oft nur für sich selbst. Es gab daher viele verschiedene Symbole für Stoffe.
Anfang des 19. Jahrhunderts führte John Dalton markierte Kreise als Symbole für die damals bekannten chemischen Elemente ein (Bild 2).

EXTRA Die Zeit der Alchemie

Erst seit etwa 300 Jahren spricht man von der Chemie. Aber auch schon davor, seit mindestens 2000 Jahren, beschäftigten sich Menschen mit den Eigenschaften von Stoffen und Reaktionen. Man spricht dann von der Alchemie. Die Forschenden aus dieser Zeit nennen wir Alchemistinnen und Alchemisten. Wenn damals Stoffe untersucht wurden, dann benutzten die Alchemistinnen und Alchemisten für diese Stoffe Symbole. So konnten sie ihre Beobachtungen schnell und ohne viele Worte aufschreiben. Außerdem konnten sie ihre Beobachtungen vor anderen Forschenden geheim halten.

Heutige Symbole für Elemente

Der schwedische Chemiker Jöns Jakob Berzelius führte im Jahr 1814 Buchstaben als Symbole für die Elemente ein. Man nennt sie **Elementsymbole**. Das jeweilige Elementsymbol ergibt sich aus dem Anfangsbuchstaben des wissenschaftlichen, lateinischen oder griechischen Elementnamens. Der lateinische Name von Stickstoff ist beispielsweise *Nitrogenium*. Das Symbol für Stickstoff ist das N. Wenn zwei Elemente mit dem gleichen Buchstaben beginnen, wird ein zweiter, kleingeschriebener Buchstabe hinzugefügt. Das Symbol für Fluor ist beispielsweise F, das Symbol für Eisen ist Fe (Bild 3).
Die Elementsymbole sind international gültig. Auch in Ländern mit einer anderen Sprache oder Schrift, nutzen Menschen die Elementsymbole (Bild 4).

Element	Wissenschaftlicher Name	Elementsymbol
Chlor	Chlorum	Cl
Eisen	Ferrum	Fe
Fluor	Fluorum	F
Kohlenstoff	Carboneum	C
Kupfer	Cuprum	Cu
Magnesium	Magnesium	Mg
Sauerstoff	Oxygenium	O
Schwefel	Sulfur	S
Stickstoff	Nitrogenium	N
Wasserstoff	Hydrogenium	H
Zink	Zincum	Zn

3 Die Namen und Symbole einiger Elemente

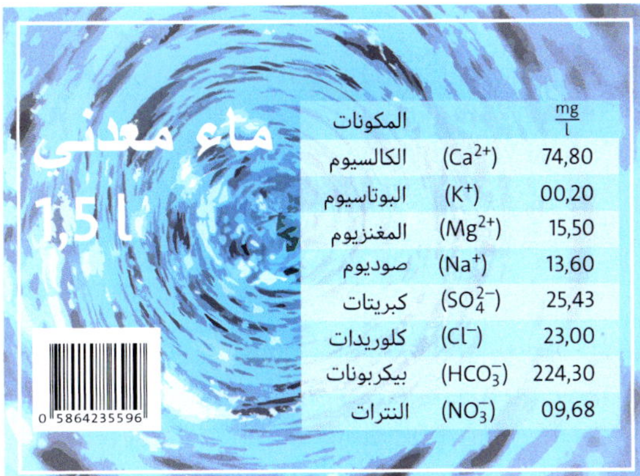

المكونات		$\frac{mg}{l}$
الكالسيوم	(Ca^{2+})	74,80
البوتاسيوم	(K^{+})	00,20
المغنزيوم	(Mg^{2+})	15,50
صوديوم	(Na^{+})	13,60
كبريتات	(SO_4^{2-})	25,43
كلوريدات	(Cl^{-})	23,00
بيكربونات	(HCO_3^{-})	224,30
النترات	(NO_3^{-})	09,68

4 Inhaltsstoffe von Mineralwasser auf einem arabischen Etikett

Die Bedeutung der Elementsymbole

Die Elementsymbole in der Chemie haben zwei Bedeutungen:
- Ein Elementsymbol bezeichnet ein bestimmtes Element.
- Ein Elementsymbol steht für ein einzelnes Atom.

Die jeweilige Bedeutung kann man nur aus dem Zusammenhang erkennen. Das Elementsymbol Fe beispielsweise wird für den Stoff Eisen benutzt. Fe kann aber auch für ein Eisenatom stehen (Bild 5).

Chemische Formeln

Als Kurzschreibweise für eine Verbindung nutzt man eine sogenannte **chemische Formel**.
Die chemische Formel für Zinksulfid heißt ZnS.
Auch bei chemischen Formeln gibt es zwei Bedeutungen:
- Die Formel ZnS sagt uns, dass die Verbindung Zinksulfid aus den Elementen Zink und Schwefel aufgebaut ist.
- Die Formel ZnS zeigt außerdem, dass der Atomverband Zinksulfid aus Zink- und Schwefelatomen besteht.

Fe

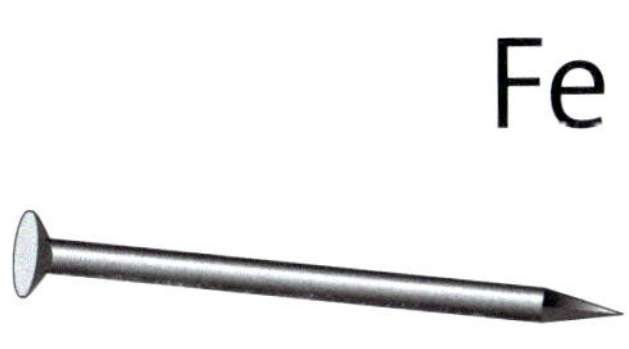

ein Gegenstand aus dem Stoff Eisen

ein Eisenatom

5 Das Symbol Fe und seine Bedeutungen

Elementsymbole sind Kurzschreibweisen für Elemente. Sie bezeichnen sowohl den Stoff als auch ein Atom dieses Elements.
Chemische Formeln sind Kurzschreibweisen für Verbindungen.

AUFGABEN

1 Symbolschreibweisen

a Suche im Klassenraum Symbole und zeichne sie ab. Schreibe ihre Bedeutung daneben.

b Beschreibe vier Symbole, die Dalton für Elemente eingeführt hat.

c Beschreibe, wie die heutigen Elementsymbole gebildet werden.

d Begründe, weshalb für das Element Chlor das Symbol Cl und nicht das Symbol C steht.

e Erkläre den Vorteil der heutigen Elementsymbole im Vergleich zu den Symbolen der Alchemistinnen und Alchemisten.

f Gib den wissenschaftlichen Namen und das Elementsymbol für die Elemente Sauerstoff, Wasserstoff und Kohlenstoff an.

g Recherchiere die Elemente mit den folgenden Symbolen: Na, Si, P, Ca, Xe, Ne, Hg, Au.

h Aljoscha hat eine Übersicht für Wasserstoff aus dem wissenschaftlichen Namen, dem Symbol und Bezeichnungen aus anderen Sprachen erstellt:

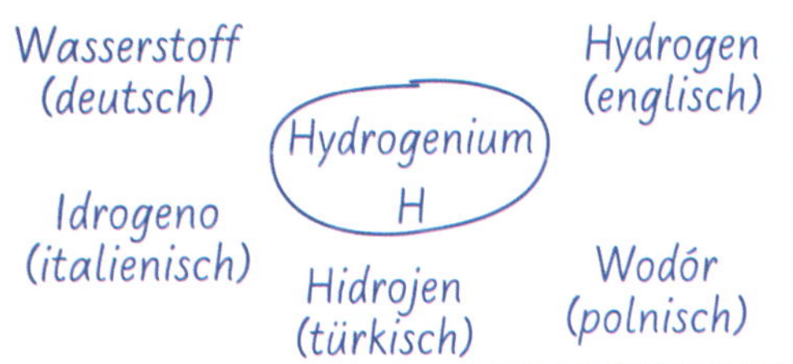

Erstellt im Team eine solche Namensübersicht für ein anderes Element. Findet gemeinsam die Namen in anderen Sprachen heraus, zum Beispiel, indem ihr Mitschülerinnen und Mitschüler befragt, die mehrere Sprachen sprechen.

2 Chemische Formeln

a Beschreibe, wofür die Formel MgO steht.

b Nenne die Elemente, aus denen die folgenden Verbindungen bestehen: FeS, NO, CO, CuO, ZnS.

vigino

TESTE DICH!

1 Zuordnen ↗ S. 82

a Ordne die folgenden Beispiele nach physikalischen Vorgängen und chemischen Reaktionen:
- Lösen von Zucker
- Abbrennen eines Feuerwerks
- Gefrieren von Wasser
- Zubereitung von Joghurt aus Milch
- Schmelzen von Blei
- Zubereiten von Popcorn

b Begründe jeweils deine Entscheidung. Vergleiche dazu immer die Eigenschaften der Stoffe vorher und nachher.

2 Chemische Reaktion ↗ S. 82/83

Ein Gemisch aus Zink und Schwefel wird mit einem glühenden Draht gezündet. Erläutere die Merkmale einer chemischen Reaktion an diesem Beispiel.

3 Ein Reaktionsschema aufstellen ↗ S. 82/83

a Beschreibe, was mit den Fachwörtern Edukt und Produkt gemeint ist.

b Stelle ein Reaktionsschema für die chemische Reaktion von Zink mit Schwefel auf und kennzeichne darin die Edukte grün und die Produkte blau.

c Stelle ein Reaktionsschema für das Zerlegen von Silbersulfid auf und kennzeichne darin die Edukte grün und die Produkte blau.

4 Energie bei chemischen Reaktionen ↗ S. 86/87

Hier wird der Energieverlauf einer chemischen Reaktion gezeigt:

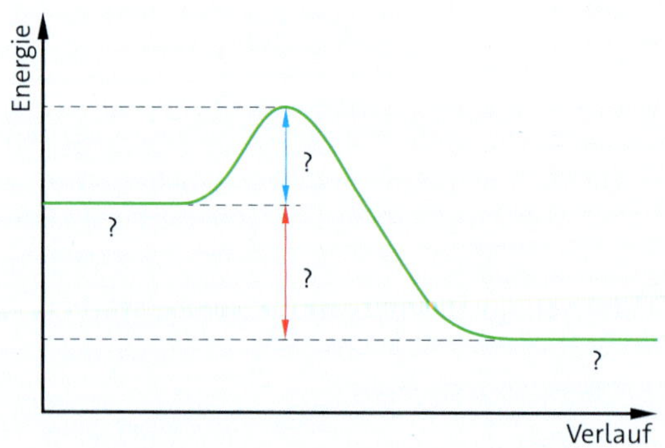

a Übertrage das Diagramm in dein Heft und beschrifte es.

b Gib ein passendes Beispiel einer chemischen Reaktion aus dem Alltag an.

c Was versteht man unter Aktivierungsenergie? Erkläre das Fachwort. Beschreibe Möglichkeiten, wie sie aufgebracht werden kann.

5 Elemente und Verbindungen ↗ S. 94/95

a Vergleiche chemische Elemente und chemische Verbindungen. Nutze dafür auch die Fachwörter Reinstoff, Stoff, Atom.

b Nimm zu folgender Aussage Stellung: Kupfersulfid ist kein Reinstoff, sondern eine chemische Verbindung.

c Teile die folgenden Stoffe in Elemente und Verbindungen ein: Silber, Speiseöl, Zinksulfid, Gold, Wasser.

6 Das Atommodell von Dalton ↗ S. 94/95

a Beschreibe Eisenatome mit dem Atommodell von Dalton.

b Beschreibe mit dem Atommodell von Dalton, was mit den Atomen bei einer chemischen Reaktion passiert.

c Erläutere, was mit den Schwefelatomen passiert, wenn Schwefel seinen Aggregatzustand von fest zu flüssig ändert. Vergleiche dies mit der Änderung bei der Reaktion von Schwefel mit Zink.

7 Chemische Symbolsprache ↗ S. 96/97

a Übernimm die Tabelle in dein Heft und vervollständige sie:

Element	Wissenschaftlicher Name	Symbol
Eisen	Ferrum	...
...	Carboneum	...
...	Sulfur	S
...	Cuprum	Cu
Wasserstoff	Hydrogenium	...
...	Oxygenium	O
...	Nitrogenium	...
...	Magnesium	...

b Nenne die Aussagen der Formel ZnS.

kozihu

ZUSAMMENFASSUNG Chemische Reaktionen

Chemische Reaktion

Chemische Reaktionen sind **Stoffumwandlungen**. Aus den Ausgangsstoffen entstehen neue Stoffe mit neuen Eigenschaften.
Edukte → Produkte

Ein **Reaktionsschema** beschreibt eine chemische Reaktion mit Worten.
Kupfer und Schwefel reagieren zu Kupfersulfid.
Kupfer + Schwefel → Kupfersulfid

Energie und chemische Reaktionen

Aktivierungsenergie: Energie, die aufgewendet werden muss, um eine chemische Reaktion auszulösen

Exotherme Reaktion: Bei der Reaktion wird Energie zum Beispiel in Form von Wärme oder Licht frei. Sie laufen nach der Aktivierung ohne Energiezufuhr ab.
Eisen + Schwefel → Eisensulfid | exotherm

Endotherme Reaktion: Während der gesamten Reaktion muss Energie zugeführt werden.
Silbersulfid → Silber + Schwefel | endotherm

In einem **Energiediagramm** stellt man den Energiegehalt der Edukte und Produkte während einer chemischen Reaktion dar.
Exotherme Reaktion:

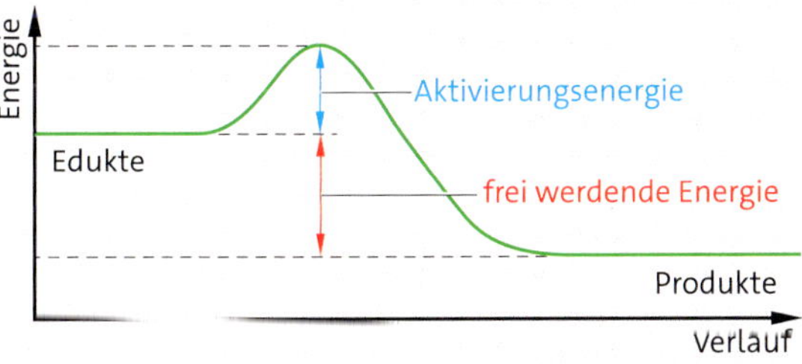

Endotherme Reaktion:

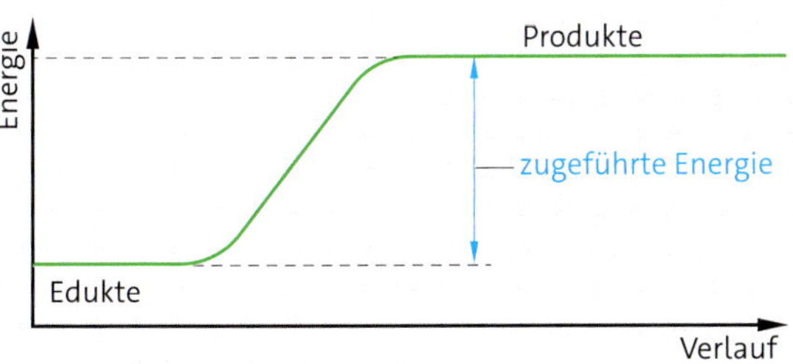

Element und chemische Verbindung

Ein **Element** ist ein Reinstoff, der nicht weiter in andere Stoffe zerlegt werden kann.
Eine **Verbindung** ist ein Reinstoff, der aus verschiedenen Elementen besteht.

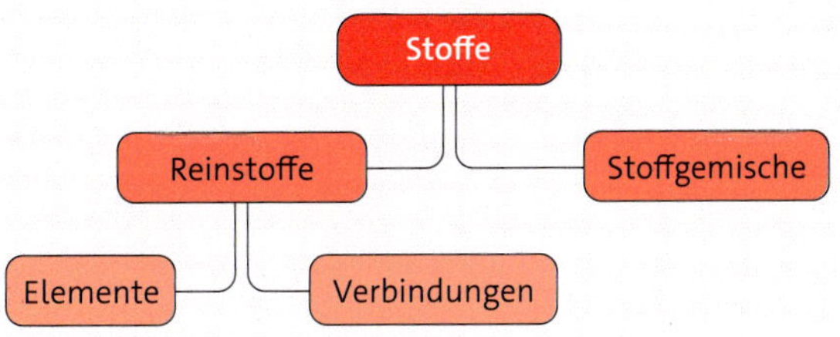

Das Atommodell von Dalton

1. Stoffe sind aus kleinsten, unteilbaren, kugelförmigen Teilchen, den **Atomen**, aufgebaut.
2. Alle Atome eines Elements haben die gleiche Größe und Masse.
3. Atome verschiedener Elemente unterscheiden sich in ihrer Größe und Masse. Es gibt so viele Atomarten, wie es Elemente gibt.
4. Atome werden durch chemische Reaktionen weder vernichtet noch erzeugt.

Bei einer chemischen Reaktion werden Atome umgeordnet:

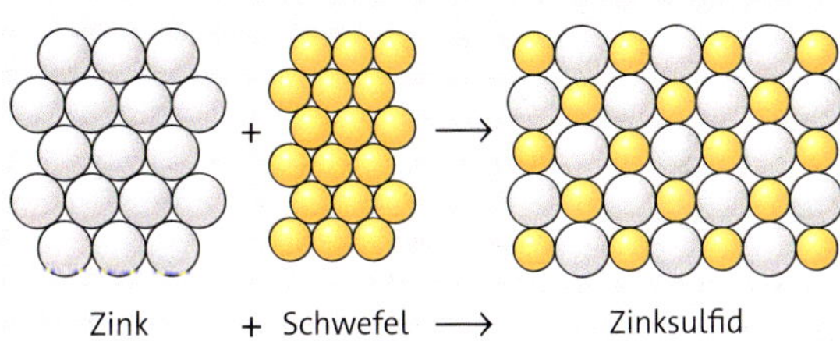

Elementsymbole und Formeln

Elementsymbole stellen die Elemente oder ihre Atome dar. Fe steht für:
- das Element Eisen
- ein Eisenatom

Chemische Formeln geben an, aus welchen Stoffen eine Verbindung oder aus welchen Atomen ein Atomverband besteht.
ZnS steht für:
- die Verbindung Zinksulfid, die aus den Elementen Zink und Schwefel aufgebaut ist
- den Atomverband Zinksulfid, der aus Zink- und Schwefelatomen aufgebaut ist

quheqi

Verbrennung und Luft

In diesem Kapitel erfährst du, ...

... worauf es ankommt, wenn man ein Lagerfeuer entzünden will.
... wie Brände gelöscht werden können.
... woraus unsere Luft besteht.
... was gute und was schlechte Luft ist.
... wie du nachweisen kannst, welches Gas sich in einem Gefäß befindet.
... was der Treibhauseffekt ist und was wir Menschen damit zu tun haben.

Feuer und Flamme

1 Wie entzündet man ein Grillfeuer?

2 Die drei Bedingungen für die Entstehung eines Feuers

Die Holzkohle allein genügt nicht, wenn man grillen will. Um ein Grillfeuer zu entzünden, müssen weitere Bedingungen erfüllt sein.

Die Bedingungen für ein Feuer

Für eine Verbrennung braucht man einen brennbaren Stoff wie Kohle, Holz, Papier, Erdgas, Benzin, Spiritus oder Kerzenwachs. Da diese Stoffe brennen, bezeichnet man sie als **Brennstoffe**. Die Brennstoffe Erdöl, Erdgas, Steinkohle, Braunkohle und Torf sind in Millionen von Jahren aus den Abbauprodukten von toten Pflanzen und Tieren entstanden. Wir nennen diese Brennstoffe daher **fossile Brennstoffe**.

Für eine Verbrennung muss Luft vorhanden sein. Ohne Luftzufuhr kann man kein Feuer entzünden. Um die Holzkohle zu entzünden, muss aber auch die **Entzündungstemperatur** erreicht werden. Darunter versteht man die Temperatur, auf die man die Holzkohle erhitzen muss, damit sie von selbst entzündet wird. Die verschiedenen Brennstoffe unterscheiden sich in ihren Entzündungstemperaturen (Bild 4). Die drei Bedingungen, die für ein Feuer nötig sind, werden im sogenannten **Verbrennungsdreieck** gezeigt (Bild 2).

Die Flammtemperatur

Die Entzündungstemperatur von Autobenzin ist 260 °C, die Entzündungstemperatur von Papier ist 180 °C. Warum ist dann auf dem Benzinkanister das Gefahrensymbol mit der Flamme abgebildet, auf deinem Schreibheft jedoch nicht? Warum ist Benzin also leicht entzündlich?

Manche Stoffe verdampfen bereits bei niedrigen Temperaturen. Zusammen mit der Luft entsteht dann ein brennbares Gasgemisch, das durch einen Funken entzündet werden kann. Die Temperatur, bei der das Gemisch entflammt werden kann, heißt **Flammtemperatur**. Die Flammtemperatur von Benzin ist –20 °C.

Der Zerteilungsgrad

Mehl ist fein gemahlenes Getreide. Auch Holz oder Metall können fein zerteilt vorliegen. Man spricht dann auch von Holzstaub oder Metallstaub. Ein so fein zerteilter Stoff hat einen hohen **Zerteilungsgrad**. Bild 3 zeigt, dass ein Stoff, der fein zerteilt ist, eine große Oberfläche hat. Je größer die Oberfläche ist, desto besser kann der Stoff mit Luft in Kontakt kommen. Je feiner zerteilt also ein Brennstoff ist, umso besser brennt er.

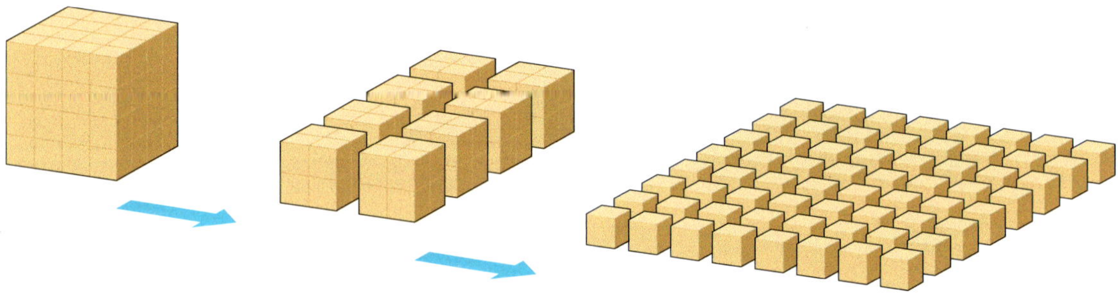

3 Ein fein zerteilter Stoff besitzt eine große reaktionsbereite Oberfläche.

Stoff	Entzündungstemperatur
Streichholzkopf	80 °C
Zeitungspapier	180 °C
Kerzenwachs	250 °C
Autobenzin	260 °C
Holz	280 °C

4 Die Entzündungstemperaturen einiger Stoffe

Ein Feuer entsteht, wenn ein Brennstoff und Luft vorhanden sind und die Entzündungstemperatur erreicht ist. Wie leicht ein Stoff brennt, hängt von der Entzündungstemperatur, der Flammtemperatur und dem Zerteilungsgrad ab.

Die Entstehung einer Kerzenflamme

Wenn man ein Streichholz an den Docht einer Kerze hält, dann schmilzt zunächst das Wachs, mit dem der Docht überzogen ist. Dann verdampft das Wachs. Es entsteht ein Wachsdampf-Luft-Gemisch, das sich entzündet. Die Wärme lässt das feste Wachs um den Docht weiter schmelzen. Das flüssige Wachs steigt im Docht hoch bis zur Flamme. Dort verdampft es und verbrennt.

Die Flammenzonen einer Kerze

Eine Kerzenflamme kann in verschiedene Zonen unterteilt werden. Dies sind die **Flammenzonen**.
Die **leuchtende Zone** (1200 °C): Diese Zone heißt so, weil sie gelb leuchtet. Das Leuchten der Flamme kommt von den nicht verbrannten, glühenden Rußpartikeln.
Der **Flammensaum** (1400 °C): Der heißeste Bereich legt sich wie eine Umrandung, auch Saum genannt, um die leuchtende Zone. In dieser farblosen Außenzone kann die Verbrennung gut ablaufen, weil die Bedingungen für die Verbrennung bestmöglich erfüllt sind.
Die **„dunkle" Zone** (600–800 °C): In dieser Zone am Docht verdampft das Wachs. Es kann aber nicht optimal verbrennen, da in dieser Zone zu wenig Luft ist.

Der Flammensaum ist der heißeste Bereich einer Kerze. In der „dunklen" Zone direkt am Docht ist die Temperatur am niedrigsten. Zwischen dunkler Zone und Flammensaum befindet sich die leuchtende Zone.

5 Die Flammenzonen einer Kerze

AUFGABEN

1 Das Verbrennungsdreieck
Nenne die Bedingungen für die Entstehung eines Feuers.

2 Lagerfeuer
Du willst ein Lagerfeuer entzünden.
a Nenne geeignete Brennstoffe.
b Beschreibe, wie du die Brennstoffe aufschichtest.

3 Mit dem Streichholz entzünden
Mit einem Streichholz wird Papier entzündet.
a Gib die Entzündungstemperaturen der beteiligten Stoffe an.
b Erkläre, wie die Entzündungstemperaturen erreicht werden.

4 Die „dunkle" Flammenzone
Erkläre, warum eine Kerzenflamme direkt am Docht die niedrigste Temperatur hat.

5 Ein Gasfeuerzeug
Bei einem Gasfeuerzeug genügt ein Funke, um das Gas zu entzünden. Erkläre, warum das bei einer Kerze nicht funktioniert.

kotini 

PRAXIS Verbrennen von Stoffen

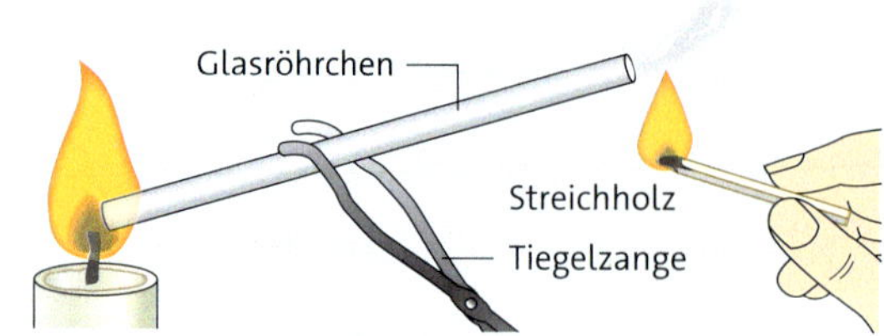

1 Eine Tochterflamme wird erzeugt.

A Die Erzeugung einer Tochterflamme

Material:
etwa 6 cm langes Glasrohr, Tiegelzange, Kerze, Streichhölzer

Durchführung:
- Entzünde die Kerze.
- Halte die eine Öffnung des Glasrohrs mit der Tiegelzange in die dunkle Zone der Kerzenflamme.
- Versuche das ausströmende Gas am anderen Ende des Glasrohrs zu entzünden.

Auswertung:
1 Beschreibe deine Beobachtungen.
2 Erkläre deine Beobachtungen.
3 Beschreibe, wie sich die Gase in der dunklen Zone und im Flammensaum unterscheiden.
4 Erläutere, wie es zu dieser unterschiedlichen Gasbildung kommt.

B Untersuchen der Entzündungstemperatur

Material:
Gasbrenner, Feuerzeug, 2 Reagenzgläser, Reagenzglashalter, Streichhölzer

Durchführung:
- Brich die Köpfe von 3 Streichhölzern ab.
- Gib die Köpfe in das eine und die Hölzchen in das andere Reagenzglas.
- Erhitze die beiden Reagenzgläser mit dem Gasbrenner.

Auswertung:
1 Vergleiche die Entzündungstemperaturen von Holz und Streichholzkopf.

C Die Flammtemperatur

Material:
feuerfeste Unterlage, 2 Porzellanschalen, Metallplatte, Brennspiritus, Lampenöl, Holzspan, Feuerzeug

Durchführung:
- Gib etwa 10 Tropfen Brennspiritus und 10 Tropfen Lampenöl in jeweils eine Porzellanschale.
- Stelle die Porzellanschalen auf die feuerfeste Unterlage.
- Nähere den Flüssigkeiten langsam von oben einen brennenden Holzspan.
- Decke das Feuer rasch mit der Metallplatte ab.

Auswertung:
1 Beschreibe deine Beobachtungen.
2 Vergleiche die Flammtemperaturen der beiden Brennstoffe.

D „Schnellfeuer"-Wettbewerb

Plant im Team ein Experiment, bei dem das Holz möglichst schnell verbrennt. Das Feuerzeug darf maximal 3 Sekunden eingesetzt werden.

Material: feuerfeste Unterlage, Porzellanschale, Messer, Feuerzeug, Holzstück, Stoppuhr

Durchführung:
- Sichtet das Material und besprecht den Auftrag.
- Plant gemeinsam, wie ihr vorgehen wollt. Verteilt sinnvolle Aufgaben und Rollen im Team. Beispiele: Skizze anfertigen, Material vorbereiten, Zeit stoppen, Beobachtungen notieren.
- Verbrennt dann das Holz.
- Stoppt die Zeit vom Entzünden des Feuerzeugs bis das Holz vollständig abgebrannt ist.

Auswertung:
1 Ermittelt das schnellste Team der Klasse.
2 Stellt Vermutungen an, was dass schnellste Team anders gemacht hat als andere Teams.
3 Das schnellste Team erläutert sein Vorgehen. Vergleicht mit euren Vermutungen.

motaha

EXTRA Die Geschichte des Feuers

1 Ein Feuer wärmte, gab Licht und hielt Raubtiere fern.

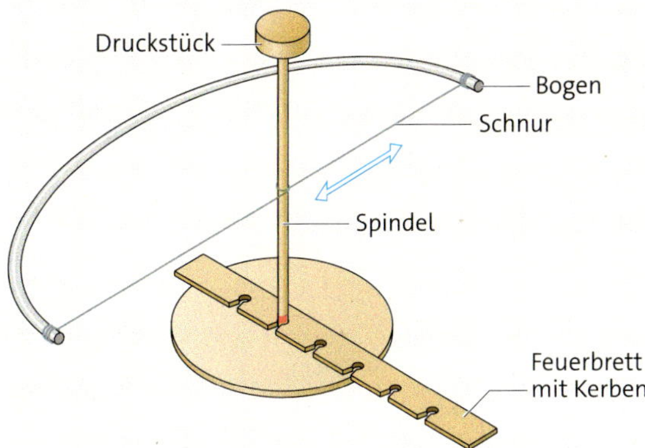

2 Das Modell eines Geräts zum Feuerreiben

Feuer sicherte das Überleben

Bereits die Steinzeitmenschen nutzten die Energie des Feuers. Die Technik des Feuermachens war für die Menschen eine wichtige Fähigkeit, denn das Feuer wärmte sie und hielt wilde Tiere ab.
Ob die Menschen das Feuer selbstständig entfacht oder zufällig gefunden und am Leben erhalten haben, ist nicht geklärt. Funde von Feuerzeugen belegen, dass unsere Vorfahren zwei Grundtechniken zur Entfachung von Feuer beherrschten: das Feuerschlagen und das Feuerreiben.

Das Feuerschlagen

Wenn ein Quarzstein und ein eisenhaltiger Stein gegeneinander geschlagen werden, dann entstehen Funken. Diese lässt man auf einen Baumpilz fallen. Genauer gesagt auf einen leicht entzündlichen Zunderschwamm. Dann bläst man vorsichtig an. Mithilfe von Stroh oder trockenem Laub kann sich die Glut zu einem Feuer entwickeln.

Das Feuerreiben

Wenn man Feuer durch Reiben entzünden will, dann muss man Reibungswärme erzeugen. Dazu werden zwei Holzstücke mit unterschiedlicher Härte gegeneinander gerieben. Ein Stab aus hartem Holz, beispielsweise aus Eiche, wird in einer geschnitzten Vertiefung auf einem Brett aus einem weichen Holz wie Birke oder Pappel schnell hin- und herbewegt. Durch das Reiben löst sich aus dem weichen Holz feiner Holzstaub. Der Holzstaub fängt durch die Reibungswärme an zu glühen. Wenn der glühende Holzstaub auf einen Zunderschwamm fällt, dann kann ein Feuer entstehen.

Von der Steinzeit zur Kupferzeit

Funde von Werkzeugen und Waffen beweisen, dass in Ägypten bereits vor etwa 6000 Jahren die Kunst der Kupfergewinnung bekannt war. Für die Gewinnung von Kupfer sind hohe Temperaturen notwendig. Schon damals bauten die Menschen Öfen, mit denen höhere Temperaturen erreicht werden konnten als mit offenem Feuer.

Feuer macht feuerfest

Gefäße aus Tiermägen, Früchten, Leder oder Holz waren nicht feuerbeständig. Gefäße aus gebranntem Lehm und Ton schon. In China formte man bereits vor 18 000 Jahren auf der Töpferscheibe Tongefäße, die anschließend im Brennofen gebrannt wurden. Mit den feuerfesten Tongefäßen eröffneten sich neue Möglichkeiten der Essenszubereitung und der Aufbewahrung.

AUFGABEN

1 Feuer in der Steinzeit

a Zunder bezeichnet ein leicht brennbares Material. Erkläre den Namen Zunderschwamm für einen Baumpilz.

b Nenne Einsatzmöglichkeiten des Feuers in der Steinzeit.

c Beschreibe ein Verfahren, mit dem die Steinzeitmenschen Feuer entfachen konnten.

2 Tongefäße in China

a Beschreibe, welche Funktion das Feuer bei der Herstellung von Tongefäßen hatte.

b Nenne Vorteile von Tongefäßen gegenüber Holzgefäßen.

boyumi

Die Bekämpfung von unerwünschten Verbrennungen

1 Die Feuerwehr löscht einen Hausbrand.

2 Das Verbrennungsdreieck zerfällt.

Ein Hausbrand ist eine unerwünschte Verbrennung. Die Feuerwehr hat in Deutschland pro Jahr etwa 200 000 Einsätze wegen Bränden und Explosionen. Darunter sind viele Hausbrände und Wohnungsbrände.

Löschen eines Feuers

Wer ein Feuer löschen will, muss das Verbrennungsdreieck zerstören (Bild 2). Man muss also dafür sorgen, dass mindestens eine der drei Bedingungen für die Verbrennung nicht mehr erfüllt ist: Entweder man entfernt die brennbaren Stoffe, man verhindert den Luftzutritt oder kühlt die brennbaren Stoffe unter die Entzündungstemperatur ab.

Wenn man einen Brand möglichst schnell und sicher löschen will, wendet man zwei oder alle drei Löschmethoden gleichzeitig an.

So löscht man ein Feuer:
- den Brennstoff entfernen,
- die Luftzufuhr unterbinden,
- den Brennstoff unter die Entzündungstemperatur abkühlen.

Löschen eines Lagerfeuers

Wenn ein Lagerfeuer gelöscht werden soll, dann zieht man zuerst vorsichtig die großen Holzstücke aus dem Feuer. Dadurch wird der Brennstoff entfernt. Wenn man nun das Lagerfeuer noch mit Erde zuschüttet, dann wird die Luftzufuhr unterbunden und das noch vorhandene Feuer erstickt.

Mit Wasser löschen

Bei einem Hausbrand wird meist mit Wasser gelöscht (Bild 1). Wenn das Löschwasser fein verteilt gespritzt wird, hat das zwei Effekte: Der Wassersprühnebel legt sich wie eine Glocke über das Feuer. So wird verhindert, dass weitere Luft an den Brennstoff gelangt. Gleichzeitig kühlt das Wasser, sodass die Entzündungstemperatur des Brennstoffs nicht mehr erreicht wird.

Maßnahmen gegen Waldbrände

Um Waldbränden vorzubeugen, werden im Wald breite Zonen angelegt, in denen keine Bäume wachsen. Diese Zonen nennt man **Feuerschneisen**. Das Feuer kann an diesen baumfreien Stellen gestoppt werden, weil der Brennstoff fehlt.
Wenn es im Wald brennt, werden manchmal sogenannte **Gegenfeuer** gelegt. So nimmt man dem Feuer kontrolliert den Brennstoff weg.
Bei Waldbränden werden auch Löschflugzeuge eingesetzt, die den Waldbrand von oben mit Wasser löschen.

3 Ein Löschflugzeug im Einsatz.

4 Löschversuch eines Fettbrands mit Wasser

Kein Wasser auf brennendes Fett!

Wenn man eine Pfanne mit Speisefett auf der eingeschalteten Herdplatte vergisst, dann kann das schlimme Folgen haben, denn bei etwa 300 °C entzündet sich das Fett. Ein solcher **Fettbrand** kann nicht mit Wasser gelöscht werden! Wenn man Wasser auf brennendes Fett spritzt, dann schwimmt das Fett auf der Wasseroberfläche und verteilt sich dort großflächig. Das Wasser verdampft dann explosionsartig (Bild 4). Dabei entstehen aus einem Liter flüssigem Wasser 1700 Liter Wasserdampf. Dieser Wasserdampf enthält Millionen winziger Wassertröpfchen. Jedes der Wassertröpfchen ist mit Fett überzogen. Das Fett nimmt so eine große Oberfläche ein und kann mit viel Luft in Kontakt kommen (Bild 5).

5 Mit Fett überzogene Wassertröpfchen: guter Luftzutritt

Löschen eines Fettbrands

Wenn die Flamme noch klein ist, kann ein Fettbrand mit einem Deckel oder einer Feuerlöschdecke erstickt werden. Bei einer größeren Flamme kann man sich bei einem Löschversuch stark verbrennen. Daher sollte man unter der Notrufnummer 112 die Feuerwehr anrufen. Die Feuerwehr setzt spezielle Feuerlöscher für Fettbrände und Ölbrände ein. Das darin enthaltene Löschmittel legt sich wie ein Schutzschirm über den Brand und verhindert so den Zutritt von Luft. Gleichzeitig kühlt und bindet es die brennende Flüssigkeit.

> Gieße niemals Wasser auf brennendes Fett oder Öl! Ein Fettbrand wird gelöscht, indem die Luft vom Brennstoff getrennt wird. Die Feuerwehr löscht Fettbrände mit speziellen Feuerlöschern.

AUFGABEN

1 Löschen eines Feuers

Nenne die drei Methoden zum Löschen eines Feuers.

2 Löschen einer Kerze

a Nenne verschiedene Verfahren, wie du eine Kerze löschen kannst.

b Gib zu jedem Verfahren aus Aufgabe 2a die Löschmethoden an.

3 Waldbrände

Erläutere, wie man Waldbränden vorbeugen und sie eindämmen kann. Verwende die Fachwörter Feuerschneise und Gegenfeuer.

4 Fettbrand

a Beschreibe, wie sich Fett in einer Pfanne entzünden kann.

b Gib die Notrufnummer der Feuerwehr an.

c Solange die Flamme noch klein ist, kann man versuchen, sie selbst zu löschen. Nimm Stellung zu folgenden Löschvorschlägen:
- Einen Deckel auf die Pfanne legen.
- Das brennende Fett aus dem Fenster gießen.
- Die Flamme mit einer Decke ersticken.
- Mit einem Topf Wasser auf die Flamme gießen.

PRAXIS Vorbeugen von Bränden und Brandbekämpfung

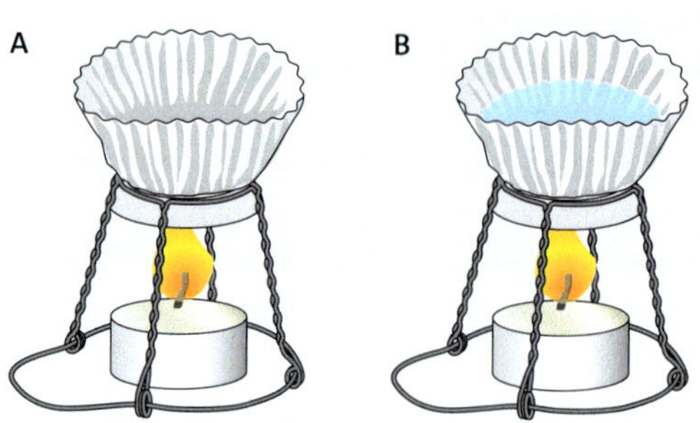

1 Der Aufbau des Experiments

durchbohrter Stopfen
gewinkeltes Glasrohr
Erlenmeyerkolben
Löschmischung (zu Beginn)

2 Ein selbst gebauter Feuerlöscher

A Wasser im Pralinenförmchen

Material:
feuerfeste Unterlage, Drahtgestell eines Sektflaschenverschlusses, Teelicht, Pralinenförmchen (aus Papier), Wasser, Feuerzeug

Durchführung:
- Stelle das Drahtgestell über das Teelicht.
- Lege ein Pralinenförmchen auf das Drahtgestell.
- Entzünde das Teelicht (Bild 1A).
- Wiederhole Experiment mit einem Pralinenförmchen, in das etwas Wasser eingefüllt wird (Bild 1B).
- Lösche das Teelicht nach etwa 1 Minute. Nimm das Pralinenförmchen vorsichtig vom Drahtgestell und gieße das Wasser weg.

Auswertung:
1 Vergleiche die Beobachtungen von Experiment 1A und 1B.
2 Erkläre die unterschiedlichen Beobachtungen.
3 Nenne ein Praxisbeispiel für die Methode der Brandvorbeugung von Experiment 1B.

B Ein selbst gebauter Feuerlöscher

Material:
Erlenmeyerkolben, durchbohrter Stopfen, gewinkeltes Glasrohr, Porzellanschale, Feuerzeug, Wasser, Natriumhydrogencarbonat (Backpulver), Citronensäure, Spülmittel, Teelicht, Lampenöl

Durchführung:
- Gib etwa 150 ml Wasser, 2 Spatel Natriumhydrogencarbonat und ein paar Tropfen Spülmittel in den Erlenmeyerkolben.
- Gib 2 Spatel Citronensäure hinzu und setze rasch den Stopfen mit dem Glasrohr auf.
- Schüttle den Kolben, bis Schaum austritt.
- Entzünde in der Porzellanschale etwa 3 ml Lampenöl.
- Versuche, den Ölbrand zu löschen. Drücke dabei den Stopfen mit dem Glasrohr fest in den Erlenmeyerkolben.

Auswertung:
1 Erkläre, wie der Löschschaum den Brand löscht.

C Die Streichholzallee

Material:
feuerfeste Unterlage, Knetmasse, Streichhölzer

Durchführung:
- Stecke 6 Streichhölzer hintereinander in eine Knetmasse. Zwischen den Streichhölzern 1–5 ist der Abstand 0,5 cm. Zwischen dem 5. und 6. Streichholz ist der Abstand 2 cm.
- Entzünde das 1. Streichholz.

Auswertung:
1 Beschreibe deine Beobachtungen.
2 Erkläre deine Beobachtungen. Verwende die Fachwörter Entzündungstemperatur und Brennstoff.
3 Beschreibe den Zusammenhang zwischen diesem Experiment und einem Waldbrand.
4 Erläutere, welche vorbeugenden Maßnahmen durchgeführt werden können, um die Ausbreitung von Waldbränden einzudämmen.

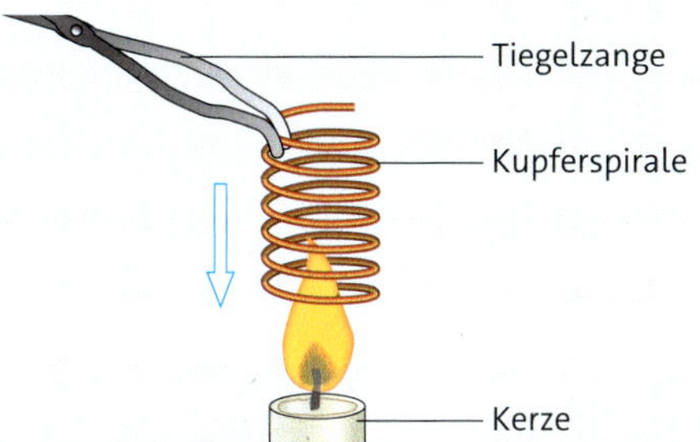

3 Der Aufbau von Experiment D

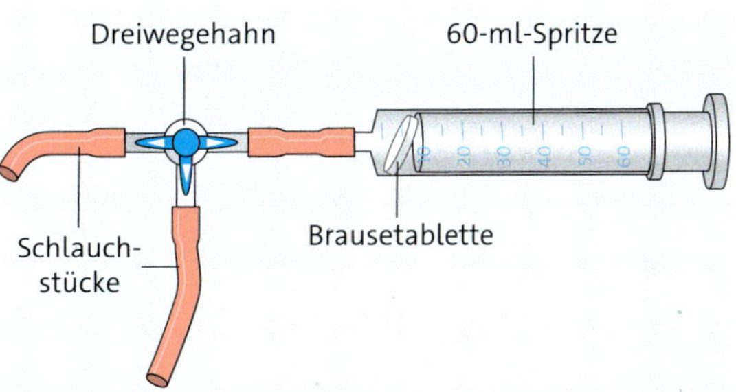

4 Gaslöscher von Experiment E

D Löschen mit Kupfer?

Material:
Tiegelzange, Kerze, Kupferspirale, Feuerzeug

Durchführung:
- Entzünde die Kerze.
- Halte die Kupferspirale mit der Tiegelzange fest. Stülpe die Kupferspirale so über die Flamme, dass sie den sichtbaren Docht umschließt.
- Versuche den aufsteigenden weißen Rauch zu entzünden.
- Vor einem weiteren Versuch musst du die heiße Kupferspirale mit Wasser abkühlen.

Auswertung:
1 Beschreibe deine Beobachtung.
2 Deute deine Beobachtung.
3 Erkläre, welche Funktion das Kupfer hat.

E Löschen mit einem Gas?

Material:
Spritze (60 ml), Dreiwegehahn, 2 Schlauchstücke (Durchmesser 6 cm), kleines Becherglas (80 ml), Teelicht, Brausetablette, Wasser, Feuerzeug

Durchführung:
- Baue mit den oben angegebenen Materialien einen Gaslöscher wie in Bild 4.
- Stelle das Teelicht in das Becherglas und entzünde es.
- Lösche das Teelicht mit dem Gaslöscher. Es darf nicht mit Wasser gelöscht werden!

Auswertung:
1 Recherchiere, welches Gas bei der Reaktion der Brausetablette freigesetzt wird.
2 Beschreibe, welche Eigenschaften das Gas hat.

F Löschen wie von Zauberhand

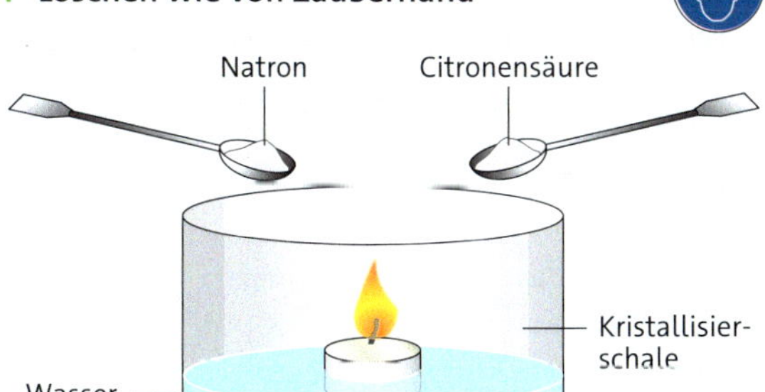

5 Aufbau von Experiment F

Material:
Kristallisierschale, Teelicht, Natriumhydrogencarbonat (Backpulver), Citronensäure ⚠, Wasser, Feuerzeug

Durchführung:
- Fülle 40 ml Wasser in die Kristallisierschale und rühre 2 Spatel Natriumhydrogencarbonat ein.
- Stelle das Teelicht in die Kristallisierschale und entzünde es.
- Gib einen Spatel Citronensäure hinzu.

Auswertung:
1 Erkläre, wodurch das Feuer gelöscht wurde.
2 Zeichne die Kristallisierschale mit den Luftteilchen in dein Heft.
3 Zeichne die Löschgasteilchen ein und stelle dar, wie sie das Feuer löschen.

qijihu

EXTRA Löschmittel in Feuerlöschern

1 Ein Notebook kann in Brand geraten.

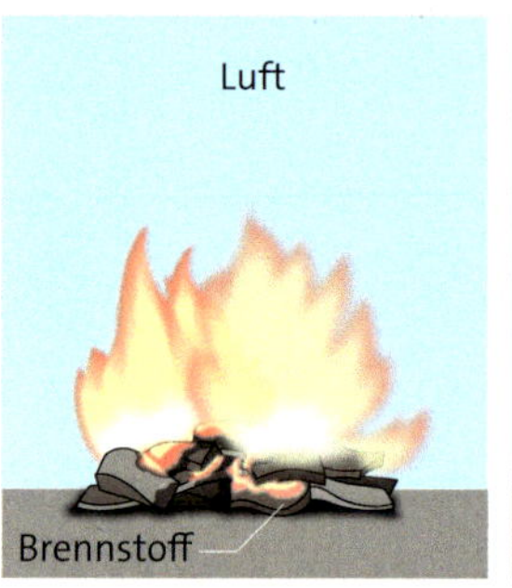

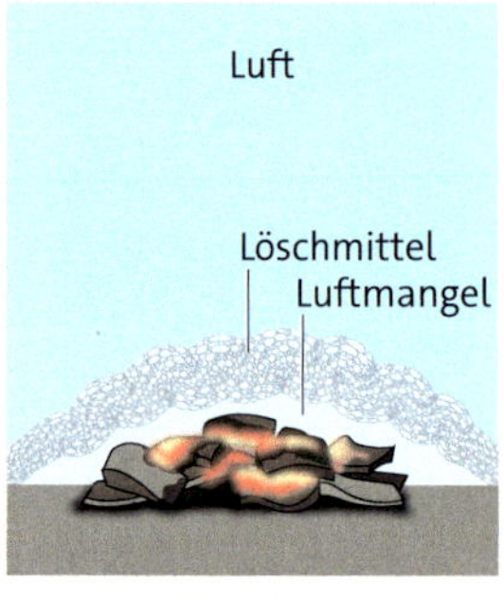

2 Der Schutzschirm über dem Brennstoff

Flammen aus dem Notebook
Oft ist es der Akku eines elektrischen Geräts, der in Brand gerät (Bild 1). Mit Wasser darf dieser Brand nicht gelöscht werden, weil Wasser den elektrischen Strom leitet. Es könnte zu einem Stromschlag kommen. Zum Löschen des brennenden Notebooks wird ein Feuerlöscher eingesetzt. Dieser muss ein Löschmittel enthalten, das den elektrischen Strom nicht leitet.

Die Funktion eines Löschmittels
Das Löschmittel hat die Funktion, die Luft vom Brennstoff fernzuhalten, indem es sich wie ein Schutzschirm über den brennenden Stoff legt. So können die aus dem Brennstoff austretenden brennbaren Gase nicht mit Luft in Kontakt kommen und die Flammen ersticken (Bild 2).

Löschmittel in Feuerlöschern
Feuerlöscher können mit folgenden Löschmitteln befüllt sein: Wasser, Löschschaum, Kohlenstoffdioxid oder Löschpulver.
Kohlenstoffdioxid: Ein brennendes Notebook kann man mit einem Kohlenstoffdioxid-Löscher löschen. Kohlenstoffdioxid ist ein nichtbrennbares Gas. Weil Kohlenstoffdioxid schwerer ist als Luft, sinkt es nach unten. Dadurch verdrängt es die Luft und legt sich über den Brandherd.
Da es den Brandherd vor der Luftzufuhr schützt, wird Kohlenstoffdioxid auch als **Schutzgas** bezeichnet. Kohlenstoffdioxid eignet sich auch als Löschmittel für flüssige Stoffe wie Benzin, Heizöl oder Alkohol.
Löschpulver: Pulverlöscher enthalten einen fein verteilten Feststoff. Der Feststoff schmilzt und die flüssige Schicht, die Schmelzschicht, legt sich wie ein Deckel über den Brennstoff. Am häufigsten werden Feuerlöscher mit ABC-Löschpulver eingesetzt. Die Buchstaben ABC beziehen sich auf die **Brandklassen**. Viele feste Stoffe gehören zur Brandklasse A, flüssige Stoffe zur Brandklasse B und gasförmige Stoffe zur Brandklasse C. Mit dem ABC-Pulver können Brände dieser Brandklassen gelöscht werden. Zum Löschen von Metallbränden der Brandklasse D und Fettbränden der Brandklasse F braucht man spezielle Metallbrand- und Fettbrandpulver.
Löschschaum: Ein Schaumlöscher enthält ein Schaummittel, Wasser und ein Treibmittel. Wenn man die Sicherung am Feuerlöscher entfernt, bildet das Schaumpulver mit dem Wasser den Löschschaum. Der Löschschaum kühlt und hält die Luft vom Brennstoff fern.

AUFGABEN

1 Löschmittel

a ☒ Beschreibe, wie das Löschen mit Kohlenstoffdioxid funktioniert. Erläutere dabei das Fachwort Schutzgas.

b ☒ Feuerlöscher mit ABC-Löschpulver werden häufig verwendet. Begründe dies und erkläre dabei das Fachwort Brandklasse.

2 Löschen eines Magnesiumbrands

Ein Metallbrandpulver enthält pulvriges Kochsalz mit einer Schmelztemperatur von 801 °C. Bei der Verbrennung von Magnesiumspänen entstehen Temperaturen bis zu 3000 °C.

a ☒ Beschreibe, was mit dem Kochsalz passiert, wenn das Löschpulver auf den Magnesiumbrand geblasen wird.

b ☒ Skizziere den Löschvorgang.

rotege

METHODE Eine Expertin oder einen Experten befragen

Zu manchen Themen gibt es mehr Fragen als im Unterricht, im Schulbuch oder im Internet beantwortet werden. Dann könnt ihr mit einer Expertin oder einem Experten sprechen.

1 Die Fragen sammeln
Überlegt gemeinsam, was ihr schon über das Thema wisst. Notiert dann die Fragen, die ihr habt. Ordnet die Fragen und legt fest, in welcher Reihenfolge sie gestellt werden sollen.

Die Klasse 8b hat folgende Fragen gesammelt:
- *Wie meldet man einen Brand?*
- *Wie funktioniert ein Feuerlöscher?*
- *Was passiert, wenn man Wasser auf einen Fettbrand schüttet?*
- *Wie löscht man ein brennendes Elektroauto?*

2 Eine Expertin oder einen Experten finden
Sucht nach Fachleuten, die eure Fragen beantworten können. Nutzt dazu das Internet oder fragt in eurer Familie und im Bekanntenkreis, ob jemand Fachleute für euer Thema kennt.

Die Klasse entscheidet sich, einen Feuerwehrmann oder eine Feuerwehrfrau zu befragen. Lias Vater kennt eine Feuerwehrfrau.

3 Die Expertin oder den Experten einladen
Legt fest, wer die Person kontaktiert. Ihr könnt anrufen oder eine E-Mail schreiben. Nennt das Thema, zu dem ihr Fragen habt. Vereinbart einen Termin und den Ort der Befragung. Das kann die Schule, der Arbeitsort der Person oder eine Videokonferenz sein.

Lia schreibt eine E-Mail an die Feuerwehrfrau. Sie soll die Fragen beantworten und die Bedienung eines Feuerlöschers zeigen. Die Feuerwehrfrau soll möglichst in die Schule kommen.

4 Die Befragung vorbereiten
Vereinbart, wer die Fragen stellt und wer die Antworten notiert.

Sanni wird die Fragen stellen. Marco, Sarah und Cem werden Notizen machen. Benno wird Fotos und ein Video machen.

1 Die Klasse 8b befragt eine Feuerwehrfrau.

5 Die Befragung durchführen
Begrüßt die Expertin. Stellt dann die Fragen und hört gut zu. Fragt nach, wenn ihr etwas nicht versteht. Bedankt euch bei der Verabschiedung.

Sanni begrüßt Frau Maier. Benno fragt, ob er Fotos und ein Video vom Feuerlöschen machen darf. Dann stellt Sanni die gesammelten Fragen. Marco, Sarah und Cem notieren die Antworten. Zur Bedienung und zum Einsatz von Feuerlöschern gibt es einige Nachfragen. Am Ende bedankt sich Sanni im Namen der Klasse bei der Feuerwehrfrau und verabschiedet sie.

6 Die Befragung auswerten
Besprecht eure Erkenntnisse. Haltet die Ergebnisse auf einem Plakat, in einem Artikel für die Schülerzeitung oder auf der Internetseite eurer Schule fest. Ihr könnt auch eine Tonaufnahme der Befragung machen und als Podcast veröffentlichen, wenn die befragten Personen einverstanden sind. Zieht Schlüsse für weitere Befragungen.

Die Klasse bastelt aus den Notizen und den Fotos ein Plakat und hängt es in der Schule auf. Die Texte, Fotos und das Video vom Feuerlöschen stellen sie ins Schulportal.

AUFGABE

1 Eine Expertin oder einen Experten einladen
☒ Formuliert die E-Mail, die Lia an die Feuerwehrfrau geschrieben hat. MK

wemeko

Die Luft

1 Die Atmosphäre umgibt die Erde wie eine Hülle.

Unsere Erde ist von einer Lufthülle, der Erdatmosphäre, umgeben. Wir können die Luft nicht sehen, nicht riechen und nicht schmecken. Wir nehmen sie kaum wahr, aber ohne Luft können wir auf der Erde nicht leben: Wir brauchen Luft zum Atmen. Sie schützt uns vor Strahlung aus dem Weltraum. Sie verhindert eine zu starke Erwärmung am Tag und eine zu starke Abkühlung in der Nacht.

Die Bestandteile der Luft

Die Luft ist kein Reinstoff, sondern ein farbloses, gasförmiges Stoffgemisch. 100 Liter Luft enthalten: 78 Liter Stickstoff, 21 Liter Sauerstoff, 0,04 Liter Kohlenstoffdioxid und etwas weniger als 1 Liter Edelgase (Bild 2). Weil von 100 Litern Luft 78 Liter Stickstoff sind, sagt man, dass der **Volumenanteil** von Stickstoff am Stoffgemisch Luft 78 Prozent ist.

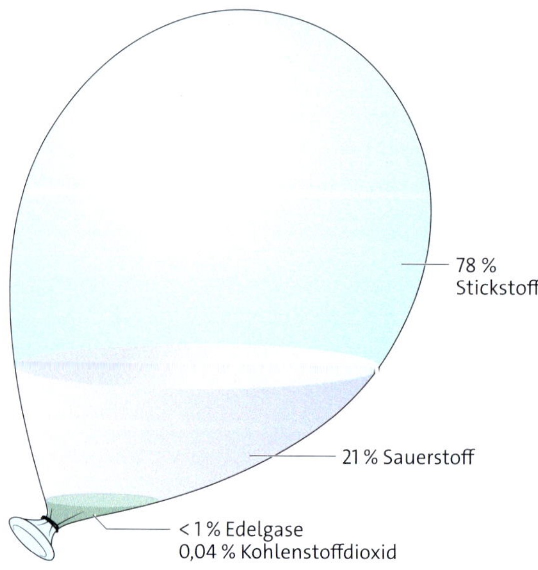

2 Die Volumenanteile der verschiedenen Luftbestandteile

3 Ein glimmender Span (A) und die Glimmspanprobe (B)

Das „Feuergas“ Sauerstoff

Der Holzspan in Bild 3A glüht, er brennt ohne Flamme. Man sagt dazu auch: Der Holzspan glimmt. Wenn man einen glimmenden Holzspan in reinen Sauerstoff hält, dann entsteht eine helle Flamme wie in Bild 3B. Dieses Experiment wird **Glimmspanprobe** genannt. Die Glimmspanprobe ist eine **Nachweisreaktion** für Sauerstoff.
Die Glimmspanprobe zeigt, dass Sauerstoff der Luftbestandteil ist, der die Verbrennung fördert. Wenn eine Flamme keinen Sauerstoff bekommt, dann erlischt sie. Ein Mensch würde ohne Sauerstoff ersticken, denn für die Verbrennungsvorgänge in unserem Körper benötigen wir ständig Sauerstoff. Wir nehmen den Sauerstoff über die Luft durch das Einatmen auf. Man sagt zwar, die Nährstoffe, die wir mit der Nahrung aufnehmen, werden in unserem Körper verbrannt. Bei dieser Umwandlung der Nährstoffe mithilfe von Sauerstoff entsteht aber keine Flamme. Wärmeenergie wird jedoch schon frei. Bei Verbrennungen von Stoffen in reinem Sauerstoff können hohe Temperaturen entstehen. Beim Schweißbrennen werden durch die Verbrennung eines Sauerstoff-Acetylen-Gemischs Temperaturen von 3000 °C erreicht.

Stickstoff

Wenn man einen brennenden Holzspan in Stickstoff hält, geht er sofort aus. Der Name Stickstoff kommt von der Eigenschaft, dass dieses Gas Flammen erstickt. Lebensmittel wie Obst oder Gemüse können in Stickstoff aufbewahrt werden. Auf Verpackungen steht dann: „unter Schutzgas verpackt“. Der Stickstoff bewirkt, dass die Lebensmittel langsamer verderben als an der Luft.

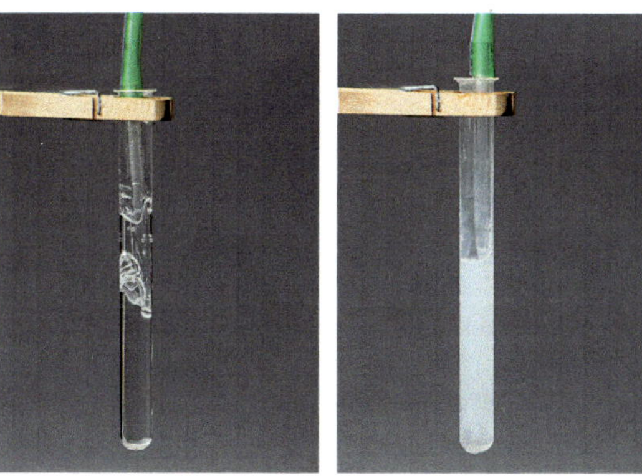

4 Der Nachweis von Kohlenstoffdioxid mit Kalkwasser

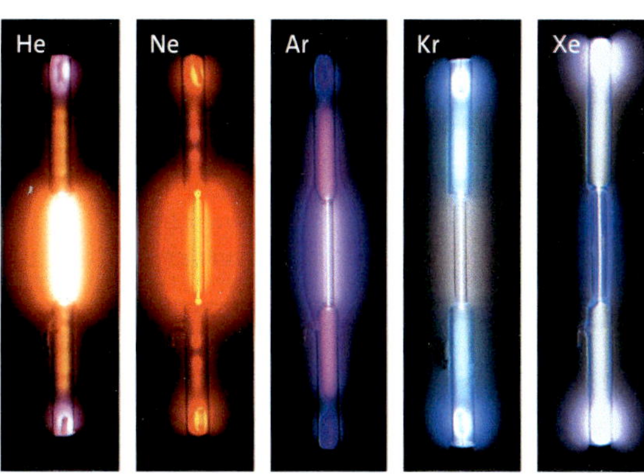

6 Die Edelgase leuchten verschieden.

Kohlenstoffdioxid

Kohlenstoffdioxid ist nur ein kleiner, aber wichtiger Bestandteil der Luft. Pflanzen nehmen bei Tageslicht Kohlenstoffdioxid auf. Sie nutzen ihn zum Aufbau ihres pflanzlichen Materials. Im Gegenzug geben sie, sozusagen als Abgas, Sauerstoff ab. Dieser Sauerstoff wiederum ist für Menschen und Tiere lebensnotwendig. Kohlenstoffdioxid kann mit einer Calciumhydroxid-Lösung, auch **Kalkwasser** genannt, nachgewiesen werden. Beim Einleiten von Kohlenstoffdioxid färbt sich die Calciumhydroxid-Lösung milchig trüb. Diese Nachweisreaktion heißt **Kalkwasserprobe**.

Edelgase

Die Gase Helium, Neon, Argon, Krypton und Xenon werden als Edelgase bezeichnet. Luft enthält etwas weniger als 1 Prozent Edelgase, vor allem Argon. Argon reagiert nur schwer mit anderen Stoffen. Man sagt, es ist **reaktionsträge**. Deshalb wird Argon als Schutzgas beim Schweißen eingesetzt. Das Schutzgas umgibt die Schweißstelle und schützt die Metallschmelze vor dem Sauerstoff aus der Luft. Neon, Argon, Krypton und Xenon werden in Glühlampen und Leuchtstoffröhren verwendet. Helium ist leichter als Luft und wird daher als Traggas zum Beispiel in Ballons genutzt.

Eigenschaft	Sauerstoff	Kohlenstoffdioxid
Farbe	farblos	farblos
Geruch	geruchlos	geruchlos
Brennbarkeit	nicht brennbar, unterhält die Verbrennung	nicht brennbar, erstickt die Flamme
Dichte (bei 20 °C)	$1{,}33\,\frac{g}{l}$.	$1{,}98\,\frac{g}{l}$.
Siedetemperatur	−183 °C	−79 °C
Löslichkeit in Wasser (bei 20 °C)	$9\,\frac{mg}{l}$	$1700\,\frac{mg}{l}$

5 Einige Eigenschaften von Sauerstoff und Kohlenstoffdioxid

> Luft ist ein Stoffgemisch aus Stickstoff, Sauerstoff, Kohlenstoffdioxid und Edelgasen. Für die Verbrennung ist Sauerstoff notwendig. Sauerstoff kann mit der Glimmspanprobe nachgewiesen werden. Kohlenstoffdioxid kann durch die Kalkwasserprobe nachgewiesen werden.

AUFGABEN

1 Bestandteile der Luft

Erstelle ein Kreisdiagramm für die Luftbestandteile. Gib die Volumenanteile in Prozent an.

2 Der Stickstoff

Beschreibe die Funktion von Stickstoff bei der Konservierung von Lebensmitteln.

3 Die Edelgase

Nenne drei Verwendungsmöglichkeiten der Edelgase.

4 Löschmittel

a Kohlenstoffdioxid wird als Löschmittel in Feuerlöschern verwendet. Nenne zwei Eigenschaften des Kohlenstoffdioxids, die für den Löschvorgang wichtig sind.

b Helium erstickt die Flamme. Erkläre, warum Helium trotzdem nicht als Löschmittel für Feuerlöscher geeignet ist.

PRAXIS Die Zusammensetzung der Luft

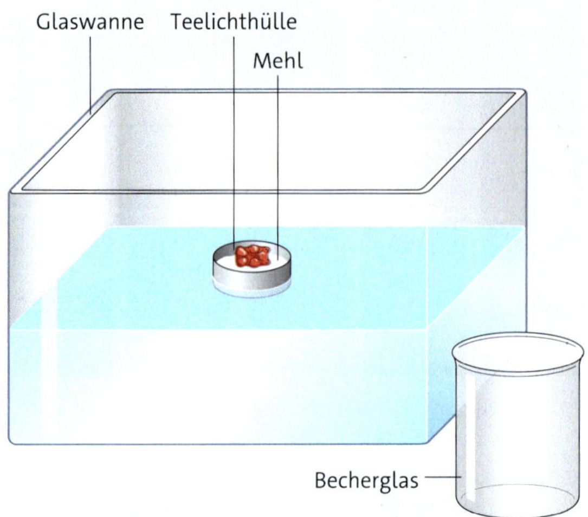

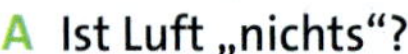

1 Der Aufbau von Experiment A

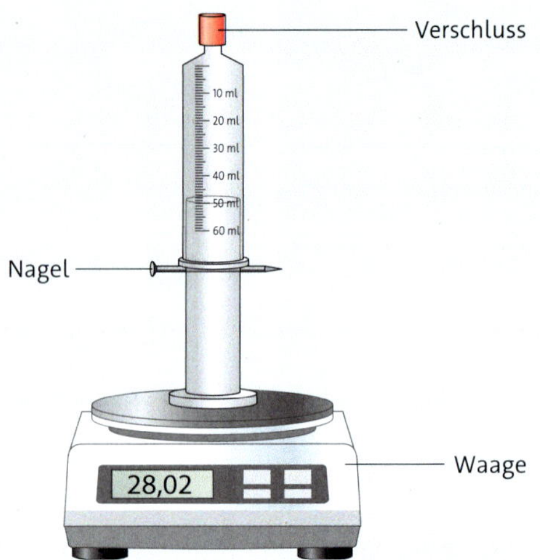

2 Bestimmen der Dichte von Luft und Kohlenstoffdioxid

A Ist Luft „nichts"?

Emmi behauptet: „Luft ist nichts: Ich sehe sie nicht, ich rieche sie nicht und ich schmecke sie nicht!"
Mit dem folgenden Experiment kannst du Emmis Aussage widerlegen.

Material:
Glaswanne, Becherglas, leere Teelichthülle, Wasser, Gummibärchen, Mehl

Durchführung:
- Fülle die Glaswanne etwa halb voll mit Wasser.
- Bedecke den Boden der Teelichthülle mit Mehl und lege das Gummibärchen in das „Mehlbett".
- Lege die Teelichthülle auf die Wasseroberfläche in der Wanne.
- Lass die Teelichthülle mit dem Gummibärchen tauchen. Stülpe dazu das Becherglas vorsichtig darüber.
- Lass die Teelichthülle behutsam wieder auftauchen.

Auswertung:
1 Betrachte das Gummibärchen im „Mehlbett". Ist es beim Tauchen nass geworden? Beschreibe deine Beobachtungen.
2 Erläutere Emmi anhand deiner Beobachtungen, warum ihre Behauptung falsch ist.
3 Finde noch ein weiteres Argument, mit dem du Emmi überzeugen kannst.

B Die Dichte von Luft und Kohlenstoffdioxid

Material:
Spritze (60 ml, verschließbar, mit Loch im Kolben), Verschlusskappe, Nagel, Waage, Luft, Kohlenstoffdioxid

Durchführung:
- Drücke den Kolben ganz in die Spritze und verschließe die Spritze mit der Verschlusskappe.
- Ziehe den Kolben so weit heraus, dass man den Nagel in das Loch stecken kann.
- Wiege die Spritze.
- Befülle die Spritze mit:
  a 50 ml Luft
  b 50 ml Kohlenstoffdioxid
- Wiege die Spritze jeweils erneut.

Auswertung:
1 Bestimme, wie viel 50 ml Luft und 50 ml Kohlenstoffdioxid wiegen.
2 Berechne die Dichte von Luft und die Dichte von Kohlenstoffdioxid.

Hinweis: $\textit{Dichte} = \frac{\textit{Masse}\ (g)}{\textit{Volumen}\ (l)}$

3 Die menschliche Ausatemluft enthält etwa 4 Prozent Kohlenstoffdioxid. Begründe, ob im Klassenzimmer der Kohlenstoffdioxidgehalt am Boden oder an der Decke am höchsten ist.

C Durch Blasen ein Feuer entfachen

Material:
Spritze (60 ml), Holzspan, Feuerzeug und ein Gas, das du auswählen sollst: Stickstoff, Kohlenstoffdioxid, Sauerstoff oder Helium
Das Gas kannst du bei deiner Lehrkraft abholen.

Durchführung:
Deine Herausforderung: Bringe einen glimmenden Holzspan ohne Feuerzeug zum Brennen.
- Entzünde den Holzspan mit dem Feuerzeug.
- Puste die Flamme aus.
- Finde nun eine Möglichkeit, den Holzspan zum Brennen zu bringen.

Auswertung:
1 Begründe, warum du dich für dieses Gas entschieden hast.
2 Erläutere, warum man zum Entfachen eines Holzfeuers auf die Glut bläst.

D Nachweis von Kohlenstoffdioxid

Material: kleines Becherglas, 2 Trinkhalme, Luftpumpe, Luftballon, Raumluft, Ausatemluft, Calciumhydroxid-Lösung

a *Durchführung:*
- Fülle etwa 2 cm hoch Calciumhydroxid-Lösung in ein Becherglas.
- Pumpe etwa 1 min lang mit der Luftpumpe über einen Trinkhalm Luft in die Lösung.

b *Durchführung:*
- Puste einen Luftballon auf.
- Leite die Ausatemluft aus dem Ballon mit dem Trinkhalm in die Calciumhydroxid-Lösung.

Auswertung:
1 Beschreibe deine Beobachtungen.
2 Erkläre, inwiefern sich deine Ausatemluft von der Luft aus der Pumpe unterscheidet.

E Der Sauerstoffgehalt der Luft

Material:
Gasbrenner, 2 Spritzen (60 ml, mit Gewinde am Kanülenansatz), 2 Verbindungsstücke (Rohr 8-Buchsen), Quarzrohr, Eisenwolle, Feuerzeug, Luft

Durchführung:
- Sauge in eine der Spritzen 50 ml Luft.
- Gib 0,5 g Eisenwolle in das Quarzrohr.
- Verbinde die Spritzen mit dem Quarzrohr.
- Erhitze die Eisenwolle in einem Bereich von 1–2 cm bis zur Rotglut.
- Entferne den Gasbrenner und schiebe die Luft aus der gefüllten Spritze über das Reaktionsrohr in die zweite Spritze.
- Schiebe die „Restluft“ in der Spritze zweimal hin und her.
- Lies das Volumen ab.

Auswertung:
1 Ermittle den Sauerstoffgehalt der Luft.

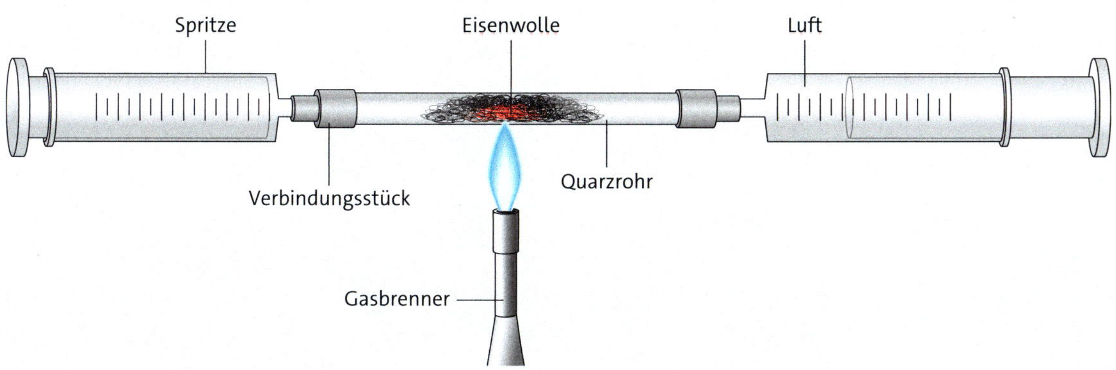

3 Die Bestimmung des Sauerstoffgehalts der Luft

Atome und Moleküle der Luft

1 Der Mount Everest ist der höchste Berg der Erde. Er ist 8849 m hoch.

Aus dem Tagebuch eines Bergsteigers bei einer Expedition im Himalaja-Gebirge: „Ich weiß nicht mehr, wie lange wir schon in der Todeszone oberhalb von 7000 Metern sind. Mir ist schwindlig und übel. Ich habe das Gefühl, ich ersticke …"

„Dünne" Luft auf dem Mount Everest

Je höher der Bergsteiger kommt, desto größer werden seine Atemprobleme. Denn mit zunehmender Höhe wird die Luft immer „dünner". Wie muss man sich „dünne" Luft vorstellen? Um diese Frage beantworten zu können, müssen wir uns die Zusammensetzung der Luft genauer ansehen. Dazu begeben wir uns auf die Ebene der Atome.

Die kleinsten Teilchen der Luft

Bei den Edelgasen wie Helium, Neon oder Argon liegen einzelne Atome vor.
Dagegen sind bei den Gasen Stickstoff, Sauerstoff und Kohlenstoffdioxid mehrere Atome miteinander verbunden. Diese Teilchen nennen wir **Moleküle**. Im Gegensatz zum riesigen Atomverband eines Metalls ist die Zahl der Atome in Molekülen begrenzt. Beim Sauerstoff-Molekül sind es zwei Atome, beim Kohlenstoffdioxid-Molekül sind es drei Atome und beim Stickstoff-Molekül wiederum zwei Atome (Bild 2).

Formeln von Molekülen

Die chemische Formel von Sauerstoff ist O_2. Weil die Formel für ein Molekül so wie in diesem Fall für das Sauerstoff-Molekül steht, nennt man die Formel auch **Molekülformel**. Bei der Formel O_2 sagt dir die tiefgestellte 2 hinter dem Sauerstoffsymbol O, dass zwei Sauerstoffatome zu einem Molekül verbunden sind. Die tiefgestellte Zahl wird in der Fachsprache **Indexzahl** genannt. Beim Stickstoff mit der Formel N_2 besteht das Molekül aus zwei verbundenen Stickstoffatomen. Es können sich aber auch unterschiedliche Atome miteinander verbinden. So besteht ein Kohlenstoffdioxid-Molekül aus einem Kohlenstoffatom und zwei Sauerstoffatomen. Die Molekülformel von Kohlenstoffdioxid ist daher CO_2.

Moleküle sind aus mehreren Atomen aufgebaut. Die Molekülformel gibt an, aus welchen und aus wie vielen Atomen ein Molekül besteht.

Atome und Moleküle in Gasen

Die meisten Stoffe, die aus Einzelatomen oder kleinen Molekülen bestehen, sind bei Raumtemperatur gasförmig.
Stoffe, die aus großen Atomverbänden oder großen Molekülen bestehen, sind fest oder flüssig.

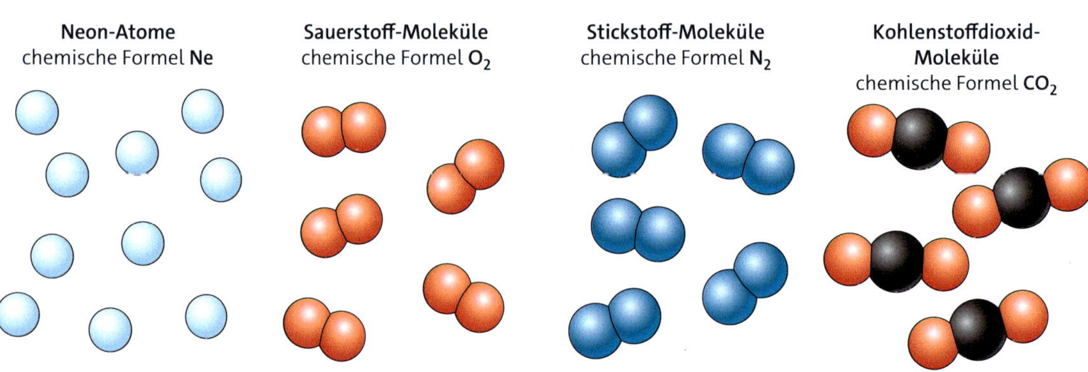

2 Die Edelgase liegen als Atome vor. Stickstoff, Sauerstoff und Kohlenstoffdioxid als Molekül.

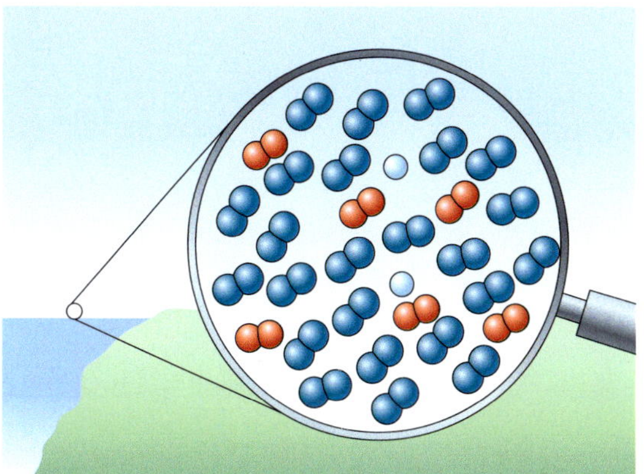

3 Luft auf Meereshöhe

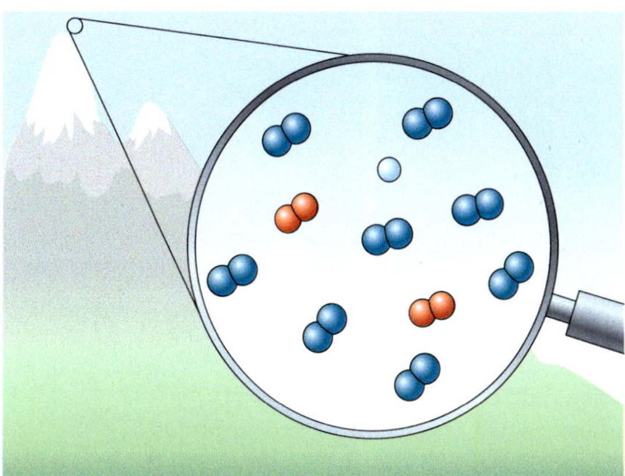

4 Luft auf dem Mount Everest

Die Zusammensetzung von „dünner" Luft

Wieso spricht man davon, dass die Luft auf dem Mount Everest dünner ist? Auf dem 8849 m hohen Mount Everest hat die Luft eine Dichte von $0{,}4\frac{g}{l}$. Ein Liter Luft wiegt also 0,4 Gramm. Auf Meereshöhe hat die Luft mit $1{,}2\frac{g}{l}$ eine größere Dichte, da sie durch die darüberliegenden Luftschichten zusammengedrückt wird.

Wie die Bilder 3 und 4 zeigen, enthält die Luft auf dem Mount Everest nur ein Drittel so viele Luftteilchen wie dasselbe Volumen an Luft auf Meereshöhe.

Mit jedem Atemzug bekommt die Lunge des Bergsteigers nur noch ein Drittel so viele Sauerstoff-Moleküle wie auf Meereshöhe. Das führt zu Atemnot und zu den gesundheitlichen Problemen, die der Bergsteiger beschreibt. Daher benutzen die meisten Bergsteiger in so extremen Höhen ein Sauerstoffgerät.

Die Anzahl der Atome oder Moleküle in einem bestimmten Volumen Luft ist je nach Höhe verschieden. Auf Meereshöhe befinden sich mehr Luftteilchen im selben Volumen Luft als auf einem Berg.

AUFGABEN

1 Atome und Moleküle

a Erkläre, was ein Molekül ist.

b Nenne einen Luftbestandteil, der aus Atomen besteht, und drei Luftbestandteile, die aus Molekülen bestehen.

2 Ein Bergsteiger in Not

a Beschreibe die gesundheitlichen Probleme des Besteigers am Mount Everest.

b Erkläre, wie es zu diesen gesundheitlichen Problemen kommt.

PRAXIS Ein Schokokuss platzt

Gib einen Schokokuss in einen Erlenmeyerkolben. Setze einen durchbohrten Stopfen mit einer Spritze auf den Erlenmeyerkolben (Bild 5A). Sauge die Luft aus dem Erlenmeyerkolben. Der Schokokuss platzt (Bild 5B).

Auswertung:

1 Erstelle eine Skizze des Experiments.

2 Erkläre, wie es zum Platzen der Schokohülle kommt. Zeichne dazu die Luftteilchen in deine Skizze ein.

3 Beschreibe die Vorgänge auf der Teilchenebene.

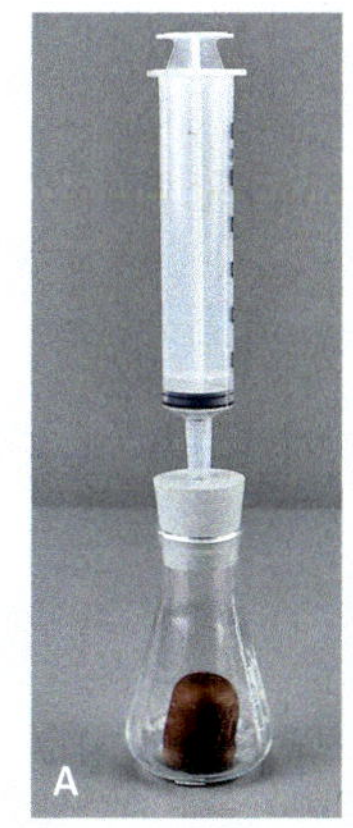

5 Aufbau des Experiments (A), geplatzter Schokokuss (B)

Metalle reagieren mit Sauerstoff

1 Eine Glühlampe ohne Loch (A) und mit Loch (B)

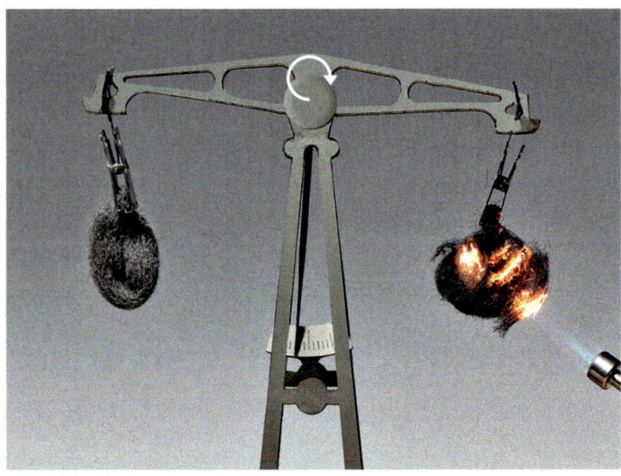

2 Bei der Verbrennung von Eisenwolle nimmt die Masse zu.

Im Alltag sagt man: „Die Lampe brennt." Der Wolframfaden einer Glühlampe verbrennt jedoch nicht, wenn die Glühlampe in Betrieb ist. Er glüht zwar, wenn man die Lampe einschaltet. Nach dem Ausschalten der Glühlampe sieht er aber aus wie vorher. Das ändert sich, wenn man ein Loch in den Glaskolben der Glühlampe macht wie in Bild 1B.

Glühen und Brennen

Eine Glühlampe hat einen dünnen, leitfähigen Faden aus dem Metall Wolfram. Im Glaskolben der Glühlampe ist kein Sauerstoff vorhanden. Wenn elektrischer Strom durch den Wolframfaden fließt, dann wird der Faden erhitzt und beginnt zu glühen. Wenn die Stromzufuhr unterbrochen wird, dann kühlt der Faden wieder ab. Er bleibt unverändert. Bei dem Glühen handelt sich um einen physikalischen Vorgang.
Der Glaskolben der Glühlampe in Bild 1B hat ein Loch. Durch dieses Loch kommt Sauerstoff in den Glaskolben. Wenn nun die Glühlampe eingeschaltet wird, dann verbrennt der Wolframfaden. Außerdem schlägt sich ein hellgelber Feststoff an der Innenseite des Glaskolbens nieder. Ein neuer Stoff entsteht. Es findet eine chemische Reaktion statt: Der Sauerstoff im Glaskolben reagiert mit dem Wolframfaden.

Energie wird frei

Wenn man Eisenwolle an der Balkenwaage entzündet, verbrennt sie (Bild 2). Dabei wird Energie in Form von Licht und Wärme frei. Bei dieser Verbrennung handelt sich also um eine exotherme Reaktion. Ein neuer Stoff entsteht. Dies erkennt man an der Farbveränderung hin zum Dunkelgrau.

Verbrennen von Eisenwolle an der Waage

Wenn man die Eisenwolle vor und nach der Verbrennung wiegt, dann stellt man fest, dass die Masse beim Verbrennen zunimmt. Um dies erklären zu können, nutzen wir das Teilchenmodell. Zum Entzünden der Eisenwolle wird Energie zugeführt. Durch diese Aktivierungsenergie werden die Sauerstoff-Moleküle aus der Luft in Sauerstoffatome aufgespalten. Die Sauerstoffatome werden mit den Eisenatomen zu einem neuen Atomverband angeordnet (Bild 3). Zur Masse des Eisens ist so die Masse des Sauerstoffs hinzugekommen. Eine chemische Reaktion, bei der Sauerstoff aufgenommen wird, bezeichnet man als **Oxidation**. Eisen wird oxidiert, ein neuer Stoff, Eisenoxid, entsteht.

Reaktionsschema in Worten:
Eisen + Sauerstoff → Eisenoxid | exotherm

EXTRA Phlogiston, der Feuerstoff

Im 18. Jahrhundert wurde die Verbrennung von Stoffen mithilfe der Phlogistontheorie erklärt. Man glaubte, dass alle brennbaren Stoffe den „Feuerstoff" Phlogiston enthalten. Man dachte, bei der Verbrennung entweicht dieses Phlogiston und zurück bleibt ein unbrennbarer Rest, beispielsweise Asche. Als Antoine Laurent de Lavoisier Ende des 18. Jahrhunderts die Bedeutung des Sauerstoffs für die Verbrennung erkannte, wurde die Phlogistontheorie durch die Oxidationstheorie abgelöst.

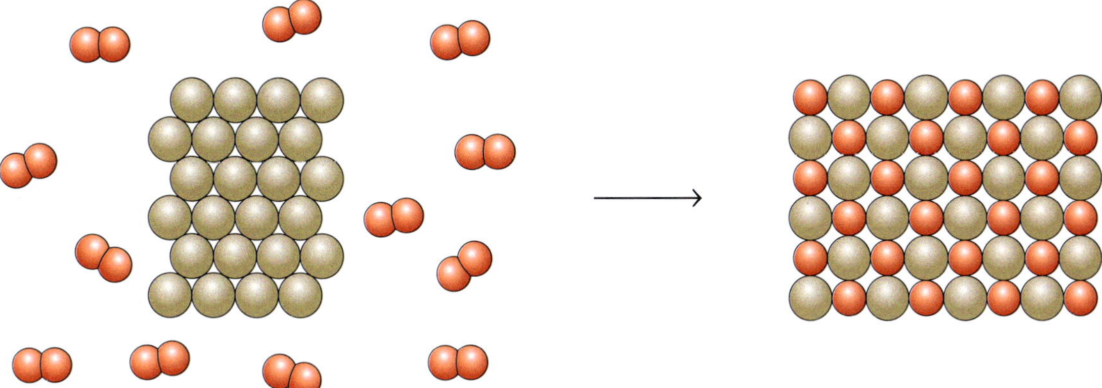

3 Die Reaktion von Eisen mit Sauerstoff im Teilchenmodell

Das Reaktionsbestreben der Metalle

Wenn man Magnesiumpulver in die Brennerflamme bläst, dann verbrennt es mit einer grellen Stichflamme zu Magnesiumoxid. Auch bei den unedlen Metallen Aluminium oder Zink entsteht ein Funkenregen, wenn man das Pulver in die Flamme einbläst. Wenn Silberpulver eingeblasen wird, dann ist die Reaktion weniger heftig. Metalle unterscheiden sich also, wenn man die Heftigkeit und die Geschwindigkeit der Reaktion mit Sauerstoff vergleicht. Man spricht dann auch von dem Bestreben, mit Sauerstoff zu reagieren, und vergleicht, wie in Bild 4, das **Reaktionsbestreben** der Metalle. Metalle wie Silber oder Platin haben ein geringes Bestreben, mit Sauerstoff zu einem Metalloxid zu reagieren. Solche Metalle bezeichnet man als edle Metalle oder Edelmetalle. Im Gegensatz dazu ist das Bestreben mit Sauerstoff zu reagieren umso größer, je unedler ein Metall ist. Unedle Metalle reagieren stärker und schneller mit Sauerstoff zu Metalloxiden.

Eine chemische Reaktion, bei der Sauerstoff aufgenommen wird, nennt man Oxidation. Bei der Reaktion von Metallen mit Sauerstoff entstehen Metalloxide. Je unedler ein Metall ist, desto stärker und schneller reagiert das Metall mit Sauerstoff.

AUFGABEN

1 Glühen und Brennen

☒ Erläutere den Unterschied zwischen Glühen und Brennen am Beispiel einer Glühlampe.

2 Die Oxidation

☒ Schreibe in dein Heft, was mit dem Fachwort Oxidation gemeint ist. Gib ein Beispiel an. Verwende auch das Verb oxidieren.

3 Metallpulver reagieren mit Sauerstoff

5 Metallpulver wird in die Brennerflamme geblasen.

a ☒ In Bild 5 wird Aluminiumpulver in eine Brennerflamme geblasen. Das Pulver wird vor und nach der Verbrennung gewogen. Wie ändert sich die Masse? Formuliere eine Vermutung und begründe sie.

b ☒ Stelle das Reaktionsschema in Worten für die Reaktion aus Aufgabenteil a auf.

c ☒ Vergleiche die Brennbarkeit von Eisen-, Gold- und Zinkpulver.

edel → unedel

Gold | Platin | Silber | Kupfer | Eisen | Zink | Aluminium | Magnesium

4 Das Bestreben der Metalle mit Sauerstoff zu reagieren.

Eisen kann rosten

1 Die Fahrradkette von Mattis Fahrrad rostet.

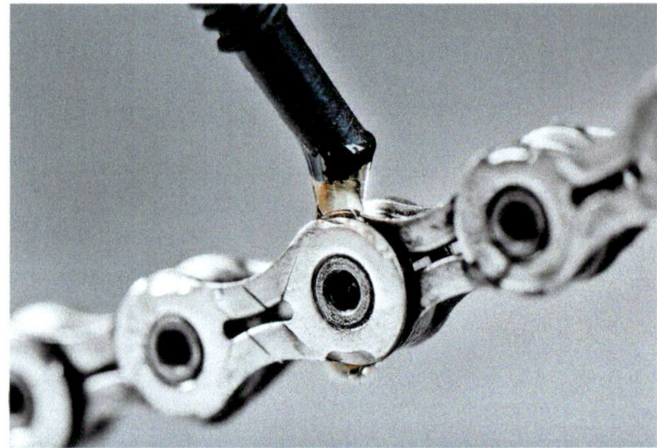

2 Die Kette wird durch Öl vor Oxidation geschützt.

Als Matti nach dem Winter sein Fahrrad aus dem Keller holt, stellt er fest, dass die Fahrradkette verrostet ist.

Eine langsame Oxidation

Wenn blankes Eisen mit Luft und Wasser in Kontakt kommt, beginnt das Eisen zu rosten. Das bedeutet: Das Eisen reagiert mit dem Sauerstoff aus der Luft und Wasser zu einem wasserhaltigen Eisenoxid, dem **Rost**. Bei dieser Reaktion handelt es sich um eine Oxidation. Im Vergleich zur Verbrennung von Eisenwolle verläuft diese Oxidation viel langsamer. Durch das Rosten verändert sich die Oberfläche des Eisens. Da die rotbraune Rostschicht porös ist und abblättert, können der Sauerstoff und das Wasser immer tiefer in das Eisen eindringen. Eine solche Zerstörung eines Metalls von der Oberfläche aus, wird **Korrosion** genannt. Das Metall reagiert dabei mit Stoffen, die es umgeben. Wenn Eisen korrodiert, spricht man von Rosten.

Rostschäden

Ein verrostetes Bremskabel am Fahrrad kann zu einer Gefahr für dich und andere werden. Wenn Schiffsrümpfe durchrosten, kann dies schlimme Folgen für die Umwelt haben. Durch Löcher im Schiffsrumpf können Öl oder andere gefährliche Stoffe ins Meer gelangen und die Umwelt verschmutzen. Durch Rost entstehen in Deutschland jährlich Schäden in Milliardenhöhe.

Rostschutz bei Eisen

Wenn man das Rosten verhindern will, muss man Sauerstoff und Wasser vom Eisen fernhalten. Dafür gibt es viele Methoden: Die Karosserie eines Autos erhält beispielsweise zuerst einen Zinküberzug und wird anschließend noch lackiert. Der Unterboden eines Autos wird mit Kunststoff überzogen. Eine Fahrradkette wird eingeölt (Bild 2).

Nichtrostende Metalle

Edelmetalle wie Gold oder Silber reagieren nicht mit Sauerstoff. Sie müssen daher nicht vor dem Rosten geschützt werden. Wie verhält es sich aber mit dem unedlen Metall Zink? Bei der Reaktion von Zink mit Sauerstoff entsteht eine Zinkoxidschicht. Diese stabile Schicht schützt das Metall. Sie verhindert den Sauerstoffzutritt. Auch Nickel, Chrom und Aluminium bilden solche schützenden Oxidschichten.

Wenn Eisen mit Sauerstoff und Wasser in Berührung kommt, dann oxidiert es. Das Eisen rostet. Eisenteile können mit einer Schicht aus Lack, Öl, Kunststoff oder einem anderen Metall vor dem Rosten geschützt werden.

AUFGABEN

1 Rosten von Eisen

Nenne die Stoffe, mit denen Eisen beim Rosten reagiert.

2 Rostschutz

Beschreibe drei Methoden, mit denen man Eisen vor dem Rosten schützen kann.

3 Aluminium ist korrosionsbeständig

Aluminium ist ein unedles Metall. Begründe, warum man einen Aluminiumtopf nicht vor Korrosion schützen muss.

mowobu

PRAXIS Rosten und Rostschutz

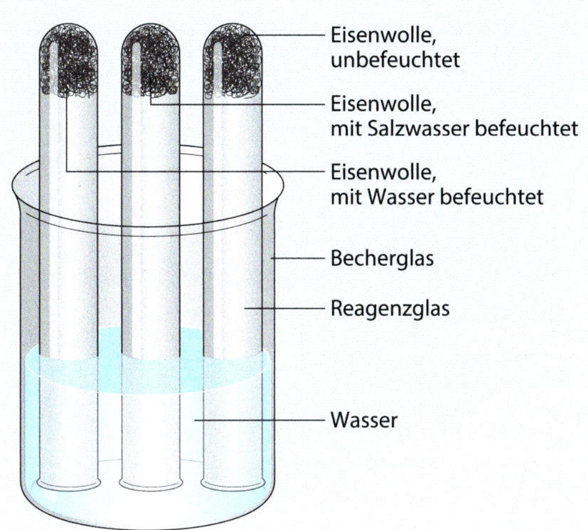

1 Der Aufbau des Experiments zum Rosten

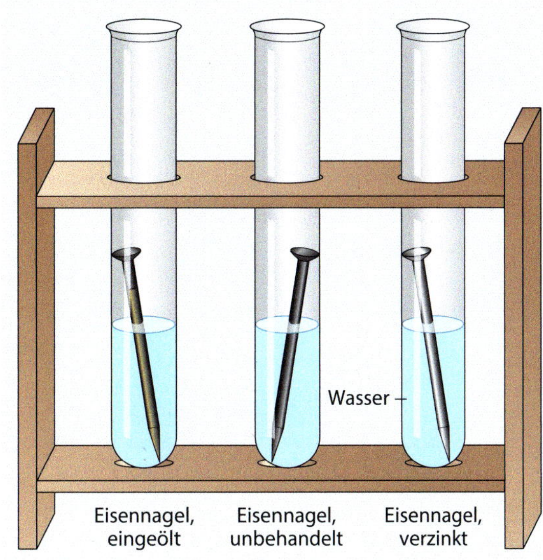

2 Der Aufbau des Experiments zum Rostschutz

A Rosten von Eisen

Material:
3 Reagenzgläser, Becherglas, Spatel, Eisenwolle, Wasser, Kochsalz

Durchführung:
- Bilde aus der Eisenwolle 3 Knäuel von jeweils ungefähr 0,5 g.
- Behandle die Eisenwollknäuel folgendermaßen:
- Befeuchte das erste Knäuel mit Wasser.
- Befeuchte das zweite Knäuel mit Salzwasser.
- Das dritte Knäuel bleibt unbehandelt.
- Gib jedes Knäuel in jeweils ein Reagenzglas. Schiebe es mit dem Spatel bis an den Boden.
- Stelle die Reagenzgläser mit der Öffnung nach unten in ein Becherglas, das etwa 2 cm hoch mit Wasser gefüllt ist.
- Lass das Experiment einige Tage stehen.

Auswertung:
1. Beschreibe die Veränderungen der Eisenwolle nach zwei Tagen.
2. Erkläre die Veränderungen der Eisenwolle.
3. Erkläre, warum sich der Wasserstand in den Reagenzgläsern verändert hat.
4. Autos rosten im Winter häufiger als im Sommer. Stelle eine Vermutung auf, warum das so ist.

B Rostschutz

Material:
3 Reagenzgläser, Reagenzglasständer, Pinzette, 2 Eisennägel, verzinkter Eisennagel, Speiseöl, Wasser

Durchführung:
- Reibe einen Eisennagel mit Speiseöl ein.
- Gib den eingeölten Eisennagel, den unbehandelten Eisennagel und den verzinkten Eisennagel in jeweils ein Reagenzglas.
- Fülle in die Reagenzgläser so viel Wasser ein, dass die Nägel zu etwa zwei Dritteln mit Wasser bedeckt sind.
- Lass das Experiment etwa zwei Tage stehen.

Auswertung:
1. Beschreibe die Veränderungen der Nägel nach zwei Tagen.
2. Erkläre, welche Funktion das Öl und das Zink haben.

roxofa

WEITERGEDACHT Rosten

1 Wärmepflaster

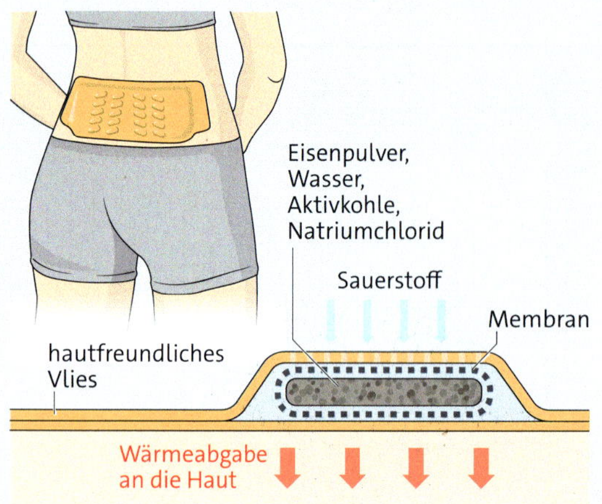

1 Der Aufbau eines Wärmepflasters

2 Ein Schrottauto

Ein Wärmepflaster ist ein Heftpflaster, das zur äußerlichen Behandlung von Schmerzen besonders im Rückenbereich angewandt wird. Beim Öffnen wird eine chemische Reaktion, bei der Wärme entsteht, in Gang gesetzt. Die Wärme soll Muskel- und Gelenkbeschwerden lindern.

a Beschreibe in deinen eigenen Worten, was ein Wärmepflaster ist.
b Beschreibe den Aufbau eines Wärmepflasters mithilfe von Bild 1.
c Gib an, mit welchem Bestandteil der Luft das Eisen reagiert, wenn man das Wärmepflaster öffnet.
d Formuliere für die Reaktion des Eisens ein Reaktionsschema in Worten.
e Erläutere, was das Schrottauto in Bild 2 und ein Wärmepflaster gemeinsam haben.
f Stelle eine Wärmemischung her, indem du das Experiment im Praxis-Kasten durchführst.
g Beschreibe, wie sich bei der Herstellung der Wärmemischung die Zugabe der Aktivkohle auswirkt.
h 1 Gramm Aktivkohle hat eine Oberfläche, die mit 800 m^2 etwa so groß ist wie das Spielfeld einer Sporthalle. Aktivkohle wirkt als Katalysator.
Erkläre, warum die Reaktion im Wärmepflaster viel schneller abläuft als die Reaktion beim Rosten des Autos.

PRAXIS Herstellen einer Wärmemischung

Material:
Becherglas (80 ml), Glasstab, Spatel, Waage, Wägeschälchen, Thermometer, Eisenpulver, Aktivkohle, Natriumchlorid, Wasser

Durchführung: Experiment Teil 1
- Vermische 3 g Eisenpulver und 0,05 g Natriumchlorid in einem Becherglas.
- Gib 1 g Wasser dazu.
- Rühre stetig mit dem Glasstab um und miss die Temperatur.

Durchführung: Experiment Teil 2
- Vermische 3 g Eisenpulver, 0,05 g Natriumchlorid und 1 g Aktivkohle in einem Becherglas.
- Gib 1 g Wasser dazu.
- Rühre während der Reaktion stetig mit dem Glasstab um und miss laufend die Temperatur, bis sie nicht mehr steigt.

2 Ein Metall opfert sich

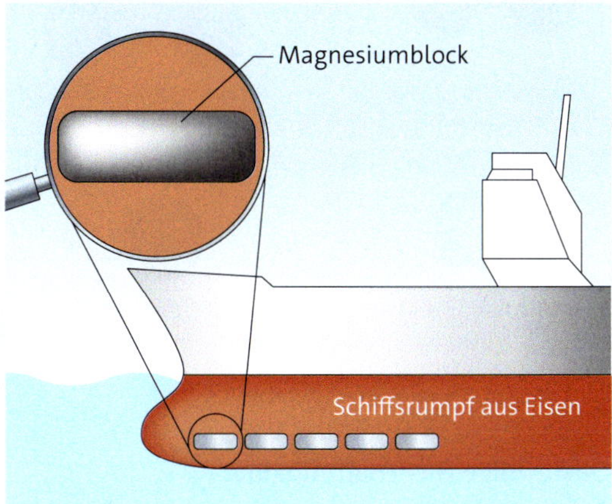

3 Magnesiumblöcke am Schiffsrumpf im Modell

4 Ein alter und ein neuer Magnesiumblock

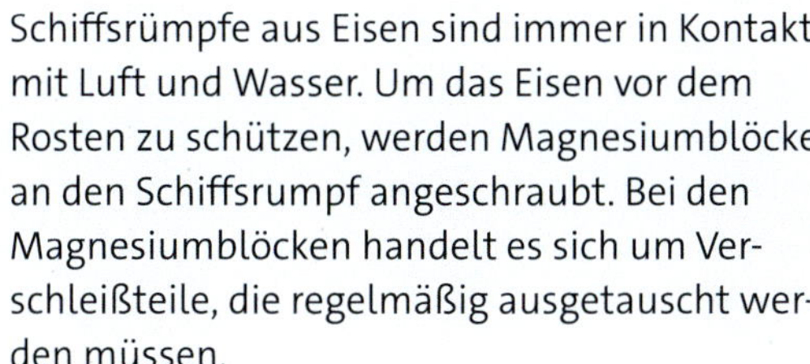

Schiffsrümpfe aus Eisen sind immer in Kontakt mit Luft und Wasser. Um das Eisen vor dem Rosten zu schützen, werden Magnesiumblöcke an den Schiffsrumpf angeschraubt. Bei den Magnesiumblöcken handelt es sich um Verschleißteile, die regelmäßig ausgetauscht werden müssen.

a Beschreibe in deinen Worten, was du durch den Text und die Bilder 3 und 4 erfahren hast.

b Stelle eine Vermutung auf, wie Magnesium Schiffsrümpfe aus Eisen schützen kann.

c Führe zur Überprüfung deiner Vermutung das Experiment 1 durch. Formuliere deine Beobachtung nach 1 bis 2 Tagen.

d Erkläre, wie das Magnesium das Eisen vor dem Rosten schützt.

e Begründe, warum die Magnesiumblöcke auch als Opfer-Magnesium bezeichnet werden.

f Nenne zwei weitere Metalle, die man als „Opfer" für Eisen verwenden könnte.

g Schreibe eine Wartungsanleitung für Opfer-Magnesium. Dabei kannst du folgende Wörter verwenden: Opfer-Magnesium, Verschleißteil, Austausch, oxidiert, Korrosionsschutz.

PRAXIS Magnesium als Opfermetall

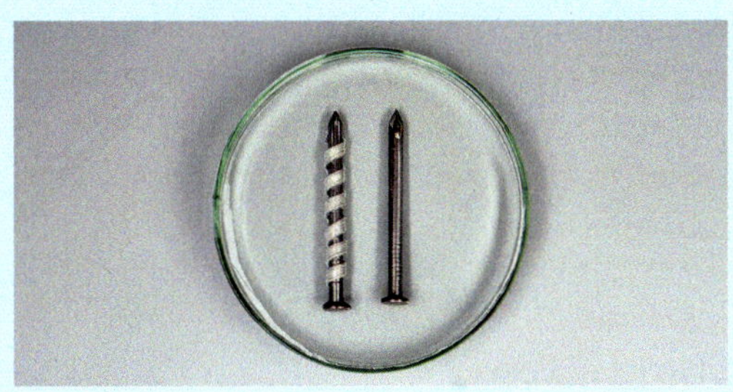

Material:
Petrischale, 2 Eisennägel, blankes Magnesiumband, Wasser

Durchführung:
- Umwickle einen der beiden Eisennägel fest mit einem 10 cm langen Stück Magnesiumband.
- Lege beide Nägel in eine Petrischale.
- Gib so viel Wasser dazu, dass die Nägel bedeckt sind.
- Lass das Experiment 1 bis 2 Tage stehen.

edel — unedel

Gold, Platin, Silber, Kupfer, Eisen, Zink, Aluminium, Magnesium

5 Das Reaktionsbestreben der Metalle mit Sauerstoff

rerugo

Nichtmetalle reagieren mit Sauerstoff

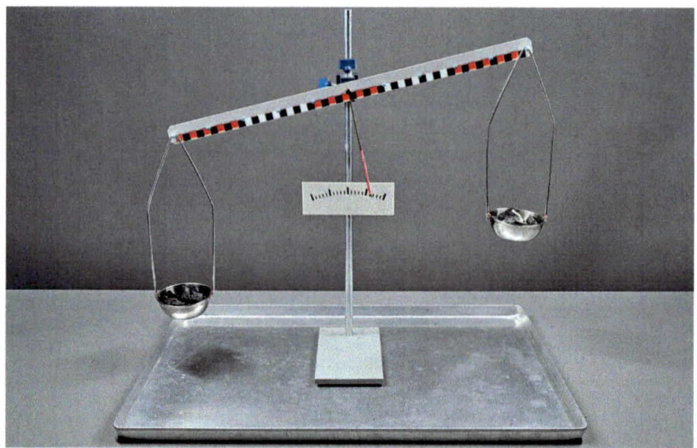

1 Die Kohle in der rechten Waagschale brennt.

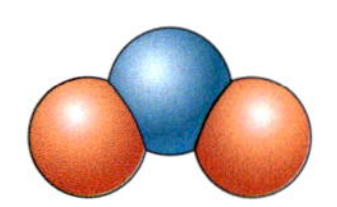

Stickstoffdioxid-Molekül
NO_2

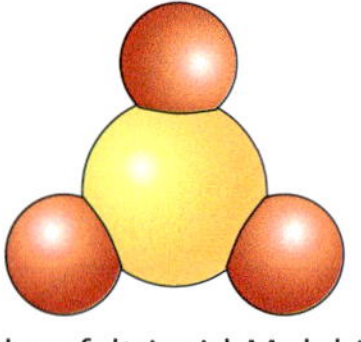

Schwefeltrioxid-Molekül
SO_3

Kohlenstoffdioxid-Molekül
CO_2

Kohlenstoffmonooxid-Molekül
CO

3 Moleküle verschiedener Nichtmetalloxide

Ebru experimentiert im Chemieunterricht. Sie legt zwei gleich schwere Holzkohlenstücke auf eine Balkenwaage. Das linke Stück entzündet sie. Nach einer Weile beobachtet sie, dass beim Verbrennen der Holzkohle die Masse abnimmt (Bild 1).

Warum nimmt die Masse ab?

Ebru hat gelernt, dass bei der Reaktion von Eisen mit Sauerstoff zu Eisenoxid die Masse zunimmt, weil zur Masse des Eisens die Masse des Sauerstoffs hinzukommt. Sie fragt sich: Wieso nimmt die Masse bei der Verbrennung von Holzkohle ab?

Kohlenstoffdioxid

Holzkohle enthält das **Nichtmetall** Kohlenstoff. Bei der Verbrennung reagiert der Kohlenstoff mit dem Sauerstoff der Luft. Dabei entsteht Kohlenstoffdioxid. Ein Kohlenstoffatom verbindet sich mit zwei Sauerstoffatomen zu einem Kohlenstoffdioxid-Molekül. Kohlenstoffdioxid ist ein Gas. Weil dieses Gas entweicht, nimmt die Masse ab. Viele Brennstoffe enthalten Kohlenstoff. Deshalb entsteht bei Verbrennungen oft Kohlenstoffdioxid.

Kohlenstoff + Sauerstoff → Kohlenstoffdioxid

Gasförmige Nichtmetalloxide

Bei der Verbrennung von Kohlenstoff entsteht nicht nur Kohlenstoffdioxid. Es entstehen auch kleinere Mengen an Kohlenstoffmonooxid. Dieses Gas ist giftig und kann beim Einatmen tödlich wirken. Wenn Brennstoffe auch andere Nichtmetalle wie Schwefel oder Stickstoff enthalten, entstehen bei der Verbrennung weitere gasförmige **Nichtmetalloxide** wie Stickstoffdioxid oder Schwefeltrioxid.

Bei Nichtmetalloxiden verwendet man griechische Zahlwörter, um im Namen anzuzeigen, wie viele Sauerstoffatome das Molekül enthält. Das *tri* in Schwefeltrioxid zeigt an, dass das Schwefelatom mit drei Sauerstoffatomen verbunden ist.

Zahl	1	2	3	4	5	6
Zahlwort	mono	di	tri	tetra	penta	hexa

Nichtmetalle wie Kohlenstoff reagieren mit Sauerstoff zu Nichtmetalloxiden.
Nichtmetall + Sauerstoff → Nichtmetalloxid

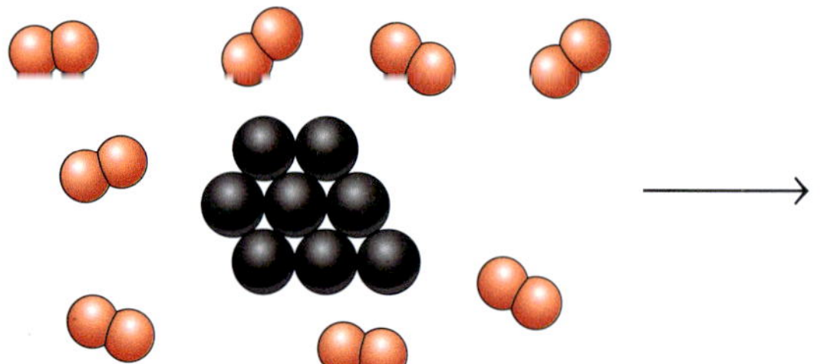

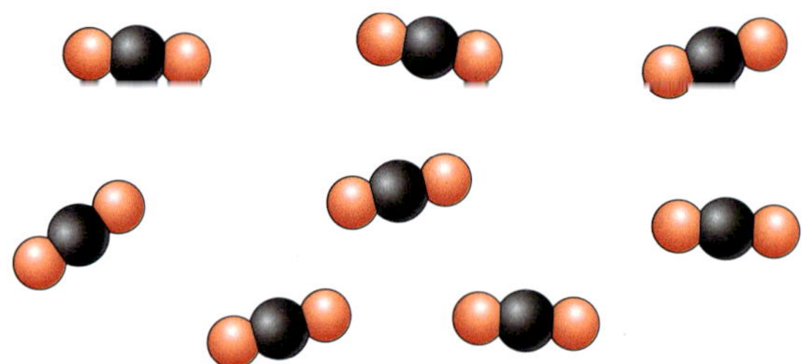

2 Reaktion von Sauerstoff und Kohlenstoff

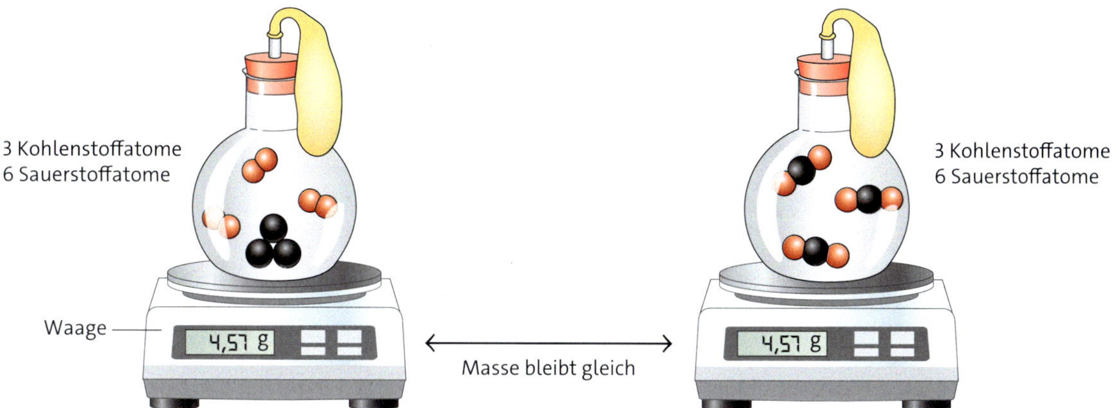

4 Modell von der Reaktion von Kohlenstoff und Sauerstoff im geschlossenen Raum

Das Gesetz von der Erhaltung der Masse
In einen Rundkolben werden Kohlenstückchen und Sauerstoff eingefüllt. Der Rundkolben wird anschließend mit einem Luftballon gasdicht verschlossen. Dann wird die Kohle verbrannt, indem der Rundkolben erhitzt wird.
Weil der Rundkolben gasdicht verschlossen ist, kann man sagen, dass die chemische Reaktion in einem geschlossenen Raum stattfindet. Kein Stoff kann entweichen und von außen kann kein Stoff eindringen.
Vor und nach dem Verbrennen wird der Rundkolben mit dem Luftballon gewogen. Wenn man die Masse des Rundkolbens vor und nach der Verbrennung vergleicht, wird deutlich: Die Masse ändert sich nicht. Sie bleibt erhalten.

Auf der Teilchenebene können wir diese Beobachtung erklären: Die Atome wurden bei der chemischen Reaktion nur umgeordnet (Bild 4). Es kommt kein Atom hinzu und kein Atom wird entfernt. Deswegen verändert sich die Masse nicht. Dies ist ein naturwissenschaftliches Gesetz. Es wird als das **Gesetz von der Erhaltung der Masse** bezeichnet.

Das Gesetz von der Erhaltung der Masse besagt, dass bei einer chemischen Reaktion die Ausgangsstoffe die gleiche Masse wie die Reaktionsprodukte haben.

AUFGABEN

1 Oxide
Nenne 4 Oxide. Unterscheide nach Metall- und Nichtmetalloxid.

2 Die Verbrennung von Holz
Bei der Verbrennung von Holz entsteht Asche. Sie ist viel leichter als das Holz.
a Erkläre, warum bei der Verbrennung von Holz die Masse abnimmt.
b Erläutere, warum das Gesetz von der Erhaltung der Masse dennoch gilt.

3 Die Raumluft
Erläutere, wie sich die Zusammensetzung der Luft ändert, wenn sich Personen in einem geschlossenen Raum befinden.

4 Brennstoffe und Abgase
Bei der Verbrennung von 1 kg Kohle entstehen ungefähr 2 kg Abgase.
a Erläutere, warum die Masse der Abgase größer ist als die Masse des Brennstoffs.
b Stelle die Umordnung der Teilchen in einer Skizze dar.

5 Namen und Formeln von Molekülen

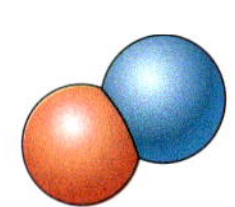
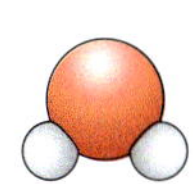
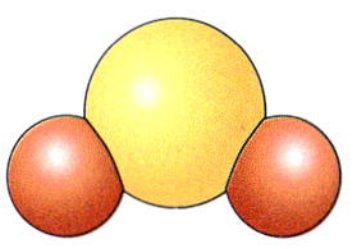

Nenne die Summenformeln und Namen der Moleküle.

PRAXIS Metalloxide

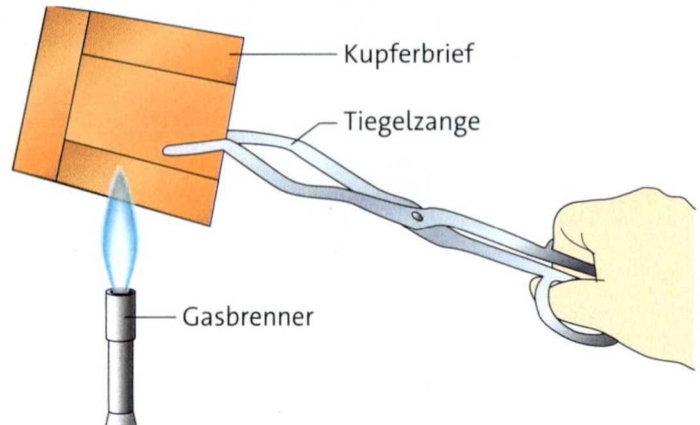

1 Ein Kupferbrief wird erhitzt.

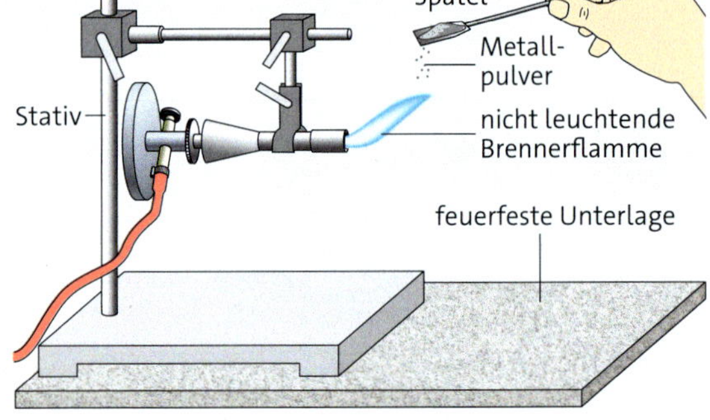

2 Das Experiment zum Funkenregen

A Der Kupferbrief

Material:
Gasbrenner, Tiegelzange, Hammer, feuerfeste Unterlage, Kupferblech, Feuerzeug

Durchführung:
- Falte ein Stück Kupferblech. Knicke es in der Mitte um.
- Biege die Ränder um und klopfe sie mit dem Hammer fest. Jetzt sieht das Kupferblech aus wie ein Brief.
- Glühe den „Kupferbrief" etwa 1 Minute in der nichtleuchtenden Brennerflamme.
- Falte den „Kupferbrief" nach dem Abkühlen wieder auseinander.

Auswertung:
1 Notiere deine Beobachtungen.
2 Erkläre, weshalb das Kupferblech innen und außen unterschiedlich aussieht.

B Funkenregen

Material:
Gasbrenner, Stativmaterial zum Einspannen des Brenners, Spatel, feuerfeste Unterlage, Feuerzeug, Kupferpulver, Eisenpulver, Aluminiumpulver

Durchführung:
- Spanne den Gasbrenner waagerecht ein.
- Nimm eine kleine Menge Metallpulver auf den Spatel. Lass es von oben auf die nicht leuchtende Brennerflamme rieseln.

Auswertung:
1 Notiere deine Beobachtungen.
2 Ordne die Metalle nach ihrer Reaktionsheftigkeit.
3 Stelle eine Vermutung auf, was man beim Einstreuen von Goldpulver beobachten könnte. Begründe deine Vermutung.

C Magische Kerze

Material:
Tiegelzange, Spatel, feuerfeste Unterlage, Kerzendocht (etwa 6 cm lang), Teelicht, Feuerzeug, Magnesiumpulver

Durchführung:
- Tauche einen Docht in das flüssige Wachs eines Teelichts.
- Streue mit dem Spatel etwas Magnesiumpulver auf den noch warmen Docht.
- Tauche den Docht erneut in das Wachs.
- Halte den abgekühlten Docht mit einer Tiegelzange und entzünde ihn.
- Blase die Flamme aus, sobald sie anfängt, Funken zu sprühen.

Auswertung:
1 Bewerte folgende Erklärungen:
   - Es handelt sich um Zauberei.
   - Nach dem Ausblasen entzündet sich das Magnesium.
   - Die Magnesiumfunken entzünden die Wachsdämpfe erneut.

seyedo

PRAXIS Kohlenstoffdioxid

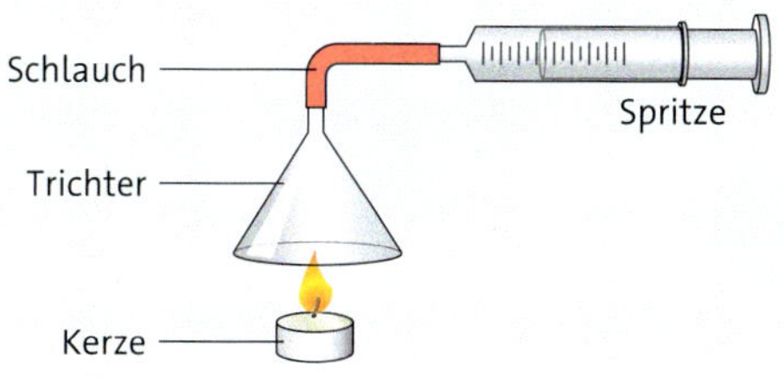

1 Aufbau von Experiment A

A Ein Abgas aus der Kerzenflamme

Material:
Glastrichter, Spritze (60 ml), 15 cm langes Schlauchstück, Reagenzglas, Reagenzglasgestell, Kerze, Calciumhydroxid-Lösung, Feuerzeug

Durchführung:
- Verbinde den Glastrichter und die Spritze mit dem Schlauchstück.
- Fülle in das Reagenzglas etwa 1 cm hoch Calciumhydroxid-Lösung.
- Halte den Trichter ungefähr 5 cm über die Kerzenflamme und sauge das Abgas in die Spritze.
- Entferne den Trichter und leite das aufgefangene Gas in die Calciumhydroxid-Lösung.

Auswertung:
1 Notiere deine Beobachtung.
2 Gib den Namen und die Molekülformel des nachgewiesenen Gases an.

B Die Wasserlöslichkeit von Luftbestandteilen

Material:
Spritze (60 ml), Verschlusskappe für Spritze, Becherglas (100 ml), Wasser, Kohlenstoffdioxid, Sauerstoff

Durchführung:
- Fülle in eine Spritze 25 ml Kohlenstoffdioxid.
- Sauge 25 ml Wasser in die Spritze.
- Verschließe die Spritze mit der Verschlusskappe.
- Schüttle die Spritze kräftig, bis sich das Gasvolumen nicht mehr verändert.
- Lies an der Skala das Gasvolumen ab.
- Führe das Experiment erneut durch. Verwende diesmal Sauerstoff.

Auswertung:
1 Notiere deine Beobachtungen.
2 Vergleiche die Wasserlöslichkeit von Kohlenstoffdioxid und Sauerstoff.
3 Berechne, wie viel ml Kohlenstoffdioxid sich in einem Liter Wasser lösen.
4 Im Steckbrief von Kohlenstoffdioxid findet man für die Löslichkeit den Wert von $1700 \frac{mg}{l}$. Vergleiche den berechneten Wert mit dem Wert aus dem Steckbrief.
5 Erkläre, woran es liegen könnte, dass dein gemessener Wert vom Wert aus dem Steckbrief abweicht.

C Explosive Verbrennung

Eine heftige Verbrennung nennt man auch explosive Verbrennung oder Explosion.

Material:
kleine Pappdose mit Deckel, Tropfpipette, Gummistopfen, Stativmaterial, Porzellanschale, Benzin (100/140), Holzspan, Feuerzeug

Durchführung:
- Bohre 5 cm über dem Boden der Dose ein Loch mit einem Durchmesser von etwa 1 cm.
- Gib etwa 6 Tropfen Benzin in eine Porzellanschale und entzünde es mit einem brennenden Holzspan.
- Gib etwa 6 Tropfen Benzin und einen kleinen Gummistopfen in die Dose. Verschließe die Dose mit dem Deckel, halte das Loch mit einem Finger zu und schüttle.
- Spanne die Dose schräg am Stativ ein und entzünde das Benzin, indem du einen brennenden Holzspan an das Loch hältst.

Auswertung:
1 Nenne den Reaktionspartner des Benzins.
2 Vergleiche die beiden Verbrennungen.
3 Erkläre, warum sich die beiden Verbrennungen in der Reaktionsheftigkeit unterscheiden.
4 Erläutere an diesem Experiment, was man unter einer explosiven Verbrennung versteht.

rebiza 

EXTRA Aufstellen von Formeln mithilfe der Wertigkeit

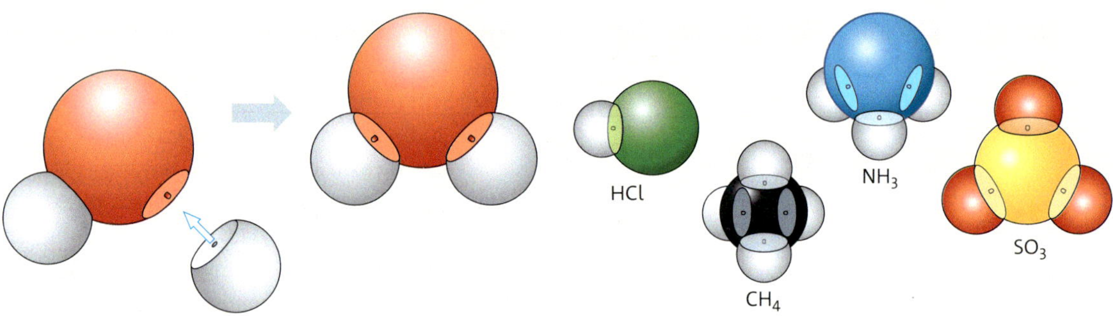

1 Welche Bindemöglichkeiten gibt es?

3 Verschiedene Bindemöglichkeiten

Die Wertigkeit

Wasser hat die Molekülformel H_2O. Die Formel sagt uns, dass das Wasser-Molekül aus zwei Wasserstoffatomen und einem Sauerstoffatom besteht. Warum verbinden sich aber zwei Wasserstoffatome mit einem Sauerstoffatom?
Ein Wasserstoffatom hat nur eine Bindemöglichkeit. Man sagt, es ist einwertig. Ein Sauerstoffatom hat zwei Bindemöglichkeiten, es ist zweiwertig. Da alle Bindemöglichkeiten genutzt werden müssen, braucht man für ein Sauerstoffatom zwei Wasserstoffatome. In einem Wasser-Molekül sind daher zwei Wasserstoffatome mit einem Sauerstoffatom verbunden.

Atome mit mehreren Wertigkeiten

Im Kohlenstoffdioxid-Molekül mit der Formel CO_2 ist das Kohlenstoffatom vierwertig, es hat vier Bindemöglichkeiten. Für diese braucht es zwei Sauerstoffatome mit jeweils zwei Bindemöglichkeiten. Wenn nicht genügend Sauerstoffatome zur Verfügung stehen, kann sich das Kohlenstoffatom auch mit einem Sauerstoffatom „begnügen". Es hat dann nur zwei Bindemöglichkeiten und ist damit zweiwertig wie im Kohlenstoffmonooxid-Molekül mit der Formel CO. Auch Stickstoff hat zwei verschiedene Wertigkeiten. Wertigkeiten werden mit römischen Zahlen angegeben.

Element	Symbol	Wertigkeit
Wasserstoff	H	I
Sauerstoff	O	II
Chlor	Cl	I
Schwefel	S	II, IV oder VI
Kohlenstoff	C	IV oder II
Stickstoff	N	III oder V

2 Beispiele für Wertigkeiten

Bestimmen der Wertigkeit

Die chemische Verbindung Chlorwasserstoff hat die Molekülformel HCl. Da sich das einwertige Wasserstoffatom mit einem Chloratom verbindet, muss das Chloratom ebenfalls einwertig sein. Im Ammoniak-Molekül mit der Formel NH_3 ist ein Stickstoffatom mit drei Wasserstoffatomen verbunden. Daraus können wir folgern, dass das Stickstoffatom drei Bindemöglichkeiten haben muss, also dreiwertig ist. Man kann also allgemein sagen: Die Wertigkeit gibt an, wie viele Wasserstoffatome ein anderes Atom binden kann.

Aufstellen einer Formel

Das Kohlenstoffatom ist vierwertig. Um alle vier Bindemöglichkeiten zu nutzen, werden vier einwertige Wasserstoffatome benötigt. Die Molekülformel ist CH_4. Wenn sich ein sechswertiges Schwefelatom mit zweiwertigen Sauerstoffatomen verbindet, werden für die sechs Bindemöglichkeiten des Schwefelatoms drei Sauerstoffatome mit jeweils zwei Bindemöglichkeiten gebraucht. Die Molekülformel ist SO_3.

AUFGABEN

1 Das Wasser-Molekül
Erkläre, was die Formel H_2O aussagt.

2 Schwefelverbindungen
a Nenne den Namen des SO_3-Moleküls.
b Bestimme die Wertigkeit des Schwefelatoms im SO_3-Molekül.
c Gib an, welche Wertigkeit das Schwefelatom in einem CS_2-Molekül hat.
d Zeichne ein Modell des CS_2-Moleküls
e Benenne das CS_2-Molekül.

ratoka

METHODE Ein Reaktionsschema aufstellen

Matti will das Reaktionsschema für die Reaktion von Kohlenstoff und Sauerstoff zu Kohlenstoffmonooxid aufschreiben. Folgende Schritte helfen ihm:

1 Das Reaktionsschema in Worten aufstellen
Schreibe die Namen der Edukte links vom Reaktionspfeil. Rechts vom Reaktionspfeil schreibst du die Namen der Produkte. Wenn es mehrere Edukte oder Produkte gibt, dann schreibe zwischen die Namen Pluszeichen.

Matti will sagen: Kohlenstoff und Sauerstoff reagieren zu Kohlenstoffmonooxid. Er weiß, dass Kohlenstoff und Sauerstoff die Edukte sind. Er schreibt diese beiden Namen auf. Zwischen Kohlenstoff und Sauerstoff schreibt Matti ein Pluszeichen. Hinter Sauerstoff notiert Matti dann den Reaktionspfeil. Kohlenstoffmonooxid ist das Produkt. In Mattis Heft steht jetzt: Kohlenstoff + Sauerstoff ⟶ Kohlenstoffmonooxid

2 Das Reaktionsschema in Symbolschreibweise aufstellen
An einer chemischen Reaktion sind viele Atome und Moleküle beteiligt (Bild 1 oben). Stellvertretend für sie gibt man nur die kleinstmöglichen Einheiten an (Bild 1 unten). Schreibe für die an der chemischen Reaktion beteiligten Atome und Moleküle die zugehörigen Symbole und Formeln auf.

Matti notiert das Symbol C für ein Kohlenstoffatom. Die Formel für ein Sauerstoff-Molekül ist O_2. Ein Molekül des Kohlenstoffmonooxids hat die Formel CO.
In Mattis Heft steht nun: $C + O_2 \longrightarrow CO$

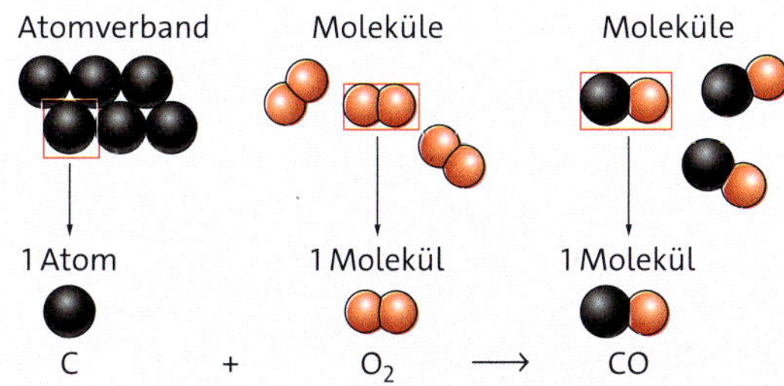

1 Die Reaktion von Kohlenstoff und Sauerstoff zu Kohlenstoffmonooxid

Die Zahl vor einer Formel gibt die Anzahl der Atome oder Moleküle an. Eine 1 wird nicht aufgeschrieben.
2 C bedeutet: zwei Kohlenstoffatome.
Die kleine, tiefergestellte Indexzahl hinter einem Symbol gibt an, wie viele Atome einer Art in einem Molekül vorkommen. Auch hier wird eine 1 nicht notiert.
O_2 bedeutet: 1 Sauerstoff-Molekül aus 2 Sauerstoffatomen.

2 Die Bedeutung der Zahlen

3 Das Reaktionsschema prüfen
Bei einer chemischen Reaktion werden die beteiligten Atome nur umgeordnet. Es kommen keine Atome hinzu und keine Atome verschwinden. Prüfe, ob die Anzahl der Atome bei den Edukten genauso groß ist wie die Anzahl der Atome auf der Seite der Produkte.

Mattis Reaktionsschema in Symbolschreibweise wird dem Gesetz von der Erhaltung der Masse nicht gerecht, weil so ein Sauerstoffatom bei der Reaktion verloren ginge. Denn links vom Reaktionspfeil gibt es zwei Sauerstoffatome, auf der rechten Seite aber nur eins.

4 Das Reaktionsschema ausgleichen
Wenn die Anzahl der Atome links und rechts vom Reaktionspfeil nicht übereinstimmt, gleiche das Reaktionsschema durch Multiplizieren der Symbole und Formeln aus. Ändere an den Formeln und Symbolen selbst nichts.

Matti verdoppelt die Anzahl der Kohlenstoffmonooxid-Moleküle. Nun gibt es auf beiden Seiten zwei Sauerstoffatome. Rechts stehen jetzt zwei Kohlenstoffatome und links nur eins. Daher verdoppelt Matti die Anzahl der Kohlenstoffatome auf der linken Seite. Die Anzahl der Atome auf beiden Seiten des Reaktionspfeils ist nun gleich.

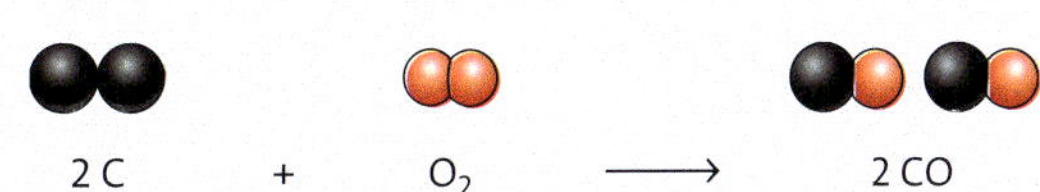

3 Das ausgeglichene Reaktionsschema

Die Luftverschmutzung

1 Für diese Zone braucht man eine grüne Umweltplakette.

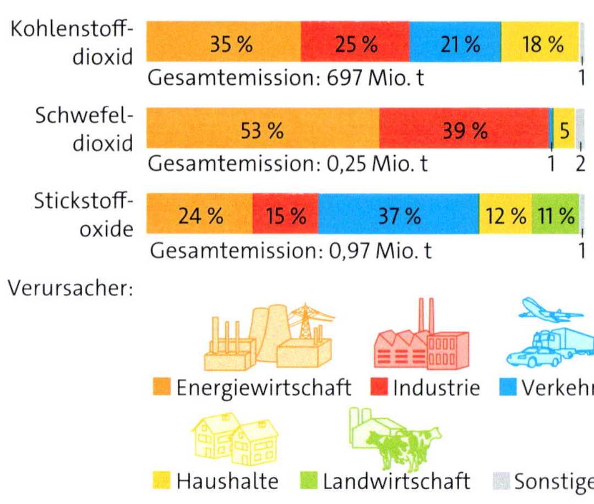

2 Verursacher von Emissionen in Deutschland (2021)

In die Umweltzone einer Stadt dürfen nur Fahrzeuge einfahren, die wenig Schadstoffe ausstoßen. Ob ein Fahrzeug berechtigt ist, in die Umweltzone zu fahren, kann man an der Umweltplakette an der Windschutzscheibe erkennen.

Schädliche Abgase

Bei der Verbrennung fossiler Energieträger wie Kohle, Erdgas, Heizöl, Benzin oder Diesel, aber auch bei der Verbrennung von Holz entstehen Kohlenstoffdioxid und Wasser. Zusätzlich werden weitere Abgase frei. Weil viele dieser Abgase für unsere Umwelt schädlich sind, spricht man von **Schadstoffen**. Schadstoffe und andere vom Menschen erzeugte Störungen der Umwelt werden **Emissionen** genannt. Emissionen werden oft in Massen wie Kilogramm oder Tonnen pro Jahr angegeben. Emissionen haben Auswirkungen auf die Umwelt. Wenn wir diese Umweltbelastungen und deren Wirkungen beispielsweise auf uns Menschen beschreiben, dann sprechen wir über **Immissionen**. Oft werden Immissionen in Konzentrationen angegeben. Beispielsweise die Menge an Schadstoffen in einem Kubikmeter Luft.

Kohlenstoffdioxid und Kohlenstoffmonooxid

Die größte Menge Kohlenstoffdioxid wird durch die Verbrennung von Heizöl, Erdgas oder Kohle in Kraftwerken erzeugt. Bild 2 zeigt, dass auch Industrie, Verkehr und Haushalte viel Kohlenstoffdioxid ausstoßen. Wenn Brennstoffe unter Sauerstoffmangel verbrennen, entsteht Kohlenstoffmonooxid. Dieses Gas ist giftig. Bereits kleine Mengen können beim Einatmen tödlich wirken.

Schwefeldioxid

Viele Brennstoffe wie Heizöl, Kohle oder Holz enthalten Schwefelverbindungen. Bei der Verbrennung entsteht aus dem Schwefel das giftige Gas Schwefeldioxid. Es hat einen stechenden Geruch und reizt die Schleimhäute und Atemwege.

Stickstoffoxide

Bei der Verbrennung von Benzin oder Diesel im Automotor reagieren die Luftbestandteile Stickstoff und Sauerstoff zu Stickstoffmonooxid und Stickstoffdioxid. Der Straßenverkehr trägt also besonders zur Luftbelastung durch Stickstoffoxide bei. Häufig werden Stickstoffmonooxid mit der Formel NO und Stickstoffdioxid, also NO_2, unter der allgemeinen Formel NO_x zusammengefasst. Man spricht dann von Stickstoffoxiden.
Auch die Landwirtschaft trägt zur Luftverschmutzung durch Stickstoffoxide bei. Aus stickstoffhaltigen Düngern entstehen im Boden Stickstoffoxide, die als Gase in die Luft entweichen. Stickstoffoxide schädigen die Atmungsorgane und Pflanzen.

3 Von Autos verursachte Emissionen

Der Feinstaub

Feine Schwebstoffe in der Luft nennt man **Feinstaub**. Er entsteht zum Beispiel bei Verbrennungen und durch den Abrieb von Reifen oder Bremsbelägen. Feinstaub verunreinigt unsere Atemluft. Wenn die Feinstaubpartikel einen Durchmesser von weniger als 0,01 mm haben, können sie von den Schleimhäuten der Nase und des Rachens nicht herausgefiltert werden. Sie gelangen so in die Lunge und können die Lungenbläschen schädigen. Das kann zu Asthma, Lungenkrebs und Herz-Kreislauf-Erkrankungen führen.

Die Reinhaltung der Luft

Es gibt Möglichkeiten, die Verschmutzung der Luft zu verringern: Moderne Heizungen produzieren weniger schädliche Abgase als alte Anlagen. In Kraftwerken werden die Abgase mit Filtern gereinigt. Abgaskatalysatoren wandeln bis zu 90 Prozent der giftigen Autoabgase in weniger schädliche Gase um. Rußfilter entfernen Ruß aus Abgasen. Der beste Weg zu reiner Luft ist aber, wenn Abgase gar nicht erst entstehen. Das gelingt, wenn wir Energie sparen und so weniger Verbrennungsgase und Feinstaub erzeugen. Dies gilt zu Hause, im Verkehr und in der Industrie. Die Politik legt für bestimmte Schadstoffe **Immissionsgrenzwerte** fest. Dies geschieht, um die Gesundheit der Bevölkerung und die Umwelt zu schützen. Der Grenzwert für Stickstoffdioxid ist beispielsweise $40\frac{\mu g}{m^3}$. Das Zeichen µ wird „Mü" ausgesprochen. Ein µg, man sagt auch ein Mikrogramm, ist ein millionstel Gramm. Das heißt, im Jahresdurchschnitt darf ein Kubikmeter Luft höchstens 40 Mikrogramm Stickstoffdioxid enthalten. Wenn die Grenzwerte überschritten werden, müssen Gegenmaßnahmen ergriffen werden. Ein Beispiel dafür sind Umweltzonen in Städten.

Kraftwerke, Industrie, Haushalte, Verkehr und Landwirtschaft sind hauptsächlich für die Luftverschmutzung verantwortlich. Die Abgabe giftiger, gesundheitsschädlicher oder umweltschädlicher Stoffe wird Emission genannt. Jede Emission hat eine Immission in die Umwelt zur Folge. Grenzwerte schützen die Menschen und die Umwelt vor Immissionen.

AUFGABEN

1 Verursacher der Luftverschmutzung

a Nenne die fünf Hauptverursacher der Luftverschmutzung.

b Beschreibe, was mit den Fachwörtern Emission und Immission gemeint ist.

2 Autoabgase

Nenne die Namen der Autoabgase, die in der Abgaswolke in Bild 3 vorkommen.

3 Der Grenzwert für Stickstoffdioxid

Bild 4 zeigt die Entwicklung der Stickstoffdioxidwerte im Jahresmittel auf dem Land, in der Stadt und an verkehrsreichen Straßen. Der Grenzwert für Stickstoffdioxid liegt bei $40\frac{\mu g}{m^3}$.

a Bestimme, in welchem Jahr der Grenzwert an verkehrsreichen Straßen unterschritten wurde.

b Erkläre, warum die Stickstoffdioxid-Konzentration in der Stadt höher ist als auf dem Land.

c Erläutere, warum die Stickstoffdioxid-Konzentration auch an verkehrsreichen Straßen von 2010 bis 2020 fällt.

d Die EU strebt einen Grenzwert von $10\frac{\mu g}{m^3}$ an. Mache Vorschläge, durch welche Maßnahmen der Grenzwert erreicht werden kann.

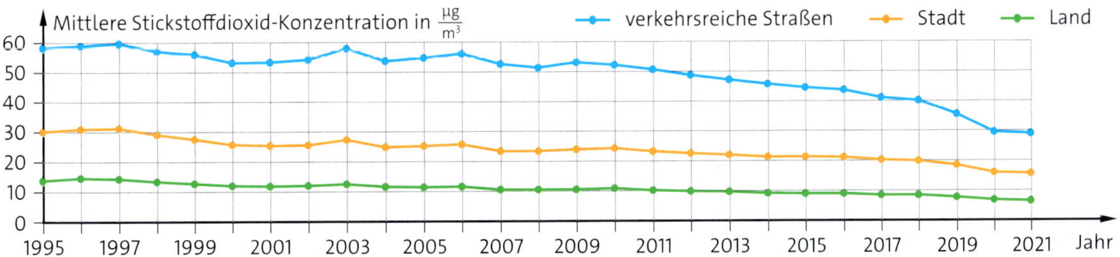

4 Die Entwicklung der Stickstoffdioxidwerte im Jahresmittel

Der Treibhauseffekt

1 Im Gewächshaus ist es auch ohne Heizung wärmer als draußen.

Durch die Scheiben des Gewächshauses können Sonnenstrahlen nach innen gelangen. Die Sonnenstrahlen erwärmen die Erde und die Pflanzen im Gewächshaus. Ein Teil der aufgenommenen Wärme wird wieder abgestrahlt. Diese Wärme bleibt jedoch im Gewächshaus, denn sie wird von den Glasscheiben reflektiert. So steigt die Temperatur im Gewächshaus.

Die Erdatmosphäre als natürliches Treibhaus

Unsere Erde kann man mit einem Gewächshaus vergleichen. Die Lufthülle der Erde, auch Atmosphäre genannt, wirkt wie die Scheiben eines Gewächshauses. Sie lässt Sonnenstrahlen durch. Diese Sonnenstrahlen werden an der Erdoberfläche in Wärmestrahlen umgewandelt und wieder in Richtung Weltall abgestrahlt. Die Gase in der Atmosphäre nehmen die Wärmestrahlung auf. Ein Teil der Strahlung wird ins Weltall abgegeben, der andere Teil der Wärmestrahlung verbleibt in der Atmosphäre. So wird die Erde weiter erwärmt. Die Sonne hat auf die Erde die gleiche Wirkung wie auf ein Gewächshaus. Ein anderes Wort für Wirkung ist Effekt. Ein anderes Wort für Gewächshaus ist Treibhaus. Daher spricht man vom **Treibhauseffekt**.

Ohne Treibhauseffekt wäre es kalt

Der Treibhauseffekt sorgt dafür, dass wir auf der Erde eine Durchschnittstemperatur von etwa 15 °C haben. Ohne den Treibhauseffekt läge die Durchschnittstemperatur bei –18 °C und die Erde wäre vereist. Menschliches Leben wäre nicht möglich. Weil es diesen Treibhauseffekt auch ohne uns Menschen gäbe, sprechen wir vom natürlichen Treibhauseffekt.

Der Mensch verstärkt den Treibhauseffekt

Durch uns Menschen gelangen immer mehr Gase in die Atmosphäre. Mehr Gase in der Atmosphäre nehmen auch mehr Wärmestrahlung auf. Die Erde wird stärker erwärmt.
Gase, die wie Kohlenstoffdioxid den Treibhauseffekt verstärken, werden Treibhausgase genannt. Weitere Treibhausgase sind Methan, Lachgas und Ozon.
Die Hauptursache für die Zunahme der Treibhausgase war die Industrialisierung. Zuvor wurden überall auf der Welt Produkte und Lebensmittel mit der Hand hergestellt. Für den Transport wurden beispielsweise Pferde eingesetzt.

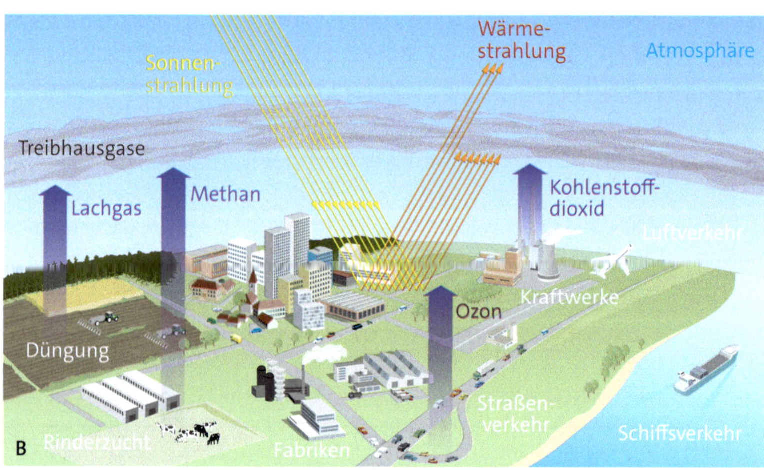

2 Der natürliche Treibhauseffekt (A) und vom Menschen verstärkter Treibhauseffekt (B)

3 Wenn Wiederkäuer verdauen, entsteht Methan.

4 Zerstörung durch Hochwasser im Ahrtal im Jahr 2021

Vor etwa 200 Jahren begannen die Menschen dann immer mehr Fabriken zu bauen. Dort wurden Produkte mithilfe von Maschinen hergestellt. Für den Antrieb der Maschinen wurden fossile Energieträger wie Kohle, Erdgas und Erdöl verbrannt. Verbrennungsmotoren in Automobilen veränderten die Fortbewegung und den Transport. Bei der Verbrennung von fossilen Energieträgern entstehen große Mengen an Abgasen, vor allem Kohlenstoffdioxid. Große Mengen an Methan entstehen, wenn Rinder ihre Nahrung verdauen (Bild 3). Lachgas wird durch Düngung produziert. Ozon stammt vor allem aus Autoabgasen.

Die Folgen des verstärkten Treibhauseffekts

Die Verstärkung des Treibhauseffekts kann schwerwiegende Folgen haben: Die Durchschnittstemperaturen auf der Erde werden erhöht. Dadurch schmelzen die Gletscher an Nordpol und Südpol und der Meeresspiegel steigt an. Küstengebiete werden durch Überschwemmungen bedroht. An einigen Orten der Erde gibt es häufiger Hitzewellen im Sommer. Dadurch kommt es zu einem Wassermangel. Wüstengebiete dehnen sich aus. Es gibt mehr Stürme und extreme Regenfälle (Bild 4).

Der natürliche Treibhauseffekt ermöglicht menschliches Leben auf der Erde.
Wir Menschen erhöhen den Anteil an Treibhausgasen in der Atmosphäre. Dadurch wird der Treibhauseffekt verstärkt und das Leben auf der Erde gefährdet.

AUFGABEN

1 Der Treibhauseffekt und Treibhausgase

a Beschreibe den natürlichen Treibhauseffekt.

b Nenne vier vom Menschen verursachte Treibhausgase und gib an, woher sie kommen.

c Nenne die zwei Gase, die am meisten zum Treibhauseffekt beitragen.

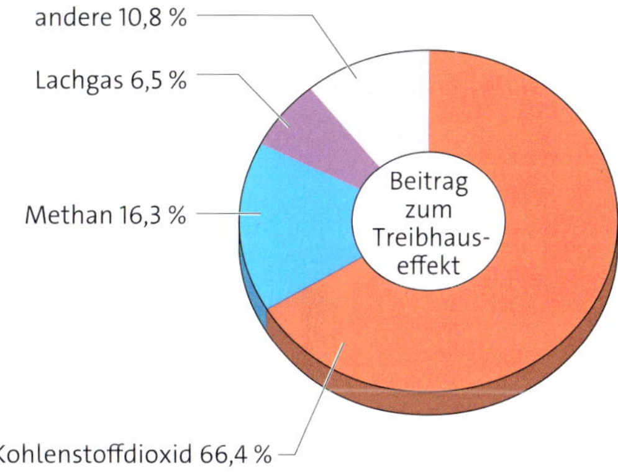

d Erläutere mit Bild 2, wie sich der Treibhauseffekt verändert, wenn sich zusätzliche Treibhausgase in der Atmosphäre anlagern.

e Nenne drei mögliche Folgen eines verstärkten Treibhauseffekts und beschreibe mögliche Auswirkungen für die Menschen. Eine Beschreibung könnte so anfangen: *Hitzewellen können Wassermangel verursachen. Dies kann dazu führen, dass nicht alle Menschen …*

2 „Esst weniger Fleisch!“

Das ist ein Appell von Umweltschützern. Erkläre, was der Fleischverzehr mit dem Treibhauseffekt zu tun hat.

wexiri

METHODE Im Internet recherchieren 

1 Helene und Jay recherchieren im Internet.

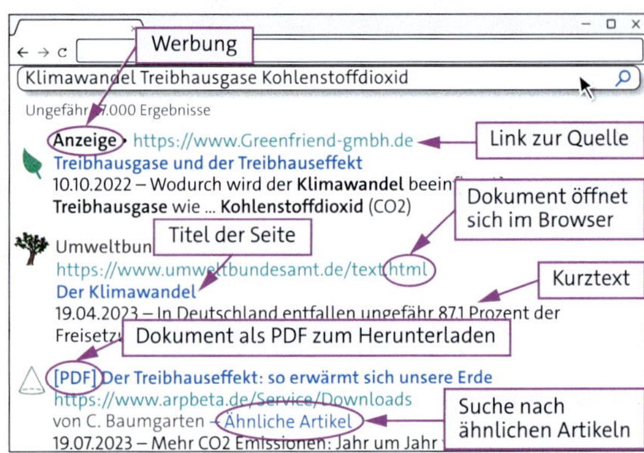

2 Trefferliste für die Suchwörter von Jay und Helene

Wenn du im Internet nach Informationen suchst, dann sagt man auch: Du recherchierst. Dabei helfen dir die folgenden Schritte:

1 Die Frage formulieren
Formuliere eine Frage, auf die du eine Antwort suchst. Oder notiere das Thema, zu dem du Informationen finden willst.

Helene und Jay fragen sich: Welche Rolle spielen Treibhausgase beim Klimawandel? Sie wollen über folgenden Punkte Informationen sammeln:
- *Welche Treibhausgase gibt es?*
- *Wie wirken diese Treibhausgase?*
- *Welchen Beitrag können sie beide selbst leisten, um die Erderwärmung einzudämmen?*

2 Die Suchwörter festlegen und suchen
Eine Internetrecherche nach einem einzelnen Wort ergibt oft sehr viele Treffer. Überlege dir deshalb zu deiner Frage oder zu deinem Thema passende Suchwörter. Das sind einzelne Wörter aus deiner Frage oder deinem Thema. Gib die Suchwörter in das Suchfeld einer Suchmaschine ein.

Helene und Jay geben die Wörter „Klimawandel“ und „Treibhausgase“ in das Suchfeld der Suchmaschine ein.

Tipp: Suchwörter können mit Operatoren wie „und“, „oder“, „nicht“ verbunden werden. Nutze das Hilfeprogramm der Suchmaschine.

3 Die Suchergebnisse ansehen
Die Ergebnisse der Suche werden als Liste von Internetseiten angezeigt. Manche Suchmaschinen zeigen ganz oben in der Liste Werbeeinträge an. Diese Einträge kannst du an dem Wort „Anzeige“ oder „Werbung“ erkennen. Beachte sie nicht. Schau dir mindestens zehn Treffer aus deiner Trefferliste an. Lies den Kurztext. Daran kannst du abschätzen, welche Informationen du auf der Internetseite findest. Wenn du zu viele Treffer angezeigt bekommst, dann füge Suchwörter hinzu. So bekommst du oft ein genaueres Ergebnis.

Die Suche von Helene und Jay ergab viele Treffer. Sie ergänzen als Suchwort noch das Wort „Kohlenstoffdioxid“, damit ihre Suche noch genauer wird. Dann scrollen sie durch ihre Trefferliste in Bild 2. Ganz oben in der Liste ist ein Eintrag mit dem Wort „Anzeige“ gekennzeichnet. Diesen beachten die beiden nicht. Darunter stehen Internetseiten unter anderem vom Umweltbundesamt, von Fernsehsendern und von verschiedenen Foren. Sie wählen fünf Internetseiten aus, die sie sich genauer ansehen wollen.

EXTRA Diskussionsforen
Im Internet gibt es neben Informationsseiten auch Diskussionsforen. In einem Diskussionsforum tauschen sich die Teilnehmenden über ein bestimmtes Thema aus. Du kannst eine Diskussion verfolgen oder selbst teilnehmen, indem du eine Frage stellst oder einen Diskussionsbeitrag lieferst.

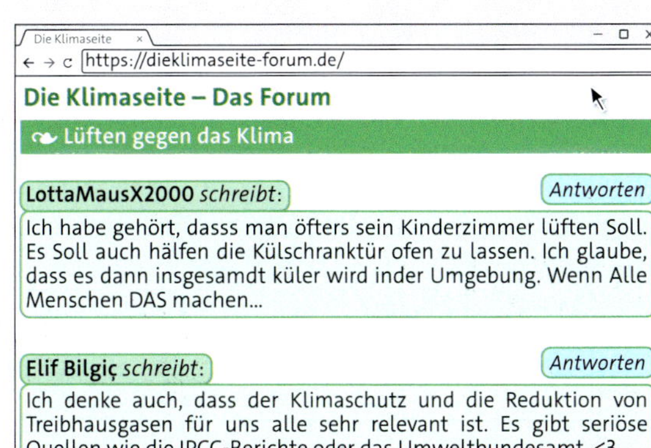

3 Ein Forum, das Helene und Jay gefunden haben

- Die Webseite oder das Video stammt aus einer vertrauenswürdigen Quelle, zum Beispiel einer Universität oder Behörde.
- Die Inhalte sind verständlich formuliert.
- Das Datum der Veröffentlichung liegt noch nicht lange zurück.
- Die Informationen auf der Seite stimmen mit Informationen auf anderen verlässlich wirkenden Seiten überein.

5 Einige Kennzeichen von verlässlichen Internetseiten

4 Die Internetseiten bewerten und speichern
Im Internet können alle Menschen Texte, Bilder oder Videos veröffentlichen. Es wird nicht geprüft, ob die Informationen korrekt sind. In Bild 5 findest du Kennzeichen, an denen du verlässliche Informationen auf Internetseiten erkennen kannst. Sei kritisch, denn jeder Betreiber einer Internetseite stellt seine Sichtweise dar. Behörden, Universitäten und öffentliche Einrichtungen wollen meist sachlich und objektiv informieren. In sozialen Medien werden oft Meinungen ausgetauscht. Wenn du eine zuverlässige und passende Internetseite gefunden hast, dann speichere sie als Lesezeichen in deinem Browser.

Die Texte auf den Seiten, die Helene und Jay sich ansehen, sind manchmal schwer zu verstehen. Helene und Jay finden auf einer Seite des Umweltbundesamts Informationen zu verschiedenen Treibhausgasen, die sie verstehen. Da die Informationen auf der Seite einer Umweltbehörde stehen, halten sie die Informationen für verlässlich.

4 Eine Internetseite, die Jay und Helene gefunden haben

5 Die Informationen notieren und ordnen
Notiere die wichtigsten Informationen der Internetseiten, die du ausgewählt hast. Übernimm nur Informationen, die du verstehst. Überlege, wie du die Informationen ordnen kannst. Notiere die Quellen, denen du etwas entnommen hast.

Helene und Jay notieren die wichtigsten Informationen in Stichpunkten. Sie ordnen die Treibhausgase nach ihrem Anteil an der Gesamtmenge an Treibhausgasen in der Atmosphäre. Als Quelle notieren sie die Internetseite, auf der sie die Informationen gefunden haben.

AUFGABEN

1 Recherchieren im Internet
☒ Beschreibe, wie du geeignete Suchwörter für eine Internetrecherche festlegst.

2 Internetseiten bewerten
a ☒ Erstelle anhand von Bild 5 eine Liste mit Kriterien, an denen du nicht vertrauenswürdige Internetseiten erkennst.
b ☒ Begründe mithilfe deiner Kriterien aus Aufgabe 2a, welche der Internetseiten in Bild 3 und 4 Jay und Helene nicht nutzen sollten.

3 Verschiedene Lernmethoden
a ☒ Recherchiere im Internet zur Frage von Jay und Helene.
b ☒ Erstelle eine Liste mit Vorschlägen, wie du im Alltag den Ausstoß von Treibhausgasen verringern kannst.

EXTRA Kohlenstoffdioxid und Temperaturanstieg

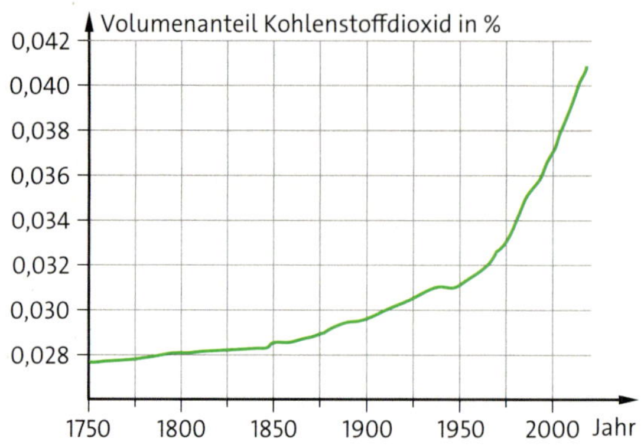

1 Die Entwicklung des Kohlenstoffdioxidgehalts der Luft

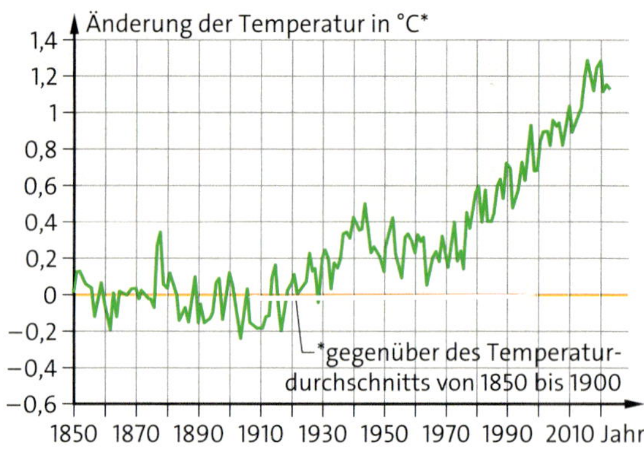

2 Die Entwicklung der Durchschnittstemperatur

Die Menge an Kohlenstoffdioxid steigt

Die Menge an Treibhausgasen in der Atmosphäre kann man messen. Bild 1 zeigt den Volumenanteil von Kohlenstoffdioxid an der Luft seit dem Ende des 19. Jahrhunderts bis heute. Man spricht auch vom Kohlenstoffdioxidgehalt in der Atmosphäre.

Die Temperatur auf der Erde steigt

Vor etwa 100 Jahren erkannten Expertinnen und Experten, dass die Temperaturen auf der Erde ständig steigen. Als Ursache für den Anstieg der Temperaturen konnten die Forschenden den Anstieg von Kohlenstoffdioxid und weiteren Treibhausgasen in der Atmosphäre benennen. Bild 2 zeigt, dass seit etwa 1880 die Durchschnittstemperatur auf der Erde um rund 1,1 °C gestiegen ist. Bild 1 zeigt, dass der Kohlenstoffdioxidgehalt in diesem Zeitraum ebenfalls stark gestiegen ist.

Kohlenstoffdioxid und Temperaturanstieg

Aber was genau hat Kohlenstoffdioxid mit der Temperaturerhöhung auf der Erde zu tun? Bereits vor etwa 200 Jahren wurde wissenschaftlich nachgewiesen, dass die Treibhausgase Kohlenstoffdioxid, Methan, Lachgas und Ozon Wärmestrahlung absorbieren können. Mit dem Experiment in Bild 3 kann man den Zusammenhang zeigen: In der rechten Flasche befindet sich Kohlenstoffdioxid. In der linken Flasche befindet sich normale Luft. Wenn man beide Flaschen mit einer Wärmelampe beleuchtet, steigt die Temperatur in beiden Flaschen an, aber in der Flasche mit Kohlenstoffdioxid steigt die Temperatur stärker an.

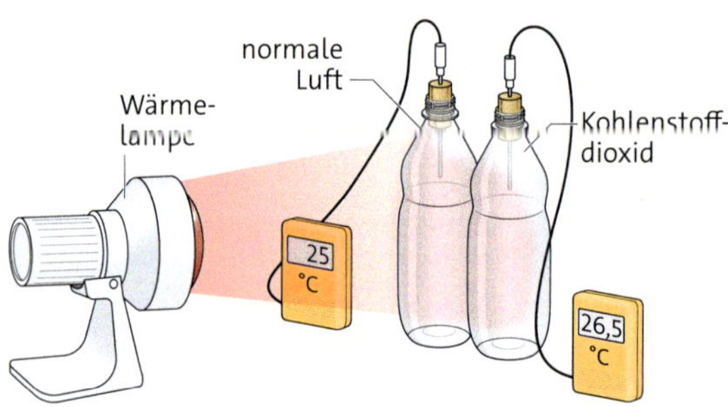

3 Temperaturerhöhung durch Kohlenstoffdioxid im Modell

AUFGABEN

1 Kohlenstoffdioxid in der Atmosphäre

a ☒ Beschreibe Bild 1.

b ☒ Bestimme den Kohlenstoffdioxidgehalt im Jahr 1850 und im Jahr 2020 in Bild 1.

c ☒ Seit 1880 steigt der Kohlenstoffdioxidgehalt in der Atmosphäre dauernd an. Beschreibe den Zusammenhang zwischen dem Anstieg des Kohlenstoffdioxidgehalts und den steigenden Durchschnittstemperaturen (Bild 2).

2 Temperaturerhöhung durch CO_2

a ☒ Absorption ist ein wichtiges Fachwort in Zusammenhang mit dem Temperaturanstieg in der Atmosphäre. Absorbieren kommt vom lateinischen Wort *absorbere* und bedeutet: aufnehmen. Erläutere am Beispiel der Atmosphäre, was Absorption ist.

b ☒ Beschreibe den Aufbau und den Ablauf des Experiments in Bild 3 in eigenen Worten.

c ☒ Erläutere die Rolle des Kohlenstoffdioxids bei der Verstärkung des Treibhauseffekts. Verwende die Fachwörter Wärmestrahlung und Absorption.

quqano

EXTRA Der Klimawandel

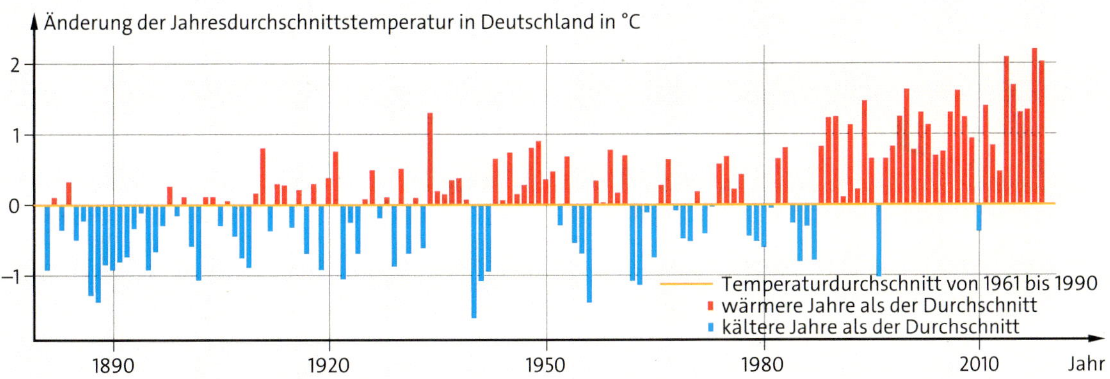

1 Es wird immer wärmer.

Der Unterschied zwischen Wetter und Klima
Das Zusammenspiel von Temperatur, Luftdruck und Luftfeuchtigkeit in der Atmosphäre zeigt sich im Wetter. Das Wetter kannst du über deine Sinnesorgane erfahren: Du siehst die Sonne, spürst den Wind und den Regen. Du fühlst, ob es warm oder kalt ist. Seit 1881 werden in Deutschland an jedem Tag das Wetter und die Temperaturen dokumentiert.
Klima hingegen umfasst die Wettererscheinungen und die Entwicklungen in einem längeren Zeitraum. Klimaforschende betrachten Zeiträume von mindestens 30 Jahren. Mithilfe von Wetteraufzeichnungen können sie ermitteln, wie sich das Klima in den letzten 140 Jahren verändert hat. Sie können auch Modelle für die Zukunft des Klimas entwickeln.

Die Veränderung des Klimas
Wenn sich das Klima dauerhaft verändert, spricht man von einem **Klimawandel**. Zwar wird es immer wieder kühle Sommer und kalte, schneereiche Winter geben. Bild 1 zeigt aber, dass die Zahl der heißen Phasen zugenommen hat. Dies führt zu einer steigenden Erwärmung der Atmosphäre. Seit Beginn der Industrialisierung ist die Durchschnittstemperatur um etwa 1,1 °C gestiegen.

Der Ausweg aus der Klimakatastrophe
Im Jahr 2015 verpflichteten sich 195 Staaten auf der Weltklimakonferenz in Paris, die Erderwärmung auf 1,5 °C gegenüber der Zeit vor der Industrialisierung zu begrenzen. Mithilfe dieses Ziels hofft man, die schlimmsten Folgen der Erderwärmung abzumildern. Der Weltklimarat fordert, die Treibhausgas-Emissionen bis 2030 um die Hälfte zu reduzieren. 2050 soll Klimaneutralität erreicht werden. Die Menge an klimaschädlichen Gasen darf dann nicht mehr steigen.

AUFGABEN

1 Wetter und Klima

a Schreibe auf, was die Fachwörter Klima und Wetter bedeuten. Beginne beispielsweise so: Mit dem Wetter beschreibt man, wie ...

b Erkläre den Unterschied zwischen Wetter und Klima.

c An einem sehr warmen Tag im April sagt Jona zu Ayse: „Wir spüren die Klimaerwärmung.“ Ein paar Tage später wird es kälter und es schneit. Ayse meint: „Das Klima erwärmt sich wohl doch nicht, wenn es im April noch schneit.“ Beurteile, ob Jona und Ayse über das Wetter oder das Klima gesprochen haben.

d Beschreibe, was auf der Weltklimakonferenz in Paris im Jahr 2015 beschlossen wurde.

e Klimaneutralität bedeutet, dass das Klima durch menschliche Aktivität nicht beeinflusst wird. Recherchiere, wie dies erreicht werden soll, und erstelle eine kurze Beschreibung dazu.

2 Warme und kalte Jahre

a Vergleiche in Bild 1 die Zahl der roten Balken mit der Zahl der blauen Balken im Zeitraum von 1881 bis 1910 und von 1991 bis 2020.

b Ziehe eine Schlussfolgerung aus dem Vergleich aus Aufgabenteil a.

c Beschreibe, was der Klimawandel ist.

pomeja 

EXTRA Die Folgen des Klimawandels

1 Der Klimawandel erhöht die Waldbrandgefahr, da Niederschläge seltener werden und Hitze und Dürre zunehmen.

2 Helle Eisflächen reflektieren Sonnenstrahlung. Dunkle Wasserflächen absorbieren Sonnenstrahlung.

Höhere Temperaturen

In den verschiedenen Bereichen auf der Erde ist die Durchschnittstemperatur in den letzten 170 Jahren unterschiedlich stark angestiegen. Landflächen erwärmen sich stärker als Meere. Aber auch bei den Landflächen gibt es Unterschiede in der Erwärmung. Am Nordpol stieg die Temperatur zwischen 1971 und 2019 um etwa 3,1 °C.

Extremes Wetter

Die Luftströme der Erde beeinflussen das Wetter. Der Klimawandel hat Auswirkungen auf diese Luftströme, sodass es in den letzten Jahren mehr extreme Wetterereignisse gab. Es gibt mehr Stürme, öfter Starkregen und auch mehr Hitzewellen. Wenn es lange Zeit zu wenig regnet, dann drohen Dürren wie im Sommer 2022 in Europa.

Trockene Böden

Wenn es wärmer ist, dann verdunstet mehr Wasser aus dem Boden. Wenn es gleichzeitig weniger regnet, dann werden die Böden trockener. Bei Trockenheit müssen Nutzpflanzen daher mehr gegossen werden. Dieses Wasser fehlt dann als Trinkwasser.

Weniger Eis

Die hellen Eis- und Schneeflächen der Erde reflektieren viel Sonnenstrahlung ins Weltall. In warmen Sommern schmelzen die großen Eisflächen am Nordpol, am Südpol und in Grönland stark. Die dunklen Wasserflächen werden immer größer und nehmen immer mehr Sonnenstrahlung auf. Dadurch wird die Umgebung noch weiter erwärmt und das Eis schmilzt noch mehr Eis (Bild 2).

In einigen Gebieten der Erde ist der Boden seit vielen Tausend Jahren dauerhaft gefroren. Dieser mehrere Hundert Meter dicke Permafrostboden speichert CO_2 und Methan. Wenn der Permafrostboden auftaut, dann gelangen diese klimaschädlichen Gase in die Atmosphäre.

Mehr und weniger Wasser

Warme Luft nimmt mehr Wasser auf als kalte Luft. Deshalb regnet es weniger, wenn die Durchschnittstemperatur steigt. So trocknen Gewässer aus und weniger Trinkwasser steht zur Verfügung. Wenn das Eis am Südpol und in Grönland schmilzt, dann fließt das Wasser ins Meer. Dadurch steigt der Meeresspiegel und die Strände an den Küsten werden überschwemmt. Wenn Meerwasser ins Grundwasser gelangt, dann kann man es nicht mehr als Trinkwasser nutzen.

AUFGABEN

1 Die Folgen des Klimawandels

a ⊠ Erstelle eine Mindmap zu den Folgen des Klimawandels. Zeige Zusammenhänge auf.

b ⊠ Ergänze bei den Folgen des Klimawandels auch die Folgen für die Menschen in den betroffenen Gebieten. Recherchiere wenn nötig.

c ⊠ Erläutere an den Bildern 1 und 2, dass einige Folgen des Klimawandels diesen selbst verstärken. Beachte zum Beispiel, dass Bäume durch Fotosynthese CO_2 aus der Atmosphäre entnehmen. Bei einem Brand wird CO_2 frei.

d ⊠ Recherchiere, welche Folgen des Klimawandels aktuell in den Medien besprochen werden. MK

yesapu

EXTRA Der CO_2-Fußabdruck

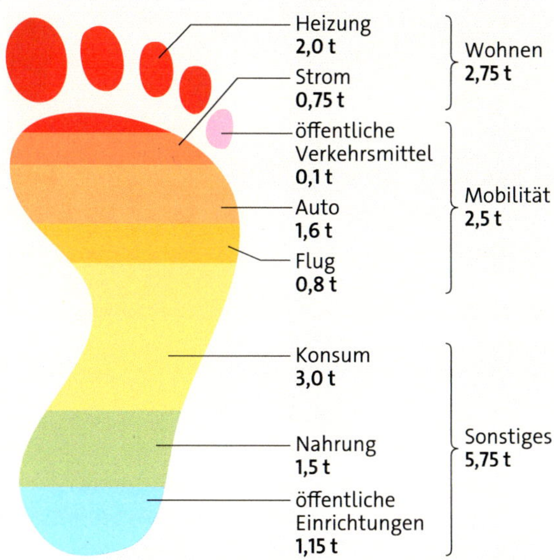

1 So viel CO_2 produziert jeder Mensch in Deutschland im Durchschnitt pro Jahr.

Menschen hinterlassen eine CO_2-Spur
Durch die Produktion von Treibhausgasen, vor allem CO_2, verursachen die Menschen einen Klimawandel auf der Erde, der zu einer Bedrohung für die ganze Menschheit werden kann. Im Schnitt produziert jeder Mensch in Deutschland 11 Tonnen CO_2 im Jahr und hinterlässt damit eine deutliche Spur. Wir nennen das CO_2-Fußabdruck. Unsere Fußabdrücke sind zu groß. Klimaverträglich wären nur 1,5 Tonnen CO_2 pro Mensch im Jahr.

Kohlenstoffdioxid in unserem Essen?
Bei der Haltung von Nutztieren entstehen klimaschädliche Treibhausgase. Der Fußabdruck von Rindfleisch ist besonders groß. Bis 1 kg Rindfleisch auf den Tellern landet, wurden etwa 14 kg Treibhausgase produziert. Genauso viele Treibhausgase werden bei einer 100 km langen Autofahrt frei. Der Verzehr von Fleisch und Milchprodukten belastet daher das Klima. Ein Vergleich der Klimabilanzen von pflanzlichen und tierischen Nahrungsmitteln zeigt, dass ein Veggie-Burger 90 Prozent weniger Treibhausgase verursacht als ein Rinder-Burger. Denn ein Nutztier benötigt Futter, das erst angebaut werden muss. Aus den Düngemitteln, die man zuvor auf die Felder ausgetragen hat, werden große Mengen an Lachgas freigesetzt. Methan entsteht bei der Verdauung von Wiederkäuern wie Rindern oder Schafen.

Gemeinsam können wir etwas tun!
Wer auf Fleisch nicht ganz verzichten will, kann weniger Fleisch essen. Außerdem kann man Fleisch vom Bauern aus der Umgebung beziehen, statt Rindfleisch aus Argentinien zu kaufen, das einen langen Transportweg hinter sich hat.
Wer mit dem Fahrrad zur Schule fährt oder läuft, erzeugt so gut wie kein Kohlenstoffdioxid. Mit dem Auto wärst du vielleicht schneller, aber im CO_2-Vergleich bist du mit dem Fahrrad unschlagbar. Denn dein Fahrrad produziert kein CO_2. Ein Mittelklassewagen, der auf 100 km 7 l Benzin verbraucht, stößt dabei 16,5 kg Kohlenstoffdioxid aus.
Ihr könnt viel erreichen. Tauscht euch aus und überlegt: Gibt es an eurer Schule genügend und sichere Stellplätze für Fahrräder? Könnte euer Schulessen mehr regionale, biologische, vegetarische oder vegane Gerichte enthalten? Sind eure Schreibhefte und Arbeitsblätter aus recyceltem Papier? Es gibt viel, was wir für das Klima tun und was wir sein lassen können, um es zu schützen.

AUFGABEN

1 Der CO_2-Fußabdruck – eine Teamaufgabe

a Lest den Text und seht euch Bild 1 an. Stellt sicher, dass alle im Team wissen, was mit dem CO_2-Fußabdrucks gemeint ist. Tauscht euch darüber aus und helft euch gegenseitig.

b Notiert gemeinsam eine kurze Definition zum CO_2-Fußabdruck. Löst die nun folgenden Aufgaben **c–e** und haltet die Ergebnisse und die Definition aus Teilaufgabe **b** in einem gemeinsamen Dokument fest. Überlegt vorher, wer welche Aufgabe bearbeitet.

c Berechnet den CO_2-Fußabdruck eines Teammitglieds mit einem CO_2-Fußabdruckrechner im Internet. Beschreibt die Berechnung.

d Erläutert an einem Beispiel, dass der CO_2-Fußabdruck abhängig vom Lebensstil ist.

e Recherchiert, was der CO_2-Handabdruck ist, und erstellt eine kurze Beschreibung.

f Erstellt im Team ein kurzes Video oder Audio, in dem ihr beschreibt, was ihr euch persönlich am besten vorstellen könnt oder schon geschafft habt, um weniger CO_2 zu erzeugen.

jukopu

AUFGABEN Luft und Verbrennung

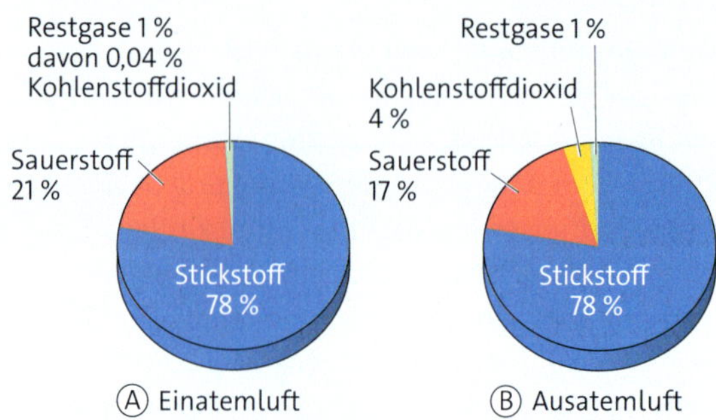

1 Die Bestandteile der Einatemluft (A) und Ausatemluft (B)

3 Das Streichholz wird vorher und nachher gewogen.

1 Die Bestandteile der Luft

Die Luft ist ein Stoffgemisch verschiedener Gase. Im Tortendiagramm 1A sind die Anteile der Luftbestandteile dargestellt. Das Tortendiagramm 1B zeigt die Zusammensetzung der Ausatemluft eines Menschen.

a Nenne die Luftbestandteile und gib ihre Prozentanteile an.

b Beschreibe, wie sich die Ausatemluft von der Einatemluft unterscheidet.

c Erkläre diesen Unterschied.

d In einem von drei Standzylindern befindet sich Luft, im zweiten Sauerstoff und im dritten Kohlenstoffdioxid. Erkläre, wie du herausfinden kannst, wo sich welches Gas befindet.

2 Verbrennen von Metallen

a Im Gegensatz zu einem Eisennagel kann Eisenwolle mit einem Streichholz entzündet werden. Erkläre, warum das so ist.

b Formuliere für die Verbrennung der Eisenwolle ein Reaktionsschema in Worten.

c Nenne das Fachwort für diese Reaktion.

3 Verbrennen von Nichtmetallen

Ein Streichholzkopf enthält das Element Schwefel. Ein Hauptbestandteil von Holz ist Kohlenstoff. Das Streichholz wird verbrannt.

a Das Streichholz wird vor und nach dem Verbrennen gewogen.
Beschreibe, was man beim Wiegen feststellt.

b Erkläre, wie das Ergebnis des Wiegens zustande kommt.

c Nenne die Namen und Formeln von zwei Reaktionsprodukten, die bei der Verbrennung des Streichholzes entstehen.

d Veranschauliche die bei der Verbrennung des Streichholzes ablaufenden Vorgänge mithilfe einer Modelldarstellung.

e Streichhölzer werden in einem Reagenzglas mit übergestülptem Luftballon verbrannt Wie bei a wird vor und nach dem Verbrennen gewogen (Bild 4). Gib an, was im Display der Waage nach der Verbrennung steht.

f Erkläre die Beobachtung von Aufgabe e.

g Formuliere das Gesetz, das man aus der Beobachtung von Aufgabe e ableiten kann.

2 Brennende Eisenwolle

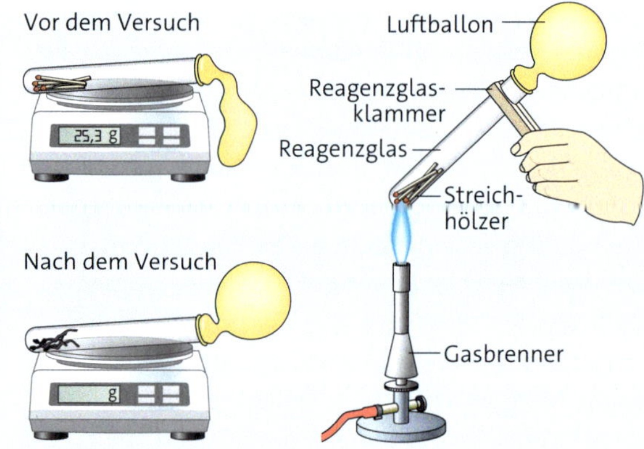

4 Welche Masse ergibt sich nach der Verbrennung?

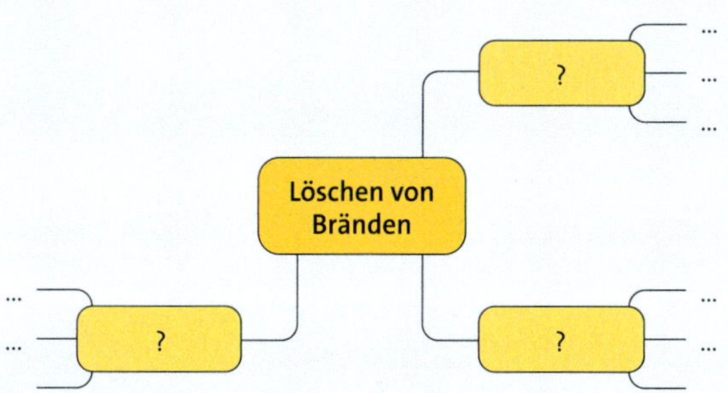

5 Ein Mindmap zum Löschen von Bränden

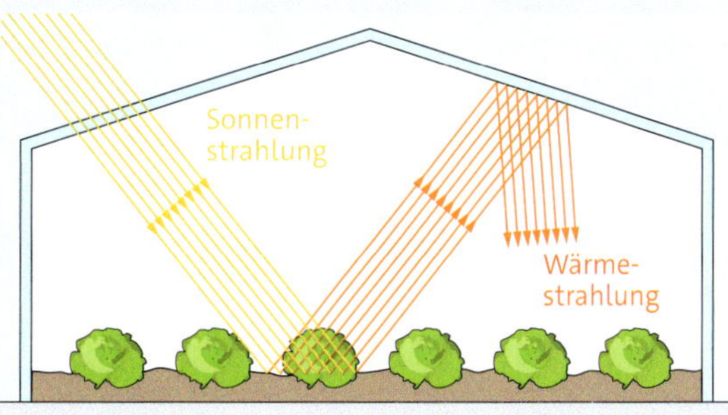

6 Licht und Wärmestrahlung in einem Gewächshaus

4 Löschen von Bränden

a ◪ Übertrage die Mindmap zum Löschen eines Brandes in dein Heft.

b ⊠ Beschrifte die drei Hauptäste mit den Löschmethoden.

c ⊠ Erweitere die Hauptäste durch Nebenäste. Beschrifte die Nebenäste mit Beispielen für die jeweilige Löschmethode.

d ⊠ Am Lagerfeuer fängt die Jacke eines Jungen Feuer. Erläutere, was man tun kann.

5 Im Gewächshaus

Bild 6 zeigt ein Gewächshaus, in dem kälteempfindliche Pflanzen wachsen.

a ◪ Beschreibe, wie ein Gewächshaus funktioniert.

b ◪ Nenne drei Stoffe, die in der Erdatmosphäre die Funktion der Glasscheibe des Gewächshauses übernehmen.

c ⊠ Erkläre, wieso eine Anreicherung von mehr Treibhausgasen in der Atmosphäre zu einer höheren Temperatur auf der Erde führt.

6 Kohlenstoffdioxid-Emissionen

a ◪ Entnimm dem Diagramm in Bild 7 den Pro-Kopf-Ausstoß an Kohlenstoffdioxid in den USA, Deutschland und China im Jahr 2020.

b ⊠ Berechne den Gesamtausstoß der USA, von Deutschland, Europa und China in Millionen Tonnen im Jahr 2020.

c ⊠ Erstelle ein Balkendiagramm für den Gesamtausstoß dieser Länder und Europa im Jahr 2020.

d ⊠ Vergleiche die Entwicklung des Kohlenstoffdioxid-Ausstoßes von Deutschland und China von 1980 bis 2020.

e ⊠ Erläutere, wie die unterschiedlichen Entwicklungen in Deutschland und China zustande kommen.

f ⊠ Erläutere, was geschehen würde, wenn alle Länder einen Pro-Kopf-Ausstoß wie die USA hätten.

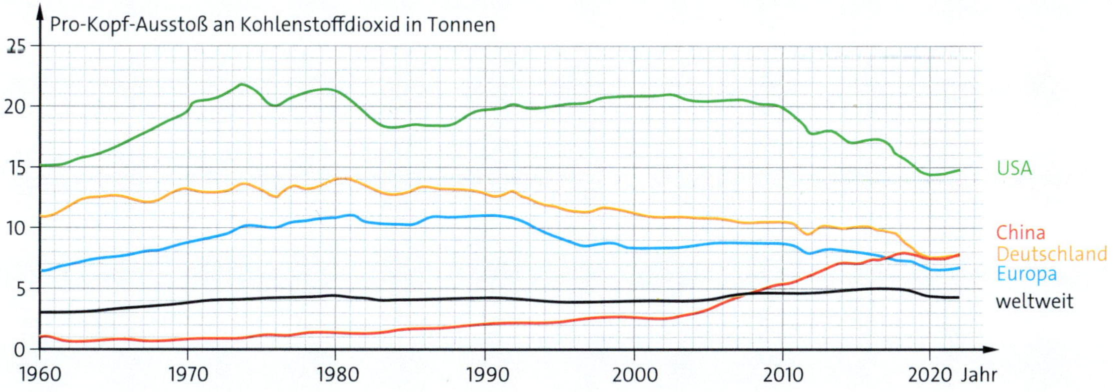

7 Pro-Kopf-Ausstoß an Kohlenstoffdioxid

TESTE DICH!

1 Ein Feuer entzünden ↗ S. 102/103

☒ Aus einer Glut kann durch Blasen ein Feuer entfacht werden. Beschreibe, was durch das Blasen bewirkt wird.

2 Papier brennt verschieden ↗ S. 102/103

☒ Ein dicker Stapel Zeitungspapier wird entzündet. Er glimmt nur am Rand. Ein Haufen Papierschnipsel brennt dagegen in kurzer Zeit sehr stark. Erkläre diese Beobachtung.

3 Feuer löschen ↗ S. 106/107

☒ Die Tabelle zeigt verschiedene Feuer, Löschvorgänge und jeweils die Bedingung, die nicht mehr erfüllt wird. Ergänze die Tabelle.

Feuer	Löschvorgang	Bedingung
brennende Kerze	Auspusten	...
Waldbrand	...	Brennstoff fehlt.
Hausbrand	...	Entzündungstemperatur wird nicht mehr erreicht.
...	...	Sauerstoffzufuhr ist unterbunden.
Lagerfeuer		Brennstoff fehlt.
leichter Fettbrand in Pfanne	Deckel auflegen	...

4 Ein Fettbrand ↗ S. 106/107

☒ Ein Fettbrand soll gelöscht werden. Erkläre, warum man auf keinen Fall Wasser in das brennende Fett gießen darf.

5 Die Bestandteile der Luft ↗ S. 112/113

☐ Nenne die Bestandteile der Luft und gib den Anteil in Prozent an.

6 Die Oxide des Kohlenstoffs ↗ S. 124

☐ Es gibt zwei Oxide des Kohlenstoffs. Benenne sie und gib ihre Formeln an.

7 Die Erhaltung der Masse ↗ S. 124/125

☒ Aus einer Kerze, die 14 g wiegt, entstehen bei der Verbrennung 62 g Abgase. Ist das ein Widerspruch zum Gesetz zur Erhaltung der Masse? Begründe deine Aussage.

8 Rosten und Rostschutz ↗ S. 120

☐ Nenne verschiedene Verfahren, durch die der Autohersteller eine Autokarosserie vor dem Rosten schützen kann.

9 Historische Blitzlichtlampen ↗ S. 118/119

☒ Vor etwa 100 Jahren verwendete man zum Fotografieren Blitzlichtlampen, die Magnesiumwolle oder -folie und Sauerstoff enthielten.

a ☒ Stelle ein Reaktionsschema für die Reaktion in der Blitzlichtlampe auf.

b ☒ Erkläre, wieso die Lampe nur einmal verwendbar war.

10 Die Reaktion von Schwefel und Sauerstoff ↗ S. 124/125

In ein mit Sauerstoff gefülltes Gefäß wird ein Stück brennender Schwefel gehalten. Der Schwefel verbrennt mit blauer Flamme. Wärme wird frei und es entsteht ein farbloses, stechend riechendes Gas.
Das Molekülmodell sieht so aus:

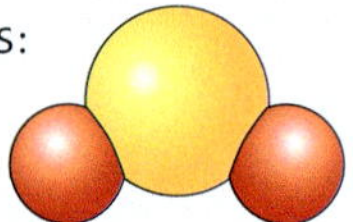

a ☐ Erstelle das Reaktionsschema in Worten.

b ☒ Notiere das Reaktionsschema in Symbolschreibweise.

11 Luftverschmutzung ↗ S. 130/131

a ☐ Nenne drei verschiedene Luftschadstoffe.

b ☒ Nenne zwei Gegenmaßnahmen zur Verringerung der Luftverschmutzung.

c ☒ Erläutere, was mit Emission und Immission gemeint ist.

12 Aussagen zum Treibhauseffekt ↗ S. 132/133

a ☒ *„Wir brauchen den Treibhauseffekt. Sonst wäre es auf der Erde kalt und das Leben, wie wir es heute kennen, nicht möglich."* Erkläre, was mit dieser Aussage gemeint ist.

b ☒ *„Der Treibhauseffekt bedroht das Leben auf der Erde."* Begründe, dass diese Aussage richtig ist. Formuliere diese Aussage und die Aussage aus Aufgabenteil 12a so um, dass deutlicher wird, was gemeint ist.

nisoyu

ZUSAMMENFASSUNG Verbrennung und Luft

Ein Feuer entzünden und Feuer löschen

Das **Verbrennungsdreieck:** Damit ein Feuer entstehen kann,
- braucht man einen **Brennstoff**,
- muss **Sauerstoff** vorhanden sein,
- muss die **Entzündungstemperatur** des Brennstoffs erreicht werden.

Ein Feuer löschen: Mindestens eine der drei Brandbedingungen darf nicht mehr erfüllt sein.

Die Bestandteile der Luft

Luft ist ein Stoffgemisch aus Stickstoff, Sauerstoff, Kohlenstoffdioxid und Edelgasen.

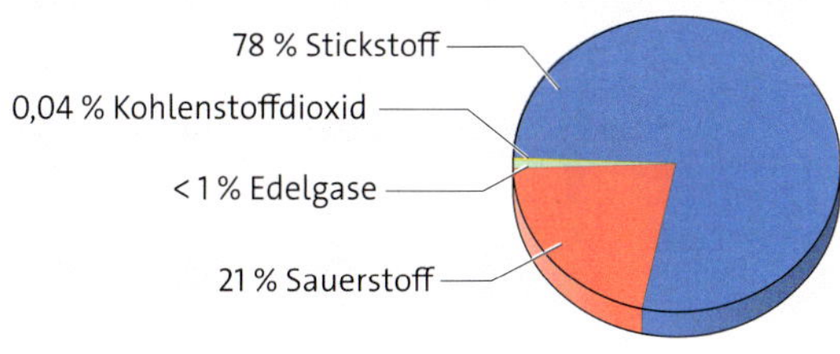

Die Nachweisreaktionen

Sauerstoff kann mit der **Glimmspanprobe** nachgewiesen werden. Kohlenstoffdioxid kann durch die **Kalkwasserprobe** nachgewiesen werden.

Moleküle und Molekülformel

Moleküle sind aus mehreren Atomen aufgebaut.

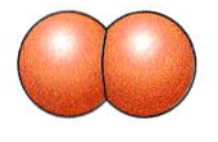

Sauerstoff-Molekül

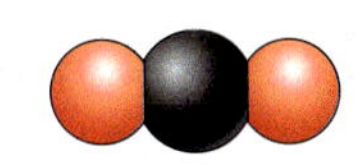

Kohlenstoffdioxid-Molekül

Die **Molekülformel** gibt an, aus welchen und aus wie vielen Atomen ein **Molekül** besteht.
Beispiele: Sauerstoff-Molekül: O_2, Kohlenstoffdioxid-Molekül: CO_2

Die Oxidation

Die Oxidation: eine chemische Reaktion, bei der Sauerstoff aufgenommen wird

Das Metalloxid: Stoff, der bei der Reaktion von Metallen mit Sauerstoff entsteht
Metall + Sauerstoff → Metalloxid

Das Reaktionsbestreben: Je unedler ein Metall ist, desto besser reagiert das Metall mit Sauerstoff.

Das Nichtmetalloxid: Stoff, der bei der Reaktion von Nichtmetallen mit Sauerstoff entsteht
Nichtmetall + Sauerstoff → Nichtmetalloxid

Das Gesetz von der Erhaltung der Masse

Das Gesetz von der Erhaltung der Masse: Die Ausgangsstoffe haben die gleiche Masse wie die Reaktionsprodukte.

Rosten und Rostschutz

Das Rosten: langsame Oxidation des Eisens
Rostschutzmaßnahmen: Einölen oder Einfetten, Farb-, Kunststoff- oder Metallüberzug

Die Luftverschmutzung

Emission: die Abgabe giftiger, gesundheitsschädlicher oder umweltschädlicher Stoffe
Immission: die Wirkungen der Emissionen auf Menschen und Umwelt
Luftschadstoffe: Kohlenstoffdioxid, Kohlenstoffmonooxid, Stickoxide, Schwefeldioxid
Feinstaub:
- feine Schwebstoffe in der Luft
- entsteht bei Verbrennungen oder durch Abrieb von Reifen oder Bremsbelägen

Der Treibhauseffekt

Der natürliche Treibhauseffekt: Gase in der Atmosphäre sorgen dafür, dass nur ein Teil der Wärmestrahlung der Sonne wieder von der Erde in den Weltraum abgegeben wird.
Vom Menschen verstärkter Treibhauseffekt: Menschen erzeugen zusätzlich Treibhausgase, die den natürlichen Effekt verstärken.
Die Treibhausgase: Kohlenstoffdioxid, Methan, Lachgas, Ozon

widevo

Metalle und Metallgewinnung

In diesem Kapitel erfährst du, ...

... was Metalle kennzeichnet und welche Eigenschaften Metalle haben.

... wieso Zeitalter nach Metallen benannt wurden.

... aus welchen Rohstoffen Metalle gewonnen werden und wie dies geschieht.

... wie aus Eisen Stahl hergestellt wird und was Stahl von Eisen unterscheidet.

... aus welchen Metallen ein Smartphone besteht.

... welche Vorteile das Recycling von Metallen hat.

Die Bedeutung der Metalle

A

B

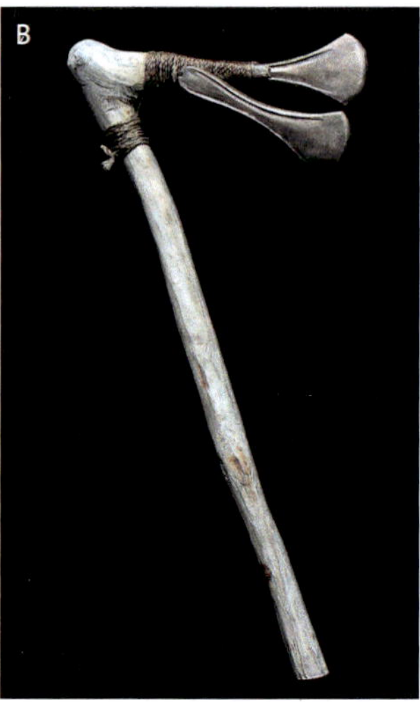

1 Ein Beil mit einer Klinge aus Kupfer (A) und aus Bronze (B)

2 Goldmaske aus dem Grab eines ägyptischen Königs

Metalle sind schon seit langer Zeit wichtig für den Menschen. Unsere Vorfahren fertigten ihre Werkzeuge und Waffen aus Metall. Die zeitlichen Abschnitte der Menschheitsgeschichte werden sogar nach dem jeweiligen Metall benannt, das die Menschen zu der Zeit nutzten.

Von der Steinzeit zur Kupferzeit
Die ersten Menschen fertigten ihre Werkzeuge und Waffen aus Stein. Man spricht von der Steinzeit. Sie begann vor etwa 2,6 Millionen Jahren. Im Jahr 1991 fand man in den Ötztaler Alpen eine etwa 5300 Jahre alte Mumie, die in den Medien den Namen „Ötzi“ bekam. Bei der Mumie fand man ein Beil mit einer Kupferklinge, das so ähnlich aussah wie das Beil in Bild 1A. Der Fund zeigte, dass vor etwa 5300 Jahren bereits einfache Waffen aus Kupfer hergestellt wurden. Das war der Übergang von der Steinzeit zur Kupferzeit.

Bronze verdrängt Kupfer
Zum Ende der Kupferzeit lernten die Menschen, die Metalle Kupfer und Zinn im flüssigen Zustand miteinander zu verschmelzen. Ein solches Gemisch aus verschiedenen Metallen nennt man Legierung. Die Legierung aus Kupfer und Zinn nennt man **Bronze**. Bronze ist härter als Kupfer und daher zur Fertigung von Werkzeugen und Schwertern besser geeignet. Die Klinge der Axt in Bild 1B ist aus Bronze gefertigt. Im Zeitraum von 2200 bis 1200 vor Christus herrschte Bronze als Material vor. Man spricht von der Bronzezeit.

Eisen verdrängt die anderen Metalle
Gegenstände, die aus Bronze gegossen wurden, sind hart und stabil. Sie lassen sich aber im festen Zustand nicht mehr verformen. Um 800 vor Christus fingen die Menschen an, neben Bronze auch das Metall Eisen zu verwenden. Die Eisenzeit begann. Eisen wird beim Erhitzen weich und kann durch geeignetes Werkzeug in die gewünschte Form gebracht werden. Man nennt den Vorgang Schmieden. Da Eisen ein vielseitig einsetzbares Metall ist, verdrängte es nach und nach die anderen Werkstoffe. Als **Werkstoff** bezeichnet man einen Stoff, aus dem Haushaltsgegenstände, Werkzeuge, Waffen und Schmuck hergestellt werden.

Gold, eines der ältesten genutzten Metalle
Gold ist ein Metall, das schon lange von den Menschen genutzt und geschätzt wird. Die ältesten Schmuckgegenstände aus Gold, die man bisher fand, wurden im 5. Jahrtausend vor Christus gefertigt. Forschende fanden Gegenstände aus Gold zum Beispiel in den Gräbern der vergangenen Könige aus Ägypten. Bild 2 zeigt eine goldene Maske, die man im Grab des Königs Tutanchamun fand. Gold ist ein seltenes Metall. Es war den Menschen damals schon bekannt, weil es in der Natur als reines Element vorkommt. Man sagt auch, Gold liegt elementar vor. Die Goldsuchenden fanden das gelb glänzende Metall am sandigen Grund von Flüssen oder in Gesteinen, die in Bergwerken abgebaut wurden.

3 Verwendung von Metallen: Goldringe (A), Stromkabel (B), Kochtopf (C), Eisenstab (D), Magnetknopf an einer Handtasche (E)

Metalle in der heutigen Zeit

Viele Gegenstände unseres täglichen Lebens bestehen hauptsächlich aus Metallen, zum Beispiel Kochtöpfe, Dosen, Werkzeuge, Schrauben, Wasserrohre und Schmuckstücke.
Fahrzeuge, Maschinen, Kabel und Smartphones könnten ohne Metalle nicht hergestellt werden. Die tragenden Gerüste von Brücken und Häusern können aus **Stahl** bestehen. Stahl ist eine Legierung aus Eisen und anderen Elementen.

Eigenschaften der Metalle

Metalle haben eine glänzende Oberfläche und sie sind, mit Ausnahme von Quecksilber, relativ fest. Sie lassen sich gut verformen.
Metalle leiten den elektrischen Strom und sie sind gute Wärmeleiter. Die Metalle Eisen, Cobalt, Nickel und das seltene Neodym sind magnetisch. Aufgrund dieser Eigenschaften sind Metalle vielseitig einsetzbar.

Untergruppen der Metalle

Unedle Metalle wie Eisen verlieren ihren metallischen Glanz, weil sie mit Sauerstoff reagieren und Metalloxide bilden. **Edelmetalle** wie Gold reagieren nicht mit Sauerstoff.
Die verschiedenen Metalle unterscheiden sich in ihrer Dichte. Deshalb haben gleich große Bleche verschiedener Metalle unterschiedliche Massen. Metalle mit geringen Massen wie Lithium bezeichnet man als **Leichtmetalle**. Metalle mit großen Massen wie Blei nennt man **Schwermetalle**.

Metallgewinnung aus Erzen

In der Natur liegen nur die Edelmetalle in elementarer Form vor. Die unedlen Metalle liegen in chemischen Verbindungen vor, zum Beispiel zusammen mit Sauerstoff. Wenn Metalle oder Metallverbindungen mit Gestein vermischt sind, dann bezeichnet man diese Gemische als **Erze**. Metalle können aus ihren Erzen gewonnen werden, zum Beispiel Kupfer aus Kupfererz.

Metalle sind wichtige Werkstoffe.
Sie glänzen, sind verformbar, elektrisch leitfähig und wärmeleitend.
Metalle werden aus ihren Erzen gewonnen.

AUFGABEN

1 Werkstoffe unserer Vorfahren

a Nenne die Bestandteile von Bronze.

b Beschreibe einen Vorteil eines Bronzebeils gegenüber einem Kupferbeil.

c Erläutere, warum sich Eisen in vielen Bereichen als Werkstoff gegenüber den anderen Metallen durchgesetzt hat.

2 Eigenschaften von Metallen

Die Bilder 3 A–E zeigen verschiedene Gegenstände, die teilweise aus Metall hergestellt sind. Gib jeweils die Metalleigenschaft an, die man bei der Herstellung oder Verwendung des Gegenstands nutzt.

cupiko 

Redoxreaktionen

1 Kupfer, ein Produkt des Zufalls?

2 Natürlicher und geschliffener Malachit

Vor etwa 5300 Jahren begannen die Menschen, erste Werkzeuge aus Kupfer herzustellen. Es könnte so passiert sein: Einem jungen Mann fällt sein Glücksbringer ins Lagerfeuer. Es ist ein grüner Schmuckstein aus Malachit. Als er am nächsten Tag in der Asche nach dem Stein sucht, findet er einen glänzenden Metallbrocken.

Das Kupfererz Malachit

Malachit ist ein Erz, das aus Gestein und einer Kupferverbindung besteht (Bild 2). Aus Malachit wird hauptsächlich Schmuck hergestellt.
Die meisten Erze sehen anders aus als das entsprechende Metall, das elementar vorliegt. So ist es auch beim Malachit. Das Kupfererz Malachit ist grün und das Metall Kupfer ist rot. In unserer Geschichte vom Einstieg entstand also aus dem Kupfererz Malachit metallisches Kupfer. Der junge Mann stellte fest, dass das Material, das er neu entdeckt hatte, formbar und zur Herstellung von Werkzeugen und Gefäßen geeignet war.

Vom Kupferoxid zum Kupfer

Heute können wir erklären, was im Lagerfeuer passiert ist. Aus dem Malachit entstand durch die hohe Temperatur zunächst schwarzes Kupferoxid. Damit aus dem Kupferoxid im nächsten Schritt elementares Kupfer entsteht, muss Kupferoxid den Sauerstoff abgeben. Eine Reaktion, bei der ein Oxid Sauerstoff abgibt, bezeichnet man als **Reduktion**:

Reduktion
Kupferoxid → Kupfer
Sauerstoffabgabe

Die Holzkohle im Lagerfeuer besteht aus Kohlenstoff. Der Kohlenstoff hat ein hohes Bestreben, sich mit Sauerstoff zu verbinden. Der Kohlenstoff entzieht dem Kupferoxid den Sauerstoff und verbindet sich mit ihm zu Kohlenstoffdioxid. Eine Reaktion, bei der Sauerstoff aufgenommen wird, bezeichnet man als **Oxidation**:

Oxidation
Kohlenstoff → Kohlenstoffdioxid
Sauerstoffaufnahme

Redoxreaktion

Bei der Reaktion von Kupferoxid mit Kohlenstoff findet eine Sauerstoffübertragung statt. Reduktion und Oxidation laufen gleichzeitig ab. Man spricht daher von einer **Redoxreaktion**:

Kupferoxid + Kohlenstoff → Kupfer + Kohlenstoffdioxid

Reduktion (2 CuO → 2 Cu)

$$2\,CuO + C \rightarrow 2\,Cu + CO_2$$

Oxidation (C → CO_2)

Reduktions- und Oxidationsmittel

Wenn der Kohlenstoff dem Kupferoxid den Sauerstoff entzieht, dann kann man auch sagen: Der Kohlenstoff reduziert das Kupferoxid. Kohlenstoff ist das **Reduktionsmittel.**
Das Kupferoxid gibt den Sauerstoff an den Kohlenstoff ab. Man kann auch sagen: Das Kupferoxid oxidiert den Kohlenstoff. Kupferoxid ist das **Oxidationsmittel.**

edel — unedel

Gold | Platin | Silber | Kupfer | Wasserstoff | Eisen | Kohlenstoff | Zink | Aluminium | Magnesium

3 Das Bestreben, sich mit Sauerstoff zu verbinden, nimmt zu.

Die Reduktion von Kupferoxid mit Eisen

Je unedler ein Metall ist, umso größer ist sein Bestreben, mit Sauerstoff zu reagieren (Bild 3). Deshalb entzieht zum Beispiel das unedlere Eisen dem edleren Kupfer den Sauerstoff. Eisen reduziert somit Kupferoxid zu Kupfer. Es wirkt als Reduktionsmittel. Im Gegenzug ist das Kupferoxid für die Oxidation des Eisens verantwortlich. Es übernimmt die Funktion des Oxidationsmittels.

Eisen + Kupferoxid → Eisenoxid + Kupfer

$$Fe + CuO \rightarrow FeO + Cu$$

Wasserstoff ist ein Reduktionsmittel

Kupferoxid kann auch mit Wasserstoff reduziert werden. Wenn man Wasserstoff über erhitztes Kupferoxid leitet, dann verbindet sich der Wasserstoff mit dem Sauerstoff des Kupferoxids zu Wasser. Das Wasser entweicht als Wasserdampf und zurück bleibt metallisches Kupfer.

Kupferoxid + Wasserstoff → Kupfer + Wasser

$$CuO + H_2 \rightarrow Cu + H_2O$$

Die Reduktion von Kohlenstoffdioxid

Auch Kohlenstoffdioxid kann reduziert werden. Magnesium hat ein noch stärkeres Bindungsbestreben zu Sauerstoff als Kohlenstoff. Wenn man ein brennendes Stück Magnesiumband in einen Standzylinder mit Kohlenstoffdioxid hält, dann reagiert das Magnesium zu weißem Magnesiumoxid.
Außerdem entstehen schwarze Rußflocken. Dabei handelt es sich um Kohlenstoff, der bei der Reduktion von Kohlenstoffdioxid entsteht.

Kohlenstoffdioxid + Magnesium → Kohlenstoff + Magnesiumoxid

$$CO_2 + 2\,Mg \rightarrow C + 2\,MgO$$

**Eine Reduktion ist eine chemische Reaktion, bei der ein Oxid Sauerstoff abgibt.
Bei Redoxreaktionen findet eine Sauerstoffübertragung statt. Reduktion und Oxidation laufen gleichzeitig ab.**

AUFGABEN

1 Die Macht des Stärkeren

a Beschreibe den Comic in Bild 4.

b Verwende den Comic als Modell für die Reduktion von Eisenoxid mit Kohlenstoff. Ordne den Comicdarstellungen A–D die Reaktionspartner zu.

c Stelle für die Reaktion von Aufgabe b ein Reaktionsschema in Worten auf. Kennzeichne darin den Oxidations- und Reduktionsvorgang.

d Erkläre anhand der Reaktion von Aufgabe b, was man unter einem Oxidationsmittel und einem Reduktionsmittel versteht.

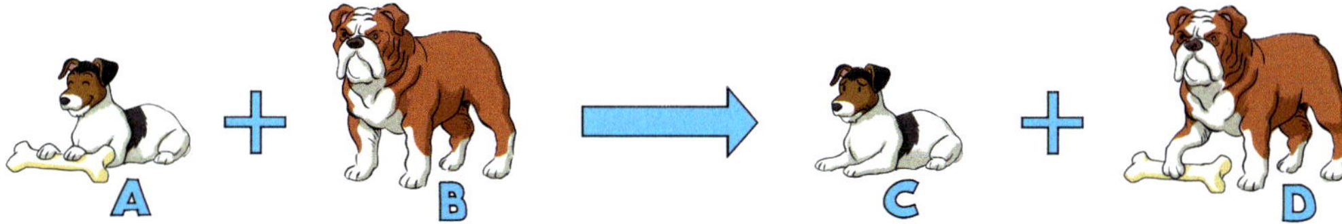

4 Ein Comic als Modell für eine Redoxreaktion

Redoxreaktionen

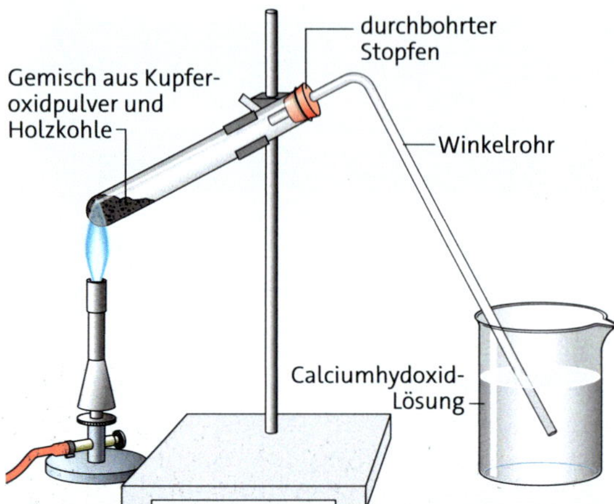

1 Die Reduktion von Kupferoxid mit Holzkohle

A Reduktion von Kupferoxid mit Holzkohle

Material:
Gasbrenner, Stativmaterial, Reagenzglas, Becherglas, Reibschale mit Pistill, durchbohrter Stopfen, Winkelrohr, Porzellanschale, Pinzette, Lupe, Feuerzeug, schwarzes Kupferoxidpulver, Holzkohle, Calciumhydroxid-Lösung

Durchführung:
- Zermahle 0,5 g Holzkohle in der Reibschale.
- Mische die zerriebene Holzkohle mit 3 g schwarzem Kupferoxidpulver.
- Fülle das Gemisch in ein Reagenzglas.
- Stecke den durchbohrten Stopfen mit dem Winkelrohr in das Reagenzglas.
- Befestige das Reagenzglas leicht schräg am Stativ, sodass das Winkelrohr in ein Becherglas mit Calciumhydroxid-Lösung ragt.
- Erhitze das Gemisch, bis es glüht und du im Becherglas eine Veränderung beobachtest.
- Nimm dann das Winkelrohr sofort aus der Calciumhydroxid-Lösung.
- Schütte den Inhalt des Reagenzglases nach dem Abkühlen in eine Porzellanschale.

Auswertung:
1 Betrachte das Reaktionsprodukt in der Porzellanschale mit der Lupe. Beschreibe das Reaktionsprodukt.
2 Beschreibe die Änderung der Calciumhydroxid-Lösung. Nenne das nachgewiesene Gas.

B Oxidation und Reduktion

Material:
Gasbrenner, Tiegelzange, Feuerzeug, Kupferblech, Holzkohlestückchen

Durchführung:
- Biege die Ränder eines Kupferblechs hoch.
- Erhitze das Kupferblech in der Brennerflamme und lass es anschließend abkühlen.
- Lege ein paar kleine Holzkohlestückchen auf das Kupferblech und erhitze erneut.
- Lass das Kupferblech abkühlen, ohne es zu schütteln.

Auswertung:
1 Notiere deine Beobachtungen.
2 Erstelle das Reaktionsschema in Worten für die Reaktion beim Erhitzen des Kupferblechs.
3 Erstelle das Reaktionsschema in Worten und in der Symbolschreibweise für die Reaktion, die beim Erhitzen des Kupferblechs mit der Holzkohle abläuft.

C Eisen ist edler als Zink

Material:
Gasbrenner, Stativ, Reagenzglas, Reibschale mit Pistill, Feuerzeug, Eisenpulver, Zinkpulver, Eisenoxid, Zinkoxid, Kohlenstoff

Durchführung:
- Plane ein Experiment, das belegt, dass Eisen edler ist als Zink.
- Wähle geeignete Chemikalien aus.
- Hole die für deine Planung benötigten Chemikalien bei der Lehrkraft.
- Führe das Experiment durch.

Auswertung:
1 Erstelle ein Protokoll des Experiments.
2 Begründe, warum du dich für diese Chemikalien entschieden hast.
3 Formuliere ein Reaktionsschema in Worten.
4 Stelle eine Vermutung auf, warum du die Reaktion von Kupferoxid mit Magnesium nicht selbst durchführen darfst.

yuvubi

EXTRA Das Thermitverfahren

1 Das Thermitverfahren im Einsatz

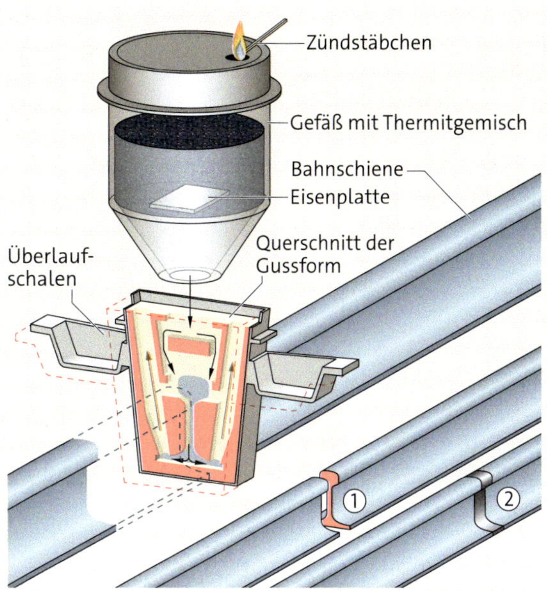

2 Aufbau zum Schweißen von Eisenbahnschienen

Das Thermitgemisch

Im Jahr 1894 fand der Chemiker Hans Goldschmidt heraus, dass viele Metalloxide heftig mit Aluminium reagieren. Er bezeichnete solche Gemische aus Metalloxid und Aluminium als **Thermitgemische**. Sie werden unter anderem für das Zusammenschweißen von Eisenbahnschienen eingesetzt (Bild 1). Man spricht vom **Thermitverfahren**.

Schweißen von Eisenbahnschienen

Eisenbahngleise setzen sich aus 25 Meter langen Schienenstücken zusammen. Diese müssen beim Einbau miteinander verschweißt werden. Die Schienenstücke werden dazu so hintereinandergelegt, dass zwischen ihren Enden ein etwa vier Zentimeter breiter Spalt bleibt. Die Schienenenden werden dann mit einem Schweißbrenner auf etwa 1000 °C vorgeheizt und anschließend wird eine Gussform darübergestülpt. Über diese Gussform wird ein Gefäß mit einem Thermitgemisch aus Eisenoxidpulver und Aluminiumgrieß angebracht (Bild 2). Wenn das Gemisch mit einem Zündstäbchen entzündet wird, startet diese Redoxreaktion:

Eisenoxid + Aluminium ⟶ Eisen + Aluminiumoxid

Bei der exothermen Reaktion von Thermitgemischen wird viel Wärme frei. Wenn das Eisenoxid mit Aluminium reagiert, dann steigt die Temperatur auf etwa 2500 °C. Bei dieser hohen Temperatur schmilzt die Eisenplatte, die das Loch im Gefäß verschließt. Das entstehende flüssige Eisen sinkt ab und läuft durch das jetzt offene Loch in die Gussform, wo es die Lücke zwischen den Eisenbahnschienen füllt. Da das flüssige Aluminiumoxid leichter ist als das Eisen, setzt es sich darüber ab und läuft zum Teil in die Überlaufschalen. Nach dem Abkühlen wird die Gussform entfernt und die Schienenoberfläche glattgeschliffen.

AUFGABEN

1 Thermitgemisch

☒ Begründe, warum Hans Goldschmidt Gemischen aus Aluminium und Metalloxid den Namen Thermit gab. Berücksichtige dabei die Herkunft des Wortes. Das Wort *thermos* kommt aus dem Altgriechischen und bedeutet warm.

2 Schweißen von Eisenbahnschienen

☒ Erstelle ein Fließschema, das zeigt, wie Eisenbahnschienen verschweißt werden. Schreibe die Schritte dazu stichpunktartig untereinander und verbinde sie durch Pfeile.

sakida 

Die Eisengewinnung im Hochofen

1 Das flüssige Eisen wurde aus seinen Erzen gewonnen.

2 Ein Hochofen

Eisen ist ein wichtiger Werkstoff. Wenn es aus seinen Erzen gewonnen wird, ist es zunächst heiß und flüssig.

Die Eisenproduktion im Ruhrgebiet

Im Ruhrgebiet wird schon seit Langem Eisen hergestellt. Die ersten kleinen Anlagen, in denen Eisen aus seinen Erzen gewonnen wurde, bezeichnete man als **Eisenhütten**. Die ehemalige St.-Antony-Hütte in Oberhausen-Osterfeld war die erste Eisenhütte im Ruhrgebiet. Sie wurde im Jahr 1758 in Betrieb genommen. Der Standort war ideal, denn in der Umgebung lagerte Eisenerz nur etwa 1 m tief im Boden. Die kleinen Eisenhütten von damals entwickelten sich im Laufe der Zeit zu größeren und modernen Anlagen weiter.

Der Hochofen

Die Eisengewinnung findet in einem hohen, zylinderförmigen Ofen statt, den man aufgrund seiner Form als **Hochofen** bezeichnet (Bild 2). Das Eisen, das aus dem Hochofen kommt und noch nicht weiterbearbeitet wurde, nennt man auch **Roheisen** (Bild 1).

Ein moderner Hochofen kann bis zu 75 Meter hoch sein. In den Wänden befinden sich Rohre, durch die Wasser läuft, um den Ofen zu kühlen. Der Hochofen wird von oben schichtweise mit Eisenerz, Koks und anderen zusätzlichen Stoffen gefüllt. Die zusätzlichen Stoffe werden auch Zuschläge genannt. Am unteren Teil des Hochofens wird über Düsen heiße Luft zugeführt (Bild 4).

Die Eisenerze

Eisenerze sind Gemische aus Eisenverbindungen und Gestein. Die Eisenverbindungen sind oft Eisenoxide. Es gibt verschiedene Eisenerze. Zur Eisengewinnung werden vor allem zwei Sorten eingesetzt. Sie heißen Roteisenstein und Magneteisenstein (Bild 3). Roteisenstein hat einen Eisengehalt von 40 bis 60 Prozent und Magneteisenstein von 60 bis 70 Prozent.

Koks ist Brennstoff und Reduktionsmittel

Koks ist ein Brennstoff, der aus Kohle hergestellt wird und überwiegend aus Kohlenstoff besteht. Der Koks sorgt als Brennstoff für die Energiezufuhr im Hochofen. Der Kohlenstoff im Koks wirkt außerdem als Reduktionsmittel für das Eisenoxid.

Die Zuschläge

Die Zuschläge sind Zusatzstoffe, zum Beispiel Kalkstein. Sie haben die Aufgabe, das Gestein der Erze zu binden. Aus den Zuschlägen und dem Gestein entstehen verschiedene chemische Verbindungen, die man als **Schlacke** bezeichnet. Die Schlacke wird zum Beispiel zu Zement weiterverarbeitet.

3 Roteisenstein (A) und Magneteisenstein (B)

Der Hochofenprozess

Im Hochofen laufen folgende Reaktionen ab:

Oxidation

Der Kohlenstoff des Kokses wird durch den Sauerstoff der zugeführten Luft zu Kohlenstoffdioxid oxidiert:

Kohlenstoff + Sauerstoff → Kohlenstoffdioxid

Reduktion 1

Kohlenstoffdioxid steigt auf und wird durch weiteren Kohlenstoff zu Kohlenstoffmonooxid reduziert:

Kohlenstoffdioxid + Kohlenstoff → Kohlenstoffmonooxid

Reduktion 2

Kohlenstoffmonooxid steigt ebenfalls weiter auf und reduziert das Eisenoxid zu Eisen:

Eisenoxid + Kohlenstoffmonooxid → Eisen + Kohlenstoffdioxid

Das Roheisen

Am Boden des Hochofens sammeln sich flüssiges Roheisen und flüssige Schlacke. Die leichtere Schlacke schwimmt oben. Alle vier bis sechs Stunden wird der Hochofen aufgebohrt, damit das Roheisen und die Schlacke herauslaufen können. Man nennt diesen Vorgang **Abstich**.
Das Roheisen enthält etwa 4 Prozent Kohlenstoff sowie etwas Silicium, Mangan, Phosphor und Schwefel. Der Kohlenstoff macht das Eisen hart und spröde. Es ist somit schwer formbar und nicht zum Schmieden geeignet. Etwa 10 Prozent des Roheisens wird in die gewünschte Form gegossen und zum Beispiel für Rohre verwendet. Die restlichen 90 Prozent werden weiterverarbeitet.

Im Hochofen wird aus Eisenerz, Koks und Zuschlägen Eisen erzeugt. Dabei wird das Eisenoxid aus dem Erz zu Eisen reduziert.

EXTRA Die Gichtgase

Die Gase, die im Hochofen entstehen, nennt man **Gichtgase**. Diese Gase werden aus dem Ofen geleitet und verbrannt. Mit der freiwerdenden Wärme wird Luft auf 1000 bis 1350 °C aufgeheizt. Die heiße Luft wird wieder in den Hochofen eingeblasen.

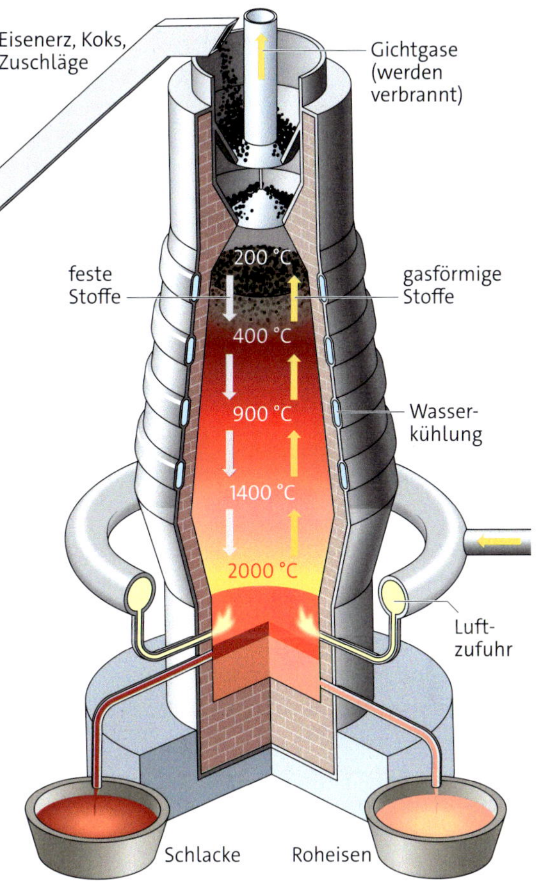

4 Der Aufbau eines Hochofens

AUFGABEN

1 Das Roheisen

a Nenne vier Bestandteile von Roheisen.

b Begründe, warum Roheisen hauptsächlich zum Gießen verwendet wird.

2 Koks im Hochofen

Gib die beiden Funktionen von Koks beim Hochofenprozess an.

3 Die Zuschläge

Ein Hochofen wird neben Eisenerz und Koks mit weiteren Zuschlägen befüllt.

a Nenne einen Zuschlag.

b Beschreibe die Funktion der Zuschläge.

4 Reduktion

Formuliere für die Reduktion von Kohlenstoffdioxid mit Kohlenstoff ein Reaktionsschema in Symbolschreibweise.

jikiwu

Vom Roheisen zum Stahl

1 Die Golden Gate Bridge besteht aus Stahl.

2 Der Konverter wird mit flüssigem Roheisen befüllt.

Der Werkstoff Stahl ist beim Bau von Gebäuden und Brücken unersetzlich. Mithilfe von Stahl konnten berühmte Bauwerke wie die Golden Gate Bridge in San Francisco und der Eiffelturm in Paris geschaffen werden. Auch die Decken in Wohnhäusern, die Überdachungen von Fußballstadien, Fabrikhallen und Hochhäuser werden mit Trägern aus Stahl gebaut.

Stahl hat weniger Kohlenstoff

Das Roheisen aus dem Hochofen ist hart und spröde. Das liegt an dem Kohlenstoff, der sich im Roheisen befindet. Um Roheisen in eine gewünschte Form zu bringen, muss man es gießen. Man spricht dann von **Gusseisen**. Erst wenn der Anteil an Kohlenstoff verringert wird, kann das Eisen verformt und mit Werkzeugen bearbeitet werden. Wenn Roheisen zu Stahl weiterverarbeitet wird, dann wird der Kohlenstoffanteil auf unter 2 Prozent gesenkt. Gleichzeitig wird auch der Anteil an Silicium, Schwefel und Mangan verringert und Phosphor entfernt.

Das Sauerstoffaufblasverfahren

Für die Stahlherstellung braucht man flüssiges Roheisen, Eisenschrott und weitere Zuschläge. Meist wird gebrannter Kalk als Zuschlag genutzt. Die Stoffe werden in einen großen, feuerfesten Behälter gefüllt (Bild 2). Der Behälter wird auch **Konverter** genannt. Anschließend wird Sauerstoff durch ein Rohr auf die Eisenschmelze geblasen (Bild 3). Dieses Verfahren zur Stahlherstellung heißt deshalb **Sauerstoffaufblasverfahren**.

Chemische Vorgänge bei der Stahlherstellung

Der Sauerstoff verbindet sich mit dem Kohlenstoff zu den Gasen Kohlenstoffdioxid oder Kohlenstoffmonooxid. Die Gase entweichen. So wird der Kohlenstoff aus dem Eisen entfernt. Schwefel verbrennt zu Schwefeldioxid, das ebenfalls als Gas entweicht.
Phosphor, Mangan und Silicium reagieren auch mit Sauerstoff. Die Oxide, die dabei entstehen, verbinden sich mit dem gebrannten Kalk zur Kalkschlacke. Die Kalkschlacke schwimmt auf der Eisenschmelze. Sie wird von der Schmelze getrennt, gemahlen und als Schotter im Straßen- oder Gleisbau und bei der Zementherstellung genutzt.

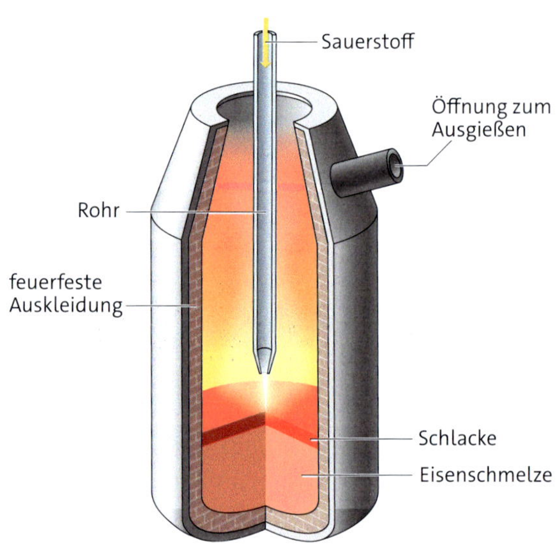

3 Aufbau eines Konverters

4 Der Stahl wird gewalzt.

5 Ein frisch gewalztes, aufgerolltes Stahlblech

Gießen und Walzen

Der flüssige Stahl aus dem Konverter wird zu Blöcken oder Stangen gegossen. Die Stahlblöcke werden noch heiß und rotglühend zu Stahlblechen gewalzt (Bild 4). Bild 5 zeigt ein frisch gewalztes, aufgerolltes Stahlblech, das noch glühend heiß ist.

Neuer Stahl aus Schrott

Der Eisenschrott, der bei der Stahlherstellung eingesetzt wird, ist Alteisen, das auf diese Weise recycelt wird. Alteisen ist oft verrostet und enthält demnach Eisenoxid. Der Kohlenstoff, der im Roheisen enthalten ist, reduziert das Eisenoxid wieder zu Eisen. Der Eisenschrott hat außerdem eine kühlende Wirkung. Bei den Oxidationen, die im Konverter ablaufen, wird so viel Energie frei, dass die Temperatur auf etwa 3000 °C steigt. Der Eisenschrott verhindert die Überhitzung der Schmelze. Eisenschrott lässt sich beliebig oft wiederverwerten. So werden Rohstoffe und Energie gespart.

Der Werkstoff Stahl

Stahl ist der metallische Werkstoff, der am meisten gebraucht wird. Er lässt sich leicht und vielseitig bearbeiten. Man kann ihn zum Beispiel sägen, ziehen, gießen, walzen oder schmieden.

Stahl wird aus Roheisen, Eisenschrott und Zuschlägen hergestellt. Dabei werden Kohlenstoff und andere unerwünschte Stoffe durch Oxidation entfernt. Stahl hat einen Kohlenstoffgehalt von unter 2 Prozent.

AUFGABEN

1 Gusseisen und Stahl

a Nenne Unterschiede in der chemischen Zusammensetzung von Gusseisen und Stahl.

b Die Pfanne im folgenden Bild ist aus Gusseisen gefertigt. Das Gitter ist aus Stahl. Es wird beim Hausbau zum Beispiel in Decken und Wänden eingesetzt.
Begründe, warum man die Pfanne aus Gusseisen und das Gitter aus Stahl herstellt.

2 Das Sauerstoffaufblasverfahren

a Beschreibe den Ablauf des Sauerstoffaufblasverfahrens.

b Das Fachwort Konverter leitet sich vom lateinischen Verb *convertere* ab. Es bedeutet umwandeln. Beschreibe mithilfe dieser Wortbedeutung die Aufgabe des Konverters.

c Beschreibe die Funktion der Zuschläge.

d „Das Sauerstoffaufblasverfahren spielt eine wichtige Rolle beim Recycling!"
Nimm Stellung zu dieser Aussage.

nuhasa

EXTRA Legierungen und Spezialstähle

1 Stahllegierungen im Alltag

2 Trompeten aus Messing

Metalle lassen sich mischen

Bei der Herstellung einer Legierung werden mehrere Metalle geschmolzen und vermischt. Legierungen haben andere Eigenschaften als die reinen Metalle. So lassen sich Werkstoffe für bestimmte Zwecke zielgerecht herstellen. Das ist der Grund dafür, dass Legierungen im Alltag und in der Technik häufig verwendet werden.

Spezialstähle für den besonderen Einsatz

Im Stahlwerk gewinnt man aus dem Roheisen Stahl mit einem Kohlenstoffanteil von weniger als 2 Prozent. Zur Verbesserung der Eigenschaften werden weitere Metalle wie Chrom, Nickel, Molybdän, Titan, Wolfram, Vanadium oder Cobalt beigemischt. Durch das Legieren kann man den für die Verwendung passenden Stahl herstellen, beispielsweise einen rostfreien und pflegeleichten **Edelstahl**.

Stahl, dem Chrom und Nickel zugesetzt wurden, lässt sich gut verarbeiten und polieren. Eine Stahllegierung, die Chrom und Nickel enthält ist V2A-Stahl. Viele Haushaltsgegenstände wie Spülbecken, Geländer und Besteck sind aus einer solchen Legierung, die 18 Prozent Chrom und 10 Prozent Nickel enthält, gefertigt. Sogenannte V4A-Stähle enthalten Chrom, Nickel und Molybdän. Sie sind beständiger gegen Säuren als V2A-Stähle.

Stähle, die Chrom, Nickel und Vanadium enthalten, sind besonders hart, zäh und korrosionsbeständig. Sie werden daher zur Herstellung von Werkzeugen verwendet. Stahl, der die Metalle Wolfram, Molybdän und Vanadium enthält, ist besonders hart und hitzebeständig. Aus diesem Stahl werden Bohrer und Schneidewerkzeuge hergestellt.

Kupferlegierungen

Auch Kupferlegierungen werden im Alltag und in der Technik häufig verwendet. Mischt man Kupfer mit bis zu 45 Prozent Zink, erhält man die Legierung **Messing**. Messing ähnelt Gold in der Farbe, ist aber wesentlich härter. Zudem ist es auch korrosionsbeständig und leitet gut den elektrischen Strom. Musikinstrumente, Schmuck und elektronische Komponenten werden deshalb aus Messing hergestellt. Die Legierung von Kupfer mit dem Metall Zinn nennt man Bronze. Bronze ist härter als Kupfer und lässt sich gut gießen. Bronze ist Werkstoff für Kunstgegenstände, technische Geräte und Kirchenglocken.

AUFGABEN

1 Eisenlegierungen

a Die Legierung ist das Substantiv zum Verb legieren. Beschreibe, was die beiden Fachwörter bedeuten.

b Tessa findet auf der Rückseite ihres Löffels die Prägung 18/10. Überlege, wofür diese Zahlen stehen könnten. Beschreibe, woraus Tessas Löffel besteht.

18/10

c Recherchiere nach zwei verschiedenen Spezialstählen und berichte über die Zusammensetzung der Legierung und die Verwendung.

2 Kupferlegierungen

a Nenne zwei Kupferlegierungen und die Metalle, aus denen sie bestehen.

b Nenne drei Gegenstände aus Kupferlegierungen.

siwigo

EXTRA Stahlproduktion ohne Kohle

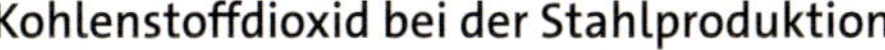

1 Ein Hochofen und davor die typische Kokshalde

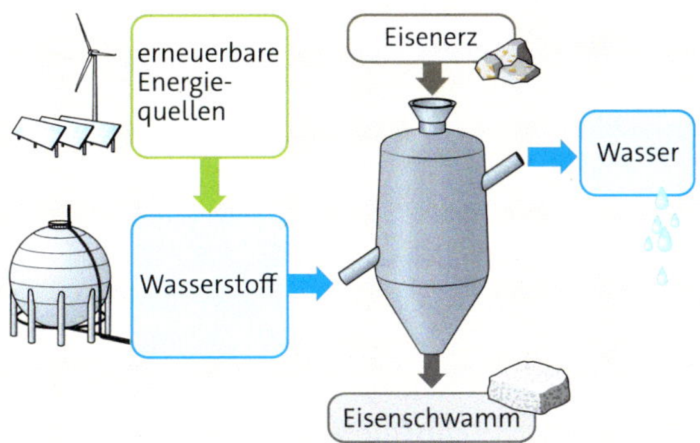

2 Schema des Direktreduktionsverfahrens mit Wasserstoff

Kohlenstoffdioxid bei der Stahlproduktion

Traditionell wird Stahl hergestellt, indem zunächst Eisenerz zusammen mit Koks zur Reaktion in einen Hochofen gegeben wird. Bei der Herstellung wird Kohlenstoffdioxid freigesetzt. Es entsteht bei der Reduktion von Eisenoxid mit Kohlenstoff.
Das Reaktionsschema in Worten lautet:
Eisenoxid + Kohlenstoff → Eisen + Kohlenstoffdioxid

Auch bei der Stahlherstellung im Konverter reagiert der eingeblasene Sauerstoff mit dem Kohlenstoff aus dem flüssigen Roheisen zu Kohlenstoffmonooxid und Kohlenstoffdioxid. Etwa 8 Prozent der weltweiten CO_2-Emissionen stammen aus der Eisen- und Stahlindustrie. Weil die Obergrenzen für die Gesamtmenge an Treibhausgasen, die freigesetzt werden dürfen, immer weiter gesenkt werden, erarbeiten die europäischen Stahlunternehmen Konzepte zur Senkung der CO_2-Emissionen.

Wasserstoff als Reduktionsmittel

Eine Alternative bei der Eisenherstellung ist die Verwendung von Wasserstoff als Reduktionsmittel. Der Wasserstoff verbindet sich mit dem Sauerstoff des Eisenoxids. Es entstehen Eisen, in Form eines festen sogenannten Eisenschwamms, und Wasser.
Das Reaktionsschema in Worten lautet:
Eisenoxid + Wasserstoff → Eisen + Wasser

Dieses Verfahren wird **Direktreduktion** genannt. Der Nachteil dabei ist, dass für die Herstellung von Wasserstoff viel Energie benötigt wird.

Erneuerbare Energien als Schlüssel

Mithilfe der Produktion von Eisen aus der Reaktion von Eisenoxid mit Wasserstoff können große Mengen an Kohlenstoffdioxid eingespart werden. Der Schlüssel zu einer klimafreundlichen Produktion ist die elektrische Energie. Wenn die Kohlenstoffdioxidemissionen bei der Stahlproduktion gesenkt werden sollen, muss die elektrische Energie für die Wasserstoffproduktion aus erneuerbaren Energiequellen stammen. Stahl, der auf diesem Weg hergestellt wird, wird **grüner Stahl** genannt. Zurzeit ist diese Produktion noch teuer. Die benötigten Mengen an Wasserstoff stehen noch nicht zur Verfügung. Denn auch die Menge an elektrischer Energie aus erneuerbaren Energiequellen zur Wasserstoffproduktion reicht zurzeit nicht und ist teuer. Die Bedingungen für den grünen Stahl sind noch schwierig.

AUFGABEN

1 Stahlproduktion ohne Kohle

a Erstelle eine Wortliste mit den neuen Wörtern dieser Seite. Schlage unbekannte Wörter nach.

b Eisen wird seit Jahrhunderten mithilfe von Kohle produziert. Erkläre, warum die Eisen- und Stahlindustrie nach Alternativen sucht.

c Benenne und beschreibe das Verfahren der Eisenherstellung ohne Kohle.

d Beschreibe, was mit dem Fachwort grüner Stahl gemeint ist.

e Nenne Gründe, warum die Eisen- und Stahlproduktion nicht sofort komplett auf eine klimaneutrale Produktion umgestellt werden kann.

quhaco

METHODE Präsentieren 

Eine Präsentation ist ein Vortrag zu einem bestimmten Thema. Folge diesen Schritten, um eine Präsentation zu erstellen und vorzutragen:

1 Fragen überlegen
Überlege, was dich und deine Klasse an deinem Thema interessiert. Notiere Fragen, die du in deiner Präsentation beantworten willst.

Timo soll eine Präsentation zum Thema Legierungen machen. Er notiert sich mehrere Fragen: Was ist eine Legierung? Welche Legierungen gibt es? Warum stellt man Legierungen her? Welche Anwendungen für Legierungen gibt es?

2 Informationen sammeln
Suche Antworten auf deine Fragen. Wenn du ein Wort nicht kennst, dann schlage es nach. Die Worterklärung hilft dir und deinem Publikum, dein Thema besser zu verstehen.

Timo nutzt für seine Recherche das Internet. Zuerst sucht er nach einer Definition für das Wort Legierung. Dann sucht er Beispiele für Legierungen und schaut nach, welche Gründe es für das Herstellen von Legierungen gibt.

3 Die Informationen ordnen
Ordne deine Informationen inhaltlich. Informationen, die zueinandergehören, kommen in eine Gruppe. Überlege dir Überschriften für diese Gruppen. Notiere deine Überschriften als Gliederung für deine Präsentation.

Timo will seine Gliederung in vier Teile gliedern. Er wählt für jeden Teil eine Überschrift.

4 Die Art der Präsentationsform festlegen
Entscheide, wie du präsentieren willst. Du kannst zum Beispiel digitale Folien oder ein Plakat verwenden. Du kannst neben Texten auch Bilder, Audios oder Videos verwenden. Sie wecken das Interesse deiner Zuhörer und helfen beim Verstehen. Du kannst auch Gegenstände mitbringen und in der Klasse herumreichen.

Timo will für seine Präsentation digitale Folien verwenden. So kann er nicht nur Texte und Bilder präsentieren, sondern auch kurze Videos zeigen.

5 Die Präsentation erstellen
Erstelle nun alle Materialien für deine Präsentation. Formuliere verständliche Texte und erkläre unbekannte Wörter. Gib an, aus welchen Quellen deine Informationen und die Bilder stammen. Überlege dir einen spannenden Einstieg in dein Thema. Erstelle für den Abschluss der Präsentation eine kurze Zusammenfassung.

Timo erstellt zuerst die Gliederungsfolie und dann die Einstiegsfolie (Bild 1 und 2). Für die Einstiegsfolie nutzt er Bilder und stellt eine Frage, die neugierig macht. Zum Schluss zeigt er ein kurzes Video über die Stahlproduktion.

6 Auf das Präsentieren vorbereiten
Notiere dir Stichpunkte als Erinnerungshilfen. Überlege, wie du von einem Punkt der Gliederung zum nächsten Punkt überleitest.

Timo macht sich Notizen auf Karteikarten. Er schreibt nur Stichpunkte auf, damit er bei der Präsentation nicht abliest.

Gliederung

1. Was ist eine Legierung?
2. Warum stellt man Legierungen her?
3. Welche Legierungen gibt es?
4. Beipiele

1 Timos Gliederung

2 Timos Einstiegsfolie

3 Timo hält seine Präsentation.

7 Das Präsentieren üben
Übe deine Präsentation vor Freunden oder vor deiner Familie. Bitte sie um ihre Meinung zum Inhalt und zu der Art, wie du vorträgst. Überarbeite deine Präsentation entsprechend.

Timo übt seine Präsentation vor seiner großen Schwester, die ihm Verbesserungsvorschläge gibt. Wenn er nur vor dem Spiegel geübt hätte, dann wäre ihm wahrscheinlich nicht aufgefallen, dass er beim Sprechen schneller wird.

8 Den Raum vorbereiten
Wenn du deine Präsentation mit digitalen Folien hältst, dann solltest du vor deinem Vortrag alle Geräte ausprobieren. Lege deine Materialien, Gegenstände und Karteikarten bereit.

In der Pause vor seiner Präsentation testet Timo, ob auf dem Smartboard in der Schule alles so funktioniert wie auf seinem Computer. Er klickt einmal durch alle Folien, um sicherzugehen. Er legt auch seine Karteikarten bereit.

9 Die Präsentation vortragen
Begrüße deine Zuhörerinnen und Zuhörer und nenne das Thema deines Vortrags. Wenn du bei deiner Präsentation nicht unterbrochen werden willst, dann sage, dass Fragen erst am Ende gestellt werden sollen. Sprich möglichst frei, also ohne viel abzulesen. Sprich langsam und deutlich. Schau dein Publikum an. Bedanke dich am Ende für die Aufmerksamkeit.

Zu Beginn des Vortrags bittet Timo, Fragen erst am Ende der Präsentation zu stellen. Dann beginnt er mit der ersten Folie. Er kann die Präsentation fast auswendig, weil er sie mehrmals vor seiner Schwester gehalten hat.

10 Fragen beantworten
Beantworte die Fragen deiner Mitschüler und Mitschülerinnen. Frag sie auch, wie sie deine Präsentation fanden. Notiere dir die Verbesserungsvorschläge.

Am Ende der Präsentation bedankt sich Timo für die Aufmerksamkeit. Dann beantwortet er die Fragen der Zuhörer. Er schreibt sich auch auf, dass er beim nächsten Mal die Folien etwas länger zeigen sollte. Dann haben alle genug Zeit, sie zu lesen und sich Notizen zu machen.

AUFGABEN

1 Gut präsentieren

a ☒ Nenne die Merkmale eines guten Vortrags.

b ☒ In einem Vortrag ist es wichtig, „frei zu sprechen". Beschreibe, was damit gemeint ist.

c ☒ Nenne zwei weitere Punkte, die beim Sprechen wichtig sind.

d ☒ Fasse zusammen, wie du am besten für deinen Vortrag üben kannst.

e ☒ Begründe, warum Schriftgröße und Farbe bei digitalen Folien und Plakaten wichtig sind.

- Berechne anhand der vorgegebenen Zeit, wie viele Folien du brauchst. Plane pro Folie 2 bis 3 Minuten ein.
- Verwende eine einheitliche Gestaltung für alle Folien.
- Wähle eine gut lesbare Schriftfarbe und Schriftgröße (mindestens 24 pt).
- Nutze Fotos, Zeichnungen oder Videos zur Veranschaulichung.
- Animierte Übergänge können deine Präsentation interessanter machen, aber sie lenken auch von den Inhalten ab. Verwende sie daher nicht zu oft.

4 Tipps für digitale Folien

dabovu 

Das Metallrecycling

1 Jana freut sich über das neue Smartphone.

EXTRA Silicium
Silicium ist ein Halbmetall und hat damit Eigenschaften von Metallen und von Nichtmetallen. Es findet im Smartphone zwei Einsatzmöglichkeiten. Als Bestandteil von Glas ist Silicium im Display zu finden. Es wird aber auch genutzt, weil es ein sogenannter **Halbleiter** ist. Halbleiter können je nach Bedingung den elektrischen Strom leiten oder nicht leitend sein. Mithilfe von Licht und Temperatur kann man die elektrische Leitfähigkeit steuern, so wie sie gebraucht wird.

Janas Smartphone ist kaputt. Es hat ein gebrochenes Display und der Akku ist defekt. Eine Reparatur lohnt sich nicht, weil das Smartphone alt ist. Jana bekommt daher ein neues Smartphone. Jetzt überlegt sie, was sie mit ihrem alten Gerät machen soll. Ist es wertloser Müll?

Die Bestandteile eines Smartphones
Ein Smartphone enthält bis zu 100 verschiedene Stoffe. Fast die Hälfte des Gewichts machen Metalle aus. Außerdem besteht ein Smartphone aus Kunststoffen und Glas. Bild 2 zeigt die Gewichtsanteile der einzelnen Bestandteile eines Smartphones.

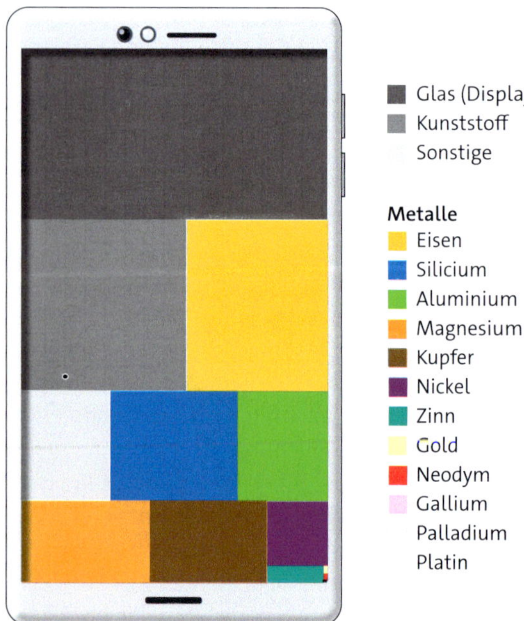

2 Verwendete Stoffe im Smartphone, ohne Akku

Die Metalle im Smartphone
In einem Smartphone sind viele verschiedene Metalle verbaut. Die wichtigsten Metalle sind Kupfer, Eisen, Lithium sowie die Edelmetalle Gold, Silber, Platin und Palladium. Die Metalle Kupfer und Gold braucht man, weil sie gute elektrische Leiter sind. Weil Gold nicht korrodiert, wird es außerdem auch für Kontaktflächen an der SIM-Karte und dem Akku genutzt. Im Akku befindet sich das Metall Lithium. Smartphoneakkus, die Lithium enthalten, sind sehr leistungsfähig und können bis zu 2000 Mal wieder geladen werden. Im Display eines Smartphones befindet sich eine dünne Schicht aus Indiumzinnoxid. Diese Schicht sorgt dafür, dass die Touchscreen-Funktion möglich ist, denn diese Schicht ist transparent, leitfähig und wärmeabweisend. In geringen Mengen sind im Smartphone die Metalle Cer und Neodym zu finden. Auch Europium und Lanthan werden genutzt. Diese Metalle gehören zur Gruppe der sogenannten **Seltenen Erden**.

Metallrecycling
Selbst wenn es kaputt ist, gehört ein Smartphone nicht in den Hausmüll. Ein altes Smartphone muss zum Recyclinghof gebracht oder in den Handel zurückgegeben werden. Dort wird es fachgerecht entsorgt. Viele der Metalle aus alten Elektrogeräten können wiederverwertet werden. Durch die Wiederverwertung, auch Recycling genannt, können die Wertstoffe wieder dem Stoffkreislauf zugeführt werden. Die Metalle werden zunächst von anderen Materialien wie Kunststoff getrennt. Dann werden die Metalle sortiert, zerkleinert und gereinigt.

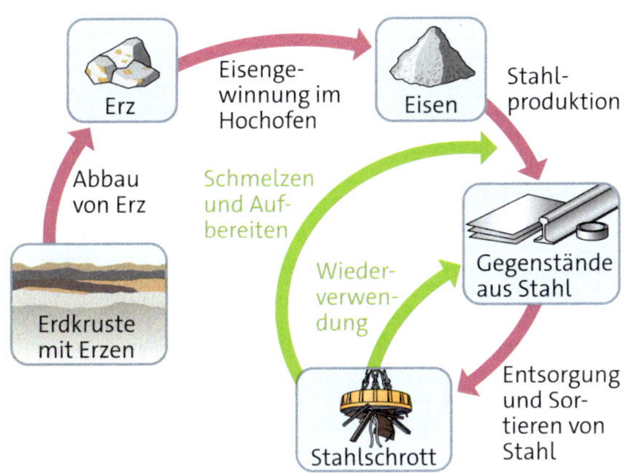

3 Stoffkreislauf bei der Stahlherstellung

Stahlschrott lässt sich gut von anderen Metallen trennen, weil man den Stahl mithilfe eines Magneten aussortieren kann. Anschließend kann man den Stahlschrott als Rohstoff für die Herstellung von neuem Stahl verwenden (Bild 3). Für die verschiedenen Metalle gibt es unterschiedliche Recyclingmethoden.

Vorteile des Metallrecyclings

Wenn ein altes Smartphone einfach im Hausmüll landet, dann gehen die Rohstoffe verloren. Für neue Smartphones braucht man dann neue Rohstoffe. Weil das Vorkommen der Metalle auf der Erde begrenzt ist, schont das Recycling von Metallen die Rohstoffvorräte. Wenn beispielsweise Stahlschrott bei der Stahlherstellung genutzt wird, dann muss weniger Roheisen erzeugt werden. Damit gelangt auch weniger Kohlenstoffdioxid in die Atmosphäre, das bei der Herstellung von Roheisen aus Eisenerzen entsteht. Ein Smartphone enthält nur etwa 30 Milligramm Gold. Bei einer Tonne Smartphones sind es zusammengerechnet etwa 250 Gramm Gold (Bild 4).

Aus einer Tonne Golderz können dagegen nur vier Gramm Gold gewonnen werden. Weil bei der Herstellung von Metallen wie Gold giftige und umweltschädliche Abfallprodukte entstehen, werden die Schadstoffmengen geringer, wenn man Metalle wie Gold recycelt.
Auch das Recycling von Seltenen Erden bringt Vorteile, denn die Seltenen Erden werden vor allem in China abgebaut. Deutschland ist vom Import dieser Metalle abhängig.

In Elektroschrott stecken viele Metalle. Durch das Recycling von Metallen können Rohstoffvorräte, Kohlenstoffdioxidemissionen und Schadstoffe eingespart werden.

AUFGABEN

1 Das Metallrecycling

a Nenne drei Vorteile des Metallrecyclings.

b Beschreibe das Recycling von Metallen am Beispiel des Stahls.

c Viele Smartphones enden nach ihrer Benutzung in der Schublade. Forschende sprechen hier von einer urbanen, also städtischen Mine. Erkläre, was damit gemeint ist.

d Ein Smartphone wiegt durchschnittlich 160 g. Man schätzt, dass etwa 200 Millionen ungenutzte Smartphones in Deutschland in den Schubladen liegen. Berechne mithilfe von Bild 4, wie viel Gold, Silber und Kupfer aus diesen Smartphones zurückgewonnen werden kann.

2 Was tun mit dem alten Smartphone?

Erstelle einen kurzen Text, ein Audio oder Video, in dem du deiner Klasse begründet erklärst, was sie mit alten Smartphones machen sollten.

4 Die Metallmengen im Elektroschrott

EXTRA Die Seltenen Erden

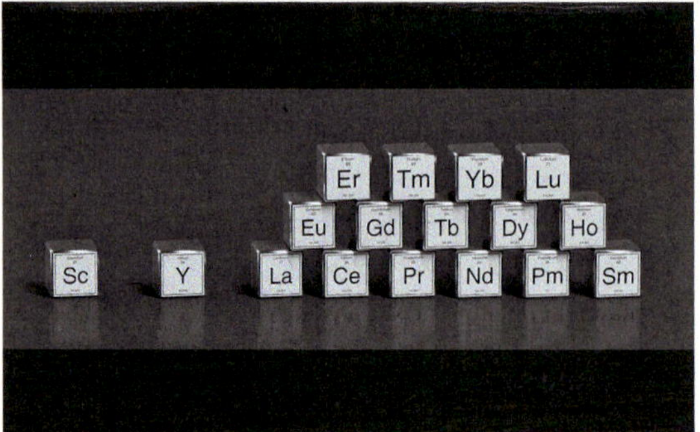

1 Die 17 Elemente der Seltenen Erden

3 Eine Mine für Seltene Erden in China

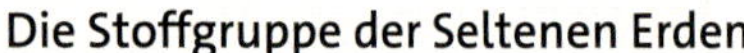

Die Stoffgruppe der Seltenen Erden

Die Stoffgruppe der Seltenen Erden besteht aus 17 Metallen. Bild 1 zeigt die chemischen Symbole der einzelnen Seltenen Erden. Wenn man das Fachwort Seltene Erden verwendet, meint man eigentlich die Metalle der Seltenen Erden, auch Seltene-Erden-Metalle genannt.

Vorkommen und Abbau

Die Metalle der Seltenen Erden kommen in geringen Mengen vor. Die Seltene-Erden-Metalle kommen nicht als Reinstoffe vor, sondern gebunden in Erzen. Größere Lagerstätten, die einen Abbau der Erze wirtschaftlich sinnvoll machen, gibt es vor allem in China, aber auch in den USA und in Australien (Bild 2). Weltweit ist China mit Abstand der größte Produzent und Exporteur Seltener Erden. Der Abbau der Seltenen Erden ist mit einigen Schwierigkeiten für Mensch und Natur verbunden. Für die Förderung und Aufbereitung der Metalle braucht man viel Energie. Außerdem sind große Mengen an Wasser und Chemikalien notwendig, um die Metalle aufzubereiten. Als Nebenprodukte fallen giftige Abfälle an.

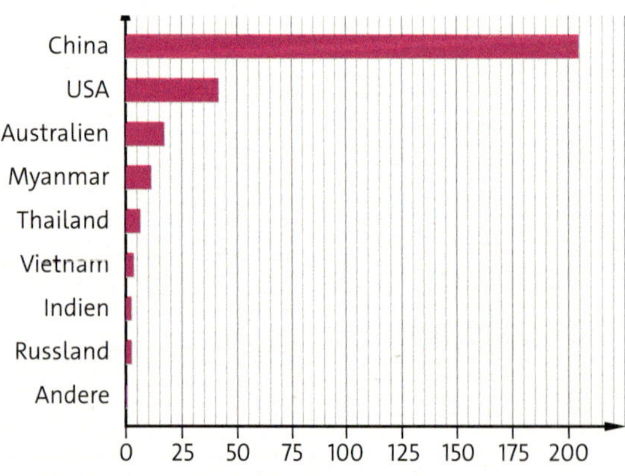

2 Der Abbau Seltener Erden im Jahr 2022 in Tausend Tonnen

Eigenschaften und Verwendung

Die Metalle der Seltenen Erden sind silbrig glänzend und weich. An der Luft oxidieren sie schnell und brennen leicht. Viele elektronische Geräte wie Smartphones oder E-Autos würden ohne Seltene Erden nicht funktionieren. Man benötigt sie zwar nur in geringen Mengen, aber ohne sie geht es nicht. Das Seltene-Erden-Metall Neodym ist magnetisierbar und zusammen mit Eisen und Bor erhält man starke Magnete. Diese werden beispielsweise für den Vibrationsmotor in Smartphones genutzt. Das Metall Cer wird für Leuchtdioden und zur Beschichtung von Spezialgläsern verwendet. Die Akkus im Smartphone enthalten Lanthan.

AUFGABEN

1 Die Seltenen Erden

a Ein alter Name für Erze und Metalloxide ist das Wort Erde. Erkläre, was mit dem Fachwort Seltene Erden gemeint ist.

b Nenne drei Beispiele, wofür Seltene Erden verwendet werden.

c Nenne die drei Länder, die am meisten Seltene Erden abbauen.

d Erkläre, warum die meisten Länder Seltene Erden importieren müssen.

e Überlege, warum es wichtig ist, Produkte, die Seltene Erden enthalten, zu recyceln, und notiere eine Begründung in dein Heft.

EXTRA Eine Region im Wandel

1 Die Zeche Zollverein in Essen um 1933

3 Im Winter gibt es heute die Zollverein-Eislaufbahn.

Das Ruhrgebiet und die Kohle

Seit der Industrialisierung war das Ruhrgebiet geprägt vom Kohleabbau, genauer dem Abbau von Steinkohle und der Stahlproduktion (Bild 1). Seinen Höhepunkt hatte der Steinkohleabbau in den 1930er-Jahren und während des Zweiten Weltkriegs, da für die Aufrüstung und während des Krieges viel Stahl benötigt wurde.

Nach dem Krieg wurden Erdöl und Erdgas immer billiger und die Nachfrage in der Industrie, im Verkehrssektor und in den Haushalten stieg. Die Nachfrage nach Kohle sank. Im Laufe der Zeit waren die leicht zugänglichen Kohleflöze im Ruhrgebiet bereits abgebaut. Der Abbau der tiefer liegenden Kohleflöze wurde schwieriger und damit auch teurer. Gleichzeitig stiegen die Löhne der Bergleute in Deutschland. Die deutsche Steinkohle wurde zunehmend teurer als ausländische Kohle. Auch die Energieerzeugung änderte sich. Vom Beginn der 1960er-Jahre an wurde immer mehr Energie in Braunkohlekraftwerken und Atomkraftwerken erzeugt. Weil der Bedarf an Kohle aus dem Ruhrgebiet sank, mussten viele Bergwerke, auch Zechen genannt, geschlossen werden. Man sprach vom Zechensterben oder von der **Kohlekrise**. Im Jahr 2018 wurde aus der Zeche Prosper-Haniel in Bottrop die letzte Steinkohle in Deutschland gefördert. Seitdem wird der komplette Steinkohlebedarf Deutschlands importiert.

2 Im Landschaftspark Duisburg-Nord kommt die Natur zurück.

Wandel im Ruhrgebiet

Mit der Kohlekrise im Jahr 1958 setzte dann ein sogenannter **Strukturwandel** ein. Das Ruhrgebiet musste sich wirtschaftlich neu ausrichten. Der neue Schwerpunkt wurde auf Bildung und Dienstleistung gelegt. Mittlerweile hat das Ruhrgebiet die dichteste Hochschullandschaft in Europa. Auf ehemaligen Industrieflächen entstanden Gewerbe- und Dienstleistungszentren. Industrieflächen wurden in Kultur- und Naherholungsflächen umgewandelt.

AUFGABEN

1 Die Geschichte der Steinkohle im Ruhrgebiet

a Beschreibe die Entwicklung des Ruhrgebiets von der Industrialisierung bis zum Zweiten Weltkrieg mit Blick auf den Steinkohlebergbau.

b Erkläre, was mit der Kohlekrise gemeint ist.

c Nenne Gründe, warum die Steinkohle in Deutschland heute nicht mehr gefördert wird.

2 Wandel im Ruhrgebiet

a Beschreibe, wie dem Ruhrgebiet der Strukturwandel aus der Krise gelungen ist.

b Der Landschaftspark Duisburg und die Zeche Zollverein sind Denkmäler, die an die Geschichte der Industrie erinnern. Erstelle eine Präsentation für ein Industriedenkmal.

tutenu

AUFGABEN Metalle und Metallgewinnung

1 Metalle prägen Zeitalter

Metalle spielten nach der Steinzeit eine wichtige Rolle in der Entwicklung der Menschheit.

a Zeichne den folgenden Zeitstrahl in dein Heft. Trage die verschiedenen „Metallzeitalter“ ein.

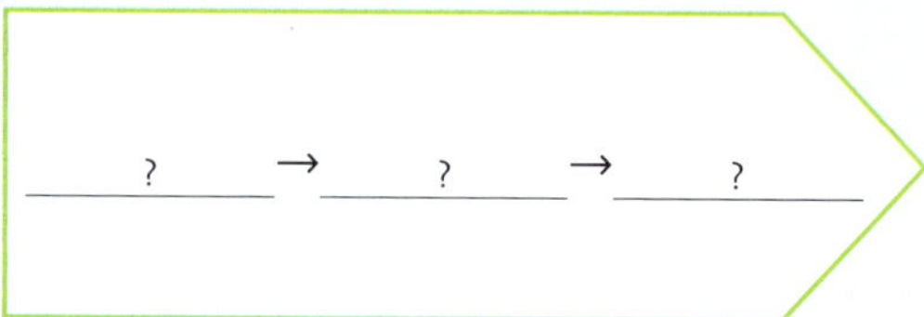

b Erkläre am Beispiel eines Werkzeugs, warum die Menschen den Werkstoff in der Geschichte mehrmals änderten.

c Nenne Metalle, die du der heutigen Zeit zuordnen würdest. Begründe deine Wahl.

2 Die Reduktion von Eisenoxid

a Meira will Eisenoxid durch eine Redoxreaktion mit einem Metall zu Eisen reduzieren. Überlege, welches Metall sie am sinnvollsten einsetzen sollte, und begründe deine Wahl.

b Formuliere einen allgemeinen Merksatz, der besagt, anhand welcher chemischen Eigenschaft man entscheiden kann, ob ein Metall als Reduktionsmittel wirken kann.

3 Eine Redoxreaktion

Kupferoxid reagiert mit Eisen (Bild 1).

a Stelle das Reaktionsschema in Worten zu dieser Reaktion auf.

b Kennzeichne die Oxidation rot und die Reduktion blau.

c Nenne das Oxidationsmittel und das Reduktionsmittel.

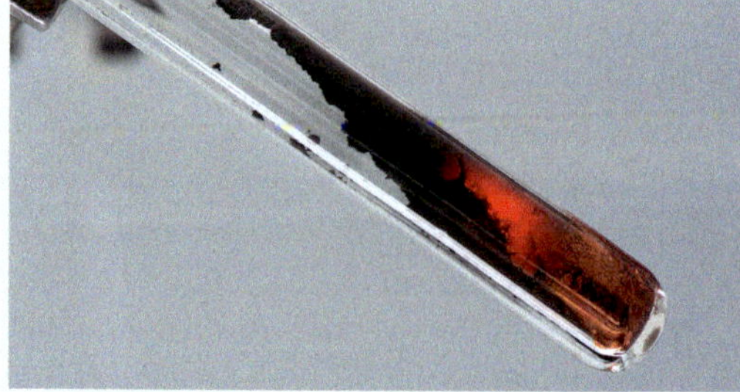

1 Die Reaktion zwischen Kupferoxid und Eisen

4 Mögliche Reaktionspartner finden

a Finde alle möglichen Partner, die in einer Redoxreaktion miteinander reagieren können:

b Notiere für drei Beispiele jeweils das Reaktionsschema in Worten.

c Begründe, warum die Reaktionen möglich sind.

5 Ist Wasser ein gutes Löschmittel für einen Metallbrand?

Wenn man ein brennendes Magnesiumband in Wasser oder Wasserdampf hält, dann brennt das Magnesium weiter.

a Notiere das chemische Symbol für Magnesium und die Formel für Wasser.

b Vermute, woher der Sauerstoff für die Verbrennung stammt.

c Formuliere das Reaktionsschema in Worten für die Reaktion und kennzeichne die Oxidation und die Reduktion.

d Begründe, warum Wasser kein Löschmittel für Magnesiumbrände ist (Bild 2).

2 Ein Löschversuch von brennendem Magnesium mit Wasser

6 Stahlherstellung

Zur Stahlherstellung wird Schrott genutzt.

a Beschreibe die Funktion des Eisenschrotts.

b Begründe, dass der Einsatz von Schrott sinnvoll ist. Betrachte dazu wirtschaftliche Ansichten und Umweltschutzgründe.

7 Der Hochofenprozess

Cagla bereitet ein Referat zum Hochofenprozess vor. Sie hat sich bereits einige Fragen überlegt, auf die sie in ihrem Referat eine Antwort geben will:

- *Welche Ausgangsstoffe werden verwendet?*
- *Welche Prozesse laufen im Hochofen ab?*
- *...*

a Finde weitere Fragen, die sich Cagla zur Vorbereitung auf ihr Referat stellen sollte.

b Beim Sammeln der Informationen findet Cagla einige Fachwörter, die sie in ihrem Referat erklären will. Fertige für 4 Fachwörter zum Thema Hochofenprozess eine Fachwortliste an. Erkläre die Fachwörter.

c Erstelle eine Gliederung für die Präsentation.

d Cagla will die Reduktion von Eisenoxid mit Kohlenstoffmonooxid zu Eisen als Beispiel für eine typische Redoxreaktion darstellen. Fertige eine Folie für Cagla an. Verwende die passenden Fachwörter.

e Beschreibe die beiden Funktionen von Koks im Hochofen.

8 Goldschmuck

Gold ist wegen seiner Eigenschaften ein beliebtes Metall für Schmuck. Wenn in einem Ring die Prägung 585 zu finden ist, bedeutet das, dass der Goldanteil dieses Rings 585 Promille, also 585/1000 beträgt.

3 Prägestempel auf einem Schmuckstück

a Berechne, wie viel Gramm Gold ein 9,2 g schwerer Ring aus 585er Gold enthält (Bild 3).

b Weitere Prägungen auf Schmuckstücken sind 333 oder 750. Beschreibe, was sie bedeuten.

9 Legierungen

Ordne den Legierungen die passende Bezeichnung zu. Finde passende Paare. Schreibe sie nebeneinander in dein Heft.

1 Eisen, Chrom, Nickel	**A** Bronze
2 Kupfer, Zinn	**B** Messing
3 Kupfer, Zink	**C** Edelstahl

10 Das Recycling von Getränkedosen

Getränkedosen werden oft aus Aluminium hergestellt. Aluminium wird aus dem Erz Bauxit gewonnen. Dieser Prozess benötigt große Mengen an Energie.
Aluminium kann beliebig oft eingeschmolzen werden, ohne Qualitätsverlust.

4 Getränkedosen aus Aluminium

a Begründe, warum es wichtig ist, Getränkedosen zu recyceln. Berücksichtige die Tabelle:

	Neu hergestelltes Aluminium	Recyceltes Aluminium
Energiebedarf	13,0 kWh	2,2 kWh
Wasserbedarf	57 l	2 l
CO_2-Ausstoß	200 g	10 g
Abfall	3,7 kg	0,1 kg

5 Umweltauswirkungen pro Kilogramm Aluminium

b Im Jahr 2003 wurde für Getränkedosen ein Pfand eingeführt. Begründe, warum das für den Umweltschutz wichtig ist.

c Nenne Alternativen zu Getränkedosen.

d Konservendosen für Lebensmittel werden meist aus Weißblech, also aus Stahl und einer dünnen Schicht aus Zinn, hergestellt. Bewerte den Einsatz von Stahl und finde Alternativen.

qotusa 

TESTE DICH!

1 Die Bedeutung der Metalle ↗ S. 146/147

a Nenne die typischen Eigenschaften der Metalle.

b Begründe, warum die Edelmetalle Gold und Silber den Menschen schon viel früher bekannt waren als Kupfer und Eisen.

c Erläutere anhand der Eigenschaften von Metallen, warum sie wichtige Werkstoffe sind.

2 Redoxreaktion ↗ S. 148/149

Aus Zinkoxid (ZnO) soll durch eine Redoxreaktion Zink hergestellt werden.

a Erkläre das Fachwort Redoxreaktion.

b Nenne ein Metall, mit dem man Zinkoxid reduzieren kann.

c Stelle das zugehörige Reaktionsschema in Worten auf.

d Kennzeichne in deinem Reaktionsschema das Oxidationsmittel und das Reduktionsmittel und erkläre die Fachwörter.

3 Edel und unedel ↗ S. 148/149

a Nickeloxid kann man mit Eisen reduzieren, mit Kupfer aber nicht. Vergleiche Nickel mit Kupfer und Eisen. Verwende dabei die Fachwörter edel und unedel.

b Kann man Magnesiumoxid mit Holzkohle reduzieren? Begründe deine Aussage.

4 Reaktionsschema vervollständigen ↗ S. 148/149

Übertrage jeweils das Reaktionsschema in dein Heft und vervollständige es. Beschrifte die Pfeile mit den Fachwörtern.

a

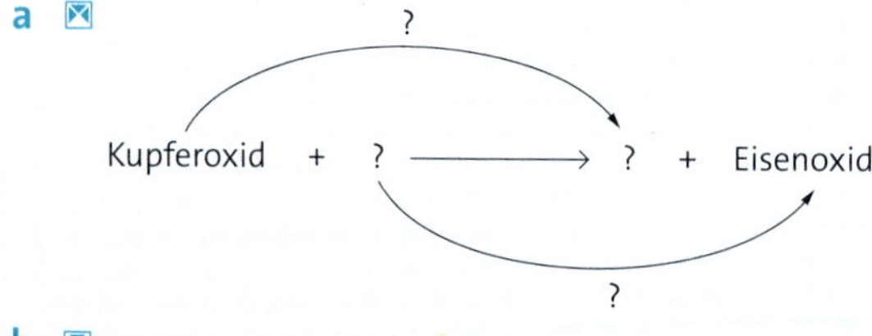

b

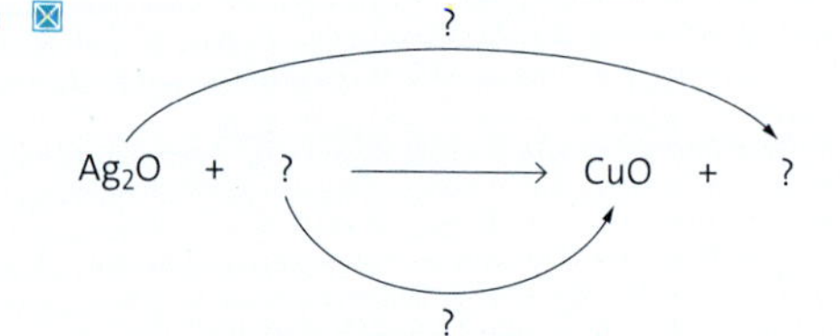

5 Eisengewinnung im Hochofen ↗ S. 152/153

Im Hochofen wird Eisen gewonnen.

a Beim Hochofenprozess wird Koks eingesetzt. Erläutere seine Funktion.

b Nenne weitere Stoffe, die außer Eisen im Roheisen enthalten sind.

c Begründe, warum das meiste Roheisen weiterverarbeitet wird.

6 Die Stahlherstellung ↗ S. 154/156

Das folgende Bild zeigt den Aufbau eines Konverters beim Sauerstoffaufblasverfahren:

a Benenne die nummerierten Bildteile.

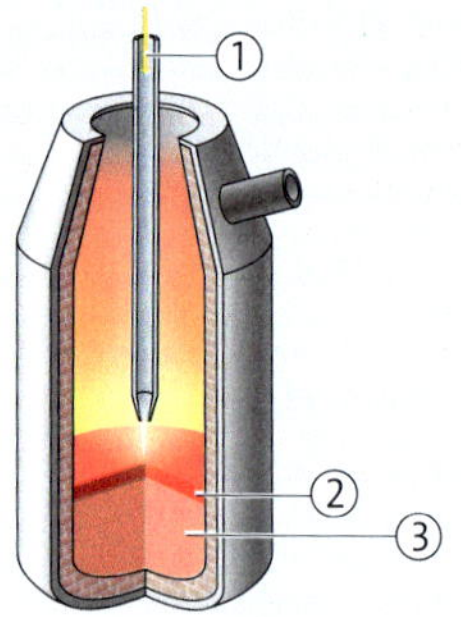

b Als Zuschlag wird gebrannter Kalk verwendet. Beschreibe seine Funktion.

c Beschreibe den Ablauf und die chemischen Vorgänge beim Sauerstoffaufblasverfahren.

d Erkläre, warum dem Roheisen bei diesem Verfahren Eisenschrott zugesetzt wird.

e Begründe, wieso die Wiederverwendung des Eisenschrotts wichtig für die Umwelt ist.

7 Legierungen ↗ S. 146

a Beschreibe, was mit dem Fachwort Legierung gemeint ist.

b Beschreibe die Vorteile der Legierung Bronze gegenüber dem reinen Metall Kupfer.

8 Metallrecycling ↗ S. 160/161

In einem Smartphone kommen Metalle vor.

a Gib zwei Beispiele für Metalle an, die in einem Smartphone verbaut sind.

b Anja will ihr kaputtes Smartphone im Hausmüll entsorgen. Bewerte das Vorhaben und beschreibe alternative Vorgehensweisen.

qapaba

ZUSAMMENFASSUNG Metalle und Metallgewinnung

Die Bedeutung der Metalle

- Metalle sind wichtige **Werkstoffe**.
- Metalle sind glänzend, verformbar, elektrisch leitfähig und wärmeleitend.
- **Edelmetalle** kommen in der Natur elementar vor. **Unedle Metalle** liegen in Verbindung mit anderen Elementen vor.
- **Erze** sind Gemische aus Metallen und Metallverbindungen mit Gestein.
- Historische Entwicklung:
  Kupferzeit → Bronzezeit → Eisenzeit

Redoxreaktionen

Reduktion: eine chemische Reaktion, bei der Sauerstoff abgegeben wird

Redoxreaktion: eine chemische Reaktion, bei der Oxidation und Reduktion gleichzeitig ablaufen

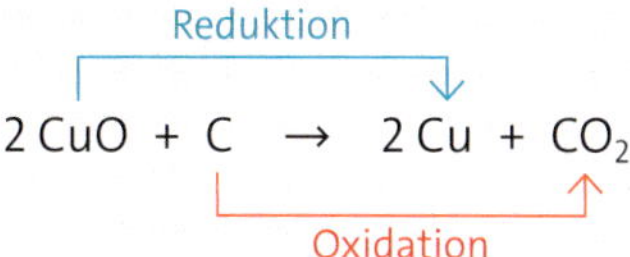

Beispiel: Reaktion von Kupferoxid und Kohlenstoff

Oxidationsmittel: Stoff, der in einer chemischen Reaktion Sauerstoff an einen anderen Stoff abgibt
Beispiel: Kupferoxid oxidiert Kohlenstoff.

Reduktionsmittel: Stoff, der in einer chemischen Reaktion einem anderen Stoff den Sauerstoff entzieht
Beispiel: Kohlenstoff reduziert Kupferoxid.

Bei Redoxreaktionen wird der Sauerstoff vom edleren auf das unedlere Element übertragen.

Die Eisengewinnung im Hochofen

Im **Hochofen** wird aus Eisenerz, Koks und Zuschlägen Eisen erzeugt. Dabei wird das Eisenoxid aus dem Erz zu Eisen reduziert. Koks dient als Brennstoff und als Reduktionsmittel für das Eisenoxid.
Das **Roheisen** enthält etwa 4 Prozent Kohlenstoff sowie Silicium, Mangan, Phosphor und Schwefel.

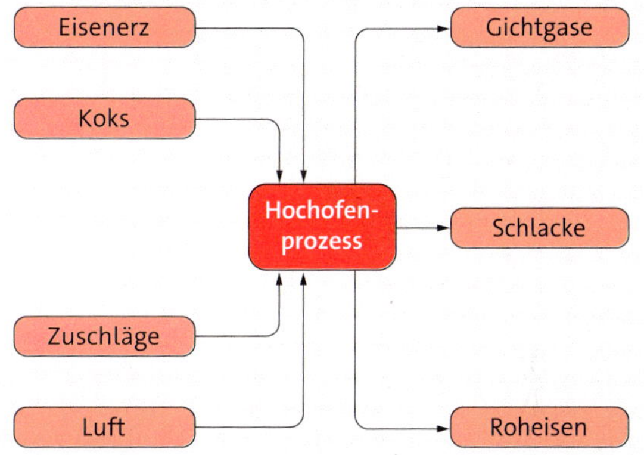

Die Stahlherstellung

Stahl wird im **Konverter** im **Sauerstoffaufblasverfahren** aus Roheisen, Eisenschrott und Zuschlägen hergestellt. Dabei werden Kohlenstoff und andere unerwünschte Stoffe durch Oxidation aus dem Eisen entfernt. Stahl hat einen Kohlenstoffgehalt von unter 2 Prozent.

Das Metallrecycling

In Elektroschrott wie allen Smartphones stecken viele Metalle. Neben den Metallen Gold und Kupfer werden auch die Metalle der Seltenen Erden verwendet. Durch das Recycling der Metalle können die Vorräte an Rohstoffen geschont sowie Kohlenstoffdioxidemissionen und Schadstoffe eingespart werden.

edel → unedel

Gold | Platin | Silber | Kupfer | Wasserstoff | Eisen | Kohlenstoff | Zink | Aluminium | Magnesium

Wasser und Wasserstoff

In diesem Kapitel erfährst du, ...

... welche Eigenschaften und welche Bedeutung Wasser hat.

... wie Trinkwasser aufbereitet wird und was mit dem Abwasser geschieht.

... wie man die Qualität von Wasser untersuchen und bewerten kann.

... wie Wasser chemisch zelegt und hergestellt werden kann.

... welche Eigenschaften und welche Bedeutung Wasserstoff hat.

Wasser ist lebensnotwendig

1 Menschen, Tiere und Pflanzen benötigen Wasser zum Leben.

Lebewesen brauchen Wasser fürs Überleben. Deswegen trinken Menschen und Tiere Wasser. Auch Pflanzen brauchen Wasser, um zu wachsen. Wasser ist außerdem Lebensraum für viele Tiere und Pflanzen.

Lebewesen brauchen Wasser

Der menschliche Körper besteht zu etwa 60 Prozent aus Wasser. Das Wasser ist der Hauptbestandteil der Körperflüssigkeiten wie Blut, Schweiß, Speichel, Urin oder Tränen. Außerdem enthalten die Zellen des Körpers Wasser.
Manche Tiere wie Quallen bestehen zu über 90 Prozent aus Wasser. Auch die meisten Pflanzen haben einen hohen Wasseranteil.
Erwachsene Menschen brauchen für ihren Stoffwechsel etwa 2–3 Liter Wasser täglich. Wir nehmen dieses Wasser über die Nahrung auf.

60 %
80 %
98 %

2 Lebewesen bestehen aus Wasser.

Das Wasservorkommen auf der Erde

Bild 3 zeigt, dass etwa 71 Prozent der Erdoberfläche mit Wasser bedeckt sind. Wasser ist ein Stoff, der auf der Erde vorkommt, ohne dass der Mensch dafür etwas produzieren muss. Deswegen spricht man bei Wasser auch von einer natürlichen **Ressource**.
Bei Wasser wird zwischen Salzwasser und Süßwasser unterschieden. Etwa 97 Prozent des Wassers auf der Erde enthält Salz und schmeckt daher salzig. Dieses Wasser heißt **Salzwasser**. Das Salzwasser befindet sich hauptsächlich in den Meeren. Etwa 3 Prozent des Wassers der Erde schmeckt nicht salzig und wird als **Süßwasser** bezeichnet. Nur das Süßwasser können wir zum Trinken verwenden. Wasser, das wir trinken und im täglichen Leben nutzen, wird **Trinkwasser** genannt. Weil ein großer Teil des Süßwassers als Eis am Nordpol und am Südpol gebunden ist, können wir nur etwa 1 Prozent des gesamten Wassers auf der Erde als Trinkwasser nutzen.

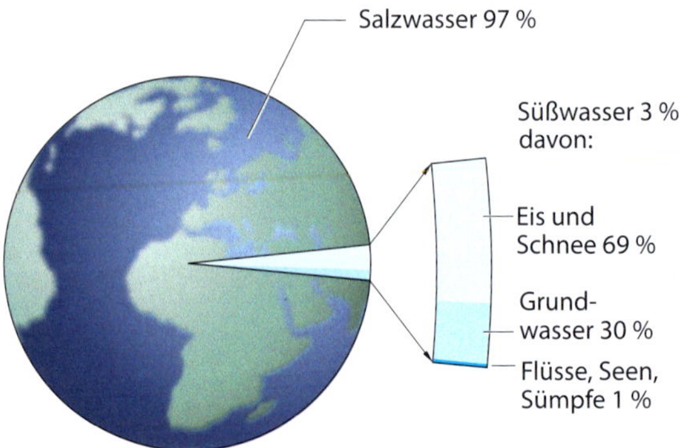

3 Die Wasserverteilung auf der Erde.

4 Dieser Junge schleppt Kanister mit Trinkwasser.

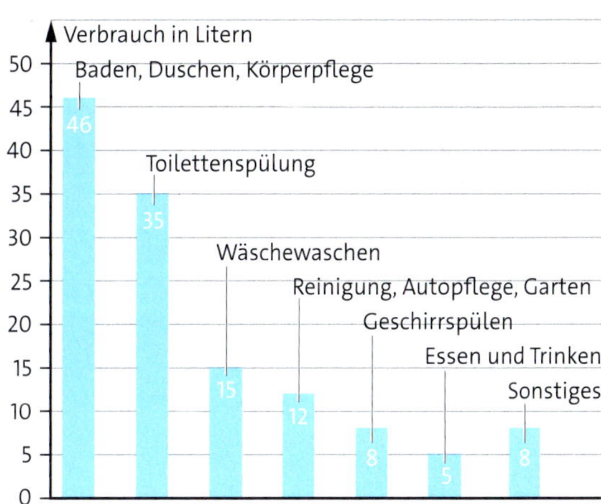

5 Die Trinkwasserverwendung im Haushalt in Litern

Die Versorgung mit Trinkwasser
Die Weltgesundheitsorganisation WHO schätzt, dass etwa 785 Millionen Menschen keinen Zugang zu sauberem Trinkwasser haben. Trinkwasser ist auf der Erde ungleich verteilt. Besonders in Nord- und Zentralafrika, im Nahen Osten, in Indien, Pakistan und in Mexiko ist Trinkwasser knapp. Die Menschen dort haben nur wenig Wasser zur Verfügung. Wenn man zu wenig trinkt, dann trocknet der Körper aus. Außerdem ist das Wasser, das zur Körperpflege und zum Trinken zur Verfügung steht, oft verschmutzt. Dadurch können Krankheiten übertragen werden. Weil immer mehr Menschen auf der Erde leben, steigt auch der Bedarf an Wasser ständig. Der Klimawandel führt zu häufigeren und extremeren Regenfällen und Hitzewellen. Dies gefährdet die Versorgung mit sauberem Trinkwasser zusätzlich.

EXTRA Die Wasseruhr
In jedem Haushalt gibt es eine Wasseruhr. Durch sie fließt das Wasser, das im Haushalt genutzt wird. Die Wassermenge wird in Kubikmetern angezeigt.

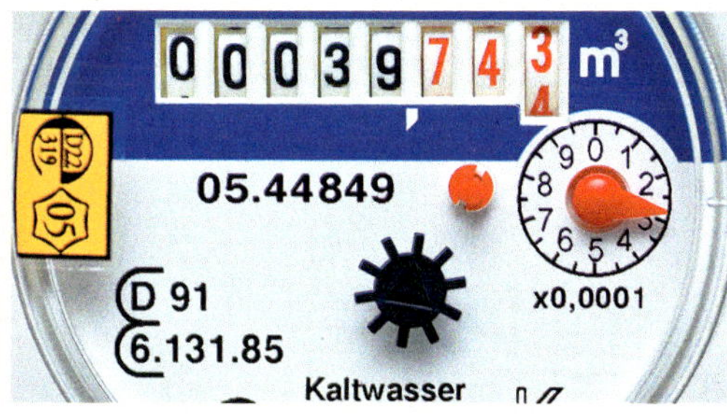

6 Eine Wasseruhr zeigt die Wassermenge an.

Die Trinkwasserverwendung in Deutschland
Wir nutzen Wasser zum Trinken, beim Duschen, Wäschewaschen und Geschirrspülen. Jeder Mensch in Deutschland braucht durchschnittlich 129 Liter Trinkwasser am Tag (Bild 5). Zusätzlich brauchen auch Industrie, Landwirtschaft, Kraftwerke und öffentliche Einrichtungen wie Krankenhäuser und Schwimmbäder viel Wasser.

Wasser ist für alle Lebewesen lebensnotwendig. Nur ein kleiner Teil des Wassers steht uns als Trinkwasser zur Verfügung. Viele Menschen haben keinen Zugang zu Trinkwasser.

AUFGABEN

1 Das Wasservorkommen auf der Erde

a Beschreibe die Verteilung des Wassers auf der Erde. Nutze dazu Bild 3.

b Erkläre, warum wir nur 1 Prozent des Wassers als Trinkwasser nutzen können.

2 Der Wasserbedarf

a Nenne vier Situationen, in denen deine Familie an einem Tag Trinkwasser braucht.

b Überlege dir drei Maßnahmen, wie du deine Trinkwassernutzung verringern kannst.

c Recherchiere, wie viel Wasser deine Familie an einem Tag nutzt. Schaue dazu auf die Wasseruhr bei dir zu Hause und schreibe den Wert in m^3 auf. Vergleiche euren Wasserbedarf mit den Werten in Bild 5.

d Begründe, warum der Zugang zu sauberem Trinkwasser wichtig ist.

sebabu

Der Kreislauf des Wassers

1 Der Biggesee in Nordrhein-Westfalen

Das Wasser aus dem Biggesee in Bild 1 ist Teil eines Kreislaufs. Wasser verdunstet und kondensiert ständig. Weil wir Wasser nutzen, es trinken, weil wir schwitzen und Wasser ausscheiden, sind wir ein direkter Teil dieses Kreislaufs.

Der Wasserkreislauf
Weil sich Wasser in Flüssen und Seen wie dem Biggesee an der Oberfläche der Erde befindet, nennen wir dieses Wasser auch **Oberflächenwasser**. Aus Oberflächenwasser wird auch Trinkwasser gewonnen. Obwohl das Wasser entnommen wird, geht es nicht verloren. Der Biggesee ist nicht plötzlich leer. Die Gesamtmenge an Wasser auf der Erde bleibt gleich. Durch Verdunstung und Kondensation bleibt das Wasser in einem Kreislauf, dem **Wasserkreislauf** (Bild 2).

Die Verdunstung
Weil die Sonne die Erdoberfläche erwärmt, verdunstet das Wasser aus dem Meer, aus den Flüssen und aus Seen. Das Wasser verdunstet auch aus dem Boden und aus den Pflanzen. Gasförmiges Wasser entsteht und steigt in die Erdatmosphäre auf.

Die Kondensation
In der Erdatmosphäre wird es umso kälter, je weiter man von der Erde entfernt ist. Der Wasserdampf kühlt also auf dem Weg nach oben immer weiter ab. Gasförmiges Wasser wird wieder flüssig, es kondensiert. Dabei entstehen winzige Wassertröpfchen. Sie bilden Wolken.
Das Wasser fällt schließlich in Form von Regen, Hagel oder Schnee wieder auf die Erde herunter. Wir bezeichnen dieses Wasser als **Niederschlag.** Die Niederschläge werden direkt von den Meeren, Seen oder Flüssen aufgenommen. Außerdem wird das Wasser von den Pflanzen aufgenommen und sickert in den Boden ein, bis es im Boden auf eine wasserundurchlässige Schicht trifft. Dort sammelt sich das Wasser. Das Wasser im Untergrund wird als **Grundwasser** bezeichnet. Ein Teil des Wassers tritt woanders als Quelle wieder hervor. Aus Quellen werden Bäche, aus Bächen werden Flüsse, die schließlich zum Meer fließen (Bild 2).

Durch Verdunstung und Kondensation bleibt das Wasser auf der Erde im Wasserkreislauf ständig in Bewegung.

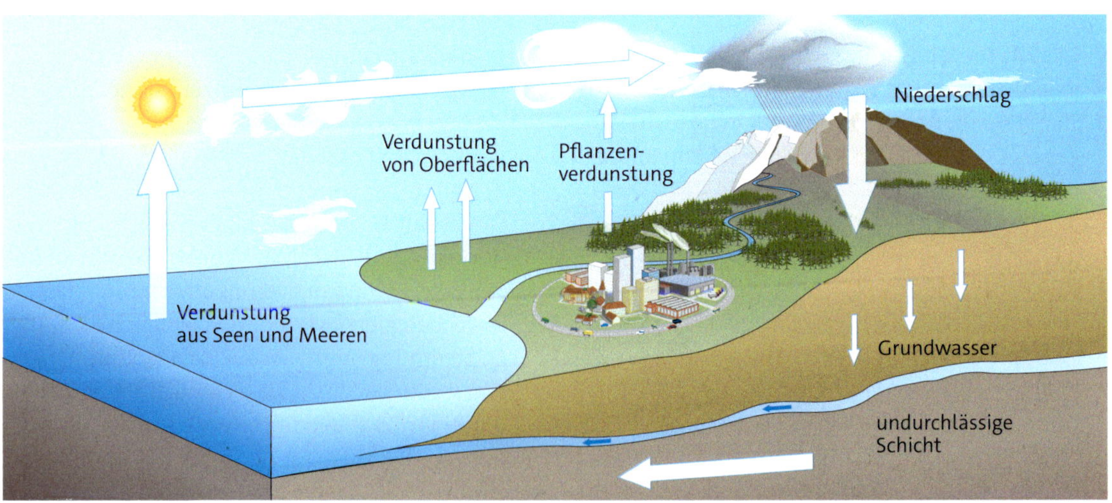

2 Der Wasserkreislauf

3 Die Biggetalsperre

Die Nutzung von Wasser

Wir nutzen Wasser als Trinkwasser, für die Bereitstellung elektrischer Energie, als Kühlmittel und zum Transport. Dazu nehmen wir auch Veränderungen an der Natur vor. Die Bigge ist ein Fluss in Nordrhein-Westfalen. Dieser Fluss wird durch Talsperren zu einem der größten Stauseen Deutschlands aufgestaut (Bild 3). Mithilfe des Biggestausees kann man den Wasserstand der Bigge und auch der Ruhr kontrollieren. Aus dem Biggestausee wird auch Trinkwasser gewonnen. Ein Stausee ist somit ein **Wasserspeicher**, der eine ausreichende Wasserversorgung sicherstellt.

Wasserkraftwerke

Im **Wasserkraftwerk** strömt das Wasser durch eine Turbine, die einen Generator antreibt. Die Turbine und der Generator wandeln die Bewegungsenergie des Wassers in elektrische Energie um. Bewegtes Wasser als erneuerbare Energiequelle ist eine wichtige Alternative zu fossilen Energiequellen wie Kohle und Erdöl.

Das Wasser als Kühlmittel

Während wir Sport treiben oder wenn wir Fieber haben, schwitzen wir. Dabei wird Wasser über die Hautporen ausgeschieden und verdunstet auf der Haut. Das sorgt für Kühlung. In Autos werden Motoren mit Wasser gekühlt. In Kraftwerken sorgt eine Wasserkühlung dafür, dass die Generatoren nicht zu heiß werden.

Das Wasser als Transportmittel

Wasser wird als Transportmittel genutzt. Mithilfe von Wasser wird Schmutz durch die Kanalisation zu den Kläranlagen transportiert. Frachtschiffe bringen auf großen Flüssen wie Rhein, Main, Donau oder auf Kanälen Waren in verschiedene Länder. Große Containerschiffe bringen ihre Ladung über das Meer in alle Welt.

Die Beeinflussung des Wasserkreislaufs

Wir Menschen beeinflussen auf verschiedene Weise den natürlichen Wasserkreislauf. Um sie als Transportweg nutzen zu können, wurden viele Flüsse begradigt. Den Flüssen fehlen dann die Windungen, Nebenflüsse und Seitenarme. So verlieren viele Pflanzen und Tiere ihren Lebensraum am und im Wasser. Bei einem Hochwasser werden dann auch die Menschen selbst bedroht, denn das Flusswasser kann sich nicht mehr in Nebenflüsse oder auf Wiesen verteilen. Es kann zu Schäden durch Überflutungen kommen. Wenn Beton und Asphalt den Boden bedecken, dann kann das Wasser nicht in den Boden versickern. So kann sich das Grundwasser dort nicht neu bilden. Das Grundwasser ist gefährdet, wenn Schadstoffe eingetragen werden und durch Landwirtschaft und Industrie viel Grundwasser entnommen wird. Ein behutsamer, umweltschonender Umgang mit dem Wasserkreislauf ist daher wichtig.

> Wir Menschen nutzen Wasser als Trinkwasser, zur Energiegewinnung, zur Kühlung und als Transportmittel und beeinflussen dadurch den natürlichen Wasserkreislauf.

AUFGABEN

1 Der Wasserkreislauf

- a ◩ Nenne die Zustandsformen, in denen Wasser im Wasserkreislauf vorkommt. Nutze Bild 2.
- b ◪ Beschreibe den Wasserkreislauf in der Natur. Nutze die Fachwörter aus dem Text und Bild 2.
- c ⊠ Begründe, warum die Menge an Wasser auf der Erde immer gleich bleibt.

2 Die Nutzung des Wassers

- a ◩ Nenne zwei verschiedene Nutzungsmöglichkeiten von Wasser in der Technik.
- b ⊠ Erläutere an einem Beispiel, wie wir Menschen den Kreislauf des Wassers durch unsere Wassernutzung beeinflussen.

cazine 

Die Gewinnung von Trinkwasser

1 Das Trinkwasser wird geprüft, bevor es aus der Leitung kommt.

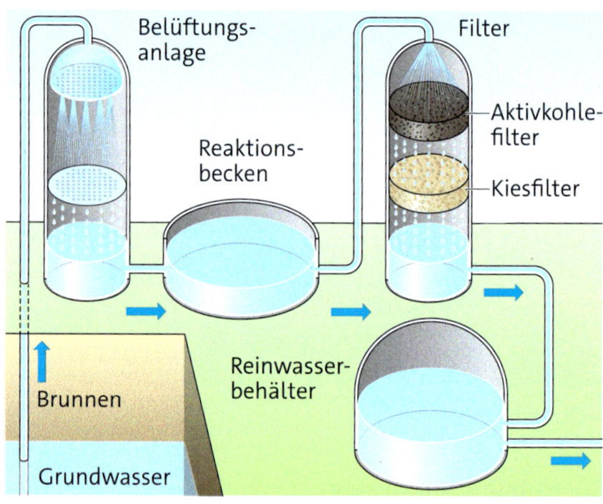

2 Eine Anlage zur Trinkwasseraufbereitung

Das Wasser aus Stauseen oder Flüssen wirkt meist recht sauber. Bevor es aber aus dem Wasserhahn kommt, wird es aufbereitet und kontrolliert.

Die Trinkwasseraufbereitung

Das Wasser aus dem Wasserhahn können wir trinken. Daher wird es Trinkwasser genannt. Bevor das Wasser als Trinkwasser aus dem Wasserhahn kommt, wird es im Wasserwerk in einer **Trinkwasseraufbereitungsanlage** aufbereitet. Dort werden Schmutz, Krankheitserreger und Schadstoffe aus dem Wasser entfernt.
Schadstoffe sind zum Beispiel Düngemittel oder Schädlingsbekämpfungsmittel. Niederschläge können solche Schadstoffe beispielsweise aus dem Ackerboden auswaschen. Diese Schadstoffe gelangen dann in den Wasserkreislauf und müssen wieder entfernt werden, bevor wir das Wasser trinken können.
Das meiste Trinkwasser in Deutschland stammt aus Grundwasser. Bild 2 zeigt eine Trinkwasseraufbereitungsanlage. Zuerst wird das Grundwasser in die Anlage gepumpt. Dann wird das Wasser belüftet. Dadurch werden schädliche Gase entfernt. Das Wasser gelangt dann ins **Reaktionsbecken**. Dort werden die Krankheitserreger mithilfe von Chlor, Ozon oder durch UV-Strahlen entfernt. Zum Schluss wird der Schmutz mit verschiedenen Filtern und Sandschichten aus dem Wasser filtriert.

Die Trinkwasserverordnung

Trinkwasser muss regelmäßig überprüft werden. Für viele Schadstoffe wie Düngemittel, Schädlingsbekämpfungsmittel und Stoffe wie Blei, Cadmium oder Nitrat sind bestimmte Werte festgelegt. Diese Werte dürfen wie eine Grenze nicht überschritten werden, weil sie dann den Menschen schaden können. Man nennt diese Werte daher **Grenzwerte**. Sie stehen in der **Trinkwasserverordnung** und müssen eingehalten werden.

> Trinkwasser stammt aus Grundwasser und Oberflächenwasser. In der Trinkwasseraufbereitungsanlage wird es gereinigt. Die Trinkwasserverordnung regelt die Schadstoffmenge, die im Trinkwasser erlaubt ist.

AUFGABEN

1 Vorkommen von Trinkwasser

a ◪ Nenne zwei Gewässer, die zu den Oberflächengewässern zählen.

b ⊠ Beschreibe, woher Grundwasser kommt und wie man es gewinnt.

2 Aufbereitung von Trinkwasser

a ⊠ Begründe, warum Trinkwasser aufbereitet werden muss.

b ⊠ Beschreibe den Weg des Wassers in einer Anlage für Trinkwasseraufbereitung mithilfe von Bild 2. Folgende Formulierungen können dir helfen: *das Wasser wird in … gepumpt, das Wasser fließt ins …*

3 Grenzwerte im Trinkwasser

◪ Nenne mindestens drei Schadstoffe, deren Mengen im Trinkwasser begrenzt sein müssen.

boneca

Die Reinigung von Abwasser

1 Das Regenwasser fließt in die Kanalisation.

Das Wasser in Bild 1 fließt in die Kanalisation und wird dann in die Kläranlage geleitet. Dort wird es gereinigt, bevor es zurück in ein Gewässer gelangt.

Das Abwasser fließt zur Kläranlage

Das Wasser, das wir genutzt haben, wird Abwasser genannt. Das Wasser fließt durch die Kanalisation zu einer technischen Anlage, in der es gereinigt wird. Man kann auch sagen: Das Wasser wird geklärt. Man spricht deshalb von einer **Kläranlage** (Bild 2). Dort findet die Reinigung statt.

1. Stufe: Die mechanische Abwasserreinigung

Etwa 30 Prozent der Schmutzstoffe werden mithilfe von mechanischen Trennverfahren beseitigt. Größere Gegenstände wie Papier, Flaschen oder Äste werden durch einen **Rechen** aus dem Wasser entfernt. Im sogenannten **Sandfang** lagern sich grobe Stoffe wie Kies und Sand am Boden ab.
Das Wasser gelangt dann ins **Vorklärbecken**. Dort bleibt das Wasser, bis sich die feinen Schwebstoffe als Schlamm am Boden absetzen.

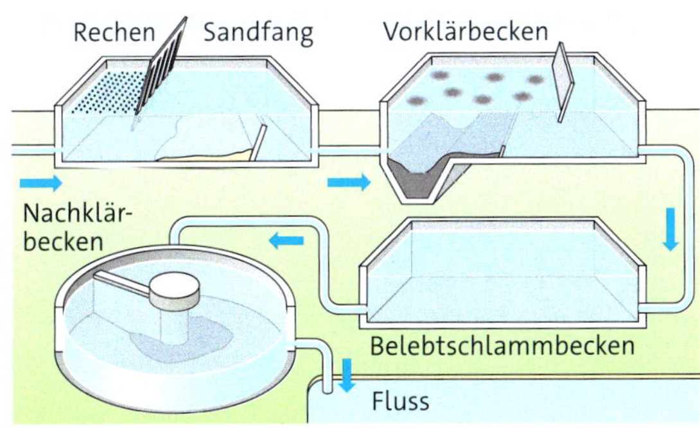

2 Das Modell einer Kläranlage

2. Stufe: Die biologische Abwasserreinigung

Im nächsten Becken befinden sich Kleinstlebewesen. Daher wird dieses Becken **Belebtschlammbecken** genannt. Die Kleinstlebewesen ernähren sich von organischen Stoffen und entfernen diese Stoffe aus dem Wasser.
Das Wasser gelangt danach ins Nachklärbecken. Dort sinken die Kleinstlebewesen als Schlamm zu Boden und werden abgepumpt. Etwa 60 Prozent der Schmutzstoffe werden so biologisch beseitigt.

3. Stufe: Die chemische Abwasserreinigung

Die restlichen 10 Prozent der Verunreinigungen werden durch chemische Prozesse beseitigt. Im **Nachklärbecken** wird dem Wasser ein Mittel zugesetzt, das gelöste Schadstoffe wie Phosphate bindet. Man bezeichnet es als **Fällungsmittel**.
Aus dem Fällungsmittel und dem Phosphat entsteht eine chemische Verbindung. Da diese nicht wasserlöslich ist, entsteht ein fester Niederschlag, der sich als Schlamm am Boden absetzt. Man sagt auch: Die Verbindung fällt aus. Der Schlamm wird abgepumpt. Zum Schluss wird die Qualität des gereinigten Wassers geprüft und das Wasser anschließend in ein Gewässer eingeleitet.

Abwasser wird in der Kläranlage gereinigt. In der Kläranlage gibt es drei Stufen: die mechanische, die biologische und die chemische Abwasserreinigung.

AUFGABEN

1 **Der Aufbau einer Kläranlage**
Beschreibe den Weg des Wassers von der Kanalisation durch die Kläranlage, bis es in den Fluss geleitet wird. Nutze dabei Bild 2. Nenne die verschiedenen Bereiche der Kläranlage.

2 **Methoden der Abwasserreinigung**
a Benenne die Trennverfahren, die bei der mechanischen Abwasserreinigung genutzt werden.
b Erläutere die Funktion der Kleinstlebewesen in der biologischen Abwasserreinigung.
c Beschreibe den Prozess der chemischen Abwasserreinigung.

PRAXIS Die Reinigung von Wasser

1 So wird das Modell-Schmutzwasser hergestellt.

A Herstellen eines Modell-Schmutzwassers

Material:
Becherglas, Spatel, Rührstab, Wasser, Gartenerde, Sand, kleine Kiesel, Tinte, Kochsalz, Mehl, Styropor

Durchführung:
- Vermische alle Stoffe in einem Becherglas.
- Lass das Becherglas 3 Minuten lang stehen.

Auswertung:
1 Beschreibe, was du bei den einzelnen Stoffen beobachtest, wenn sie im Wasser sind.
2 Erkläre, was mit den verschiedenen Stoffen im Wasser geschieht. Nutze dazu die Stoffeigenschaften.

B Trennen der Stoffe aus dem Wasser

Material:
Becherglas, Pinzette, Rundfilter, 2 Erlenmeyerkolben, Spatel, Gummistopfen, Rührkern, Magnetrührer, Modell-Schmutzwasser, Aktivkohle

Durchführung:
- Sortiere das Styropor mit der Pinzette heraus.
- Gieße die Flüssigkeit, die über dem Bodensatz steht, in ein anderes Becherglas.
- Filtriere die abgegossene Flüssigkeit durch den Rundfilter in einen Erlenmeyerkolben.
- Gib einen Rührkern in den Erlenmeyerkolben. Gib einen Spatel Aktivkohle hinzu.
- Stelle den Erlenmeyerkolben auf einen Magnetrührer und rühre bei mittlerer Geschwindigkeit 3 Minuten lang.
- Filtriere die Flüssigkeit noch einmal durch einen Rundfilter in einen Erlenmeyerkolben.

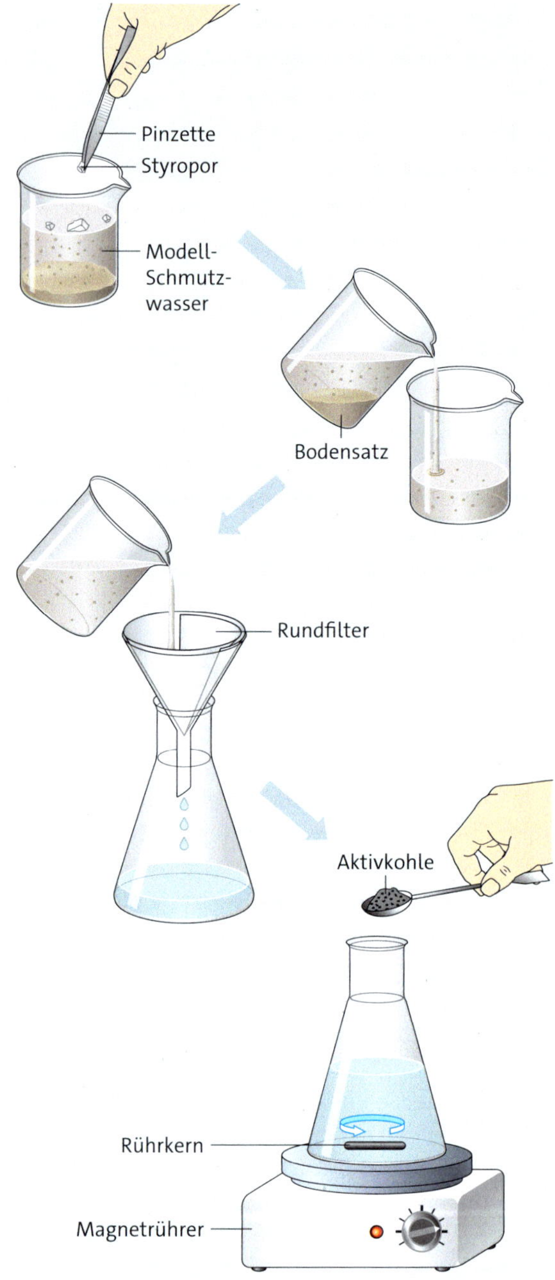

2 Die verschiedenen Trennmethoden bei der Reinigung von Schmutzwasser

Auswertung:
1 Benenne die verschiedenen Trennmethoden, die in Bild 2 abgebildet sind.
2 Beschreibe deine Beobachtungen nach den Trennmethoden. Nutze Bild 2.
3 Plane ein Experiment, das nachweist, ob im Wasser noch Kochsalz enthalten ist.

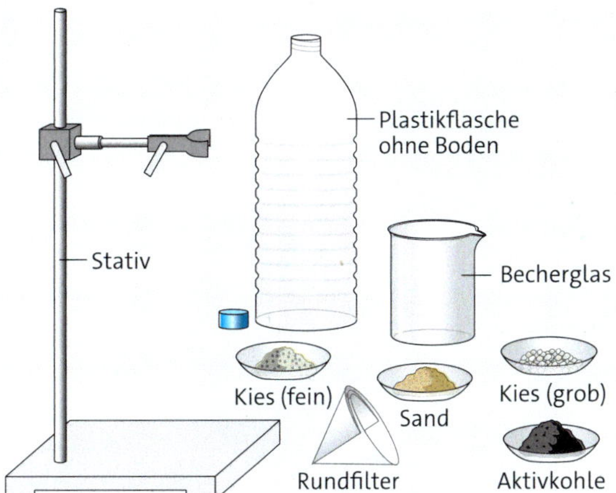

3 Aus diesem Material kannst du eine Kläranlage bauen.

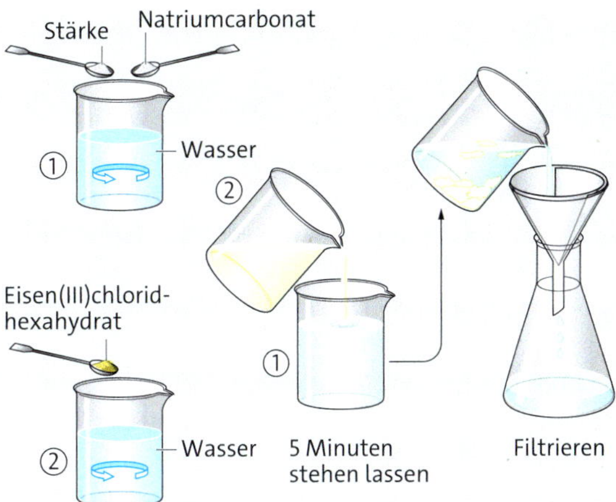

4 Die chemische Reinigung im Experiment

C Wer baut die beste Kläranlage?

Du sollst eine Kläranlage in der Flasche bauen und das Schmutzwasser reinigen. Überlege mit welchen Stoffen und in welcher Reihenfolge du die Flasche befüllen willst.

Material:
große Plastikflasche ohne Boden, Schraubdeckel, Stativ mit Stativklemme, Becherglas, Aktivkohle, Filterpapier, Kies (fein), Kies (grob), Sand (fein), Watte

Durchführung:
– Verschließe die Plastikflasche mit dem Schraubdeckel.
– Klemme die Flasche mit dem offenen Boden nach oben ins Stativ.
– Stelle ein Becherglas unter die Flasche.
– Fülle die verschiedenen Stoffe, mit denen du die Kläranlage bauen willst, in einer selbst gewählten Reihenfolge in die Flasche.
– Öffne den Schraubverschluss der Flasche und gieße Schmutzwasser in die Flasche.

Auswertung:
1 Beschreibe die Unterschiede zwischen dem Schmutzwasser und dem gefilterten Wasser.
2 Begründe die gewählte Reihenfolge der Filterstoffe.
3 Vergleiche deine Kläranlage mit den Anlagen deiner Mitschülerinnen und Mitschüler. Bewerte deine eigene Kläranlage.

D Die chemische Reinigung

Material:
2 Bechergläser (250 ml), 1 Reagenzglas, Messzylinder, Spatel, Rührstab, Waage, Erlenmeyerkolben (250 ml), Trichter, Filterpapier, Eisen(III)chloridhexahydrat, Natriumcarbonat, Stärke, destilliertes Wasser

Durchführung:
– Fülle das Becherglas 1 zur Hälfte mit Wasser.
– Gib je einen Spatel Stärke und Natriumcarbonat in das Wasser und rühre gut um.
– Fülle das Reagenzglas zur Hälfte mit der hergestellten Lösung. Stelle es für einen späteren Vergleich zur Seite.
– Miss 100 ml Wasser im Messzylinder ab und gib es in Becherglas 2.
– Wiege 0,5 g Eisen(III)chloridhexahydrat ab und löse es unter Rühren im Wasser.
– Gieße die Lösung aus Becherglas 2 unter Rühren in Becherglas 1.
– Lass das Becherglas für 5 Minuten ruhig stehen.
– Filtriere die entstandenen Flocken von der Lösung ab.

Auswertung:
1 Beschreibe, welche Beobachtungen du in den Bechergläsern machst.
2 Vergleiche das Filtrat im Erlenmeyerkolben mit dem Inhalt des Reagenzglases.

METHODE Diagramme auswerten

Diagramme sind anschauliche Darstellungen von Daten. Wenn du wissen willst, was in einem Diagramm dargestellt ist, musst du es auswerten.

1 Das Thema erfassen
Lies zuerst die Überschrift und die Unterschrift des Diagramms, wenn es sie gibt. Sie geben Auskunft darüber, was dargestellt wird.

Linda wertet das Diagramm in Bild 1 aus. Zuerst liest sie die Überschrift. Linda erfährt: Das Diagramm zeigt, woher das Trinkwasser stammt, das für die Trinkwassergewinnung im Jahr 2019 in Deutschland verwendet wurde.

2 Den Diagrammtyp erkennen
Betrachte das Diagramm:

- Ein rundes Diagramm heißt **Kreisdiagramm** (Bild 2 A). Kreisdiagramme zeigen Anteile von einem Ganzen an. Alle Anteile zusammen müssen immer 100 Prozent ergeben.
- Ein Diagramm mit einer oder mehreren dünnen Linien heißt **Liniendiagramm** (Bild 2B). Liniendiagramme zeigen Entwicklungen oder Veränderungen.
- Ein Diagramm mit senkrechten Säulen heißt **Säulendiagramm** (Bild 3A).
- Ein Diagramm mit waagerechten Balken heißt **Balkendiagramm** (Bild 3B).
- Säulendiagramme und Balkendiagramme eignen sich besonders gut, um Daten zu vergleichen und Unterschiede deutlich zu machen.

Linda sieht in Bild 2 einen Kreis. Es ist also ein Kreisdiagramm. Darin werden die Anteile der einzelnen Wasserarten verglichen, die zur Trinkwassergewinnung verwendet werden.

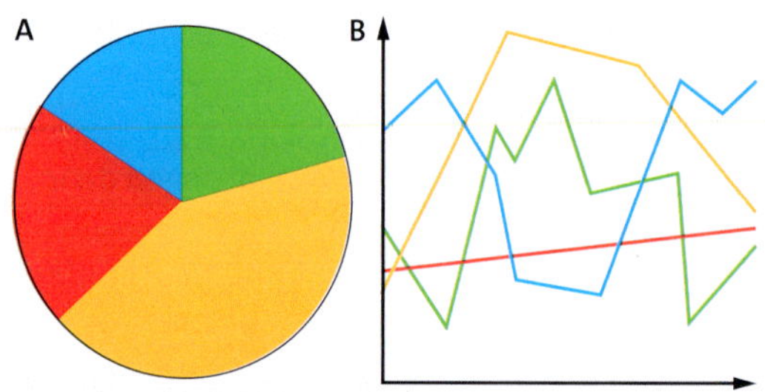

2 Ein Kreisdiagramm (A) und ein Liniendiagramm (B)

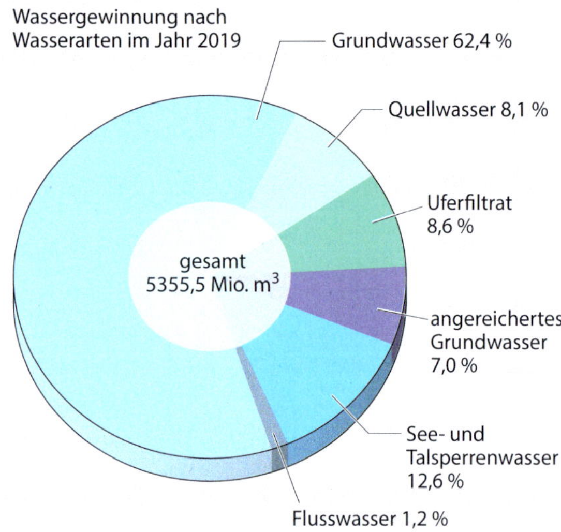

1 Dieses Diagramm zur Wassergewinnung wertet Linda aus.

3 Die Legende und die Achsenbeschriftung lesen
Betrachte die **Legende**. Hier steht, was die verschiedenen Farben und Symbole im Diagramm bedeuten. Liniendiagramme, Säulendiagramme und Balkendiagramme besitzen **Achsen**. Das sind Geraden, die zum Ablesen der Werte genutzt werden. Die waagerechte Achse heißt *x*-Achse. Die senkrechte Achse heißt *y*-Achse. Lies an den beiden Achsen ab, welche Einheiten im Diagramm verwendet werden.

Linda schaut sich die Legende an. Sie erkennt, dass die verschiedenen Farben für die verschiedenen Wasserarten stehen: Grundwasser, Quellwasser, Uferfiltrat, angereichertes Grundwasser, See- und Talsperrenwasser sowie Flusswasser. Linda liest auch die Information in der Mitte des Kreises. Dort steht, dass die Gesamtmenge an gewonnenem Trinkwasser in dem Jahr 5355,5 Millionen Kubikmeter war.

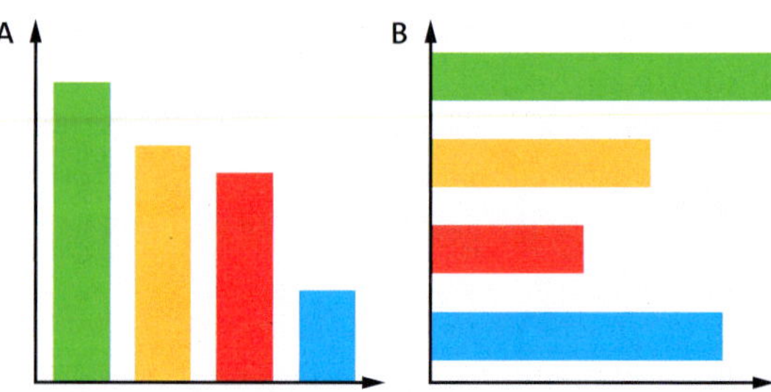

3 Ein Säulendiagramm (A) und ein Balkendiagramm (B)

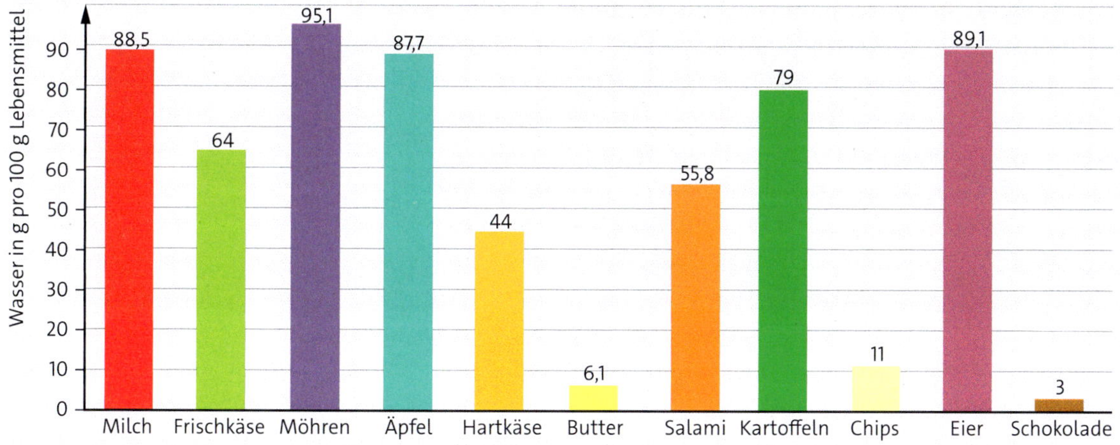

4 Der Wassergehalt in 100 Gramm Lebensmittel

4 Die Werte ablesen

Bei Diagrammen mit Achsen ist jedem Wert auf der *x*-Achse ein Wert auf der *y*-Achse zugordnet. Wähle einen Wert auf der *x*-Achse aus, der dich interessiert, und betrachte den dazugehörigen Wert auf der *y*-Achse.
Sieh dir bei Liniendiagrammen die Aufwärts- und Abwärtsbewegungen an. So erkennst du Entwicklungen oder Veränderungen. Bei Säulen- und Balkendiagrammen ist die Höhe der Säulen oder die Länge der Balken entscheidend. Vergleiche bei Kreisdiagrammen die Anteile am Ganzen miteinander. Je größer das „Tortenstück“ ist, desto höher der Anteil.

Linda will sich über den Wassergehalt in einigen Lebensmitteln informieren. Sie überlegt, welches Lebensmittel sie an einem heißen Sommertag zusätzlich zu ihrer Trinkflasche mit zum Ausflug nehmen will. Dazu nutzt sie das Diagramm in Bild 4. Linda wählt ein Lebensmittel auf der x-Achse aus. Zuerst interessiert sie sich für die Möhren. Sie liest den Wert auf der y-Achse ab: Möhren = 95 Gramm.

5 Die Informationen auswerten

Werte die abgelesenen Daten aus, indem du sie miteinander und auch mit anderen Informationen vergleichst.

Linda erkennt, dass Obst und Gemüse den höchsten Wassergehalt haben. Butter, Chips und Schokolade enthalten nur wenig Wasser.

AUFGABEN

1 Mit Diagrammen arbeiten

a Nenne vier Typen von Diagrammen.

b Entnimm dem Diagramm in Bild 2, wie viel Kubikmeter an See- und Talsperrenwasser zur Trinkwassererzeugung im Jahr 2019 verwendet wurden.

c Nutze Bild 4 und erstelle Kreisdiagramme zum Wassergehalt von sechs Lebensmitteln deiner Wahl.

d Bewerte, welchen Diagrammtyp du für die Darstellung des Wassergehalts in Lebensmitteln für geeignet hältst.

2 Informationen aus Diagrammen entnehmen

a Nenne die drei Lebensmittel in Bild 4, die das meiste Wasser enthalten.

b Nenne die drei Lebensmittel aus Bild 4, die das wenigste Wasser enthalten.

c Begründe mithilfe von Bild 4, welche Lebensmittel an einem heißen Sommertag eine gute Ergänzung zur Wasserflasche sind.

3 Ein Diagramm erstellen

a Die Informationen in Bild 4 könnten noch anschaulicher dargestellt werden. Begründe, was du an Bild 4 ändern würdest.

b Recherchiere für ein Lebensmittel aus Bild 4 die Masse in Gramm an Kohlenhydraten, Fetten und Eiweißen pro 100 Gramm des Lebensmittels.

c Stelle deine Ergebnisse aus Aufgabenteil a in einem Kreisdiagramm dar.

hixupe

Die Qualität unserer Gewässer

1 Ist dieses Wasser gut?

2 Ist dieses Wasser schlecht?

Ruben fragt sich, wie gut das Wasser im Fluss bei ihm im Dorf ist. Er schaut sich das Wasser genauer an: Das Wasser ist klar und es sind einige Algen und Fische im Wasser zu sehen. Er fragt sich, woran man gutes und schlechtes Wasser erkennen kann.

Gewässer sind verschieden

Gewässer sind nicht alle gleich. Manche Gewässer sind klar, andere nicht. Manche fließen schnell, andere langsam oder gar nicht. Der Boden im Gewässer ist auch unterschiedlich: Er kann steinig, sandig oder schlammig sein. Wenn man die Qualität eines Gewässers beurteilen will, muss man weitere Merkmale beobachten und messen.

Wasserverschmutzung ist überall ein Thema

Wenn Ruben am Rhein in Köln ist, dann sieht er viele Menschen, Verkehr, die Industrie und die vielen Schiffe, die auf dem Rhein fahren (Bild 2). Sie alle können das Wasser verunreinigen. Bei Ruben zu Hause gibt es keine Industrie und nur wenige Menschen. Dennoch können auch hier Verunreinigungen ins Wasser gelangen. Aus dem Feld neben dem Fluss können Stoffe ausgewaschen und in den Fluss gespült werden. Wenn die Felder zu stark gedüngt werden, dann kann der Dünger das Wasser verschmutzen.

Gewässergüteklassen

Wenn man über die Qualität eines Gewässers spricht, dann nennt man dies auch die **Gewässergüte**. Die Gewässergüte wird in verschiedenen Stufen oder Klassen angegeben, die auch **Gewässergüteklassen** genannt werden (Bild 3). Für jede Gewässergüteklasse werden biologische, physikalische und chemische Merkmale bestimmt. Man untersucht beispielsweise die Konzentration an Schadstoffen, die Sauerstoffversorgung und wie viele und welche Arten von Lebewesen im Gewässer vorkommen. Mithilfe von Beobachtungen und Messergebnissen kann man so beschreiben, welche Gewässergüte ein Gewässer hat.
Gewässer mit einer guten Wasserqualität haben beispielsweise einen hohen Sauerstoffgehalt und einen geringen Schadstoffgehalt. Wenn viele Pflanzen, Algen und Kleinstlebewesen im Wasser sind, dann ist das Wasser meist nur gering belastet. Wenn jedoch wenige Algen, viel Schlamm und wenige Fische vorhanden sind, dann ist dieses Gewässer verschmutzt.

Merkmale des Wassers	Zustand
klar, nährstoffarm, sehr hoher Sauerstoffgehalt, wenig Bakterien, mäßig bis dicht besiedelt mit Algen, Insektenlarven, Strudelwürmer	sehr gut
klar, Nährstoffgehalt gering, sauerstoffreich	
hoher Sauerstoffgehalt, große Artenvielfalt, viele Fischarten	gut
trüb, geringer Sauerstoffgehalt	
trüb, niedriger Sauerstoffgehalt, Schlammablagerungen, wenige Algen, viele Schwämme, Egel, Wasserasseln, Bakterien, Fischsterben	mäßig
trüb, Schlamm, großer Sauerstoffmangel, wenige Fische	unbefriedigend
sehr geringer Sauerstoffgehalt, Fäulnisprozesse, viele Bakterien, keine Fische	schlecht

3 Kriterien für Gewässergüteklassen

Der Sauerstoffgehalt im Wasser

Wenn in einem Gewässer viele Nährstoffe sind, dann können viele Pflanzen wachsen. Wenn die Pflanzen absterben, dann sinken sie auf den Boden des Gewässers und werden dort von Bakterien zersetzt. Die Bakterien benötigen dazu Sauerstoff. Auf diese Weise sinkt der Sauerstoffgehalt des Gewässers, der Schlamm nimmt zu und Tiere können dort nicht mehr leben.

Die chemische Gewässergüte

Im Wasser können sich Stoffe wie Nitrat, Phosphat, Quecksilber, Benzol oder Chrom befinden. Diese Stoffe stammen beispielsweise aus weggeworfenen Medikamenten, Farben und Batterien, aus abgelassenem Öl beim Ölwechsel, aus Waschmitteln und Reinigungsmitteln oder aus der Industrie und der Landwirtschaft. Ab einer bestimmten Konzentration können diese Stoffe Auswirkungen auf die Lebewesen im und am Wasser haben. Daher werden für jeden Stoff bestimmte Werte festgelegt.

Mehr Wasser mit guter Wasserqualität

Die Europäische Union fordert in der **Wasserrahmenrichtlinie**, dass Wasser in ausreichender Menge und hoher Qualität vorhanden sein soll. Außerdem soll es gute Lebensbedingungen für alle Pflanzen und Tiere geben, die im und am Wasser leben. Noch werden die Ziele der Wasserrahmenrichtlinie für viele Gewässer in Deutschland nicht erreicht. Weitere Maßnahmen sind notwendig, um die Verschmutzung zu verringern und die Qualität des Wassers zu verbessern.

Chemikalie	Grenzwert in mg/l
Acrylamid	0,0001
Benzol	0,001
Chrom	0,025
Fluorid	1,5
Nitrat	50
Pestizide	0,0001
Quecksilber	0,001
Uran	0,01

4 Die Grenzwerte für einige Chemikalien laut Trinkwasserverordnung (Stand: 2023)

EXTRA

Wasserschutzgebiete

Das Schild zeigt ein Gebiet an, das als Wasserschutzgebiet eingestuft wurde. Personen, die in ihrem Fahrzeug wassergefährdende Stoffe geladen haben, müssen sich hier besonders vorsichtig verhalten.

Trinkwasser wird besonders geschützt

Die Trinkwasserverordnung regelt die Schadstoffmengen, die im Trinkwasser erlaubt sind.
Die Trinkwasseraufbereitungsanlagen müssen regelmäßig Proben nehmen und die Konzentration der Stoffe im Wasser prüfen. Bild 4 zeigt einige Grenzwerte aus der Trinkwasserverordnung. In 1 Liter Wasser dürfen beispielsweise nur höchstens 50 Milligramm Nitrat enthalten sein.

Die Wasserqualität wird regelmäßig untersucht. Dazu werden biologische, physikalische und chemische Qualitätsmerkmale festgelegt.

AUFGABEN

1 Die Qualität von Gewässern

a Beschreibe, was Gewässergüteklassen sind.
b Nenne mindestens vier Qualitätsmerkmale, die sehr gutes Wasser kennzeichnen.

2 Die chemische Gewässergüte

a Beschreibe, was man unter einem Grenzwert versteht. Gib dazu ein Beispiel aus Bild 4 an.
b Erläutere an zwei Beispielen, wie schädliche Chemikalien ins Wasser gelangen können.

3 Der Schutz von Trinkwasser

a Nenne drei Möglichkeiten, Gewässer vor Verschmutzungen zu schützen.
b Erstellt ein Plakat mit dem Titel „Wir schützen unser Trinkwasser".

tecaka

PRAXIS Eine Wasserprobe untersuchen

A Vorbereiten einer Wasserprobe

Material:
Glas mit Schraubverschluss (etwa 500 ml), Thermometer, Uhr, Gewässerprobe

Durchführung:
- Fülle das Glas mit Wasser aus einem Gewässer deiner Wahl.
- Miss und notiere die Temperatur des Wassers sofort nach dem Befüllen des Glases.

Auswertung:
1. Erstelle ein Untersuchungsprotokoll (Bild 1).
2. Notiere nach der Wasserentnahme: Ort, Datum, Uhrzeit, Gewässerart und Temperatur des Wassers.

Protokoll zur Wasseruntersuchung	
Ort	...
Datum	...
Uhrzeit	...
Gewässerart	...
Standort	...
Wassertemperatur (°C)	...
Geruch	...
Aussehen	...
Anzahl der Kleinstlebewesen	...
Aussehen der Kleinstlebewesen	...
Fließgeschwindigkeit	...
Trockenrückstand	...
Nitritgehalt	...
Nitratgehalt	...
Phosphatgehalt	...

1 Ein Protokoll zur Wasseruntersuchung

B Wassertest mit Auge und Nase

Material:
2 Bechergläser, Gewässerprobe, destilliertes Wasser

Durchführung:
- Fülle das 1. Becherglas mit deiner Wasserprobe und das 2. Becherglas mit destilliertem Wasser.
- Vergleiche Farbe, Trübung und Geruch der beiden Wasserarten.

Auswertung:
1. Trage deine Ergebnisse in das Untersuchungsprotokoll ein. Wasser kann klar, trüb, milchig, schlierig, geruchlos, muffig ... sein. Nutze Adjektive zur Beschreibung deiner Gewässerprobe.

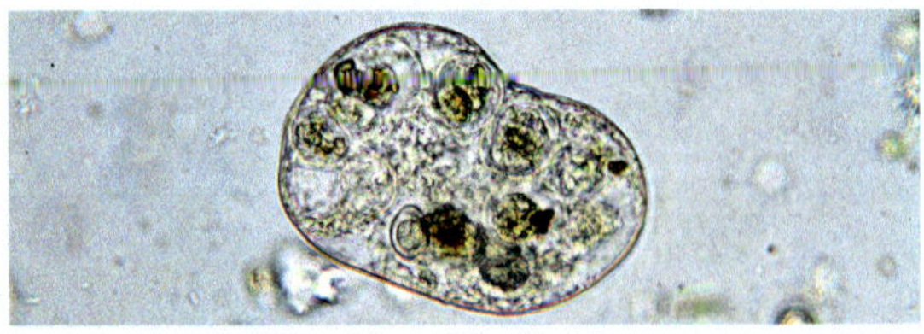

2 Ein Kleinstlebewesen aus der Gewässerprobe wird mit dem Mikroskop vergrößert.

C Lebewesen im Wasser

Material:
Becherglas, Tropfpipette, Lupe oder Mikroskop, Gewässerprobe

Durchführung:
- Lass das Gefäß mit der Gewässerprobe etwa 5 Minuten ruhig stehen.
- Entnimm vom Boden des Gefäßes mithilfe einer Tropfpipette eine Wasserprobe.
- Gib mithilfe der Tropfpipette einen Tropfen der Gewässerprobe auf einen Objektträger.
- Decke ihn mit einem Deckgläschen ab.
- Schaue mithilfe einer Lupe oder eines Mikroskops nach, ob und wie viele Kleinstlebewesen im Wasser vorhanden sind.

Auswertung:
1. Notiere die Anzahl der Lebewesen in dem Tropfen.
2. Beschreibe die Form und die Farbe der Lebewesen. Trage die Ergebnisse in dein Untersuchungsprotokoll ein.

D Wie schnell fließt Wasser?

Material:
Erlenmeyerkolben, Messzylinder, Trichter Filter, Stoppuhr, Gewässerprobe, destilliertes Wasser

Durchführung:
- Miss 50 ml destilliertes Wasser in einem Messzylinder ab.
- Filtriere das Wasser mithilfe des Trichters und des Filters in einen Erlenmeyerkolben. Miss die Zeit, die es dauert, bis die Menge an Wasser filtriert wird. Lege den Filter zur Seite.
- Führe das gleiche Experiment mit deiner Gewässerprobe durch.
- Benutze dabei einen trockenen Trichter und einen frischen Filter.
- Halte abschließend die Filter gegen helles Licht und schau sie dir an.

Auswertung:
1 Notiere die Zeit in Sekunden, die vergeht, bis die 2 Wasserarten jeweils gefiltert sind. Schreibe das Ergebnis der Gewässerprobe in dein Untersuchungsprotokoll.
2 Vergleiche das destillierte Wasser mit der Gewässerprobe: Notiere die Unterschiede in den Fließgeschwindigkeiten und im Aussehen.
3 Erkläre die unterschiedlichen Geschwindigkeiten der beiden Wasserproben.

E Welche Stoffe sind im Wasser gelöst?

Material:
Reagenzgläser, Gewässerprobe, Teststäbchen für Nitrat, Nitrit und Phosphat

Durchführung:
- Fülle 3 Reagenzgläser jeweils etwa 2 cm hoch mit der Gewässerprobe.
- Halte je ein Teststäbchen in ein Reagenzglas und warte die angegebene Zeit.

Auswertung:
1 Vergleiche die Farbe auf dem jeweiligen Teststäbchen mit der Farbskala. Trage die Werte in dein Untersuchungsprotokoll ein.

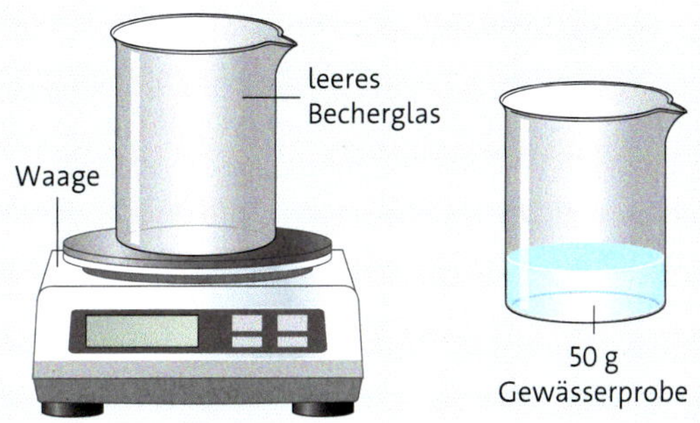

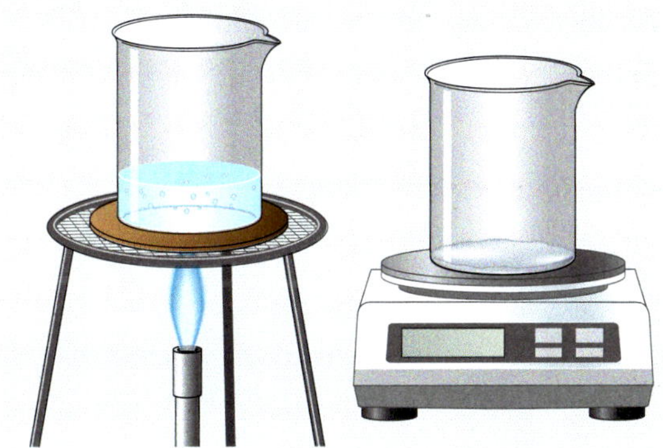

3 Aufbau des Experiments zum Trockenrückstand

F Wie groß ist der Trockenrückstand im Wasser?

Material:
Becherglas (Duranglas), Dreifuß mit Ceranplatte, Gasbrenner, Feuerzeug, Waage, Gewässerprobe

Durchführung:
- Wiege das Becherglas und notiere die Masse.
- Fülle 50 g des Wassers ab.
- Erhitze das Wasser so lange, bis es vollständig verdampft ist.
- Lass das Becherglas abkühlen und wiege es dann erneut.

Auswertung:
1 Beschreibe das Aussehen des Rückstands im Becherglas.
2 Berechne die Menge der Feststoffe in 50 g Wasser. Subtrahiere dazu die Masse des leeren Becherglases am Anfang von der Masse des Becherglases nach dem Abkühlen. Trage dieses Ergebnis in dein Untersuchungsprotokoll ein.
3 Berechne den Prozentanteil der Feststoffe im Wasser.

mumeja

EXTRA Virtuelles Wasser

Der Wasserverbrauch

Die Hauptursachen für die Wasserknappheit auf der Erde sind der Klimawandel und die wachsende Weltbevölkerung. Je mehr Menschen auf der Welt leben, desto mehr Trinkwasser wird gebraucht. Daher ist wichtig zu wissen, wofür das wertvolle Trinkwasser genutzt wird. Wenn wir Wasser zum Trinken, beim Kochen oder Waschen verwenden, sprechen wir von **direktem Wasserverbrauch**. Aber auch für die Herstellung von Lebensmitteln, Waren, Industrieprodukten und für die Energieumwandlungen in Kraftwerken wird Wasser gebraucht. Dieser Wasserverbrauch heißt **indirekter Wasserverbrauch**.

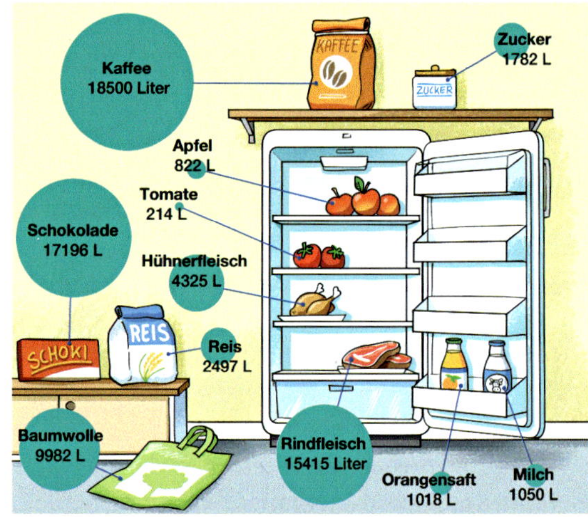

1 Virtueller Wasserverbrauch für je 1 kg des Lebensmittels

Virtuelles Wasser im Steak

Das gesamte Wasser, das gebraucht und verschmutzt wird, um ein Produkt herzustellen, wird **virtuelles Wasser** genannt. Jeder Mensch in Deutschland braucht daher täglich nicht nur 129 Liter Trinkwasser, sondern zusätzlich im Durchschnitt 4000 Liter virtuelles Wasser.
Die Menge ist abhängig von der Ernährung und dem persönlichen Konsumverhalten.
Bild 1 zeigt, wie viel virtuelles Wasser jeweils zur Herstellung von 1 Kilo der verschiedenen Lebensmittel gebraucht wird. Für 1 Kilogramm Rindfleisch sind es beispielsweise etwa 15 500 Liter Wasser. Diese Menge kommt zustande, weil ein Rind etwa drei Jahre alt ist, wenn es geschlachtet wird. Bis dahin trinkt und frisst das Tier. Auch für den Anbau und die Herstellung von Futter wird Wasser benötigt.

Der Import von virtuellem Wasser

Für den Anbau von Pflanzen reicht meist das Wasser aus Niederschlägen. Wenn aber wenig Niederschläge fallen, dann wird zusätzlich auch Grundwasser und Oberflächenwasser zur Bewässerung verwendet. Viele Pflanzen wie Kaffee, Kakao, Reis, Baumwolle oder Zuckerrohr für die Zuckerproduktion werden in Ländern angebaut, in denen für die Bevölkerung nur wenig Trinkwasser zur Verfügung steht. Auch Futtermittel für Tiere werden oft in Ländern wie Brasilien angebaut, in denen das Trinkwasser knapp ist.
Bei vielen Lebensmitteln können wir Verbraucher wählen. Denn eine Erdbeere aus Deutschland muss beispielsweise viel weniger zusätzlich mit Trinkwasser bewässert werden als eine Erdbeere aus Spanien. Für die Herstellung von 1 Liter Kuhmilch werden etwa 1000 Liter Wasser gebraucht. Auch hier wird neben dem Trinkwasser der Kühe Wasser für die Produktion des Futters, den Vertrieb und Transport der Milch gebraucht.
Milchalternativen aus Mandeln, Hafer, Reis und Soja benötigen durchschnittlich weniger Wasser. Aber auch hier gibt es Unterschiede. Mandeln werden besonders in Kalifornien angebaut. Dort ist es warm und trocken. Der Hafer für einen Haferdrink kann dagegen in Deutschland angebaut werden.

AUFGABEN

1 Der Verbrauch an virtuellem Wasser

a Nenne je zwei Beispiele für direkten und indirekten Wasserverbrauch.

b Virtuell heißt: nicht in Wirklichkeit vorhanden. Erläutere an einem Beispiel, was virtuelles Wasser ist.

c Erkläre den hohen Verbrauch an virtuellem Wasser bei der Fleischproduktion.

d Nenne drei Maßnahmen, wie du deinen Verbrauch an virtuellem Wasser verringern kannst.

e Deutschland importiert mehr virtuelles Wasser, als es exportiert. Erkläre.

f Recherchiere im Internet, was der Wasserfußabdruck ist. Notiere deine Ergebnisse und fasse sie kurz zusammen.

gerayu

EXTRA Sauberes Wasser für alle!

1 Trinkwasser wird zur Bewässerung genutzt.

3 Eine Anweisung zum SODIS-Verfahren

Wasserknappheit bedroht viele Menschen

Über 2 Milliarden Menschen weltweit haben keinen sicheren Zugang zu sauberem Trinkwasser. Vor allem Länder im Mittleren Osten, in Afrika, in Südeuropa und Asien sind von Wasserknappheit bedroht. Aber auch in Mittel- und Südamerika haben viele Menschen keinen Zugang zu sauberem Trinkwasser.

Forschende konnten unter anderem folgende Ursachen für Wasserknappheit benennen:

- Der Klimawandel mit extremer Hitze und Starkregen führt zu Dürren und Fluten.
- Trinkwasser wird zur Bewässerung von landwirtschaftlichen Flächen und zur Herstellung von Konsumgütern genutzt (Bild 1).
- Die steigenden Wassertemperaturen sorgen für weniger Sauerstoff im Wasser. Damit sinkt die Qualität des Wassers in Flüssen und Seen.
- Abwässer werden nicht gereinigt und verunreinigen die Natur und das Trinkwasser.
- Die fehlenden technischen Installationen von Brunnen, Pumpen und Sanitäranlagen verhindern einen Zugang zu Trinkwasser.

2 Die gefüllte PET-Flasche wird in die Sonne gelegt.

Sauberes Wasser aus Plastikfaschen

In vielen Entwicklungsländern werden Menschen krank, weil sie Wasser trinken, das durch Schmutz, Schadstoffe und Krankheitserreger verunreinigt ist. Jeden Tag sterben weltweit mehr als 4000 Kinder an den Folgen von Durchfallerkrankungen. Der Bau von Brunnen, Pumpen und Sanitäranlagen dauert manchmal lange. Um dennoch die Zahl der Krankheitserreger im Wasser zu verringern, kann man eine einfache Methode nutzen: das sogenannte SODIS-Verfahren. SODIS steht für *Solar Water Disinfection*. Übersetzt heißt dies: solare Wasserdesinfektion. Dabei wird Wasser in klare, durchsichtige PET-Flaschen oder Plastikbeutel gefüllt und mindestens 6 Stunden in die Sonne gelegt. In dieser Zeit töten die UV-Strahlen der Sonne die Krankheitserreger im Wasser ab.

AUFGABEN

1 Wasserknappheit

a Nenne 4 Regionen auf der Welt, in denen große Wasserknappheit besteht.

b Nenne mindestes vier Ursachen, die auf der Welt zu Wassermangel führen.

c Erkläre, was getan werden kann, damit mehr Menschen Zugang zu sauberem Trinkwasser haben können.

2 Trinkwasser aus Plastikflaschen

a Beschreibe Bild 2 und was es mit sauberem Trinkwasser zu tun hat.

b Erstelle eine Anweisung zur Anwendung des SODIS-Verfahrens. Nutze dazu Bild 3.

METHODE Ein Plakat erstellen 

1 Die Umwelt-AG erstellt Plakate.

Auf einem Plakat werden wichtige Informationen kurz zusammengefasst. Ein Plakat kann dich beim Präsentieren unterstützen. Manche Plakate sind auch dafür gedacht, dass sich andere die Informationen selbstständig durchlesen.

Lea und Ahmed sind in der Umwelt-AG ihrer Schule. Sie wollen für den Weltwassertag der Vereinten Nationen ein Plakat über das Wassersparen erstellen. Damit wollen sie andere Schülerinnen und Schüler motivieren, in ihrem Alltag Wasser zu sparen. Die Plakate der AG sollen später in der Schule aufgehängt werden.

1 Informationen beschaffen

Suche in Fachbüchern und im Internet nach Informationen zu deinem Thema. Du kannst auch Expertinnen und Experten befragen.

Lea geht in die Stadtbücherei, um sich Bücher über das Thema Wassersparen auszuleihen. Ahmed sucht im Internet nach Informationen über Wasser und über den Wasserverbrauch.

2 Das Informationsmaterial verstehen

Verschaffe dir einen Überblick: Sieh dir die Texte, die Bilder, die Überschriften und die hervorgehobenen Wörter an. Lies dann den Text und schlage unbekannte Wörter nach. Ordne, was inhaltlich zusammengehört. Du kannst auch Skizzen oder Zeichnungen anfertigen, um dir die Zusammenhänge zu verdeutlichen.

Ahmed und Lea lesen ihre Informationen über das Wassersparen durch und klären unbekannte Wörter. Dabei machen sie sich Notizen. Dann erzählen sie sich gegenseitig, was sie zum Thema Wassersparen herausgefunden haben.

3 Informationen auswählen

Überlege, welche Informationen du auf dem Plakat zeigen willst. Schreibe wichtige Wörter auf. Überlege dir auch, was als Text auf dem Plakat stehen soll und was als Bild, Tabelle oder Diagramm.

Ahmed und Lea schreiben erst alles auf, was sie zum Thema Wassersparen wichtig finden. Jedes Wort schreiben sie auf einen eigenen Zettel. Lea schreibt zum Beispiel: Duschen statt Baden. Ahmed notiert sich unter anderem: Regenwasser sammeln, zum Gießen verwenden. Die beiden notieren sich, wozu sie später einen Text oder ein Bild präsentieren wollen. Ahmed findet, dass man den Verbrauch von Trinkwasser gut in einem Diagramm darstellen kann.

4 Informationen ordnen

Ordne die Informationen sinnvoll. Formuliere eine Überschrift und Zwischenüberschriften für das Plakat.

Lea und Ahmed ordnen ihre Zettel mit den wichtigsten Wörtern. Dann formulieren sie die Überschrift des Plakats und die Zwischenüberschriften. Die Überschrift wird lauten: „Unser Trinkwasser ist wertvoll“. Sie einigen sich auf zwei Zwischenüberschriften: „Das Problem“ und „Das kannst Du tun!“. Unter dem zweiten Punkt wollen sie acht verschiedene Möglichkeiten darstellen, wie man im Alltag Wasser sparen kann.

5 Material für das Plakat besorgen

Besorge dir Material und Hilfsmittel, die du zum Anfertigen des Plakats benötigst.

Ahmed und Lea und besorgen sich bunte Stifte, Kleber, einen großen Plakatkarton und eine Schere. Sie besorgen sich außerdem mehrere große, bunte Zettel.

6 Die Texte schreiben
Schreibe nicht alles sofort auf das Plakat. Notiere die Zwischenüberschriften auf großen Zetteln oder Karten. Formuliere darunter knappe und verständliche Texte in eigenen Worten. Die Schrift sollte gut lesbar sein. Du kannst die Texte auch am Computer erstellen. Die Farbe sollte auf dem Plakat deutlich erkennbar sein. Unterstreiche wichtige Informationen.

Wenn Ahmed und Lea sich verschreiben oder nicht zufrieden sind mit ihren Texten, dann tauschen sie einfach einen der Zettel aus und müssen nicht direkt auf dem Plakat korrigieren.

7 Die Bilder vorbereiten
Ergänze die Informationen durch Bilder, Tabellen oder Diagramme.

Ahmed und Lea erstellen am Computer ein Kreisdiagramm und drucken es aus. Lea zeichnet noch Wassertropfen an verschiedene Stellen des Plakats.

8 Alles auf dem Plakat anordnen
Schreibe die Überschrift groß und deutlich auf das Plakat. Ordne die Texte und die Bilder, Tabellen und Diagramme so auf dem Plakat an, dass du den Platz gut ausnutzt. Klebe die Zettel und Bilder nun auf.

Lea schreibt die Überschriften mit einem dicken Stift und unterstreicht Wichtiges. Ahmed klebt das Diagramm unter die Hauptüberschrift. Die Zettel, die sie gestaltet haben, klebt er unter die zweite Überschrift.

AUFGABEN

1 Gute Plakate

a ☒ Nenne wichtige Merkmale eines guten Plakats.

b ☒ Sieh dir das Plakat in Bild 2 an. Bewerte das Plakat anhand der Merkmale für ein gutes Plakat aus Aufgabe 1a. Begründe deine Meinung.

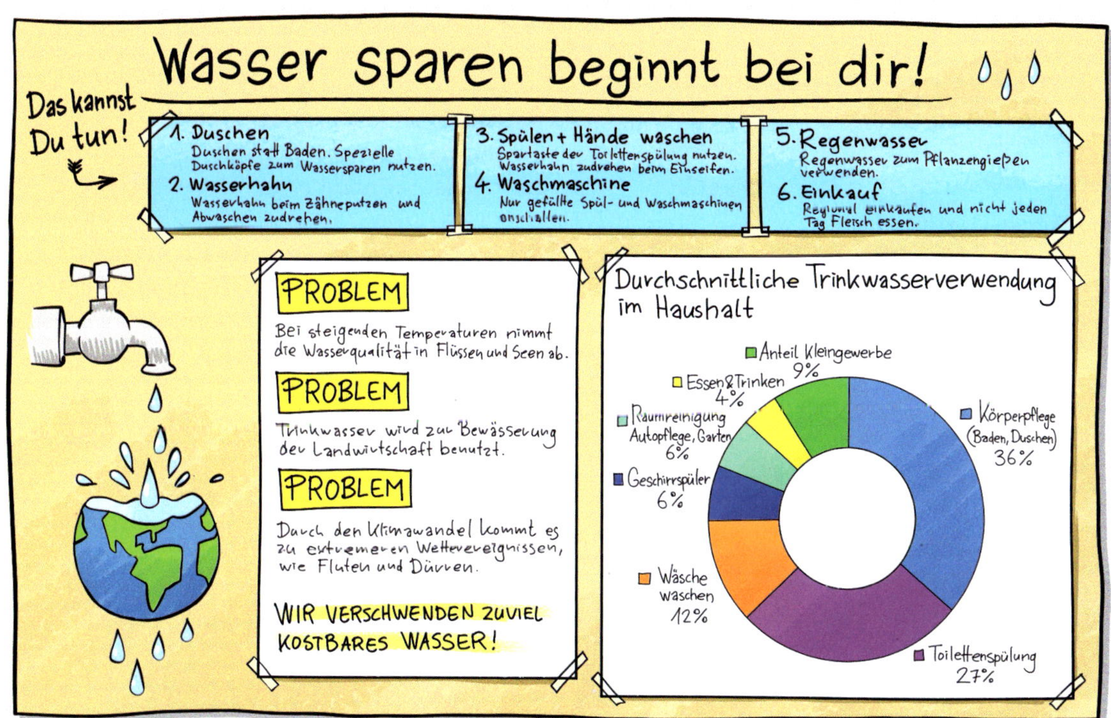

2 Ein Plakat zum Thema Trinkwasser

Wasser verhält sich anders

1 Getränkeflaschen sollte man nicht im Eisfach vergessen.

2 Die Eiswürfel schwimmen oben, das feste Wachs sinkt.

Eisgekühlte Getränke sind erfrischend. Wer Wasserflaschen im Eisfach abkühlen will, sollte sie dort jedoch nicht vergessen. Denn Wasser verhält sich beim Abkühlen anders als andere Stoffe.

Die Anomalie des Wassers

Die meisten Stoffe ziehen sich zusammen, wenn sie abgekühlt werden, und dehnen sich aus, wenn sie erwärmt werden. Wenn Wasser abgekühlt wird, dann nimmt auch sein Volumen zunächst ab. Beim Wasser gibt es jedoch eine Besonderheit: Wenn Wasser unter 4 °C abgekühlt wird, dann dehnt es sich aus. Das Volumen von Wasser im festen Aggregatzustand ist größer als im flüssigen Aggregatzustand.

3 Die Temperaturen in einem See im Sommer und im Winter

Daher kann es passieren, dass eine Flasche Wasser gesprengt wird, wenn das Wasser zu Eis gefriert (Bild 1). Weil dieses Verhalten im Vergleich zu anderen Stoffen nicht normal ist, spricht man von der **Anomalie des Wassers**.

Das Eis schwimmt oben

Bild 2 zeigt, dass Würfel aus festem Wachs in flüssigem Wachs sinken. Festes Wasser, also Eis, ist jedoch leichter als flüssiges Wasser und schwimmt oben. Wasser ist bei einer Temperatur von 4 °C am schwersten.

Das 4 °C warme Wasser befindet sich daher unten im See. Wenn die Temperatur am See unter 0 °C sinkt, befindet sich die Eisschicht jedoch oben. So können die Fische am Grund des Sees überleben, obwohl der See darüber gefroren ist (Bild 3).

> Wenn Wasser unter 4 °C abgekühlt wird, dann dehnt es sich aus. Dies ist die Anomalie des Wassers. Bei 0 °C gefriert Wasser zu Eis. Eis ist leichter als flüssiges Wasser.

AUFGABEN

1 **Die Anomalie des Wassers**

a ☒ Erläutere, was mit den Glasflaschen in Bild 1 passiert ist.

b ☒ Erläutere den Unterschied zwischen den beiden Bechergläsern in Bild 2.

c ☒ Beschreibe Bild 3.

d ☒ Begründe, warum Fische im Winter in einem „zugefrorenen" See überleben können (Bild 3).

maheba

EXTRA Wasser hat besondere Eigenschaften

1 Die Oberfläche des Wassers trägt die Wasserläufer.

2 Gleiche Mengen Öl und Wasser werden erhitzt.

Die Oberflächenspannung

Wasserläufer werden vom Wasser getragen und können auf der Wasseroberfläche laufen (Bild 1). Es sieht so aus, als hätte das Wasser eine Haut. Diese Eigenschaft von Wasser wird **Oberflächenspannung** genannt.

Wenn man eine Büroklammer auf die Wasseroberfläche legt, dann schwimmt die Büroklammer auf dieser Wasseroberfläche. Wenn man nun Seife oder Spülmittel ins Wasser gibt, dann wird die Oberflächenspannung des Wassers reduziert. Die Büroklammer sinkt zu Boden.

Wasser als Wärmespeicher

In Bild 2 werden die gleichen Mengen Öl und Wasser auf derselben Heizplatte erhitzt. Nach kurzer Zeit kann man feststellen, dass das Öl eine höhere Temperatur hat als das Wasser. Obwohl also beiden Flüssigkeiten gleich viel Wärme in der gleichen Zeit zugeführt wird, erreicht das Öl eine höhere Temperatur. Um die gleiche Temperaturerhöhung wie das Öl zu erreichen, bräuchte man bei Wasser eine größere Menge an Wärme als beim Öl. Man kann auch sagen, Wasser speichert Wärme besser als das Öl. Wasser ist also ein guter **Wärmespeicher**.

Wenn das Wasser abkühlt, wird die gespeicherte Energie wieder als Wärme abgegeben. Dies geschieht auch in den Meeren. Die Meere nehmen einen Großteil der Wärme auf, die mit der Strahlung der Sonne zu uns transportiert wird und sind ein wichtiger Wärmespeicher für die Erde. Sie gleichen Temperaturunterschiede aus und stabilisieren so das Klima.

Wasser als Lösungsmittel

Mineralwasser hat seinen Namen durch die Mineralien, die im Wasser gelöst sind. Der Gehalt an gelösten Mineralien im Mineralwasser wird auf dem Etikett in Bild 3 in $\frac{g}{l}$ angegeben. Die Gehaltsangabe gibt die Masse eines Stoffes bezogen auf das Volumen des Stoffgemischs an. Wenn in einem Liter Wasser 2,48 g Mineralsalze gelöst sind, dann hat das Mineralwasser einen Gesamtmineralsalzgehalt von 2,48 $\frac{g}{l}$.

Viele feste, flüssige und gasförmige Stoffe lösen sich in Wasser. Wasser ist ein gutes Lösungsmittel. Auch Kohlenstoffdioxid löst sich im Wasser. Dies geschieht im Mineralwasser aber auch in den Meeren. Kohlenstoffdioxid aus der Luft löst sich im Meerwasser, wenn es auf die Oberfläche trifft. So wird der natürliche Treibhauseffekt stabilisiert.

Zusammensetzung in $\frac{mg}{l}$		Gesamtmineralsalzgehalt: 936,27 $\frac{mg}{l}$	
Natrium (Na^+)	4,4		
Kalium (K^+)	1,97	Chlorid (Cl^-)	5,9
Magnesium (Mg^{2+})	36	Sulfat (SO_4^{-2})	430
Calcium (Ca^{2+})	200	Hydrogencarbonat (HCO_3^-)	258

3 Mineralwasseretikett mit Gehaltsangaben

AUFGABEN

1 Wasser hat besondere Eigenschaften

a Beschreibe die auf dieser Seite genannten Eigenschaften von Wasser an je einem Beispiel.

b Beschreibe die Bedeutung der Meere für das Klima mithilfe der Informationen der Seite.

PRAXIS Die Eigenschaften von Wasser

A Die Löslichkeit von Feststoffen

Material:
6 Reagenzgläser, Spatel, Gasbrenner, Feuerzeug, Reagenzglashalter, Zucker, Kochsalz, Soda (Natriumcarbonat), Mehl, Gips (Calciumsulfat), Kreide (Calciumcarbonat), Wachs, Wasser

Durchführung:
- Fülle ein Reagenzglas halbvoll mit Wasser.
- Gib einen halben Spatel eines Stoffes hinzu und erhitze vorsichtig.
- Falls sich der Stoff löst, gib einen weiteren halben Spatel hinzu. Erhitze nicht weiter. Wiederhole die Schritte mit allen Stoffen.

Auswertung:
1 Beschreibe für jeden Stoff, wie gut er sich in Wasser löst.
2 Erkläre, was eine Temperaturerhöhung durch Erhitzen bewirkt.

B Wenn Wasser erstarrt

Material:
schlanker Pappbecher, Wasser, Gefrierfach, Stift

Durchführung:
- Fülle einen Pappbecher bis zur Hälfte mit Wasser. Markiere außen den Wasserstand.
- Warte, bis das Wasser gefroren ist. Markiere dann den Stand der Eisschicht.

Auswertung:
1 Beschreibe deine Beobachtungen.
2 Erkläre die Unterschiede.

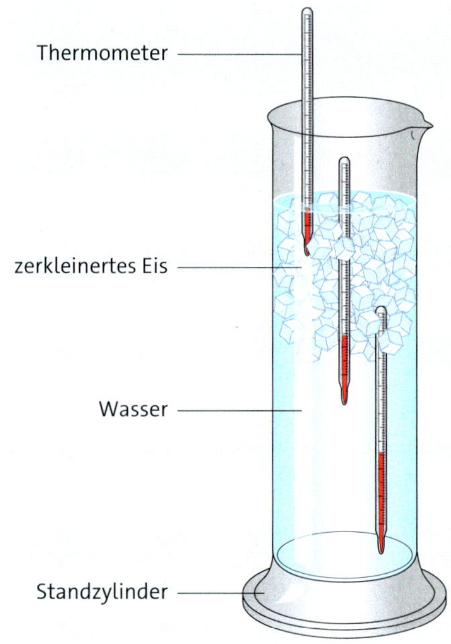

1 Messen der Temperaturen im Eiswasser

C Die Temperaturverteilung in Eiswasser

Material:
Standzylinder, Thermometer, Wasser, Eis

Durchführung:
- Fülle den Standzylinder zur Hälfte mit Wasser.
- Gib vorsichtig bis zum Rand Eis dazu.
- Miss mit einem Thermometer die Temperatur in Abständen von etwa 5 cm.

Auswertung:
1 Notiere deine Messergebnisse in einer Wertetabelle.
2 Beschreibe die Temperaturverteilung im Standzylinder.
3 Erkläre deine Beobachtungen.

D Die Oberflächenspannung

Material:
3 kleine Bechergläser, 3 Büroklammern, Pinzette, Wasser, Brennspiritus, Speiseöl

Durchführung:
- Fülle die 3 Bechergläser zur Hälfte mit den Flüssigkeiten.
- Nimm eine Pinzette und lege in jedes Becherglas von oben herab vorsichtig eine trockene Büroklammer.

Auswertung:
1 Zeichne und beschreibe das unterschiedliche Verhalten der Büroklammern.
2 Erkläre deine Beobachtung im Becherglas mit Wasser.

bedaja

AUFGABEN Wasser

1 Der weltweite Wasserbedarf

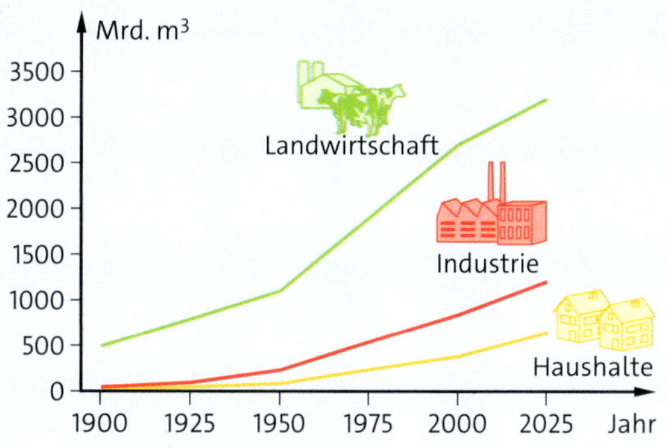

1 Der weltweite Wasserbedarf seit 1900

a Beschreibe das Diagramm in Bild 1.
b Nenne Beispiele für den Wasserbedarf von Landwirtschaft, Industrie und Haushalt.
c Begründe den Verlauf der Kurve.

2 Abwasser und Trinkwasser

a Erkläre den Unterschied zwischen einer Kläranlage und einem Wasserwerk.
b Begründe, warum Abwasser immer in eine Kläranlage geleitet werden muss.
c Bringe die Bilder 2A–C in die richtige Reihenfolge und ordne ihnen die Namen der Reinigungsstufen eines Klärwerks zu:

biologische Reinigungsstufe	chemische Reinigungsstufe	mechanische Reinigungsstufe

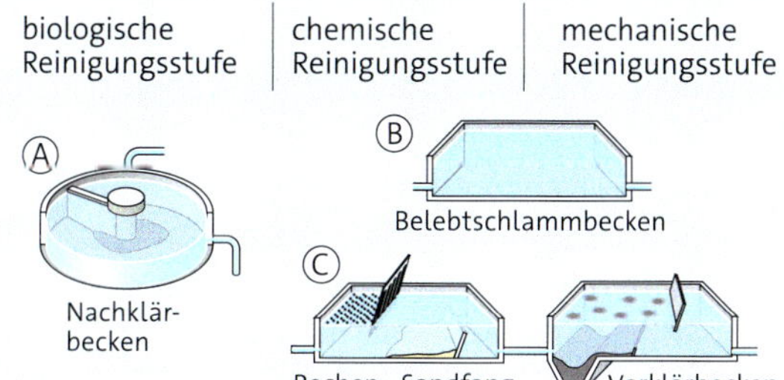

2 Die Reinigungsstufen in einer Kläranlage

3 Eine selbst gebaute Kläranlage

Mit den folgenden Materialien soll eine Anlage zur Reinigung von mit Erde verschmutztem Wasser gebaut werden: 4 Blumentöpfe, 500-ml-Becherglas, Kaffeefilter, grobe und feine Steine, Sand, Aktivkohle.

a Überlege den Bau deiner Kläranlage. Fertige eine Skizze an und beschrifte sie.
b Nenne die Trennverfahren und die jeweils zum Trennen genutzte Eigenschaft.

4 Der Wasserkreislauf

3 Ein Wasserkreislauf für die Fensterbank

a Beschreibe den Aufbau des Modells für den Wasserkreislauf in Bild 3.
b Fertige eine Skizze an. Stelle den Weg des Wassers in Bild 3 mithilfe von Pfeilen dar.
c Der natürliche Wasserkreislauf ist ein geschlossener Kreislauf. Begründe.
d Erläutere den Einfluss der Menschen auf den Wasserkreislauf an einem Beispiel.

5 Wasser verhält sich ungewöhnlich

In Bild 4 wurde Wasser in einen Erlenmeyerkolben gefüllt und dieser mit einem durchbohrten Stopfen mit einem Steigrohr verschlossen. Dann wurde der Wasserstand am Steigrohr bei verschiedenen Temperaturen beobachtet.

a Beschreibe die Beobachtungen.
b Erkläre die Beobachtungen im Experiment in Bild 4.

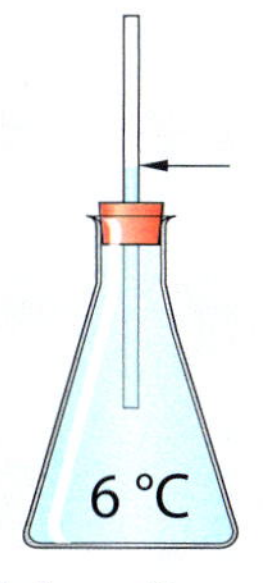

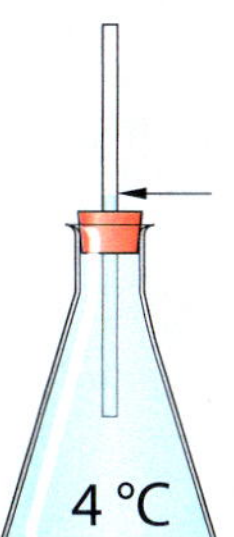

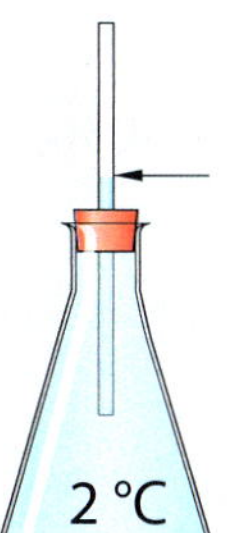

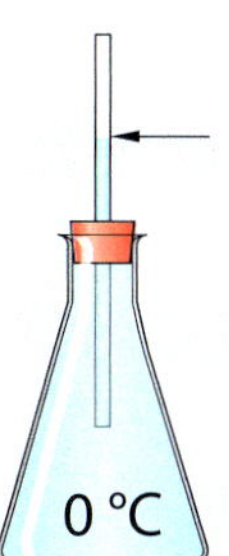

4 Das Volumen von Wasser wird bei verschiedenen Temperaturen am Steigrohr markiert.

Wasser zerlegen und herstellen

1 Eine Taucherin hat eine Magnesiumfackel gezündet.

Eine Magnesiumfackel brennt auch unter Wasser. Für eine Verbrennung wird allerdings Sauerstoff gebraucht. Der Sauerstoff kann nur vom Wasser kommen.

Wasser reagiert mit Magnesium

Im Experiment in Bild 2 wird Wasserdampf über heißes Magnesium geleitet. Das Magnesium verbrennt zu einem weißen Pulver. Das Magnesium entzieht dem Wasser den Sauerstoff und wird zu Magnesiumoxid oxidiert.

Wasser wird durch den Sauerstoffentzug reduziert. Der verbliebene „Wasserrest“ entweicht als farbloses, brennbares Gas. Bei diesem Gas handelt es sich um Wasserstoff.

Reaktionsschema:

Magnesium + Wasser → Magnesiumoxid + Wasserstoff

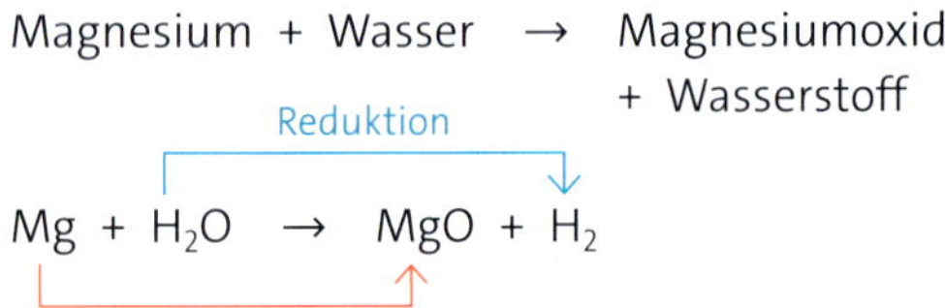

$$Mg + H_2O \rightarrow MgO + H_2$$

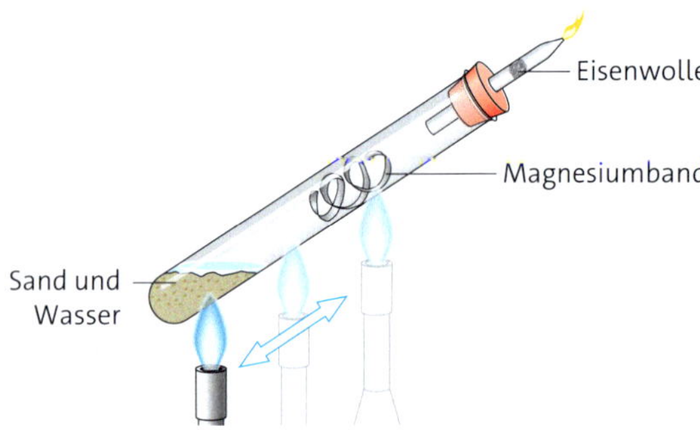

2 Die Reaktion von Magnesium mit Wasser

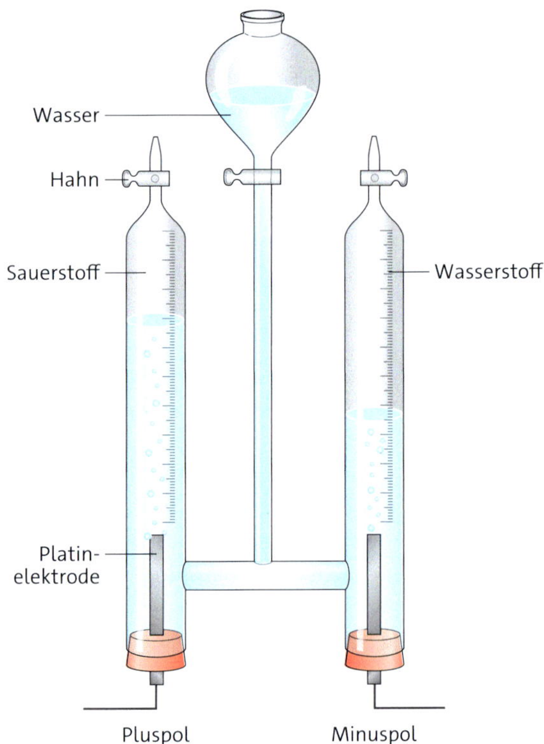

3 Der Hofmannsche Wasserzersetzungsapparat

Die Zerlegung von Wasser

In der Mitte des 19. Jahrhunderts entwickelte der Chemiker August Wilhelm von Hofmann ein Gerät, das die chemische Verbindung Wasser in die Elemente Wasserstoff und Sauerstoff zerlegen kann. Dieses Gerät siehst du in Bild 2. Es wird **Hofmannscher Wasserzersetzungsapparat** genannt.

Die Zerlegung einer chemischen Verbindung wird **Analyse** genannt. Die Analyse von Wasser geschieht mithilfe von elektrischem Strom.

Eine solche Analyse nennt man deshalb auch **Elektrolyse**. Der Wasserzersetzungsapparat wird an eine Gleichspannungsquelle mit 12–15 Volt angeschlossen. Am Pluspol entsteht Sauerstoff, am Minuspol entsteht die doppelte Menge an Wasserstoff.

Wasser ⟶ Wasserstoff + Sauerstoff

$$2\,H_2O \xrightarrow{\text{Analyse}} 2\,H_2 + O_2 \quad |\,\text{endotherm}$$

Weil bei der Elektrolyse dauerhaft Energie zugeführt werden muss, handelt es sich um eine endotherme Reaktion.

Die Nachweisreaktionen der Analyseprodukte

Das Entstehen von Sauerstoff lässt sich mit der Glimmspanprobe nachweisen. Dazu wird Sauerstoff in ein Reagenzglas abgefüllt. Dann wird ein glimmender Holzspan in dieses Reagenzglas gehalten. Der glimmende Span flammt im Reagenzglas mit Sauerstoff auf (Bild 4A).
Wasserstoff kann man nachweisen, indem man ein mit Wasserstoff gefülltes Reagenzglas nach unten an eine Flamme hält. Wenn neben dem Wasserstoff noch Luft im Reagenzglas ist, dann hört man ein pfeifendes Geräusch oder einen kleinen Knall. Dieser Nachweis für Wasserstoff wird daher **Knallgasprobe** genannt (Bild 4B).

Die Zerlegung einer chemischen Verbindung ist die Analyse. Eine Analyse mithilfe von elektrischem Strom ist die Elektrolyse. Bei der Elektrolyse von Wasser entstehen Sauerstoff und Wasserstoff. Der Nachweis für Sauerstoff ist die Glimmspanprobe. Der Nachweis für Wasserstoff ist die Knallgasprobe.

Die Herstellung von Wasser

In Bild 4 strömt Wasserstoff aus der Glasdüse. Wenn der Wasserstoff entzündet wird, dann brennt er mit bläulicher Flamme. Die Flamme zeigt, dass bei der Reaktion Energie frei wird. Es handelt sich um eine exotherme Reaktion. Wenn ein kühles Becherglas über die Flamme gehalten wird, dann beschlägt es nach einiger Zeit. Es bilden sich feine Tröpfchen. Wenn man Watesmopapier auf den beschlagenen Rand des Becherglases gibt, dann färbt sich das Papier blau. Dies ist ein Nachweis für Wasser.

4 Die Glimmspanprobe (A), die Knallgasprobe (B)

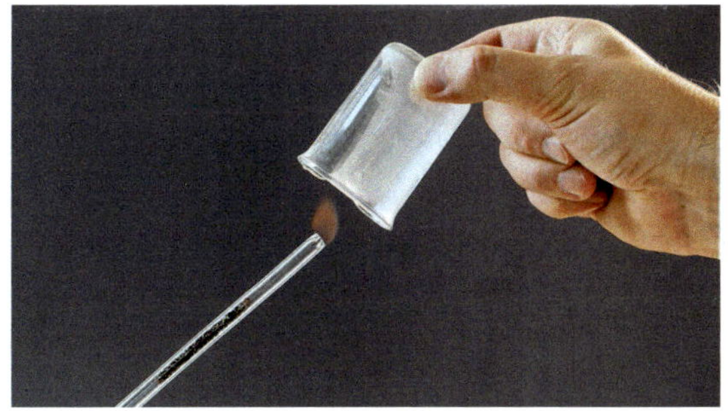

5 Bei der Verbrennung von Wasserstoff entsteht Wasser.

Die Analyse von Wasser lässt sich also umkehren. Wenn bei einer chemischen Reaktion neue Produkte aus Edukten entstehen, dann spricht man von einer **Synthese**. Die Synthese und die Analyse sind **umkehrbare Reaktionen**. Aus den Elementen Wasserstoff und Sauerstoff lässt sich die Verbindung Wasser herstellen. Dabei handelt es sich um eine Oxidation. Wasser ist also ein Oxid des Wasserstoffs.

Wasserstoff + Sauerstoff $\longrightarrow$ Wasser

$2\,H_2 + O_2 \xrightarrow{\text{Synthese}} 2\,H_2O$ | exotherm

Eine chemische Reaktion, bei der aus Edukten neue Produkte hergestellt werden, nennt man Synthese. Bei der Synthese von Wasserstoff und Sauerstoff entsteht Wasser.

AUFGABEN

1 Synthese und Analyse

a Nenne die Fachwörter für die Zerlegung von Wasser und für die Herstellung von Wasser.

b Formuliere das Reaktionsschema in Worten für die Analyse und die Synthese von Wasser.

c Beschreibe den Aufbau des Hofmannschen Wasserzersetzungsapparats und wie das enthaltene Wasser zerlegt wird. Nutze Bild 3.

d Ein Gemisch aus je 2 Liter Wasserstoff und Sauerstoff wird gezündet. Es bleibt 1 Liter eines farblosen Gases übrig. Begründe, um welchen Stoff es sich handelt.

2 Nachweise von Gasen

Beschreibe, wie die Gase Sauerstoff und Wasserstoff nachgewiesen werden können.

jirowe

Der Wasserstoff

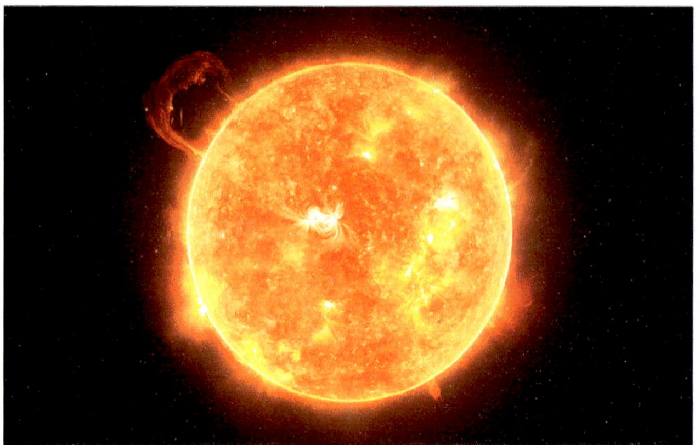

1 Sonnenfeuer entstehen durch verbrennenden Wasserstoff.

3 Der Start einer Rakete ist eine kontrollierte Explosion.

Wasserstoff ist das Element, das am häufigsten im Universum vorkommt. Die Sonne besteht zu etwa 70 Prozent aus Wasserstoff. Alle Lebewesen auf der Erde bestehen aus Wasserstoffverbindungen, vor allem aus Wasser.

Die Verwendung von Wasserstoff
Wasserstoff ist ein farbloses Gas. Weil es das leichteste Gas ist, wurde Wasserstoff früher in Ballons und Luftschiffen als sogenanntes **Traggas** eingesetzt. Wasserstoff bildet allerdings mit Sauerstoff ein explosives Gemisch, das sogenannte **Knallgas**. Weltweit gab es bereits viele Unfälle durch Knallgas-Explosionen.
Beim Schweißen von Metallen wird Wasserstoff mit Sauerstoff zur Reaktion gebracht. Die Flamme hat eine Temperatur von bis zu 3000 °C und kann sogar Stahl zum Schmelzen bringen.
Wasserstoff ist neben Stickstoff der Ausgangsstoff für die Herstellung von Ammoniak. Aus Ammoniak werden vor allem Düngemittel hergestellt.

Name des Stoffes: Wasserstoff
Aggregatzustand bei 25 °C: gasförmig
Farbe: farblos
Geruch: geruchlos
Dichte bei 0 °C: 0,0899 $\frac{g}{l}$
Brennbarkeit: brennt mit bläulicher Flamme, explosiv im Gemisch mit Sauerstoff
Schmelztemperatur: –259,3 °C
Siedetemperatur: –252,8 °C
Aufbewahrung: rote Gasflasche
Nachweis: Knallgasprobe

2 Der Stoffsteckbrief von Wasserstoff

Wasserstoff als Energiequelle
Bei der Verbrennung von Wasserstoff wird viel Energie frei. Es handelt sich um eine stark exotherme Reaktion. Die Energie kann zum Beispiel für den Antrieb von Raketen genutzt werden. Dabei findet eine kontrollierte Explosion von Wasserstoff statt. Die Rakete erhält so den nötigen Schub, um ins Weltall zu gelangen.
Auf der Sonne werden pro Sekunde etwa 600 Millionen Tonnen Wasserstoff in Helium umgewandelt. Dabei wird viel Energie in Form von Licht und Wärme frei. Diese Energie ist lebensnotwendig für alle Lebewesen auf unserer Erde.

Wasserstoff als Energiequelle der Zukunft
Wasserstoff kann als Energiequelle für die Industrie, für Kraftfahrzeuge, Schiffe und für die Heizung im Haus eingesetzt werden (Bild 4). Weil die fossilen Energiequellen wie Erdöl, Erdgas und Kohle auf der Erde nur noch in begrenzter Menge vorhanden sind, bietet Wasserstoff als Alternative verschiedene Vorteile:

1. Das zur Wasserstoffherstellung notwendige Wasser ist in den Meeren reichlich vorhanden.
2. Bei der Verbrennung von Wasserstoff entsteht die unschädliche Verbindung Wasser.

Kohlenstoffdioxid und weitere Abgase entstehen bei der Verbrennung von Wasserstoff nicht. Die Verbrennung von Wasserstoff ist also umweltschonend. Ob Wasserstoff als umweltschonende Energiequelle bezeichnet werden kann, hängt aber auch davon ab, wie der Wasserstoff hergestellt wird. Wenn Wasserstoff aus Erdöl oder Erdgas gewonnen wird, entsteht dabei Kohlenstoffdioxid.

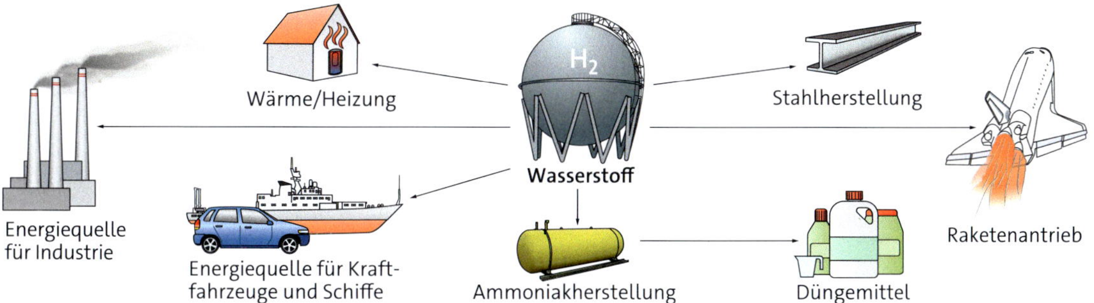

4 Die Verwendung von Wasserstoff

Für die Herstellung von Wasserstoff aus Wasser braucht man elektrische Energie. Wenn diese durch ein Kohlekraftwerk bereitgestellt wird, ist der Wasserstoff ebenfalls klimaschädlich produziert. Nur wenn die elektrische Energie für die Elektrolyse aus Energiequellen wie Sonnenlicht, Wind und bewegtem Wasser stammt, dann ist Wasserstoff eine umweltschonende Energiequelle.

Herausforderungen

Bisher wird Wasserstoff nur selten als Energiequelle genutzt. Die Technik, die Herstellung, vor allem aber die Lagerung und der Transport müssen noch weiterentwickelt werden. Weil sich Wasserstoff mit dem Sauerstoff der Luft zu explosivem Knallgas vermischt, ist besonders der Transport umständlicher und teurer als bei fossilen Energieträgern. Wasserstoff kann nicht einfach in Pipelines gepumpt werden. Die Tanks für Wasserstoff sind groß und schwer.

Wasserstoff ist ein leichtes Gas, das als Gemisch mit Sauerstoff explosiv ist. Wasserstoff ist ein wichtiger Energielieferant und Rohstoff.

AUFGABEN

1 Eigenschaften von Wasserstoff

a Nenne vier Eigenschaften von Wasserstoff.

b Begründe, warum beim Experimentieren mit Wasserstoff vorsichtig gearbeitet werden muss.

c Beschreibe, wie bei einer Rakete der Wasserstoff genutzt wird.

2 Verwendung von Wasserstoff

a Nenne mindestens drei Einsatzmöglichkeiten von Wasserstoff. Nutze dazu Bild 4.

b Beschreibe, was getan werden muss, damit Wasserstoff als Alternative für fossile Energiequellen noch mehr genutzt werden kann.

c Erkläre, wann Wasserstoff klimaneutral ist und wann nicht.

EXTRA Auto mit Brennstoffzellenantrieb

In einer Brennstoffzelle reagiert Wasserstoff mit Sauerstoff ohne Flammenerscheinung und unter geringer Wärmeentwicklung. Bei dieser „kalten" oder „sanften" Verbrennung wird die im Wasserstoff gespeicherte chemische Energie in elektrische Energie umgewandelt. Mit der elektrischen Energie wird ein Elektromotor angetrieben.

Benzin hat einen Wirkungsgrad von etwa 35 Prozent. Das heißt, dass nur ein Drittel der Energie, die im Benzin steckt, für den Antrieb des Autos genutzt werden kann. Die meiste Energie wird als Wärme an die Umwelt abgegeben. Dagegen kann mit einem Brennstoffzellenantrieb ein Wirkungsgrad von über 90 Prozent erreicht werden. Brennstoffzellenfahrzeuge sind leise und erzeugen keine schädlichen Abgase, sondern nur Wasser. So lässt sich vor allem in den Innenstädten die Luftbelastung durch Schadstoffe senken. Allerdings braucht man zur Herstellung von Wasserstoff ebenfalls Energie.

5 Hier entsteht Wasser als Abgas.

PRAXIS Wasser und Wasserstoff

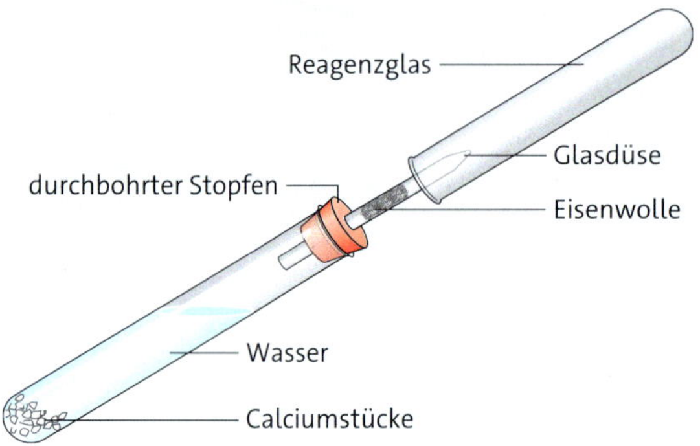

1 Das Experiment zur Herstellung von Wasserstoff

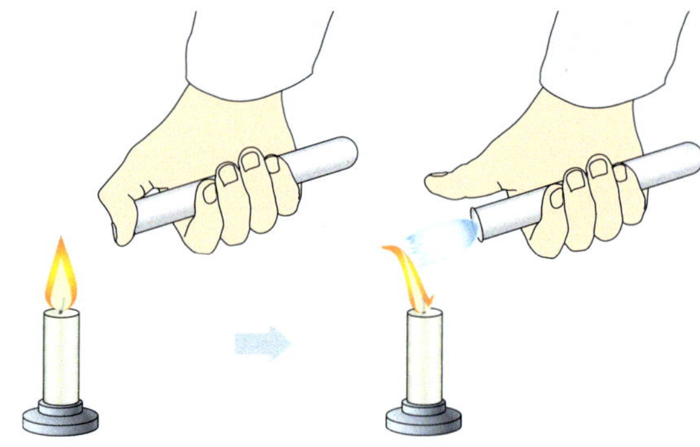

2 Die Knallgasprobe

A Herstellen von Wasserstoff

Material:
2 Reagenzgläser (1 großes, 1 kleines), Stopfen mit Glasdüse und Rückschlagsicherung (Eisenwolle), Gummistopfen, Spatel, Reagenzglasständer, Stativmaterial, Calciumstücke (<1 cm), Wasser

Durchführung:
- Fülle ein großes Reagenzglas zu zwei Dritteln mit Wasser.
- Spanne das Reagenzglas in das Stativ ein.
- Gib wenige Calciumstücke in das Reagenzglas und setze sofort den Gummistopfen mit der Glasdüse und der Rückschlagsicherung darauf.
- Halte das kleine Reagenzglas über die Glasdüse.
- Nimm nach etwa 20 Sekunden den Gummistopfen ohne Loch und verschließe damit das kleine Reagenzglas.

Auswertung:
1 Beschreibe, was du im großen Reagenzglas beobachten kannst.

B Der Nachweis von Wasserstoff – die Knallgasprobe

Material:
Reagenzglas mit Wasserstoff gefüllt und mit einem Gummistopfen verschlossen, Gasbrenner, Feuerzeug, Wasserstoff (aus Experiment A), Watesmopapier zum Wassernachweis

Durchführung:
- Entzünde den Gasbrenner.
- Nimm den Gummistopfen vom Reagenzglas und verschließe es sofort mit deinem Daumen.
- Halte das Reagenzglas mit der Öffnung schräg nach unten in die Brennerflamme.
- Halte ein Stück Watesmopapier an den inneren Rand des Reagenzglases.

Auswertung:
1 Beschreibe deine Beobachtungen.
2 Erkläre die Veränderung des Watesmopapiers.
3 Formuliere das Reaktionsschema in Worten zu der chemischen Reaktion, die stattgefunden hat.

C Der Wassernachweis

Material:
2 Uhrgläschen, Pipetten, Wasser, Speiseöl, 2 Streifen Watesmo-Papier (5 cm)

Durchführung:
- Lege jeweils einen Streifen Watesmo-Papier auf je ein Uhrglas.
- Tropfe einmal Wasser und einmal Speiseöl auf die Streifen. Notiere deine Beobachtungen.

Auswertung:
1 Vergleiche das Aussehen von Watesmopapier bei Kontakt mit den beiden Flüssigkeiten.
2 Formuliere einen Merksatz zum Nachweis von Wasser.

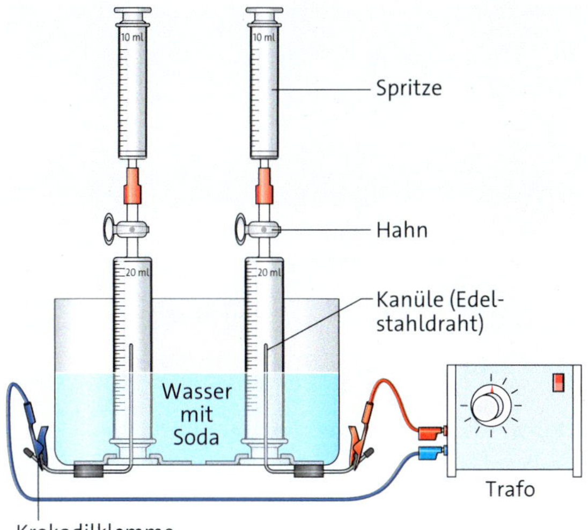

3 Der Aufbau des Experiments zur Zerlegung von Wasser

D Die Zerlegung von Wasser

Material:
Wasserzersetzungsapparat aus Kunststoffwanne mit 2 Spritzen (20 ml) und Kanülen (Edelstahldrähte), 2 kleine Spritzen (10 ml), 2 Hähne, 2 Kabel, 2 Krokodilklemmen, Transformator, Wasser, Soda (Natriumcarbonat) 

Durchführung:
- Zunächst wird das Wasser elektrisch leitfähig gemacht. Gib dazu 4 Teelöffel Soda in 250 ml Wasser. Fülle die Wanne etwa halb voll mit dem mit Soda versetzten Wasser.
- Verbinde die Spritzen des Wasserzersetzungsapparats mit den beiden kleinen Spritzen über die Hähne.
- Sauge mithilfe der kleinen Spritzen das Wasser in die unteren Spritzen. Wenn diese voll sind, schließe die Hähne und kopple die Spritzen ab.
- Verbinde die Kanülen über die Kabel mit dem Transformator. Lege eine Gleichspannung von 12 V an. Wenn sich in einer Spritze etwa 10 ml Gas gebildet haben, schalte den Transformator aus.
- Kopple die kleinen Spritzen wieder an, öffne die Hähne und ziehe die Gase in die kleinen Spritzen. Kopple die kleinen Spritzen ab.
- Ziehe den Stempel der Spritze, die am Pluspol angeschlossen war, ab und führe die Glimmspanprobe durch.
- Ziehe den Stempel der Spritze vom Minuspol ab und führe die Knallgasprobe durch.

Auswertung:

1. Vergleiche die entstandenen Gasmengen in den großen Spritzen.
2. Beschreibe die Reaktionen bei den Gasproben.
3. Erkläre die unterschiedlichen Reaktionen bei den Gasproben. Verwende in deiner Erklärung die Wörter Pluspol und Minuspol.

E Wasserstoff und Sauerstoff im Vergleich

Material:
2 Luftballons, Wasserstoff  und Sauerstoff aus Druckgasflaschen

Durchführung:
- Deine Lehrkraft füllt einen Luftballon mit Sauerstoff und verknotet ihn.
- Deine Lehrkraft füllt einen Luftballon mit Wasserstoff und verknotet ihn.
- Nimm beide Ballons in die Hände und lass sie los.

Auswertung:

1. Erstelle eine Zeichnung des Experiments mit Beschriftung.
2. Erkläre das unterschiedliche Verhalten der zwei Gase.

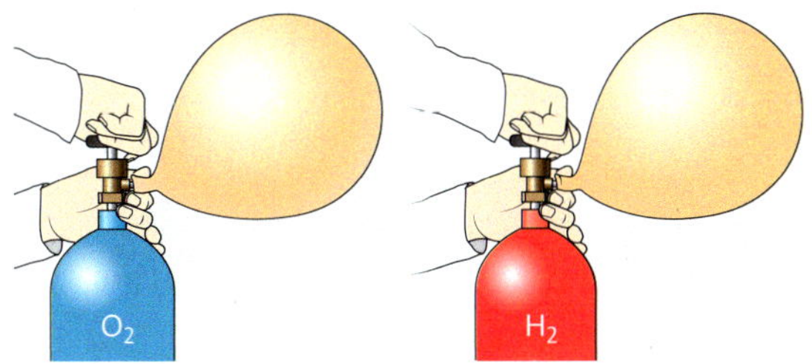

4 Befüllen der Ballons

hajiki

EXTRA Grüner Wasserstoff als Energiequelle der Zukunft?

Wasserstoff als klimaneutrale Energiequelle

Bei der Verbrennung von Wasserstoff entsteht als Produkt nur Wasser. Für die Elektrolyse von Wasser braucht man jedoch elektrische Energie. Diese kann entweder aus Kraftwerken stammen, die die fossilen Energiequellen Kohle, Erdöl oder Erdgas brauchen, um die in den Energieträgern gespeicherte Energie in elektrische Energie umzuwandeln. Oder die elektrische Energie für die Elektrolyse von Wasser stammt aus erneuerbaren Energiequellen wie Wind, bewegtes Wasser und Sonnenlicht. Wenn die elektrische Energie aus erneuerbaren Energiequellen stammt, dann ist der Wasserstoff, der entsteht, eine umweltfreundliche Energiequelle. Man spricht dann von **grünem Wasserstoff** (Bild 2).

Wenn Wasserstoff mithilfe von elektrischer Energie aus fossilen Energiequellen gewonnen wird, dann spricht man von **grauem Wasserstoff** (Bild 2). Bei dieser Produktion entsteht Kohlenstoffdioxid, das in die Atmosphäre entweicht und eine schädliche Wirkung auf das Klima der Erde hat. Die Herstellung von grauem Wasserstoff ist daher keine klimaneutrale Herstellung.

Die nationale Wasserstoffstrategie

Technologien rund um den grünen Wasserstoff sind wichtig, damit Deutschland als Industriestandort zukunftsfähig bleibt und die Ziele des Klimaabkommens erreicht. Deshalb hat die Bundesregierung im Juni 2020 die Nationale Wasserstoffstrategie beschlossen. Grüner Wasserstoff soll vor allem in der Chemie- und Stahlindustrie eingesetzt werden, da dort Wasserstoff in großen Mengen benötigt wird. Durch den Einsatz von Wasserstoff statt Kohle und Erdöl können viele Tonnen Kohlenstoffdioxid eingespart werden.

1 Die Produktion von grünem Wasserstoff ist klimaneutral.

Wasserstoff als Energiespeicher

Der Nachteil der Wind- und Wasserkraftwerke sowie Solaranlagen ist, dass die elektrische Energie nicht immer zu dem Zeitpunkt und an dem Ort zur Verfügung steht, an dem sie gebraucht wird. Wasserstoff kann Energie speicherbar und transportfähig machen, indem Wasser durch Elektrolyse zerlegt wird, wenn viel elektrische Energie vorhanden ist. Wenn im Winter oder bei Windstille wenig elektrische Energie aus erneuerbaren Energiequellen umgewandelt wird, kann der gespeicherte Wasserstoff mit Sauerstoff zur Reaktion gebracht und die elektrische Energie ins Stromnetz eingespeist werden.

AUFGABEN

1 Wasserstoff als Energiequelle

a Nenne die im Text erwähnten Vorteile und Nachteile von Wasserstoff als Energiequelle.

b Bild 1 steht für grünen Wasserstoff. Erläutere anhand des Bildes, was grüner Wasserstoff ist.

c Beschreibe, wie Wasserstoff dem Ausbau erneuerbarer Energien helfen kann.

d Recherchiere aktuelle Entwicklungen in der Wasserstoffwirtschaft und notiere diese.

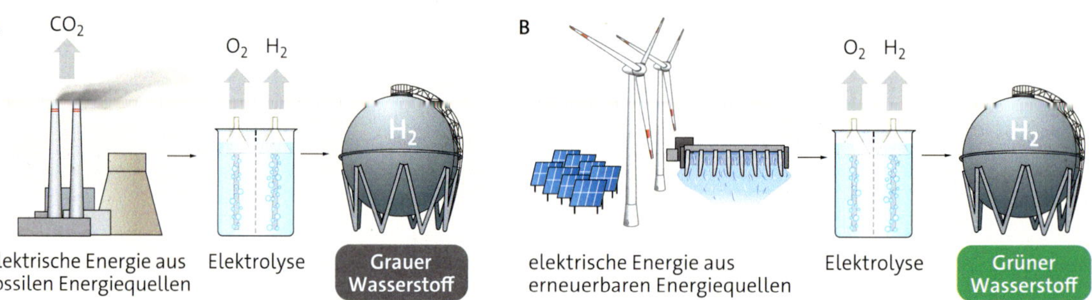

2 Herstellung von grauem Wasserstoff (A) und grünem Wasserstoff (B)

zobuxa

Wasser und Wasserstoff

1 Die Explosion eines Spaceshuttles

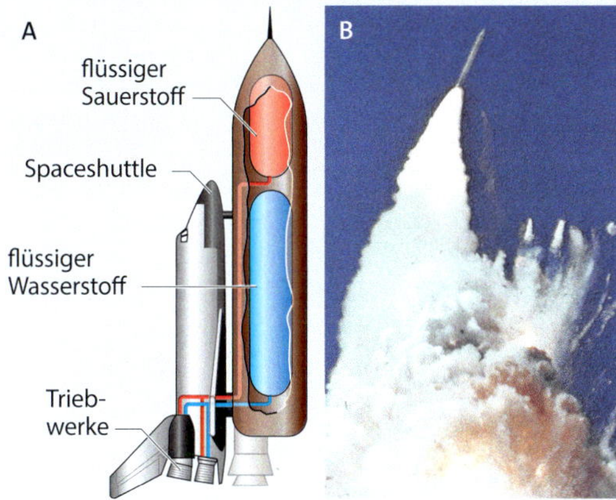

1 Aufbau des Spaceshuttles (A), Explosion der Challenger (B)

Es war ein strahlender Wintertag, als die „Challenger" am 28. Januar 1986 in den blauen Himmel über Merritt Island in Florida abhob. Doch der zehnte Flug des Spaceshuttles sollte nur 73 Sekunden dauern. Die Challenger explodierte in 15 km Höhe in einem Feuerball. Dabei starben alle sieben Astronauten.
Als Ursache wurde ermittelt, dass durch leckgeschlagene Tanks große Mengen flüssigen Wasserstoffs und Sauerstoffs ausliefen und in einem Feuerball zur Explosion kamen.

a Erkläre, welche Funktion Wasserstoff und Sauerstoff im Spaceshuttle haben.

b Stelle für die Reaktion, die bei der Explosion des Spaceshuttles ablief, das Reaktionsschema in Worten und in Symbolschreibweise auf.

c Berechne, wie viel Liter Sauerstoff man für die vollständige Verbrennung von 1 Million Liter Wasserstoff braucht.

d Übertrage die Skizze in dein Heft und erkläre anhand dieser Modelldarstellung, wie es zum Vortrieb einer Rakete kommt.

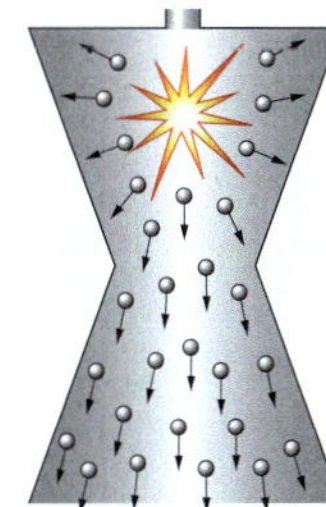

2 Lavoisier zerlegt Wasser

2 Lavoisier und seine Wasserzersetzungsapparatur

Im Jahr 1783 führte der französische Chemiker Antoine Laurent de Lavoisier ein Experiment durch: Er erhitzte einen Gewehrlauf aus Eisen, der mit klein gehackten Nägeln gefüllt war. Sobald das Eisen glühte, leitete er Wasserdampf durch das Rohr. Das austretende Gas fing er auf. Nach dem Abkühlen stellte er fest, dass sich das Eisenrohr und die Nägel rostbraun verfärbt hatten.

a Beschreibe, welche chemischen Vorgänge abgelaufen sind. Verwende dabei die Fachwörter Reduktion oder reduzieren und Oxidation oder oxidieren.

b Stelle ein Reaktionsschema in Worten für die chemische Reaktion im Eisenrohr auf.

c Kennzeichne im Reaktionsschema aus Aufgabenteil b die beiden Teilreaktionen Oxidation und Reduktion.

d Beschreibe, wie Lavoisier das entstandene Gas nachweisen konnte.

e Die Menschen glaubten lange, dass Wasser ein Element sei. Daher war das Experiment von Lavoisier eine Sensation. Verfasse einen kurzen Zeitungsbericht und beschreibe und erkläre, wie Lavoisier widerlegt hat, dass Wasser ein chemisches Element ist.

TESTE DICH!

1 Das Wasservorkommen ↗ S. 170/171

a ◪ Das Bild zeigt die Verteilung von Süßwasser und Salzwasser auf der Erde. Zeichne das Bild in dein Heft und beschrifte die linke Säule.

b ⊠ Wo befindet sich der größte Teil des auf der Erde vorkommenden Süßwassers? Beschrifte die rechte Säule.

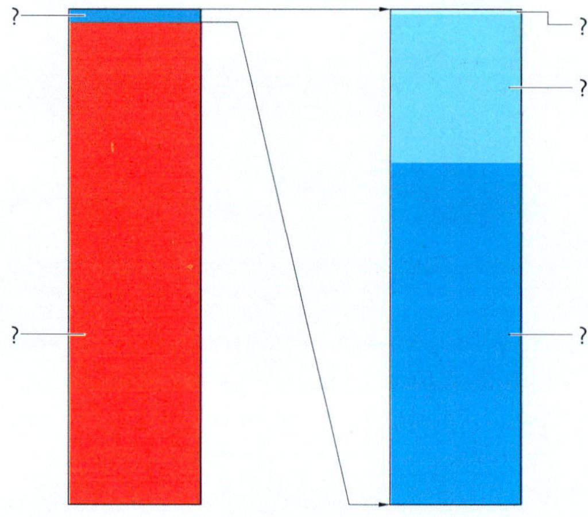

2 Trinkwassergewinnung und Wasserverwendung ↗ S. 170/171, 173, 180/181

a ◪ Nenne drei Gewässerarten, aus denen Trinkwasser gewonnen wird.

b ◪ Nenne fünf Verwendungsmöglichkeiten für Trinkwasser im Haushalt.

c ⊠ Begründe, warum die Trinkwasserqualität besonders gut überwacht wird.

d ⊠ Nenne drei verschiedene Ursachen für die Gefährdung des Trinkwassers.

3 Wasser verhält sich anders ↗ S. 188

⊠ Erläutere, wieso man im Winter durch ein Loch im zugefrorenen See angeln kann.

4 Die Kläranlage ↗ S. 175

a ◪ Nenne die drei Reinigungsstufen einer Kläranlage.

b ⊠ Beschreibe die Abläufe in den einzelnen Reinigungsstufen in ein bis zwei Sätzen pro Reinigungsstufe.

5 Die Zerlegung von Wasser ↗ S. 192/193

Wasser kann in Elemente zerlegt werden.

a ◪ Nenne das Fachwort für eine solche Zerlegung.

b ◪ Nenne die beiden Elemente, die bei der Zerlegung von Wasser entstehen.

c ⊠ Beschreibe, wie man die Stoffe, die bei der Zerlegung von Wasser entstehen, nachweisen kann.

6 Die Verbrennung von Wasserstoff ↗ S. 192/193

a ◪ Im Bild sieht man, dass sich bei der Verbrennung von Wasserstoff am Rand des Becherglases ein Beschlag bildet. Nenne den Stoff, um den es sich bei diesem Beschlag handelt.

b ⊠ Stelle ein Reaktionsschema in Worten und die Reaktionsgleichung für diese Verbrennung auf.

c ⊠ Nenne das Fachwort für eine chemische Reaktion, bei der aus Elementen eine chemische Verbindung hergestellt wird.

7 Wasserstoff als Energiequelle ↗ S. 194/195

a ⊠ Beschreibe zwei Möglichkeiten, wie Wasserstoff als Energiequelle verwendet werden kann.

b ⊠ Nenne zwei Nachteile für Wasserstoff als Energiequelle.

c ⊠ Begründe, warum Wasserstoff als umweltfreundliche Energiequelle bezeichnet wird.

wugizu 

ZUSAMMENFASSUNG Wasser und Wasserstoff

Das Wasservorkommen auf der Erde

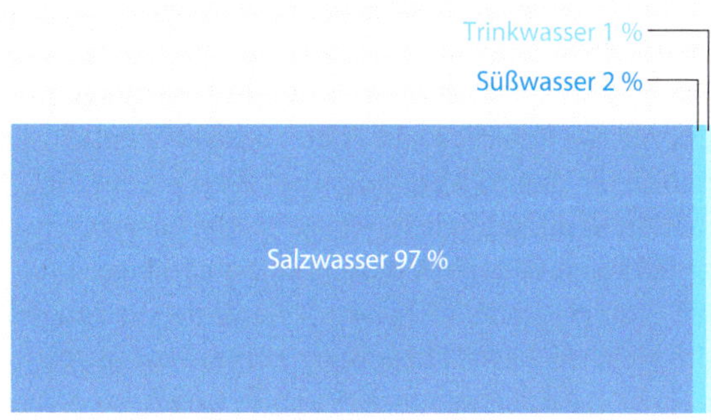

Die Wassernutzung

Wasser aus Grundwasser, Oberflächenwasser und Fließgewässern wird vielseitig genutzt:

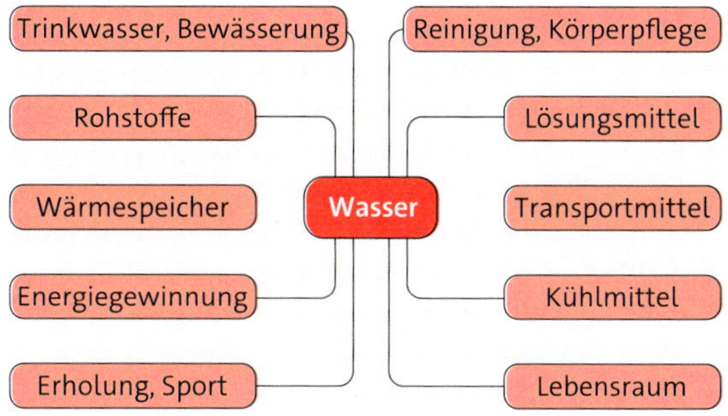

Das Trinkwasser

Trinkwasser

- kann aus Grundwasser und Oberflächenwasser gewonnen werden.
- wird in Trinkwasseraufbereitungsanlagen von Schmutz, Krankheitserregern und Schadstoffen befreit.
- wird regelmäßig nach der Trinkwasserverordnung geprüft, um die Menschen vor gesundheitlichen Gefahren zu schützen.
- wird zur Körperpflege, für die Toilettenspülung, zum Wäschewaschen, zum Geschirrspülen und als Lebensmittel verwendet.

Die Kläranlage

Eine **Kläranlage** ist eine Anlage zur Reinigung von Abwasser in drei Stufen:

1. Stufe: mechanische Reinigung (Rechen, Filtration)
2. Stufe: biologische Reinigung (Kleinstlebewesen)
3. Stufe: chemische Reinigung (Fällmittel)

Der Wasserkreislauf

Das Wasser auf der Erde ist im **Wasserkreislauf** ständig in Bewegung.
Das Wasser

- verdunstet aus den Gewässern, aus dem Boden und den Pflanzen.
- steigt als gasförmiges Wasser auf.
- kondensiert in der Atmosphäre.
- fällt als Niederschlag wieder zurück auf die Erde.
- versickert in den Boden und wird dort weitertransportiert oder als Grundwasser gespeichert.

Die Anomalie des Wassers

Anomalie des Wassers: Wasser dehnt sich im Gegensatz zu anderen Stoffen aus, wenn es unter 4 °C abgekühlt wird. Eis ist leichter als flüssiges Wasser.

Die Analyse und die Synthese

Analyse: Zerlegen einer Verbindung in ihre Elemente
Beispiel: Zerlegen von Wasser in die Elemente Wasserstoff und Sauerstoff

Wasser ⟶ Wasserstoff + Sauerstoff

$$2\,H_2O \xrightarrow{\text{Analyse}} 2\,H_2 + O_2 \quad |\text{ endotherm}$$

Synthese: chemische Reaktion, bei der eine neue Verbindung hergestellt wird
Beispiel: Herstellung von Wasser aus den Elementen Wasserstoff und Sauerstoff

Wasserstoff + Sauerstoff ⟶ Wasser

$$2\,H_2 + O_2 \xrightarrow{\text{Synthese}} 2\,H_2O \quad |\text{ exotherm}$$

Der Wasserstoff

- farb-, geruch- und geschmackloses Gas
- Nachweis: Knallgasprobe
- Verwendung: Industrierohstoff und Energiequelle für Heizungen, Kraftfahrzeuge, Raketen

Basiskonzepte

1 In der Chemie-Bibliothek

Das Wissen in der Chemie wirkt fast unüberschaubar. Es gibt jedoch Möglichkeiten, es sinnvoll zu ordnen – wie die Bücher in einer Bibliothek.

Chemisches Wissen

Manche Vorgänge und Erscheinungen in der Chemie haben auf den ersten Blick nichts miteinander zu tun. Auf den zweiten Blick gibt es aber doch Gemeinsamkeiten und Zusammenhänge zwischen ganz unterschiedlichen Beobachtungen.
Chemikerinnen und Chemiker ordnen das Wissen, um diese Zusammenhänge erkennen zu können. Nur so können sie den Überblick behalten und ihr Wissen erweitern und vertiefen.

Ordnung schaffen mit Ordnungssystemen

In Bibliotheken sind Bücher beispielsweise danach geordnet, ob es sich um Krimis, Fantasyromane oder historische Romane handelt. So findet zum Beispiel ein Krimifan schneller andere Krimis. Literaturwissenschaftler und Literaturwissenschaftlerinnen sortieren ihre Bücher manchmal nach dem Jahr, in dem sie erschienen sind. Manche Menschen ordnen ihre Bücher nach den Namen der Personen, die sie geschrieben haben, oder nach dem Alphabet.

Das Ordnungssystem der Chemie

In der Chemie nutzt man dagegen als Ordnungssystem chemische Grundregeln. Sie werden **Basiskonzepte** genannt. Die Basiskonzepte in der Chemie heißen **Energie, Struktur der Materie** und **Chemische Reaktion**. Diese drei Basiskonzepte helfen dir, dein Wissen zu vernetzen. Sie vereinfachen es dir, Gemeinsamkeiten zwischen verschiedenen Bereichen der Chemie zu erkennen. Da die Biologie und die Physik teilweise ihr Wissen in die gleichen Basiskonzepte einordnen, kannst du dein Wissen auch einfacher auf die anderen Naturwissenschaften übertragen. So unterstützen dich die Basiskonzepte dabei, die Chemie und die Natur um dich herum besser zu verstehen.

An vielen Vorgängen und Erscheinungen in der Natur lassen sich Grundregeln erkennen. Die Basiskonzepte beschreiben diese Grundregeln. Sie können dir helfen, die Chemie besser zu verstehen.

Struktur der Materie

Die Stoffe in unserer Umwelt können gasförmig, flüssig oder fest sein. Stoffe haben bestimmte Eigenschaften. Wie hoch ist zum Beispiel ihre Siedetemperatur? Sind sie in Wasser löslich? Diese Eigenschaften sind für jeden Stoff unterschiedlich. Struktur der Materie heißt das Basiskonzept, in dem wir diese Eigenschaften untersuchen und mithilfe von Modellen erklären. Mit dem Teilchenmodell können wir uns die Aggregatzustände eines Stoffes und Lösevorgänge erklären (Bild 2). Mit dem Atommodell von Dalton können wir uns erklären, warum manche Stoffe nicht weiter zerlegt werden können. Alle Stoffe sind aus Atomen aufgebaut, die unteilbar sind. Elemente, die nur aus einer Atomsorte bestehen, können deshalb nicht weiter zerlegt werden.

2 Lösen im Teilchenmodell: Die Zuckerteilchen verteilen sich gleichmäßig zwischen den Wasserteilchen.

3 Das Erhitzen von Zucker ist ein Beispiel für eine chemische Reaktion.

4 Beim Verbrennen einer Wunderkerze wird Energie in Form von Licht und Wärme frei.

Chemische Reaktion

Beim Erhitzen von Zucker wird sofort deutlich, dass eine chemische Reaktion abläuft (Bild 3). Vor dem Erhitzen war der Zucker weiß und geruchlos, nach dem Erhitzen ist er braun und riecht süßlich. Bei chemischen Reaktionen werden Stoffe in neue Stoffe mit anderen Eigenschaften umgewandelt. Dabei ordnen sich die Atome der Ausgangsstoffe neu an, ohne sich selbst zu verändern. Da bei einer chemischen Reaktion auch keine Atome verloren gehen, haben die neuen Stoffe die gleiche Masse wie die Ausgangsstoffe.

Energie

Energie ist die Voraussetzung für jeden Vorgang. Sie ist daher ein wichtiges Basiskonzept. Energie tritt in verschiedenen Formen auf. Sie kann gespeichert, umgewandelt und transportiert werden. Energie bleibt dabei immer erhalten, sie kann weder erschaffen noch vernichtet werden. Alle Stoffe besitzen eine bestimmte Menge chemischer Energie. Bei einer chemischen Reaktion wird ein Teil dieser Energie in andere Energieformen umgewandelt. So gibt es viele chemische Reaktionen, bei denen Energie zum Beispiel in Form von Wärme oder Licht freigesetzt wird. Man nennt sie exotherme Reaktionen. Ein Beispiel ist das Verbrennen einer Wunderkerze (Bild 4). Andere Reaktionen wie das Umwandeln von Zucker in Karamell laufen hingegen nur ab, wenn ihnen ständig Wärme zugeführt wird (Bild 3). Man spricht von endothermen Reaktionen.

Die Basiskonzepte der Chemie sind: Struktur der Materie, Chemische Reaktion und Energie.

AUFGABEN

1 Die Ordnungssysteme

a Nenne drei mögliche Systeme für das Ordnen von Büchern in einer Bibliothek.

b Nenne das Ordnungssystem für chemisches Wissen.

2 Basiskonzepte zuordnen

Ordne die folgenden Vorgänge und Erscheinungen den Basiskonzepten zu. Manchmal spielen mehrere Basiskonzepte eine Rolle.

a Die Stoffe Zink und Schwefel reagieren erst miteinander, wenn zum Beispiel eine glühende Stricknadel in das Gemisch gehalten wird.

b Legierungen haben andere Eigenschaften als die reinen Metalle, aus denen sie bestehen.

c Bei den Edelgasen wie Helium liegen einzelne Atome vor. Dagegen sind beim Gas Stickstoff mehrere Atome miteinander verbunden.

d Eine Brausetablette wird in Wasser aufgelöst. Dabei kühlt sich das Wasser ab.

3 Der Pfannkuchen

Beim Backen wird aus dem flüssigen Teig ein gebräunter und fester Pfannkuchen. Beschreibe die Vorgänge beim Backen eines Pfannkuchens mit Blick auf die Basiskonzepte.

Arbeitsaufträge richtig verstehen

Im Unterricht und in Klassenarbeiten bearbeitest du immer wieder Aufgaben. Sie enthalten oft bestimmte Signalwörter. Wenn du genau weißt, was sie bedeuten, dann gelingt dir das Lösen der Aufgaben leichter, denn die Signalwörter sagen dir, was du tun sollst.
Tipp: Wenn es möglich ist, dann verwende in deiner Antwort das Verb und das Nomen aus der Aufgabe.

Nennen – benennen – angeben – aufzählen

Nenne Metalle, die magnetisierbar sind.

Hier sollst du etwas stichwortartig auflisten oder aufzählen. Meist findest du die Informationen im Text oder im Bild zur Aufgabe. Oder du sollst dich an etwas erinnern, das du zuvor gelernt hast.

Lösung: Eisen, Cobalt, Nickel

Beschreiben

Beschreibe, wie du die Härte von Stoffen vergleichen kannst.

Hier sollst du die Merkmale eines Sachverhalts oder auch eines Bildes in eigenen Worten wiedergeben. Manchmal musst du auch beschreiben, was du beim Experimentieren beobachten konntest. Du musst hier nichts erklären oder erläutern.

Lösung: Die Härte von Stoffen kann mit der Ritzprobe verglichen werden. Dafür wird mit einem harten Stoff in einen weicheren Stoff geritzt.

Erklären

Erkläre, warum sich Zuckerstücke auch dann in Wasser lösen, wenn nicht umgerührt wird.

Hier sollst du Zusammenhänge, Abläufe, Strukturen oder Ursachen eines Sachverhalts verständlich machen. Dabei sollst du Regeln, Gesetzmäßigkeiten und Modelle verwenden. Häufig kannst du Formulierungen nutzen wie „Wenn ..., dann ..." oder „Um ... zu ..." oder „Je ..., desto ..."

Lösung: Die Teilchen des Wassers sind in ständiger Bewegung und schieben sich zwischen die dicht und regelmäßig angeordneten Zuckerteilchen. Dadurch werden die Zuckerteilchen voneinander getrennt und verteilen sich gleichmäßig zwischen den Wasserteilchen.

Erläutern

Erläutere den Unterschied zwischen einer Lösung und einer Suspension.

Hier sollst du Zusammenhänge, Abläufe, Strukturen oder Ursachen eines Sachverhalts verständlich machen, indem du zusätzliche Informationen wie Bilder oder Beispiele verwendest.

Lösung: In einer Lösung und einer Suspension sind Feststoffe in flüssigen Stoffen verteilt. Zuckerwasser ist ein Beispiel für eine Lösung. Die einzelnen Zuckerteilchen sind so fein zwischen den Wasserteilchen verteilt, dass man sie selbst unter dem Mikroskop nicht mehr erkennen kann.
Wasserfarbenwasser ist ein Beispiel für eine Suspension. Mehrere Farbstoffteilchen bilden zusammenhängende Gruppen. Daher kann man sie mit bloßem Auge oder unter dem Mikroskop erkennen.

Begründen

Begründe, warum es beim Destillieren sinnvoll ist, ein Thermometer zu verwenden.

Hier sollst du Sachverhalte auf Gesetzmäßigkeiten, Regeln und Ursachen zurückführen und Zusammenhänge aufzeigen. Hilfreiche Wörter sind: „weil", „wegen", „aufgrund" und „dadurch".

Lösung: Bei der Destillation werden Stoffe aufgrund ihrer verschiedenen Siedetemperaturen voneinander getrennt. Ein Thermometer ist dabei sinnvoll, weil damit die Siedetemperatur des Stoffes gemessen werden kann, der gerade verdampft.
So kann man überprüfen, welcher Stoff gerade ins Auffanggefäß fließt.

Ordnen – Zuordnen

Ordne folgende Beispiele den physikalischen Vorgängen oder chemischen Reaktionen zu.

Hier sollst du Wörter in eine sinnvolle Reihenfolge bringen oder in Gruppen zusammenfassen.
Oft steht in der Aufgabe, nach welchen Kriterien die Informationen oder Wörter geordnet werden sollen.

Lösung:
- physikalischer Vorgang: Kerzenwachs schmilzt ...
- chemische Reaktion: Eine Kerze brennt ...

Bewerten – Beurteilen – Stellung nehmen

Anja will ihr kaputtes Smartphone im Hausmüll entsorgen. Bewerte das Vorhaben.

Hier sollst du deine Meinung äußern und begründen. Nutze dazu dein Fachwissen, aber auch deine persönliche Einschätzung.

Lösung: Ich finde Anjas Vorgehen nicht gut. Sie sollte ihr Smartphone zum Recyclinghof bringen, denn dann können die darin enthaltenen Metalle wiederverwendet werden. Dadurch können Rohstoffvorräte, Kohlenstoffdioxidemissionen und Schadstoffe eingespart werden.

Zeichnen und Skizzieren

In einem Experiment wird die Siedetemperatur von Wasser bestimmt. Skizziere den Aufbau des Experiments.

Hier sollst du eine genaue Zeichnung oder eine übersichtliche Skizze anfertigen. Die Zeichnung oder die Skizze soll dabei das Wichtigste zeigen. Unwichtige Kleinigkeiten kannst du weglassen.

Lösung:

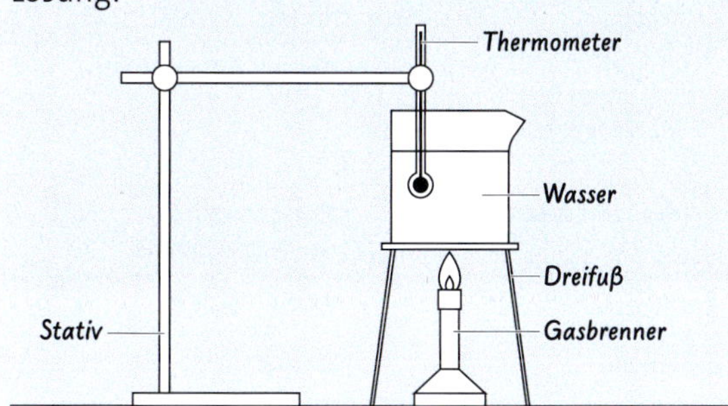

Recherchieren – Sich informieren/erkundigen

Recherchiere die messbaren Stoffeigenschaften von Zucker.

Hier sollst du etwas selbst herausfinden. Dazu kannst du Bücher oder das Internet nutzen. Du kannst auch Fachleute befragen. Die Informationen kannst du übersichtlich zusammenstellen.

Lösung: Magnetisierbarkeit: nein; Wärmeleitfähigkeit: gering; elektrische Leitfähigkeit: nein; Löslichkeit in Wasser: sehr gut; Schmelztemperatur: 185 °C; Siedetemperatur: – (zersetzt sich vorher)

Vergleichen

Vergleiche chemische Elemente und chemische Verbindungen.

Hier sollst du Gemeinsamkeiten und Unterschiede nennen. Manchmal ist es sinnvoll, diese in einer Tabelle übersichtlich darzustellen.
Oft musst du selbst wählen, welche Kriterien du vergleichst. Manchmal sollst du zum Schluss auch das Ergebnis deines Vergleichs zusammenfassen.

Lösung: Gemeinsamkeit: Chemische Elemente und chemische Verbindungen sind Reinstoffe.
Unterschied: Chemische Elemente kann man nicht weiter zerlegen. Sie bestehen aus nur einer Atomsorte.
Chemische Verbindungen sind hingegen aus mindestens zwei verschiedenen Atomsorten aufgebaut. Man kann sie in die einzelnen Elemente zerlegen.

Auswerten

Werte das Chromatogramm des Farbstoffgemischs aus.

Hier sollst du Schlussfolgerungen aus Diagrammen, Bildern oder den Ergebnissen aus Experimenten ziehen und diese Erkenntnisse beschreiben.

Lösung: Das Chromatogramm zeigt, dass sich der gelbe Farbstoff als Erstes auf dem Filterpapier absetzt. Die gelben Farbstoffteilchen sind somit am wenigsten wasserlöslich und haften am stärksten am Filterpapier. Der rote Farbstoff setzt sich zuletzt auf dem Papier ab. Die roten Farbstoffteilchen lösen sich also am besten in Wasser und haften am schlechtesten auf dem Papier. Die Wasserlöslichkeit und Adsorptionsfähigkeit der blauen Farbstoffteilchen liegt dazwischen.

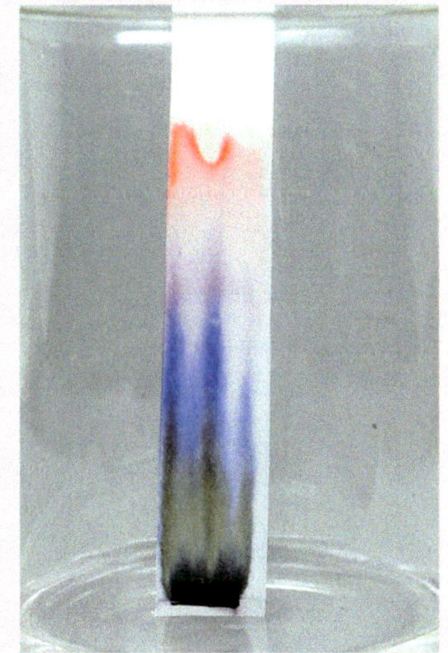

Tabellen

Größe	Formelzeichen	Größengleichung	Einheit	Umrechnen der Einheiten
Masse	m		kg, t	1 t = 1000 kg
Volumen	V	$V = l \cdot b \cdot h$ (Quader)	m^3, l	$1\,l = 1\,dm^3 = 0{,}001\,m^3$
Dichte	ρ	$\rho = \frac{m}{V}$	$\frac{kg}{m^3}, \frac{g}{cm^3}, \frac{g}{l}$	$1\frac{kg}{m^3} = 1\frac{g}{l} = 0{,}001\frac{g}{cm^3}$
Massenkonzentration	β	$\beta = \frac{m(Stoff)}{V(Stoffgemisch)}$	$\frac{g}{l}$	
Temperatur	T		°C, K	0 °C ≙ 237,15 K
Zeit	t		s, min	1 min = 60 s

1 Wichtige Größen

Element	Wissenschaftlicher Name	Elementsymbol
Chlor	Chlorum	Cl
Eisen	Ferrum	Fe
Fluor	Fluorum	F
Gold	Aurum	Au
Kohlenstoff	Carboneum	C
Kupfer	Cuprum	Cu
Magnesium	Magnesium	Mg
Sauerstoff	Oxygenium	O
Schwefel	Sulfur	S
Silber	Argentum	Ag
Stickstoff	Nitrogenium	N
Wasserstoff	Hydrogenium	H
Zink	Zincum	Zn

2 Wichtige Elemente

Zahl	Zahlwort
1	mono
2	di
3	tri
4	tetra
5	penta
6	hexa

3 Griechische Zahlwörter

Stoff	Entzündungstemperatur in °C
Streichholzkopf	80
Zeitungspapier	180
Kerzenwachs	250
Autobenzin	260
Holz	280

4 Entzündungstemperatur

Stoffgemisch	Zustandsformen	Beispiel
Lösung	fest in flüssig	Zuckerwasser
	flüssig in flüssig	Weinbrand
	gasförmig in flüssig	Sprudelwasser
Gasgemisch	gasförmig in gasförmig	Luft
Legierung	fest in fest	Rotgold

5 Homogene Stoffgemische

Stoffgemisch	Zustandsformen	Beispiel
Gemenge	fest in fest	Granit
Suspension	fest in flüssig	Schmutzwasser
Emulsion	flüssig in flüssig	Milch
Rauch	fest in gasförmig	Dieselqualm
Nebel	flüssig in gasförmig	Wolke
Schaum	gasförmig in flüssig	Bauschaum

6 Heterogene Stoffgemische

Trennverfahren	Entscheidende Stoffeigenschaft
Auslesen	Farbe, Form, ...
Sieben	Größe
Filtrieren	Größe, Löslichkeit
Sedimentieren/ Dekantieren	Löslichkeit, Masse
Extrahieren	Löslichkeit
Eindampfen	Siedetemperatur
Adsorbieren	Adsorptionsfähigkeit
Zentrifugieren	Masse
Chromatografieren	Löslichkeit, Adsorptionsfähigkeit

7 Trennverfahren

Laborgeräte

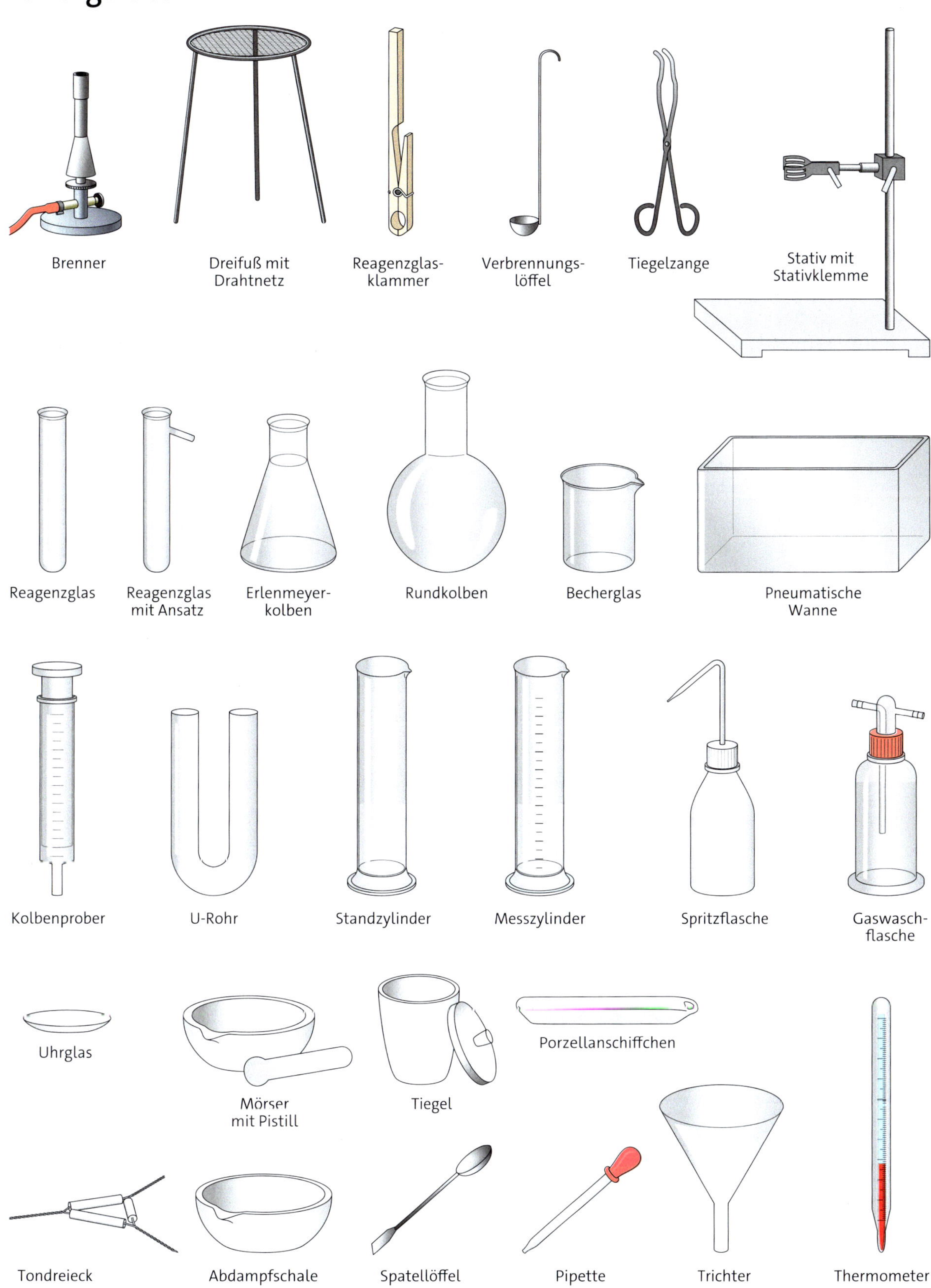

Gefahrstoffhinweise

Piktogramm	Signalwort	Gekennzeichnete Stoffe und Gemische ...
GHS01	Gefahr / Achtung	– können sich selbst zersetzen – können explodieren
GHS02	Gefahr / Achtung	– sind entzündbar – können sich selbst erhitzen – entwickeln bei Berührung mit Wasser entzündbare Gase
GHS03	Gefahr / Achtung	– haben eine brandfördernde Wirkung
GHS04	Achtung	– stehen unter Druck (gilt für Gase)
GHS05	Gefahr / Achtung	– greifen Metalle an
GHS06	Gefahr	– sind giftig, bereits in geringen Mengen lebensgefährlich
GHS07	Achtung	– sind gesundheitsschädlich – verursachen Haut- und/ oder Augenreizungen, allergische Hautreaktionen, Reizungen der Atemwege, Schläfrigkeit und Benommenheit
GHS08	Gefahr / Achtung	– können bei Verschlucken und Eindringen in die Atemwege tödlich sein – können Organe schädigen – können Krebs erzeugen – können die Fruchtbarkeit beeinträchtigen – können das Kind im Mutterleib schädigen – können das Erbgut schädigen – können beim Einatmen Allergien, asthmaartige Symptome oder Atembeschwerden verursachen
GHS09	Achtung	– sind giftig für Wasserorganismen

1 Gefahrstoffhinweise und ihre Bedeutung

Gefahrenhinweise, ergänzende Gefahrenmerkmale und ergänzende Kennzeichnungselemente

Gefahrenhinweise (H-Sätze)

Gefahrenhinweise für physikalische Gefahren

H200 Instabil, explosiv
H201 Explosiv, Gefahr der Massenexplosion.
H202 Explosiv; große Gefahr durch Splitter, Spreng- und Wurfstücke.
H203 Explosiv; Gefahr durch Feuer, Luftdruck oder Splitter, Spreng- und Wurfstücke.
H204 Gefahr durch Feuer oder Splitter, Spreng- und Wurfstücke.
H205 Gefahr der Massenexplosion bei Feuer.
H220 Extrem entzündbares Gas.
H221 Entzündbares Gas.
H222 Extrem entzündbares Aerosol.
H223 Entzündbares Aerosol.
H224 Flüssigkeit und Dampf extrem entzündbar.
H225 Flüssigkeit und Dampf leicht entzündbar.
H226 Flüssigkeit und Dampf entzündbar.
H228 Entzündbarer Feststoff.
H229 Behälter steht unter Druck: kann bei Erwärmung bersten.
H240 Erwärmung kann Explosion verursachen.
H241 Erwärmung kann Brand oder Explosion verursachen.
H242 Erwärmung kann Brand verursachen.
H250 Entzündet sich in Berührung mit Luft von selbst.
H251 Selbsterhitzungsfähig; kann in Brand geraten.
H260 In Berührung mit Wasser entstehen entzündbare Gase, die sich spontan entzünden können.
H261 In Berührung mit Wasser entstehen entzündbare Gase.
H270 Kann Brand verursachen oder verstärken; Oxidationsmittel.
H271 Kann Brand oder Explosion verursachen; starkes Oxidationsmittel.
H272 Kann Brand verstärken; Oxidationsmittel.
H280 Enthält Gas unter Druck; kann bei Erwärmung explodieren.
H281 Enthält tiefkaltes Gas; kann Kälteverbrennungen oder -verletzungen verursachen.
H290 Kann gegenüber Metallen korrosiv sein.

Gefahrenhinweise für Gesundheitsgefahren

H300 Lebensgefahr bei Verschlucken.
H301 Giftig bei Verschlucken.
H302 Gesundheitsschädlich bei Verschlucken.
H304 Kann bei Verschlucken und Eindringen in die Atemwege tödlich sein.
H310 Lebensgefahr bei Hautkontakt.
H311 Giftig bei Hautkontakt.
H312 Gesundheitsschädlich bei Hautkontakt.
H314 Verursacht schwere Verätzungen der Haut und schwere Augenschäden.
H315 Verursacht Hautreizungen.
H317 Kann allergische Hautreaktionen verursachen.
H318 Verursacht schwere Augenschäden.
H319 Verursacht schwere Augenreizung.
H330 Lebensgefahr bei Einatmen.
H331 Giftig bei Einatmen.
H332 Gesundheitsschädlich bei Einatmen.
H334 Kann bei Einatmen Allergie, asthmaartige Symptome oder Atembeschwerden verursachen.
H335 Kann die Atemwege reizen.
H336 Kann Schläfrigkeit und Benommenheit verursachen.
H340 Kann genetische Defekte verursachen *<Expositionsweg angeben, sofern schlüssig belegt ist, dass diese Gefahr bei keinem anderen Expositionsweg besteht>*.
H341 Kann vermutlich genetische Defekte verursachen *<Expositionsweg angeben, sofern schlüssig belegt ist, dass diese Gefahr bei keinem anderen Expositionsweg besteht>*.
H350 Kann Krebs erzeugen *<Expositionsweg angeben, sofern schlüssig belegt ist, dass diese Gefahr bei keinem anderen Expositionsweg besteht>*.
H350i Kann beim Einatmen Krebs erzeugen.
H351 Kann vermutlich Krebs erzeugen *<Expositionsweg angeben, sofern schlüssig belegt ist, dass diese Gefahr bei keinem anderen Expositionsweg besteht>*.
H360 Kann die Fruchtbarkeit beeinträchtigen oder das Kind im Mutterleib schädigen *<konkrete Wirkung angeben, sofern bekannt> <Expositionsweg angeben, sofern schlüssig belegt ist, dass die Gefahr bei keinem anderen Expositionsweg besteht>*.
H360F Kann die Fruchtbarkeit beeinträchtigen.
H360D Kann das Kind im Mutterleib schädigen.
H360FD Kann die Fruchtbarkeit beeinträchtigen. Kann das Kind im Mutterleib schädigen.

H360Fd Kann die Fruchtbarkeit beeinträchtigen. Kann vermutlich das Kind im Mutterleib schädigen.

H360Df Kann das Kind im Mutterleib schädigen. Kann vermutlich die Fruchtbarkeit beeinträchtigen.

H361 Kann vermutlich die Fruchtbarkeit beeinträchtigen oder das Kind im Mutterleib schädigen <*konkrete Wirkung angeben, sofern bekannt*> <*Expositionsweg angeben, sofern schlüssig belegt ist, dass die Gefahr bei keinem anderen Expositionsweg besteht*>.

H361f Kann vermutlich die Fruchtbarkeit beeinträchtigen.

H361d Kann vermutlich das Kind im Mutterleib schädigen.

H361fd Kann vermutlich die Fruchtbarkeit beeinträchtigen. Kann vermutlich das Kind im Mutterleib schädigen.

H362 Kann Säuglinge über die Muttermilch schädigen.

H370 Schädigt die Organe <*oder alle betroffenen Organe nennen, sofern bekannt*> <*Expositionsweg angeben, sofern schlüssig belegt ist, dass diese Gefahr bei keinem anderen Expositionsweg besteht*>.

H371 Kann die Organe schädigen <*oder alle betroffenen Organe nennen, sofern bekannt*> <*Expositionsweg angeben, sofern schlüssig belegt ist, dass diese Gefahr bei keinem anderen Expositionsweg besteht*>.

H372 Schädigt die Organe <*alle betroffenen Organe nennen*> bei längerer oder wiederholter Exposition <*Expositionsweg angeben, wenn schlüssig belegt ist, dass diese Gefahr bei keinem anderen Expositionsweg besteht*>.

H373 Kann die Organe schädigen <*alle betroffenen Organe nennen, sofern bekannt*> bei längerer oder wiederholter Exposition <*Expositionsweg angeben, wenn schlüssig belegt ist, dass diese Gefahr bei keinem anderen Expositionsweg besteht*>.

Gefahrenhinweise für Umweltgefahren

H400 Sehr giftig für Wasserorganismen.

H410 Sehr giftig für Wasserorganismen mit langfristiger Wirkung.

H411 Giftig für Wasserorganismen, mit langfristiger Wirkung.

H412 Schädlich für Wasserorganismen, mit langfristiger Wirkung.

H413 Kann für Wasserorganismen schädlich sein, mit langfristiger Wirkung.

Ergänzende Gefahrenmerkmale

Physikalische Eigenschaften

EUH001 In trockenem Zustand explosionsgefährlich.

EUH006 Mit und ohne Luft explosionsfähig.

EUH014 Reagiert heftig mit Wasser.

EUH018 Kann bei Verwendung explosionsfähige/entzündbare Dampf/Luft-Gemische bilden.

EUH019 Kann explosionsfähige Peroxide bilden.

EUH044 Explosionsgefahr bei Erhitzen unter Einschluss.

Gesundheitsgefährliche Eigenschaften

EUH029 Entwickelt bei Berührung mit Wasser giftige Gase.

EUH031 Entwickelt bei Berührung mit Säure giftige Gase.

EUH032 Entwickelt bei Berührung mit Säure sehr giftige Gase.

EUH066 Wiederholter Kontakt kann zu spröder oder rissiger Haut führen.

EUH070 Giftig bei Berührung mit den Augen.

EUH071 Wirkt ätzend auf die Atemwege.

Umweltgefährliche Eigenschaften

EUH059 Die Ozonschicht schädigend.

Ergänzende Kennzeichnungselemente/Informationen über bestimmte Stoffe und Gemische

EUH201 Enthält Blei. Nicht für den Anstrich von Gegenständen verwenden, die von Kindern gekaut oder gelutscht werden könnten.

EUH201A Achtung! Enthält Blei.

EUH202 Cyanacrylat. Gefahr. Klebt innerhalb von Sekunden Haut und Augenlider zusammen. Darf nicht in die Hände von Kindern gelangen.

EUH203 Enthält Chrom (VI). Kann allergische Reaktionen hervorrufen.

EUH204 Enthält Isocyanate. Kann allergische Reaktionen hervorrufen.

EUH205 Enthält epoxidhaltige Verbindungen. Kann allergische Reaktionen hervorrufen.

EUH206 Achtung! Nicht zusammen mit anderen Produkten verwenden, da gefährliche Gase (Chlor) freigesetzt werden können.

EUH207 Achtung! Enthält Cadmium. Bei der Verwendung entstehen gefährliche Dämpfe. Hinweise des Herstellers beachten. Sicherheitsanweisungen einhalten.

EUH208 Enthält <*Name des sensibilisierenden Stoffes*>. Kann allergische Reaktionen hervorrufen.

EUH209 Kann bei Verwendung leicht entzündbar werden.

EUH209A Kann bei Verwendung entzündbar werden.

EUH210 Sicherheitsdatenblatt auf Anfrage erhältlich.

EUH401 Zur Vermeidung von Risiken für Mensch und Umwelt die Gebrauchsanleitung einhalten.

Sicherheitshinweise (P-Sätze)

Sicherheitshinweise – Allgemeines

P101 Ist ärztlicher Rat erforderlich, Verpackung oder Kennzeichnungsetikett bereithalten.

P102 Darf nicht in die Hände von Kindern gelangen.

P103 Vor Gebrauch Kennzeichnungsetikett lesen.

Sicherheitshinweise – Prävention

P201 Vor Gebrauch besondere Anweisungen einholen.

P202 Vor Gebrauch alle Sicherheitshinweise lesen und verstehen.

P210 Von Hitze/Funken/offener Flamme/heißen Oberflächen fernhalten. Nicht rauchen.

P211 Nicht gegen offene Flamme oder andere Zündquelle sprühen.

P220 Von Kleidung/.../brennbaren Materialien fernhalten/entfernt aufbewahren.

P221 Mischen mit brennbaren Stoffen/... unbedingt verhindern.

P222 Kontakt mit Luft nicht zulassen.

P223 Kontakt mit Wasser wegen heftiger Reaktion und möglichem Aufflammen unbedingt verhindern.

P230 Feucht halten mit ...

P231 Unter inertem Gas handhaben.

P232 Vor Feuchtigkeit schützen.

P233 Behälter dicht verschlossen halten.

P234 Nur im Originalbehälter aufbewahren.

P235 Kühl halten.

P240 Behälter und zu befüllende Anlage erden.

P241 Explosionsgeschützte elektrische Betriebsmittel/Lüftungsanlagen/Beleuchtung/... verwenden.

P242 Nur funkenfreies Werkzeug verwenden.

P243 Maßnahmen gegen elektrostatische Aufladungen treffen.

P244 Druckminderer frei von Fett und Öl halten.

P250 Nicht schleifen/stoßen/.../reiben.

P251 Behälter steht unter Druck: Nicht durchstechen oder verbrennen, auch nicht nach der Verwendung.

P260 Staub/Rauch/Gas/Nebel/Dampf/Aerosol nicht einatmen.

P261 Einatmen von Staub/Rauch/Gas/Nebel/Dampf/Aerosol vermeiden.

P262 Nicht in die Augen, auf die Haut oder auf die Kleidung gelangen lassen.

P263 Kontakt während der Schwangerschaft und der Stillzeit vermeiden.

P264 Nach Gebrauch ... gründlich waschen.

P270 Bei Gebrauch nicht essen, trinken oder rauchen.

P271 Nur im Freien oder in gut belüfteten Räumen verwenden.

P272 Kontaminierte Arbeitskleidung nicht außerhalb des Arbeitsplatzes tragen.

P273 Freisetzung in die Umwelt vermeiden.

P280 Schutzhandschuhe/Schutzkleidung/Augenschutz/Gesichtsschutz tragen.

P281 Vorgeschriebene persönliche Schutzausrüstung verwenden.

P282 Schutzhandschuhe/Gesichtsschild/Augenschutz mit Kälteisolierung tragen.

P283 Schwer entflammbare/flammhemmende Kleidung tragen.

P284 Atemschutz tragen.

P285 Bei unzureichender Belüftung Atemschutz tragen.

P231 + P232 Unter inertem Gas handhaben. Vor Feuchtigkeit schützen.

P235 + P410 Kühl halten. Vor Sonnenbestrahlung schützen.

Sicherheitshinweise – Reaktion

P301 BEI VERSCHLUCKEN:

P302 BEI BERÜHRUNG MIT DER HAUT:

P303 BEI BERÜHRUNG MIT DER HAUT (oder dem Haar):

P304 BEI EINATMEN:

P305 BEI KONTAKT MIT DEN AUGEN:

P306 BEI KONTAMINIERTER KLEIDUNG:

P307 BEI Exposition:

P308 BEI Exposition oder falls betroffen:

P309 BEI Exposition oder Unwohlsein:

P310 Sofort GIFTINFORMATIONSZENTRUM oder Arzt anrufen.

P311 GIFTINFORMATIONSZENTRUM oder Arzt anrufen.

P312 Bei Unwohlsein GIFTINFORMATIONSZENTRUM oder Arzt anrufen.

P313 Ärztlichen Rat einholen/ärztliche Hilfe hinzuziehen.

P314 Bei Unwohlsein ärztlichen Rat einholen/ärztliche Hilfe hinzuziehen.

P315 Sofort ärztlichen Rat einholen/ärztliche Hilfe hinzuziehen.

P320 Besondere Behandlung dringend erforderlich (siehe ... auf diesem Kennzeichnungsetikett).

P321 Besondere Behandlung (siehe ... auf diesem Kennzeichnungsetikett).

P322 Gezielte Maßnahmen (siehe ... auf diesem Kennzeichnungsetikett).

P330	Mund ausspülen.
P331	KEIN Erbrechen herbeiführen.
P332	Bei Hautreizung:
P333	Bei Hautreizung oder -ausschlag:
P334	In kaltes Wasser tauchen/nassen Verband anlegen.
P335	Lose Partikel von der Haut abbürsten.
P336	Vereiste Bereiche mit lauwarmem Wasser auftauen. Betroffenen Bereich nicht reiben.
P337	Bei anhaltender Augenreizung:
P338	Eventuell vorhandene Kontaktlinsen nach Möglichkeit entfernen. Weiter ausspülen.
P340	Die betroffene Person an die frische Luft bringen und in einer Position ruhig stellen, die das Atmen erleichtert.
P341	Bei Atembeschwerden an die frische Luft bringen und in einer Position ruhig stellen, die das Atmen erleichtert.
P342	Bei Symptomen der Atemwege:
P350	Behutsam mit viel Wasser und Seife waschen.
P351	Einige Minuten lang behutsam mit Wasser ausspülen.
P352	Mit viel Wasser und Seife waschen.
P353	Haut mit Wasser abwaschen/duschen.
P360	Kontaminierte Kleidung und Haut sofort mit viel Wasser abwaschen und danach Kleidung ausziehen.
P361	Alle kontaminierten Kleidungsstücke sofort ausziehen.
P362	Kontaminierte Kleidung ausziehen und vor erneutem Tragen waschen.
P363	Kontaminierte Kleidung vor erneutem Tragen waschen.
P370	Bei Brand:
P371	Bei Großbrand und großen Mengen:
P372	Explosionsgefahr bei Brand.
P373	KEINE Brandbekämpfung, wenn das Feuer explosive Stoffe/ Gemische/Erzeugnisse erreicht.
P374	Brandbekämpfung mit üblichen Vorsichtsmaßnahmen aus angemessener Entfernung.
P375	Wegen Explosionsgefahr Brand aus der Entfernung bekämpfen.
P376	Undichtigkeit beseitigen, wenn gefahrlos möglich.
P377	Brand von ausströmendem Gas: Nicht löschen, bis Undichtigkeit gefahrlos beseitigt werden kann.
P378	... zum Löschen verwenden.
P380	Umgebung räumen.
P381	Alle Zündquellen entfernen, wenn gefahrlos möglich.
P390	Verschüttete Mengen aufnehmen, um Materialschäden zu vermeiden.
P391	Verschüttete Mengen aufnehmen.
P301 + P310	BEI VERSCHLUCKEN: Sofort GIFTINFORMATIONSZENTRUM oder Arzt anrufen.
P301 + P312	BEI VERSCHLUCKEN: Bei Unwohlsein GIFTINFORMATIONSZENTRUM oder Arzt anrufen.
P301 + P330 + P331	BEI VERSCHLUCKEN: Mund ausspülen. KEIN Erbrechen herbeiführen.
P302 + P334	BEI KONTAKT MIT DER HAUT: In kaltes Wasser tauchen/ nassen Verband anlegen.
P302 + P350	BEI KONTAKT MIT DER HAUT: Behutsam mit viel Wasser und Seife waschen.
P302 + P352	BEI KONTAKT MIT DER HAUT: Mit viel Wasser und Seife waschen.
P303 + P361 + P353	BEI KONTAKT MIT DER HAUT (oder dem Haar): Alle kontaminierten Kleidungsstücke sofort ausziehen. Haut mit Wasser abwaschen/duschen.
P304 + P340	BEI EINATMEN: An die frische Luft bringen und in einer Position ruhig stellen, die das Atmen erleichtert.
P304 + P341	BEI EINATMEN: Bei Atembeschwerden an die frische Luft bringen und in einer Position ruhig stellen, die das Atmen erleichtert.
P305 + P351 + P338	BEI KONTAKT MIT DEN AUGEN: Einige Minuten lang behutsam mit Wasser spülen. Vorhandene Kontaktlinsen nach Möglichkeit entfernen. Weiter spülen.
P306 + P360	BEI KONTAKT MIT DER KLEIDUNG: Kontaminierte Kleidung und Haut sofort mit viel Wasser abwaschen und danach Kleidung ausziehen.
P307 + P311	BEI Exposition: GIFTINFORMATIONSZENTRUM oder Arzt anrufen.
P308 + P313	BEI Exposition oder falls betroffen: Ärztlichen Rat einholen/ ärztliche Hilfe hinzuziehen.
P309 + P311	BEI Exposition oder Unwohlsein: GIFTINFORMATIONSZENTRUM oder Arzt anrufen.
P332 + P313	Bei Hautreizung: Ärztlichen Rat einholen/ärztliche Hilfe hinzuziehen.
P333 + P313	Bei Hautreizung oder -ausschlag: Ärztlichen Rat einholen/ ärztliche Hilfe hinzuziehen.
P335 + P334	Lose Partikel von der Haut abbürsten. In kaltes Wasser tauchen/nassen Verband anlegen.
P337 + P313	Bei anhaltender Augenreizung: Ärztlichen Rat einholen/ ärztliche Hilfe hinzuziehen.
P342 + P311	Bei Symptomen der Atemwege: GIFTINFORMATIONSZENTRUM oder Arzt anrufen.
P370 + P376	Bei Brand: Undichtigkeit beseitigen, wenn gefahrlos möglich.
P370 + P378	Bei Brand: ... zum Löschen verwenden.
P370 + P380	Bei Brand: Umgebung räumen.
P370 + P380 + P375	Bei Brand: Umgebung räumen. Wegen Explosionsgefahr Brand aus der Entfernung bekämpfen.
P371 + P380 + P375	Bei Großbrand und großen Mengen: Umgebung räumen. Wegen Explosionsgefahr Brand aus der Entfernung bekämpfen.

Sicherheitshinweise – Aufbewahrung

P401	... aufbewahren.
P402	An einem trockenen Ort aufbewahren.
P403	An einem gut belüfteten Ort aufbewahren.
P404	In einem geschlossenen Behälter aufbewahren.
P405	Unter Verschluss aufbewahren.
P406	In korrosionsbeständigem/... Behälter mit korrosionsbeständiger Auskleidung aufbewahren.
P407	Luftspalt zwischen Stapeln/Paletten lassen.
P410	Vor Sonnenbestrahlung schützen.
P411	Bei Temperaturen von nicht mehr als ... °C aufbewahren.
P412	Nicht Temperaturen von mehr als 50 °C aussetzen.
P413	Schüttgut in Mengen von mehr als ... kg bei Temperaturen von nicht mehr als ... °C aufbewahren.
P420	Von anderen Materialien entfernt aufbewahren.
P422	Inhalt in/unter ... aufbewahren.
P402 + P404	In einem geschlossenen Behälter an einem trockenen Ort aufbewahren.
P403 + P233	Behälter dicht verschlossen an einem gut belüfteten Ort aufbewahren.
P403 + P235	Kühl an einem gut belüfteten Ort aufbewahren.
P410 + P403	Vor Sonnenbestrahlung geschützt an einem gut belüfteten Ort aufbewahren.
P410 + P412	Vor Sonnenbestrahlung schützen und nicht Temperaturen von mehr als 50 °C aussetzen.
P411 + P235	Kühl und bei Temperaturen von nicht mehr als ... °C aufbewahren.

Sicherheitshinweise – Entsorgung

P501	Inhalt/Behälter ... zuführen.

Entsorgungsratschläge (E-Sätze)

E 1	Verdünnen, in den Ausguss geben (WGK 0 bzw. 1)
E 2	Neutralisieren, in den Ausguss geben
E 3	In den Hausmüll geben, gegebenenfalls im Polyethylenbeutel (Stäube)
E 4	Als Sulfid fällen
E 5	Mit Calcium-Ionen fällen, dann E 1 oder E 3
E 6	Nicht in den Hausmüll geben
E 7	Im Abzug entsorgen
E 8	Der Sondermüllbeseitigung zuführen (Adresse zu erfragen bei der Kreis- oder Stadtverwaltung), Abfallschlüssel beachten
E 9	Unter größter Vorsicht in kleinsten Portionen reagieren lassen (z. B. offen im Freien verbrennen)
E 10	In gekennzeichneten Behältern sammeln: 1. „Organische Abfälle – halogenhaltig" 2. „Organische Abfälle – halogenfrei" dann E 8
E 11	Als Hydroxid fällen (pH = 8), den Niederschlag zu E 8
E 12	Nicht in die Kanalisation gelangen lassen
E 13	Aus der Lösung mit unedlem Metall (z. B. Eisen) als Metall abscheiden (E 14, E 3)
E 14	Recycling-geeignet (Redestillation oder einem Recyclingunternehmen zuführen)
E 15	Mit Wasser vorsichtig umsetzen, frei werdende Gase absorbieren oder ins Freie ableiten
E 16	Entsprechend den speziellen Ratschlägen für die Beseitigungsgruppen beseitigen

Gefahrstoffliste

Gefahrstoff	Signalwort	Piktogrammcode	H-Sätze und EUH-Sätze	E-Sätze
Aceton (Propanon)	Gefahr	GHS02 GHS07	H225 H319 H336 EUH066	1-10-14
Aluminium, Grieß	Gefahr	GHS02	H261 H228	6-9
Aluminium, Pulver (stabilisiert)	Achtung	GHS02	H261 H228	6-9
Aluminiumbromid, wasserfrei	Gefahr	GHS05 GHS07	H302 H314 EUH014	2
Aluminiumchlorid, wasserfrei	Gefahr	GHS05	H314 H318 EUH014	2
Aluminiumiodid	Gefahr	GHS05 GHS07	H314 H317 EUH014	2
Ammoniaklösung				
$10\,\% \leq w < 25\,\%$	Gefahr Achtung	GHS05 GHS07 GHS09	H314 H335 H400	2
$5\,\% \leq w < 10\,\%$	Gefahr Achtung	GHS05 GHS07	H314 H335 H412	2
Ammoniumchlorid	Achtung	GHS07	H302 H319	2
Bariumchlorid	Gefahr	GHS06	H301 H332	1-3
Bariumchloridlösung $3\,\% \leq w < 25\,\%$	Achtung	GHS07 GHS08	H302 H315 H332 H370 H372	1
Bariumhydroxid	Gefahr	GHS05 GHS07	H302 H314 H318	1-3
Bariumhydroxid-8-Wasser	Gefahr	GHS05 GHS07	H302 H314 H318	1-3
Bariumoxid	Gefahr	GHS06 GHS05	H301 H332 H314	1-3
Blei (bioverfügbar)	Gefahr	GHS07 GHS08 GHS09	H302 H332 H360FD H362 H373 H410	8
Blei(II)-acetat	Gefahr	GHS08 GHS09	H360Df H373 H410 H400	8-14
Brennspiritus (Ethanol)	Gefahr	GHS02 GHS07	H225 H319	1-10
Brom	Gefahr	GHS06 GHS05 GHS09	H330 H314 H400	16
Bromthymolblau-lösung (ethanolisch, $w = 0{,}1\,\%$)	Achtung	GHS02	H226	10
Bromwasserstoff	Gefahr	GHS06 GHS05 GHS04	H331 H314 H280	2
Calcium	Gefahr	GHS02	H261 EUH014	15
Calciumcarbid	Gefahr	GHS02 GHS05 GHS07	H260 H315 H318 H335	15-16
Calciumchlorid	Achtung	GHS07	H319	1
Calciumhydroxid	Gefahr	GHS05 GHS07	H315 H318 H335	2
Calciumoxid	Gefahr	GHS05 GHS07	H315 H318 H335	2
Chlor	Gefahr	GHS06 GHS03 GHS04 GHS09	H270 H280 H330 H315 H319 H335 H400	16
Chlorwasser, gesättigt $w \approx 0{,}7\,\%$	Achtung	GHS07	H332	16
Chlorwasserstoff	Gefahr	GHS04 GHS06 GHS05	H331 H314 H280	2
Citronensäure	Achtung	GHS07	H319	3
Eisen(III)-chlorid	Gefahr	GHS05 GHS07	H290 H302 H315 H318	2
Eisen(II)-sulfat	Achtung	GHS07	H302 H319 H315	2
Eisen(II)-sulfatlösung $w \geq 25\,\%$	Achtung	GHS07	H302 H319 H315	2
Essigessenz	Gefahr	GHS05	H314 H290	2-10
Essigsäure (Ethansäure)				
$w \geq 90\,\%$	Gefahr	GHS05	H314	2-10
$25\,\% \leq w < 90\,\%$	Gefahr	GHS05	H314	
$10\,\% \leq w < 25\,\%$	Achtung	GHS07	H319 H315	2-10 2-10
Ethanol (Brennspiritus)	Gefahr	GHS02 GHS07	H225 H319	1-10
Fehling'sche Lösung II	Gefahr	GHS05	H314	2
Iod	Achtung	GHS08 GHS07 GHS09	H332 H312 H315 H319 H335 H372 H400	1-16
Iodwasserstoff	Gefahr	GHS04 GHS05	H314	1
Kalium	Gefahr	GHS02 GHS05	H260 H314 EUH014	6-12-16
Kaliumcarbonat	Achtung	GHS07	H319 H315 H335	1
Kaliumhydroxid (Ätzkali)	Gefahr	GHS05 GHS07	H290 H302 H314	2
Kaliumhydroxidlösung (Kalilauge)				
$w \geq 5\,\%$	Gefahr	GHS05	H314	2
$2\,\% \leq w < 5\,\%$	Gefahr	GHS05	H314	
$0{,}5\,\% \leq w < 2\,\%$	Achtung	GHS07	H319 H315	2 2
Kaliumnitrat	Achtung	GHS03	H272	1
Kaliumnitrit	Gefahr	GHS03 GHS06 GHS09	H272 H301 H400	1-16
Kaliumpermanganat	Gefahr	GHS03 GHS05 GHS07 GHS08 GHS09	H272 H302 H314 H318 H361D H373 H400 H410	1-6
Kaliumpermanganatlösung $w \geq 25\,\%$	Gefahr	GHS07 GHS09	H302 H410	1-6

Gefahrstoff	Signalwort	Piktogrammcode	H-Sätze und EUH-Sätze	E-Sätze
Kohlenstoffmonooxid	Gefahr	GHS02 GHS04 GHS06 GHS08	H220 H360D H331 H372	7
Kupferacetat	Gefahr	GHS05 GHS07 GHS09	H302 H314 H400 H410	11
Kupfer(II)-chlorid	Gefahr	GHS05 GHS07 GHS09	H302 H312 H315 H318 H410	11
Kupfer(II)-chlorid-lösung $3\% \leq w < 25\%$	Achtung	GHS07	H302	11
Kupfer(I)-oxid	Gefahr	GHS05 GHS07 GHS09	H302 H332 H318 H400 H410	8-16
Kupfer(II)-oxid	Achtung	GHS07 GHS09	H302 H400 H410	8-16
Kupfer(II)-sulfat, wasserfrei	Achtung	GHS05 GHS07 GHS09	H302 H318 H400 H410	11
Kupfer(II)-sulfat-5-Wasser	Gefahr	GHS05 GHS07 GHS09	H302 H318 H400 H418	11
Kupfer(II)-sulfat-lösung $w \geq 25\%$	Achtung	GHS09	H400 H410	11
Lithium	Gefahr	GHS02 GHS05	H260 H314 EUH014	15-1
Lithiumchlorid	Achtung	GHS07	H302 H319 H315	1
Magnesium, Pulver (phlegmatisiert)	Gefahr	GHS02	H228 H261 H252	3
Magnesium, Späne	Gefahr	GHS02	H228 H261 H252	3
Mangan(IV)-oxid (Braunstein)	Gefahr	GHS07 GHS08	H332 H302 H373	3
Methan	Gefahr	GHS02 GHS04	H220 H280	7
Natrium	Gefahr	GHS02 GHS05	H260 H314 EUH014	6-12-16
Natriumcarbonat	Achtung	GHS07	H319	1
Natriumhydroxid (Ätznatron)	Gefahr	GHS05	H290 H314	2
Natriumhydroxid-lösung (Natronlauge) $w \geq 5\%$ $2\% \leq w < 5\%$ $0{,}5\% \leq w < 2\%$	 Gefahr Gefahr Achtung	 GHS05 GHS05 GHS07	 H314 H314 H315 H319	 2 2 1
Natriumnitrat	Achtung	GHS03 GHS07	H272 H319	1
Phenolphthalein-lösung (ethanolisch, $w > 1\%$)	Gefahr	GHS08	H350	1-10
Phosphor, rot	Gefahr	GHS02	H228 H412	6-9
Phosphor(V)-oxid	Gefahr	GHS05	H314	2
Phosphorsäure $w \geq 25\%$ $10\% \leq w < 25\%$	 Gefahr Achtung	 GHS05 GHS07	 H314 H319 H315	 2 1
Salzsäure $w \geq 25\%$ $10\% \leq w < 25\%$	 Gefahr Achtung	 GHS05 GHS07 GHS07	 H314 H335 H315 H319 H335	 2 2
Sauerstoff	Gefahr	GHS03 GHS04	H270 H280	
Schwefel	Achtung	GHS07	H315	3
Schwefeldioxid	Gefahr	GHS04 GHS06 GHS05	H331 H314 H280	7
Schwefelsäure $w \geq 15\%$ $5\% \leq w < 15\%$	 Gefahr Achtung	 GHS05 GHS07	 H314 H319 H315	 2 2
Schwefelwasserstoff	Gefahr	GHS02 GHS04 GHS06 GHS09	H220 H330 H335 H400	2-7
Schweflige Säure $5\% \leq w \leq 6\%$	Gefahr	GHS05	H314	2
Silbernitrat	Gefahr	GHS03 GHS05 GHS09	H272 H290 H314 H410	12-13-14
Silbernitratlösung $5\% \leq w \leq 10\%$	Gefahr	GHS05 GHS09	H290 H314 H318 H400 H410	12-13-14
Silberoxid	Gefahr	GHS03 GHS05 GHS09	H271 H318 H400 H410	12-13-14
Stickstoffdioxid	Gefahr	GHS04 GHS03 GHS06 GHS05	H270 H280 H330 H314	7
Stickstoffmonooxid	Gefahr	GHS03 GHS04 GHS05 GHS06	H270 H280 H330 H314	7
Wasserstoff	Gefahr	GHS02 GHS04	H220 H280	7
Zink, Pulver, Staub (stabilisiert)	Achtung	GHS09	H410	3
Zinkchlorid	Gefahr	GHS05 GHS07 GHS09	H302 H314 H400 H410	1-11
Zinkchloridlösung $5\% \leq w < 10\%$	Achtung	GHS07	H319 H315	1-11
Zinkoxid	Achtung	GHS09	H410	3
Zinksulfat, wasserfrei	Gefahr	GHS05 GHS07 GHS09	H302 H318 H410	1-11
Zinn(II)-chlorid	Gefahr	GHS05 GHS07 GHS08	H290 H302 H314 H318 H317 H332 H335 H373 H412	1-11

Register

Bildquellenverzeichnis

Cover: Foto: Shutterstock.com/Lijuan Guo; Schrift: Cornelsen Verlag/Studio SYBERG

Warnzeichen: Atelier G/Marina Goldberg

stock.adobe.com S. 28/2; S. 102/1; stock.adobe.com/cocorattanakorn S. 3/o.; tycoon101 S. 3/u.; StockPhotoPro S. 4/o.; Vitalfoto S. 5/o.; Pavel S. 5/u.; Chalabala S. 6; cocorattanakorn S. 8; photo by drazen zigic S. 11/1; VIEWFOTO STUDIO S. 11/2; DavidBautista S. 12/3; sumire8 S. 17/1; tycoon101 S. 26/mitte; Oleg Zhukov S. 30/2; ann0306 S. 38/1; Composer S. 44/u.l.; Mikhail S. 46/1; Beboy S. 47/2; schab S. 48/1; StockPhotoPro S. 52; Phawat S. 54/1; andreiuc88 S. 55/A; pholidito S. 55/B; Brent Hofacker S. 55/C; furtseff S. 55/D; Himmelssturm S. 56/Uhr; Robert Kneschke S. 60/1; travelview S. 65/2; DZMITRY PALUBIATKA S. 72/2; Gudellaphoto S. 73/4A; Leonardo Franko S. 73/4B; tinadefortunata S. 73/4C; Petair S. 73/4D; monsieurseb S. 73/4E; rdnzl S. 75/u.r.; uckyo S. 78/B; ALF photo S. 78/C; Visions-AD S. 78/m.r.; Himmelssturm S. 79/1 l.; Stocksy/Cameron Whitman S. 83/6; virgonira S. 86/1; Michel Angelo S. 89/A; Shot/Pixel/studio.com (Olga Yastremska and Leonid Yastremskiy)/africa S. 90/2; Robert Neumann S. 92/A; Baiba Opule/baibaz S. 92/B; VALENTYN VOLKOV/volff S. 92/C; helivideo S. 93/2; Samuel B. S. 96/1; Vitalfoto S. 100; Jean-Marie MAILLET S. 106/3; Steffen Schwenk/Light Impression S. 107/4; studio023 S. 112/1; Andrii Vergeles S. 116/1; chrisroosfotografie S. 120/1; Adela S. 120/2; Korn V./Quality Stock Arts S. 132/1; countrypixel S. 133/3; WavebreakMediaMicro S. 134/1; Pavel S. 144; Robiehn S. 146/2; Patrick S. 146/1 r.; demarco S. 147/B; Minakryn Ruslan S. 148/2; jordache/icarmen13 S. 152/1; Juanma Aparicio S. 152/2; StudioLaMagica S. 154/2; niteenrk S. 155/5; bbsferrari S. 155/m.r.; Olga Yastremska, New Africa S. 156/1; furtseff S. 156/2; AGM/AnneGM S. 156/u.r.; Brastock Images S. 160/1; Holger Schnell/ebenart S. 162/3; Mamuka Gotsiridze S. 165/3; OlegDoroshin S. 165/4; Chalabala S. 168; Alexander Raths S. 170/o.r.; DOC RABE Media S. 171/6; Desert Photographer/James Billmore S. 185/1; Frank Leienbach Photographie S. 189/1; Thomas Knauer/Artusius S. 174/1| akg images/IAM S. 94/u.r.; Harald A. Jahn/viennaslide/BIG S. 12/1| bpk/Fotoarchiv Ruhr Museum/Anton Meinholz S. 163/1| Cornelsen/Rainer Götze; Eiswürfel: Shutterstock.com/nullplus; Wasserglas: stock.adobe.com/Cozine; Kessel: Shutterstock.com/Jack Jelly S. 36/2; Markus Gaa S. 189/2; Volker Minkus S. 14/1; S. 18/1; S. 31/3A + 3B; S. 35/o.l.; S. 45/5 l. + 5 m. + 5 r.; S. 47/3; S. 48/2A + 2C; S. 67/2; S. 86/2; S. 91; S. 93/A - D; S. 94/1 l. + 1 r.; S. 112/3A + 3B; S. 117/5; S. 123/m.r.; S. 124/1; S. 140/2; S. 164/1, S. 188/2; S. 193/4A + 4B; Detlef Seidensticker; Foto Silbersulfid: Shutterstock.com/sportoakimirka; Foto Silber: stock.adobe.com/Bjoern Wylezich/Björn Wylezich S. 94/2; Stephan Röhl S. 45/4A + 4B+ 4C; S. 68/3A; S. 205/u.r.; Volker Döring S. 18/2 + 3A + 3B + 3C; S. 24/6 l. + 6 r.; S. 82/2; S. 83/Schwefel + Zink + Zinksulfid; S. 118; S. 119/5; S. 164/2; S. 193/5; S. 200/m.r.; S. 113/4| Depositphotos/Iva Krstic S. 10/2; Jan Wachala S. 158/2 l.; Andrey Skat S. 158/2 r.;Alice Dias Didszoleit S. 163/3; Panther Media S. 172/1; S. 180/2; Dr. Norbert Lange S. 173; Konstantin Shaklein S. 194/3 + S. 201/u.r.| dpa Picture-Alliance/Friso Gentsch S. 66/u.r.; Bildarchiv S. 88/3; Arco Images GmbH S. 89/B| Heinrich Pniok S. 113/6| Imago Sportfotodienst GmbH/Jürgen Schwarz S. 28/1; Imago Stock & People GmbH/imagebroker S. 130/1; Jochen Tack S. 163/2; photothek/Ute Grabowsky S. 171/4; blickwinkel S. 180/1| interfoto e.k./TV-Yesterday S. 142/o.r.| mauritius images/alamy stock photo/Desintegrator S. 37/m.r.; DGLimages S. 44/1; CalypsoArt S. 75/3 l.; Andrew Dunn S. 95/4; The Picture Art Collection S. 96/2; Ron Giling S. 123/4; Jochen Tack S. 157/1; anthony asael S. 185/2; Science Source S. 61/6; Reinhard Dirscherl S. 89/C; Stefan Ziese S. 133/4; Pitopia S. 181; Herbert Frei S. 192/1|Science Photo Library/Hayson, Phillip S. 54/2| Shutterstock.com S. 70; Aleksandr Stennikov S. 4/m.r.; Rob Marmion S. 10/1; Monkey Business Images S. 29; Prostock-studio

S. 36/1; Cibusphoto.com S. 42; Dejan Dundjerski S. 43/1; Ratchawat Yotphimsan S. 43/2; Krasula S. 49/1; PHIL LENOIR S. 56/2 l.; qvist S. 56/3 l.; Olga_Anourina S. 56/Nugget; Maria Sbytova S. 65/3; Jeff Banke S. 71/2; Daniel Fung S. 75/3 r.; Lia Li S. 76; pilipphoto S. 78/A; Pixel-Shot S. 78/D; Yes058 Montree Nanta S. 79/2 l.; Olga_Anourina S. 79/Gold Nugget; Aleksandr Stennikov S. 80; Fotokostic S. 82/3; karelnoppe S. 88/1; ThamKC S. 92/D; Kazela S. 106/1; mikeledray S. 110/1; Petrova Maria S. 122/2; Christian Roberts-Olsen S. 138/1; Roman Bodnarchuk S. 140/3; Sergio Foto S. 146/1 l.; Tolola S. 147/A; Leka Sergeeva S. 147/C; Ermolaeva Olga 84 S. 147/D; LisaChi S. 147/E; Zelenskaya S. 148/2; Kapuska S. 151/1; Yes058 Montree Nanta S. 152/3A; Aleksandr Pobedimskiy S. 152/3B; Travel Stock S. 154/1; Pnor Tkk S. 155/4; Dewin ID S. 155/m.r.; FoxPictures S. 162/1; BaLL LunLa S. 170/o.l.; Silvia Pascual S. 170/o.m.; serato S. 175/1; Videologia S. 182; Bermek S. 188/1; Lukasz Pawel Szczepanski S. 194/1; Alexander Kirch S. 198/1; Everett Collection S. 199/1B; Stephen Mcsweeny S. 200/u.l.; PHIL LENOIR S. 202/2 l.; Sukharevskyy Dmytro (nevodka) S. 203/4|sciencephotolibrary/Chillmaid, Martyn F. S. 23/2; Alexandre Dotta/Science Source S. 37/3; Look/Seer, Ulli S. 74/1; Giphotostock S. 82/1, S. 203/3; Shaw, John S. 138/2|

Illustrationen:
Detlef Seidensticker S. 12/2; S. 14/2; S. 15/5; S. 16/2; S. 17/2 + 3; S. 19/1 + 2; S. 21; S. 22/1 + 2; S. 23/1 + 3; S. 24/4; S. 25/m.l. + o.r + u.l.; S. 33/2; S. 35/o.r.; S. 38/u.l. + u.r.; S. 39/1 + 2; S. 50/u.l.; S. 60/3; S. 62/1 + 2; S. 66/2; S. 71/u.l.; S. 85; S. 90/1; S. 92/2; S. 94/3; S. 95/5; S. 97/5 + u.r.; S. 99/o.r.; S. 108; S. 109/4; S. 114/1; S. 116/2; S. 117/3 + 4; S. 119/3; S. 121/2; S. 123/3; S. 124/2 + 3; S. 125; S. 128; S. 129; S. 130/2; S. 131; S. 133/m.r.; S. 136/1 + 2; S. 137; S. 139; S. 141/5 + 7; S. 142/m.r.; S. 143/u.l.; S. 150; S. 164/o.l.; S. 167/m.r.; S. 176; S. 177; S. 183; S. 190; S. 191/1; S. 192/2 + 3; S. 196; S. 197/3; S. 201/m.l. + o.l.; S. 207|Hannes von Goessel S. 195/4; S. 198/2|Matthias Pflügner S. 13; S. 16/1; S. 20; S. 24/5; S. 30/1; S. 33/1; S. 40; S. 41/1; S. 58; S. 59/5; S. 64/1; S. 68/1; S. 72/1; S. 84; S. 105/1; S. 130/3; S. 148/1; S. 149/4; S. 159; S. 161/4; S. 184; S. 185/3; S. 186; S. 187; S. 188/3; S. 195/5; S. 199/2; S. 202/1|newVision!GmbH, Bernhard A. Peter S. 111 bearbeitet von Matthias Pflügner; S. 134/2; S. 135; S. 178/2 + 3|Peter Hesse bearbeitet von Detlef Seidensticker, München S. 57; S. 60/2; S. 61/5; S. 69; S. 71/3; S. 79/u.l.; Peter Hesse S. 199/u.m. + 1A; bearbeitet von Rainer Götze S. 102/2; S. 105/2; S. 106/2; S. 107/5; S. 143/o.l.| Rainer Götze S. 32/ 2 + u.r.; S. 34/o.r.; S. 41/2; S. 44/2 + 3A + 3B; S. 45/4 m. + o. + u.; S. 46/2; S. 48/3; S. 49/2 + 3; S. 50/o.r.; S. 51/m.r. + o.r.; S. 56/2 r. + 3 r.; S. 64/m.r.; S. 65/4; S. 68/2 + 3B; S. 72/3; S. 77; S. 79/2 r.; S. 87; S. 88/2; S. 93/3; S. 97/4; S. 98; S. 99/u.l.; S. 102/3; S. 110/2; S. 112/2; S. 119/4; S. 122/1; S. 123/5; S. 132/2; S. 136/3; S. 140/1; S. 141/6; S. 143/m.l.; S. 149/3; S. 151/2; S. 153; S. 154/3; S. 157/2; S. 160/2; S. 161/3; S. 162/2; S. 166; S. 167/u.; S. 170/2 + 3; S. 171/5; S. 172/2; S. 174/2; S. 175/2; S. 178/1; S. 179; S. 189/3; S. 191/2 - 4; S. 197/4; S. 200/o.l.; S. 202/2 r.; S. 205/m.l.; bearbeitet von Detlef Seidensticker, München S. 61/4|Tom Menzel S. 56/1 o.r. + 1 u.r.; bearbeitet durch Rainer Götze S. 79/1 r. + o.r.| Walther-Maria Scheid S. 32/1 + u.l.; S. 50/u.r.; S. 51/u.l.; S. 59/3 + 4; S. 75/4|

Periodensystem der Elemente

Farbe	
blau	Metall
grün	Halbmetall
gelb	Nichtmetall

schwarz = Feststoff
weiß = Flüssigkeit
rot = Gas
hellblau = künstliches Element
* = radioaktives Element

[1] = Gruppennummerierung IUPAC (1989): Gruppennummern 1 bis 18

Periode	1[1] I. Hauptgruppe	2 II. Hauptgruppe	3 III. Nebengruppe	4 IV. Nebengruppe	5 V. Nebengruppe	6 VI. Nebengruppe	7 VII. Nebengruppe	8 VIII. Nebengruppe	9 VIII. Nebengruppe
1	1 1,008 H Wasserstoff								
2	3 6,94 Li Lithium	4 9,01 Be Beryllium							
3	11 22,99 Na Natrium	12 24,31 Mg Magnesium							
4	19 39,10 K Kalium	20 40,08 Ca Calcium	21 44,96 Sc Scandium	22 47,88 Ti Titan	23 50,94 V Vanadium	24 51,996 Cr Chrom	25 54,94 Mn Mangan	26 55,85 Fe Eisen	27 58,9 Co Cobalt
5	37 85,47 Rb Rubidium	38 87,62 Sr Strontium	39 88,91 Y Yttrium	40 91,22 Zr Zirconium	41 92,91 Nb Niob	42 95,94 Mo Molybdän	43 [98] Tc* Technetium	44 101,07 Ru Ruthenium	45 102,9 Rh Rhodium
6	55 132,91 Cs Caesium	56 137,33 Ba Barium	57 138,91 La ● Lanthan	72 178,49 Hf Hafnium	73 180,95 Ta Tantal	74 183,84 W Wolfram	75 186,21 Re Rhenium	76 190,23 Os Osmium	77 192,2 Ir Iridium
7	87 [223] Fr* Francium	88 226,03 Ra* Radium	89 227,03 Ac* ●● Actinium	104 [261] Rf* Rutherfordium	105 [262] Db* Dubnium	106 [266] Sg* Seaborgium	107 [264] Bh* Bohrium	108 [277] Hs* Hassium	109 [268 Mt* Meitnerium

● Elemente der Lanthanreihe (Lanthanoide)

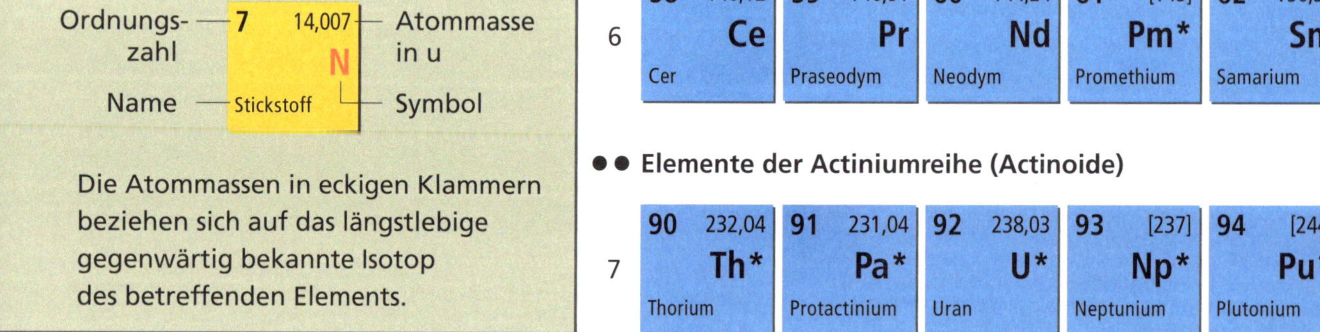

Periode					
6	58 140,12 Ce Cer	59 140,91 Pr Praseodym	60 144,24 Nd Neodym	61 [145] Pm* Promethium	62 150,36 Sm Samarium

●● Elemente der Actiniumreihe (Actinoide)

Periode					
7	90 232,04 Th* Thorium	91 231,04 Pa* Protactinium	92 238,03 U* Uran	93 [237] Np* Neptunium	94 [244] Pu* Plutonium

Ordnungszahl — 7
Atommasse in u — 14,007
Symbol — N
Name — Stickstoff

Die Atommassen in eckigen Klammern beziehen sich auf das längstlebige gegenwärtig bekannte Isotop des betreffenden Elements.